中华人民共和国
消防标准汇编

消防信息化卷

全国公共安全基础标准化技术委员会 编

应急管理出版社

·北 京·

图书在版编目（CIP）数据

中华人民共和国消防标准汇编．消防信息化卷 / 全国公共安全基础标准化技术委员会编．-- 北京：应急管理出版社，2023

ISBN 978-7-5020-9219-1

Ⅰ.①中… Ⅱ.①全… Ⅲ.①消防—标准—汇编—中国 ②消防—信息化—标准—汇编—中国 Ⅳ.①TU998.1-65

中国版本图书馆 CIP 数据核字（2021）第 254400 号

中华人民共和国消防标准汇编　消防信息化卷

编　　者　全国公共安全基础标准化技术委员会
责任编辑　曲光宇
责任校对　李新荣　孔青青
封面设计　罗针盘

出版发行　应急管理出版社（北京市朝阳区芍药居 35 号　100029）
电　　话　010-84657898（总编室）　010-84657880（读者服务部）
网　　址　www.cciph.com.cn
印　　刷　北京建宏印刷有限公司
经　　销　全国新华书店

开　　本　880mm×1230mm $^1/_{16}$　**印张**　36$^3/_4$　**字数**　1131 千字
版　　次　2023 年 8 月第 1 版　2023 年 8 月第 1 次印刷
社内编号　20211477　　**定价**　120.00 元

目录

ICS 13.220.10
C 81

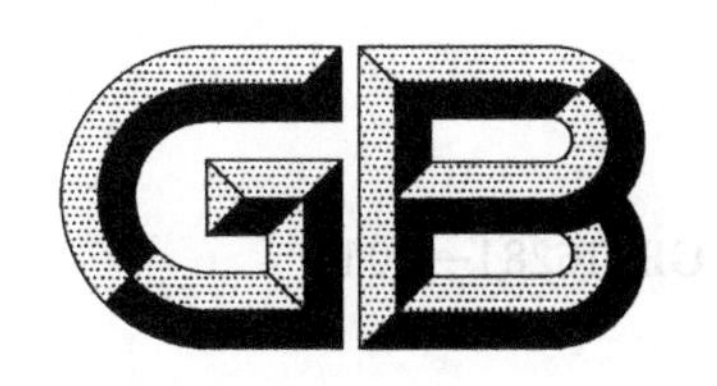

中华人民共和国国家标准

GB 16281—2010
代替 GB 16281—1996

火警受理系统

Fire alarm receiving and dispatching system

2010-09-02 发布　　2011-05-01 实施

中华人民共和国国家质量监督检验检疫总局
中国国家标准化管理委员会　发布

前　言

本标准的第 4 章、第 7 章为强制性的，其余为推荐性的。

本标准代替 GB 16281—1996《有线火警调度台技术要求和试验方法》。

本标准与 GB 16281—1996 相比主要变化如下：

——在技术要求方面增加了计算机接处警、火警受理信息系统、无线控制等方面的要求；

——采用了最新版本的消防电子产品检验规则和消防电子产品环境试验方法及严酷等级。

本标准由中华人民共和国公安部提出。

本标准由全国消防标准化技术委员会消防通信分技术委员会(SAC/TC 113/SC 14)归口。

本标准负责起草单位：公安部沈阳消防研究所。

本标准参加起草单位：深圳市亚奥数码技术有限公司、深圳市天维尔通讯技术有限公司。

本标准主要起草人：张春华、隋虎林、齐宝金、刘海霞、卢韶然、吕欣驰、范玉峰、姜学赟、冯万波、丁宏军、杨颖、蔡伟广、王国栋。

本标准所代替标准的历次版本发布情况为：

——GB 16281—1996。

火警受理系统

1 范围

本标准规定了火警受理系统的术语和定义、技术要求、试验方法、检验规则和标志。

本标准适用于公安机关消防机构安装使用的火警受理系统和“三台合一”接处警系统，包括火警受理信息系统、火警调度机、火警数字录音录时装置等。其他单位安装使用的具有特殊要求的火警受理系统，除特殊要求由有关标准另行规定外，也可使用本标准。

2 规范性引用文件

下列文件中的条款通过本标准的引用而成为本标准的条款。凡是注日期的引用文件，其随后所有的修改单(不包括勘误的内容)或修订版均不适用于本标准，然而，鼓励根据本标准达成协议的各方研究是否可使用这些文件的最新版本。凡是不注日期的引用文件，其最新版本适用于本标准。

GB 12978 消防电子产品检验规则

GB 16838—2005 消防电子产品环境试验方法及严酷等级

YD/T 954—1998 数字程控调度机技术要求和测试方法

YD/T 1304—2004 国内No.7信令方式测试方法 消息传递部分(MTP)和电话用户部分(TUP)(ITU-T Q781～Q783,NEQ)

GF 001—9001 中国国内电话网No.7信号方式技术规范(暂行规定)

3 术语和定义

下列术语和定义适用于本标准。

3.1

火警受理系统 fire alarm receiving and dispatching system

城市消防通信指挥系统技术构成中，通过通信网络采集、处理火警及相关信息并进行调度和辅助决策指挥的部分，主要包括火警受理信息系统、火警调度机、火警数字录音录时装置。

4 技术要求

4.1 通用要求

4.1.1 主要部件性能要求

火警受理系统的主要部件性能应满足以下要求：

a) 主要部件应采用符合国家有关标准的定型产品；

b) 部件间的连接线应规整、牢固，有清晰标志；

c) 零部件应紧固无松动，按键、开关、按钮等控制部件的控制应灵活可靠；

d) 在额定工作电压下，距离音响器件中心1 m处，音响器件的声压级(A计权)应在65 dB～115 dB之间。

4.1.2 气候环境试验

4.1.2.1 运行试验

火警受理系统应能耐受表1所规定的气候环境条件下的各项试验,试验期间和试验后应满足第5章有关试验的要求。

表1 运行试验的气候环境条件要求

试验名称	试验参数	试验条件	工作状态
高温(运行)试验	温度 ℃	55±2	正常监视状态
	持续时间 h	2	
低温(运行)试验	温度 ℃	−10±3	正常监视状态
	持续时间 h	2	
恒定湿热(运行)试验	温度 ℃	40±2	正常监视状态
	相对湿度 %	93±3	
	持续时间 d	4	

4.1.2.2 耐久试验

火警受理系统应能耐受表2所规定的气候环境条件下的各项试验,试验期间和试验后应满足第5章有关试验的要求。

表2 耐久试验的气候环境条件要求

试验名称	试验参数	试验条件	工作状态
恒定湿热(耐久)试验	温度 ℃	40±2	不通电状态
	相对湿度 %	93±3	
	持续时间 d	21	
腐蚀试验	温度 ℃	25±2	不通电状态
	相对湿度 %	93±3	
	持续时间 d	21	
	SO_2浓度 10^{-6}	25±5	

4.1.3 机械环境试验

4.1.3.1 运行试验

火警受理系统应能耐受表3所规定的机械环境条件下的各项试验，试验期间和试验后应满足第5章有关试验的要求。

表3 运行试验的机械环境条件要求

试验名称	试验参数	试验条件	工作状态
振动试验 （正弦） （运行）	频率范围 Hz	10～150～10	正常监视状态
	加速度 m/s^2	0.981	
	扫频速率 oct/min	1	
	轴线数	3	
	每个轴线扫频次数	20	
冲击试验	峰值加速度 m/s^2	(100－20m)×10(质量m≤4.75 kg时)	正常监视状态
		0(质量m>4.75 kg时)	
	脉冲时间 ms	6	
	冲击方向	6	
碰撞试验	锤头速度 m/s	1.500±0.125	正常监视状态
	碰撞能量 J	1.9±0.1	
	碰撞次数	1	

4.1.3.2 耐久试验

火警受理系统应能耐受表4所规定的机械环境条件下的各项试验，试验期间和试验后的性能应满足第5章有关试验的要求。

表4 耐久试验的机械环境条件要求

试验名称	试验参数	试验条件	工作状态
振动试验 （正弦） （耐久）	频率范围 Hz	10～150～10	不通电状态
	加速度 m/s^2	4.905	
	扫频速率 oct/min	1	
	轴线数	3	
	每个轴线扫频次数	20	

4.1.4 电磁兼容试验

火警受理系统应能耐受表 5 所规定的电磁兼容性试验，试验期间和试验后应满足第 5 章有关试验的要求。

表 5 电磁兼容性试验条件要求

试验名称	试验参数	试验条件	工作状态
射频电磁场辐射抗扰度试验	场强 V/m	10	正常监视状态
	频率范围 MHz	80～1 000	
	调制幅度	80%(1 Hz,正弦)	
	扫频速率 10 oct/s	$\leqslant 1.5\times10^{-3}$	
射频场感应的传导骚扰抗扰度试验	电压 dBμV	140	正常监视状态
	频率范围 MHz	0.15～100.00	
	调制幅度	80%(1 Hz,正弦)	
	扫频速率 10 oct/s	$\leqslant 1.5\times10^{-3}$	
静电放电抗扰度试验	放电电压 kV	空气放电(外壳为绝缘体试样)8	正常监视状态
		接触放电(外壳为导体试样和耦合板)6	
	每点放电次数	10	
	放电极性	正、负	
	时间间隔 s	≥1	
电快速瞬变脉冲群抗扰度试验	电压峰值 kV	1×(1.0±0.1)	正常监视状态
	重复频率 kHz	5×(1.0±0.2)	
	极性	正、负	
	时间	每次 1 min	
浪涌(冲击)抗扰度试验	浪涌冲击电压 kV	线—地 1×(1.0±0.1)	正常监视状态
	极性	正、负	
	试验次数	5	

4.2 火警受理信息系统功能要求

4.2.1 一般要求

火警受理信息系统应满足以下一般要求：

a) 应能使用户从网络不同节点上获取并应用数据；

b) 应采用中文界面；

c) 用户界面和查询方法应具有通用性。

4.2.2 功能要求

4.2.2.1 火警受理信息系统的功能应满足以下通用要求：

a) 应具有报警接收、应答功能，并能生成和显示 4.2.3 规定的各种信息；

b) 报警接警过程和调度过程应进行全程数字录音，并能在授权终端进行录音播放；

c) 应具有等级调派方案自动编制功能，即根据灾害类型、灾害等级及各种加权因素、升级要素等，自动编制出动力量调派方案；

d) 应具有化学灾害等事故处置辅助决策功能；

e) 应具有出动消防队距灾害事故现场路径的显示功能；

f) 应能根据报警信息判断出动消防队；

g) 应能根据灾害事故现场对相关消防车辆进行排序选择；

h) 应能显示消防站名称/企业专职消防队名称、值班领导姓名、通信员姓名、战斗员人数、车辆编号、车辆类型、车辆状态、车辆位置等消防实力信息；

i) 应能通过公安网或其他专网远程查询所属消防站的录音录时、消防实力、灾害记录等信息，并将这些信息上传到省消防总队；

j) 应具有地理信息系统的放大、缩小、移动、导航、全屏显示及图层管理等基本功能，对图形数据和属性数据的编辑和修改功能；

k) 应能进行接处警模拟训练；

l) 应能对火警受理全过程的报警时间、报警信息、灾害信息及出动命令等数据和话音实时记录和存档；

m) 应能对 4.2.3 规定的所有数据进行统一管理、维护、检索和显示；

n) 应具有值班信息管理功能；

o) 应具有录音录时信息备份和灭火救援作战记录数据备份功能；

p) 火警受理座席终端、消防站终端、录音录时终端等设备应具有统一的时钟管理；

q) 应具有设定等级管理权限功能，不同等级的管理权限实现不同的功能；

r) 应具有故障报警功能，故障主要指报警接收通信故障、服务器通信故障、火警受理座席终端通信故障、消防站终端通信故障、录音录时终端通信故障、显示终端通信故障和联动控制装置连接故障等。

4.2.2.2 消防通信指挥中心使用的火警受理信息系统还应具有以下功能：

a) 显示固定通信、移动通信、城市应急联动中心等部门提供的电话号码、地址、用户名称等报警信息。

b) 应能通过以下方式进行灾害地点辨识和确认：

1) 通过输入单位、地址、街路、目标物、电话号码等进行手动定位；

2) 通过地图点击、电话三字段信息等方式进行自动定位。

c) 根据报警人提供的单位名称、详细地址、燃烧物性质和火势、有无遇险人员、燃烧爆炸、毒气泄漏等信息进行灾害类型和灾害等级的确认。

d) 通过灾害类型、灾害等级和消防实力等自动和/或人工编制出动方案。

e) 根据灾害类型和灾害等级，自动显示灭火救援指挥级别并启动相应的灾害预警预案系统等。

f) 与消防站、火场终端及相关单位进行话音和/或数据通信。

g) 在向出动中队下达出动命令(数据通信)的同时，启动语音调度通信功能。

h) 与城市消防远程监控系统进行数据通信。

i) 接收、显示消防车辆的状态信息和位置信息。

j) 将出动车辆数量和属性、行车路线或灾害地点地图(可选)等出动命令下达到相应的消防站。

k) 实时监视各消防站车库门和训练场的图像信息，能多用户操作和控制，操作级别实现安全管理。

4.2.2.3 消防站使用的火警受理信息系统还应具有以下功能：

a) 接收消防通信指挥中心的话音和/或数据信息；

b) 自动接收消防通信指挥中心下达的出动命令并打印出车单；

c) 自动和/或手动启动相应的警灯、警铃等联动装置；

d) 自动向通信指挥中心火警受理信息系统提供本站消防实力信息。

4.2.2.4 火警受理信息系统应具有下述控制接口和/或通信接口：

a) 与提供报警信息的设备或单位的通信接口；

b) 录音录时控制接口；

c) 与大屏幕、LED 等外部显示装置的控制接口；

d) 调度电话通信接口；

e) 无线数据通信接口；

f) 与消防车辆动态管理系统控制通信接口；

g) 与警灯、警铃等外部设备联动控制接口；

h) 与城市消防远程监控系统的通信接口；

i) 与消防站图像监控系统的控制接口；

j) 与省消防总队、市公安局等上级机关的数据通信接口；

k) 与城市应急联动中心系统或110、122 等城市其他报警系统的话音和/或数据通信接口；

l) 与供水、供电、供气、通信、医疗、救护、交通、环卫、环保等相关单位的话音和/或数据通信接口。

4.2.3 信息要求

火警受理信息系统应满足以下信息要求：

a) 录音录时信息应包括：通道号、主叫电话号码、时间(报警电话呼入时间、开始录音时间、结束录音时间、录音时长)、通道模式(有线、无线)、录音文件名、附加信息等；

b) 出车单信息应包括：灾害地点、报警电话、报警人、灾害类型、灾害等级、报警时间、下达命令时间、行车路线、出动车辆数量、出动车辆属性(编号、牌号、类型)、区域范围内的消防水源等；

c) 常用电话号码信息应包括：支(总)队各级领导、上级机关、救灾相关单位的电话号码；

d) 消防地理信息应包括：道路、消防水源、消防站、消防安全重点单位、相关单位(政府部门、救灾相关单位、城市应急联动中心)等相关信息及其属性信息；

e) 气象信息应包括：晴、阴、雨、雪、雾、温度、湿度、风向、风力等；

f) 消防水源信息应包括：编号、名称、位置、状态、管网形式、口径、压力、流量(或储水量)、使用方法等；

g) 消防实力信息应包括：消防站名称/企业专职消防队名称、值班领导姓名、通信员姓名、战斗员人数、车辆编号、车辆类型、车辆状态、车辆位置等；

h) 车辆状态信息应包括：待命、出动、执勤、检修等；

i) 灭火救援器材信息应包括：器材名称、放置地点、数量等；

j) 化学危险品信息应包括：名称标识（中文名、英文名、分子式等）、理化性质（外观与形状、主要用途、熔点、沸点、相对密度、溶解性等）、包装与储运（危险性类别、危险货物包装标志、储运注意事项等）、危害特点（燃烧爆炸危险性、扩散性、毒性及健康危害性、带电性等）；

k) 灭火作战预案信息应包括：单位（区域）概况、火灾特点、力量部署、扑救对策、供水方案、注意事项、战斗保障等；

l) 抢险救援预案信息应包括：灾害特点、情况设定、力量调集、处置程序、处置方法、注意事项、战斗保障等；

m) 消防勤务预案信息应包括：活动概况、指挥机构、重点目标、力量部署、注意事项、勤务保障等；

n) 跨地区执勤战斗预案信息应包括：执勤战斗区域、力量编成、调集程序、增援路线、指挥机构、任务分工、战斗保障等；

o) 灭火救援作战记录信息应包括：编号、灾害地点、报警人、灾害类型、灾害等级、有无人员被困或伤亡、报警时间、第一出动时间及到场时间、出水时间、增援出动时间及到场时间、控制时间、结束时间、各级指挥员姓名、出动队别及数量、出动人数、出动车辆类型及数量、使用消防水源情况、使用灭火剂情况、使用灭火救援器材情况、损失情况、伤亡情况或其他图表等；

p) 值班信息应包括：调度员值班、战训值班、支队领导值班等；

q) 统计信息应包括：火警报警次数、出动次数、出水次数、出动队次、出动人数等，抢险救援的报警次数、出动次数、出动队次、出动人数等，一般救助及勤务的报警次数、出动次数、出动队次、出动人数等数据的日统计、月统计、季度统计和年统计；

r) 火灾类型信息应包括：普通建筑火灾、高层建筑火灾、地下空间火灾、油类火灾、气体火灾、露天堆场火灾、交通工具火灾、一般性火灾等；

s) 灾害事故类型信息应包括：交通事故、倒塌事故及市政公用设施等故障事件、化学危险品泄漏灾害事故、爆炸灾害事故、自然灾害（水灾、风灾、地震灾害等）、恐怖事件等。

4.3 火警调度机性能要求

4.3.1 基本性能要求

火警调度机应满足以下基本性能要求：

a) 应能与火警受理信息系统实现双向数据通信，并定时向火警受理信息系统发送连机通信信号，周期应不大于 10 s。

b) 能将火警中继、座席、调度专线、普通中继、内部电话的话务状态及火警呼入主叫号码实时发送到火警受理信息系统。应在本机开机和火警受理信息系统申请话务状态发送时，将全部话务状态发送到火警受理信息系统。

c) 应具有故障告警功能。当火警中继发生故障时，应能发出故障告警，本机发出声、光告警信号，声信号可手动消除，光信号在故障消除前应保留，并同时把故障信息发送到火警受理信息系统，故障消除时，应将故障消除信息发送到火警受理信息系统。

d) 应具有火警自动拨测功能，能定时自动拨打火警电话，当测试失败时，将测试失败信号发送到火警受理信息系统，再次测试正常时，应发送测试成功信息。拨测周期应在 5 min～60 min 可调。

e） 当业务电话交换和火警调度合用本机，且业务分机电话大于16线时，话务台与调度座席应分设。火警中继和普通中继应做到物理上相对独立。

f） 火警中继应采用被叫控制方式。火警中继采用数字中继时，回铃音宜采用语音提示。

g） 应有与火警受理信息系统时钟同步功能，接收到火警受理信息系统的时钟同步信号后，应能自动调整本机时钟；并能在开机时主动发出时钟同步申请信号。

h） 应具有区别振铃功能，火警呼入时座席电话铃声应明显区别于其他电话呼入。

i） 应有追呼功能。在不占用实体话机的情况下，后台进行呼叫，呼叫进程应通过通信接口实时发送到火警受理信息系统，并能随时中止呼叫。

j） 应能将某一应答中的火警中继电话转接到放音设备上，向主叫方播放语音，并可通过通信接口或调度话机操作中止放音，释放该中继。

k） 对于总容量大于80线的火警调度机，其公共设备如处理机、交换网络、电源等应采用热备份结构，具有故障自动倒换功能。

l） 用户线应能设置为专用热线方式，用户摘机应立即呼叫座席电话。采用用户线作调度专线时，宜采用专用热线方式。

4.3.2 电话交换性能要求

火警调度机的电话交换性能应满足以下要求：

a） 火警调度机的交换功能应满足 YD/T 954—1998 中 5.3.1.15 的要求；

b） 火警调度机的接口及电气特性应满足 YD/T 954—1998 中 5.1 的要求；

c） 火警调度机的进网方式应满足 YD/T 954—1998 中 5.2 的要求；

d） 火警调度机的信号方式应满足 YD/T 954—1998 中 5.4 的要求；

e） 火警调度机的铃流和信号音应满足 YD/T 954—1998 中 5.5 的要求；

f） 火警调度机的网同步应满足 YD/T 954—1998 中 5.6 的要求；

g） 火警调度机的过压过流保护应满足 YD/T 954—1998 中 5.7 的要求；

h） 火警调度机的可靠性指标应满足 YD/T 954—1998 中 5.8 的要求；

i） 火警调度机的大话务量测试应满足 YD/T 954—1998 中 5.9 的要求；

j） 火警调度机的传输特性应满足 YD/T 954—1998 中 5.10 的要求；

k） 火警调度机的 No.7 公共信道信号方式应满足 GF 001—9001 中的要求。

4.3.3 火警座席性能要求

火警调度机的火警座席性能应满足以下要求：

a） 应有座席电话就席和离席功能。通过数据通信接口或座席话机操作实现座席电话就席和离席。座席离席时，应不再向其进行呼叫分配。

b） 应能通过通信接口或座席话机操作实现应答、呼叫、组呼、转接、强插、强拆、保留等功能。

c） 应能通过数据通信接口和座席话机操作实现报警人、消防通信指挥中心调度员、消防站通信员之间的“三方通话”功能。

d） 容量大于16线（不含火警中继）时，应有双向会议功能，会议方数不小于8方，并能通过数据通信接口实现任一方的加入和拆除。

e） 容量大于40线（不含火警中继）时，应有广播会议功能。座席能组织单向广播会议，座席发言，参加方只能听。支持的广播会议方数应不小于16方，并能通过数据通信接口实现任一方的加入和拆除。

f） 应能由软件设置选择下列四种方式进行呼叫分配[座席数量小于4个时，4）不做要求]，且座席应能选择接听任一呼入电话（无论该呼入是否分配）。当有火警和普通电话同时呼入时，应优先分配、应答火警呼叫：

1） 全呼方式。当有呼入时，向所有座席分配呼叫。

2） 循环分配。按座席顺序依次向各座席分配。

3） 顺序分配。当第一座席空闲时总是向第一座席分配，第一座席占用时，则向下分配，依次类推。

4） 按话务量分配。按空闲时间最长的先分配。

g） 采用 4.3.3f)中 2)、3)、4)分配方式时，火警调度机应有超时应答转移功能，某个座席超时限未予应答，应能自动将此呼叫优先转移至其他空闲座席，同时对超时座席自动置为离席状态，不再进行呼叫分配。

h） 应具有多种(至少 4 种)排队类别并分别对应不同的座席组，按照不同的被叫号码形成不同的呼入队列，并在本座席组内按 4.3.3f)要求向座席进行呼叫分配。座席组间应能对呼入电话进行转接。

4.4 火警数字录音录时装置性能要求

火警数字录音录时装置应满足以下基本性能要求：

a） 应能实现有线电话和无线电台的录音，实时记录有线电话(火警电话、调度专线电话)和无线电台的话音信息及相应时间，录制语音完整、清晰，在录音过程中应能显示工作状态。

b） 有线电话录音，应能自动识别电话网中的摘机、挂机信号，摘机开始录音，挂机停止录音；无线电台录音，应在无线通道有声音信号时开始录音，并能由软件设置声音停止间隔时间(延时)，间隔时间到时停止录音。

c） 每条录音记录应包括开始录音时间、结束录音时间、通道号、通道模式(有线或无线)、主叫电话号码、录音时长、录音文件名、附加信息等信息。

d） 存储录音记录的数据库应设置相应的安全机制，防止非法读取、修改和删除。

e） 应具有查询功能，能通过开始录音时间、主叫电话号码、通道号、通道模式等多种方式检索查询录音记录信息，对选定的记录能进行放音、拷贝等操作。

f） 应能同时记录不少于需同时受理火警电话数量的话音和时间信息。

g） 应能与火警受理信息系统时钟同步。接收到火警受理信息系统的时钟同步信号后，应能自动调整本机时钟；并能在开机时主动发出时钟同步申请信号。

h） 应能自动接收报警电话的主叫号码。

i） 应能对录音记录补充录入相关信息(如附加信息等)，但记录的原始话音和时间信息不能被修改。

j） 应能实时显示存储介质的剩余空间，应能通过软件设置两级剩余空间和录音记录保存时间值，当剩余空间小于第一级剩余空间时，应有声音或文字的报警，当剩余空间小于第二级剩余空间时，应能自动删除录音记录保存时间以远的录音记录来提供足够的存储空间。记录保存时间不应低于六个月。

k） 除 4.4j)规定的自动删除功能外，不应提供其他删除记录的功能。

l） 应能自动或手动备份录音记录，备份记录的存储介质应与原记录存储介质在物理上相对独立。

m） 开机后应能自动进入工作状态。

n） 对录音记录的编辑管理和退出操作应设置操作权限。

o） 应能自动记录火警数字录音录时装置进入和退出工作状态的时间。

p） 应能显示与火警受理信息系统的链接状态，当与火警受理信息系统的链接断开时，应有声信号或文字告警。

q） 应能实现多路同时的有线电话和无线电台的录音，而且各通道之间互不干扰，对通话质量没有任何影响。

r） 在播放、查询、拷贝录音信息时应能实现正常有线电话和无线电台录音功能。

s） 应具有音频转录功能，能将录音通过音频接口转录到其他存储介质中。

5 试验方法

5.1 总则

5.1.1 试验的大气条件

除在有关条文另有说明外，各项试验均应在下述大气条件下进行：

——温度：+15 ℃～+35 ℃；

——湿度：25%RH～75%RH；

——大气压力：86 kPa～106 kPa。

5.1.2 试验的正常监视状态

在有关条文中没有特殊要求时，应保证试样的工作电压为额定工作电压，并在试验期间保持工作电压稳定。

5.1.3 容差

除在有关条文另有说明外，各项试验数据的容差均为±5%；环境条件参数偏差应符合 GB 16838—2005 要求。

5.1.4 试验前检查

试样在试验前均应进行外观检查，符合下述要求时方可进行试验：

a） 表面无腐蚀、涂覆层剥落和起泡现象，无明显划伤、裂痕、毛刺等机械损伤；

b） 紧固部件无松动，控制机构应灵活；

c） 文字符号和标志清晰；

d） 具有使用说明书。

5.1.5 试验样品（简称试样）

5.1.5.1 火警受理信息系统

1 套软件。

5.1.5.2 火警调度机

2 套火警调度机，并在试验前予以编号。

5.1.5.3 火警数字录音录时装置

2 套火警数字录音录时装置，并在试验前予以编号。

5.1.6 试验程序

按表 6 规定的程序进行试验。

表6 试验程序

序号	条目	试验项目	火警受理信息系统	火警调度机	火警数字录音录时装置
1	5.2	功能试验	1	—	—
2	5.3～5.4	基本性能试验	—	1～2	1～2
3	5.5	高温(运行)试验	—	1	1
4	5.6	低温(运行)试验	—	1	1
5	5.7	恒定湿热(运行)试验	—	1	1
6	5.8	恒定湿热(耐久)试验	—	1	1
7	5.9	腐蚀试验	—	2	2
8	5.10	振动(正弦)(运行)试验	—	1	1
9	5.11	冲击试验	—	1	1
10	5.12	碰撞试验	—	1	1
11	5.13	振动(正弦)(耐久)试验	—	1	1
12	5.14	射频电磁场辐射抗扰度试验	—	2	2
13	5.15	射频场感应的传导骚扰抗扰度试验	—	2	2
14	5.16	静电放电抗扰度试验	—	2	2
15	5.17	电快速瞬变脉冲群抗扰度试验	—	2	2
16	5.18	浪涌(冲击)抗扰度试验	—	2	2

5.2 火警受理信息系统功能试验

5.2.1 基本功能试验

5.2.1.1 目的

检查火警受理信息系统的基本功能。

5.2.1.2 方法

5.2.1.2.1 按试样正常工作要求,连接火警受理信息系统(或其模拟装置),模拟报警电话呼入,观察并记录报警接收、应答、各种信息的生成和显示情况。

5.2.1.2.2 观察报警接警和调度过程中全程数字录音文件,在授权终端对该录音文件进行播放,记录操作结果。

5.2.1.2.3 观察并记录处警过程中系统根据灾害类型、灾害等级及各种加权因素、升级要素等自动编制出动力量调派方案的情况。

5.2.1.2.4 观察并记录处警过程中系统调用化学灾害等事故处置方案进行辅助决策的情况。

5.2.1.2.5 观察并记录处警过程中系统判断出动消防队和出动消防队距灾害事故现场路径的情况。

5.2.1.2.6 观察并记录处警过程中系统根据灾害事故现场对相关消防车辆进行排序选择的情况。

5.2.1.2.7 观察消防站名称/企业专职消防队名称、值班领导姓名、通信员姓名、战斗员人数、车辆编号、车辆类型、车辆状态、车辆位置等消防实力信息,并记录操作结果。

5.2.1.2.8 观察通过公安网或其他专网远程查询所属消防站的录音录时、消防实力、灾害记录等信息的情况,记录操作结果。

5.2.1.2.9 模拟对地理信息系统进行放大、缩小、移动、导航及图形数据和属性数据的编辑和修改等操作,观察并记录操作结果。

5.2.1.2.10 观察并记录接处警模拟训练情况。

5.2.1.2.11 观察并记录火警受理全过程的报警时间、报警信息、灾害信息及出动命令等数据和话音实时记录和存档的情况。

5.2.1.2.12 对 4.2.3 规定的所有数据进行统一管理、维护、检索和显示操作,记录操作结果。

5.2.1.2.13 对值班员信息进行管理操作,并记录操作结果。

5.2.1.2.14 对录音录时信息和灭火救援作战记录数据备份操作,并记录操作结果。

5.2.1.2.15 模拟更改火警受理座席终端、消防站终端、录音录时终端等设备的时钟,观察并记录时钟统一的情况。

5.2.1.2.16 观察并记录以不同的等级进入系统,进行不同操作的结果情况。

5.2.1.2.17 模拟制造报警接收通信故障、服务器通信故障、火警受理座席终端通信故障、消防站终端通信故障、录音录时终端通信故障、显示终端通信故障和联动控制装置连接故障等,观察并记录故障报警结果。

5.2.2 消防通信指挥中心火警受理信息系统功能试验

5.2.2.1 目的

检查消防通信指挥中心使用的火警受理信息系统的基本功能。

5.2.2.2 方法

5.2.2.2.1 模拟报警电话呼入后,观察并记录固定通信、移动通信、城市应急联动中心等部门提供的电话号码、地址、用户名称等报警信息的情况。

5.2.2.2.2 观察并记录通过输入单位、地址、街路、目标物、电话号码等进行手动定位灾害事故现场位置操作的结果;观察并记录通过地图点击、电话三字段信息等方式进行自动定位灾害事故现场位置操作的结果。

5.2.2.2.3 观察并记录根据报警人提供的单位名称、详细地址、燃烧物性质和火势、有无遇险人员、燃烧爆炸、毒气泄漏等灾害信息进行灾害类型和灾害等级的确认情况。

5.2.2.2.4 观察并记录通过灾害类型、灾害等级和消防实力等自动和/或人工编制出动方案的情况。

5.2.2.2.5 观察并记录根据灾害类型和灾害等级,自动显示灭火救援指挥级别并启动相应的灾害预警预案系统的情况。

5.2.2.2.6 观察系统与消防站、火场终端及相关单位进行话音和/或数据通信的情况,并记录通信结果。

5.2.2.2.7 观察系统在向出动中队下达出动命令(数据通信)的同时,启动语音调度通信的情况,并记录通信结果。

5.2.2.2.8 观察系统与城市消防远程监控系统进行数据通信的情况,并记录数据通信结果。

5.2.2.2.9 观察并记录系统接收、显示消防车辆的状态信息和位置信息的情况。

5.2.2.2.10 观察系统将出动车辆数量和属性、行车路线或灾害地点地图(可选)等出动命令下达到相应的消防站的操作,并记录操作结果。

5.2.2.2.11 观察系统实时监视各消防站车库门和训练场的图像信息,并进行多用户安全操作和控制,记录操作控制结果。

5.2.3 消防站火警受理信息系统功能试验

5.2.3.1 目的

检查消防站使用的火警受理信息系统的基本功能。

5.2.3.2 方法

5.2.3.2.1 观察系统接收消防通信指挥中心的话音和/或数据信息的操作,并记录操作结果。

5.2.3.2.2 观察系统自动接收消防通信指挥中心下达的出动命令并打印出车单的操作,并记录操作结果。

5.2.3.2.3 观察系统自动和/或手动启动相应的警灯、警铃等联动装置的操作,并记录操作结果。

5.2.3.2.4 观察系统上报本站消防实力信息的情况,并记录结果。

5.2.4 火警受理信息系统控制接口和/或通信接口功能试验

5.2.4.1 目的

检查火警受理信息系统控制接口和/或通信接口的基本功能。

5.2.4.2 方法

根据4.2.2.4中列举控制接口和/或通信接口的协议,编制协议数据包,向该控制接口和/或通信接口发送数据,观察并记录数据接收结果。

5.3 火警调度机基本性能试验

5.3.1 主要部件性能试验

5.3.1.1 目的

检查火警调度机主要部件的性能。

5.3.1.2 方法

5.3.1.2.1 检查并记录试样部件间接线的状况和标志情况。

5.3.1.2.2 检查并记录试样的零部件紧固状况,检查按键、开关、按钮等控制部件的可靠性和灵活性。

5.3.1.2.3 检查并记录试样的声压级。

5.3.2 基本性能试验

5.3.2.1 目的

检查火警调度机的基本性能。

5.3.2.2 方法

5.3.2.2.1 按试样正常工作要求,连接火警受理信息系统(或其模拟装置)、连接座席电话机(座席数量大于8线时,接8部话机;不大于8线时,按说明书最大座席容量连接),连接火警中继、普通中继线,当容量(不含火警中继)不大于16线时,按全容量接入话机;当容量(不含火警中继)大于16线时,连接至少16部话机。接通试样电源,观察并记录试样发送连机通信信号情况。

5.3.2.2.2 分别模拟火警中继、普通中继、调度专线、内部电话呼入和座席电话呼出，并进行应答、挂机、保留等操作，分别重新开启试样电源和从火警受理信息系统向试样发送申请话务状态信号，观察并记录火警受理信息系统接收话务状态数据情况。

5.3.2.2.3 模拟制造火警中继故障，再恢复故障，观察试样指示及音响状态及向火警受理信息系统发送告警信息情况。

5.3.2.2.4 调整自动拨测周期，分别在拨测成功和失败时，观察试样向火警受理信息系统发送测试信息情况。

5.3.2.2.5 查看并记录火警中继、普通中继、调度座席、话务台配置情况。

5.3.2.2.6 模拟一次火警电话呼入，座席应答后，将报警电话挂机，再次提机，观察并记录回铃音及操作结果。

5.3.2.2.7 从火警受理信息系统向试样发送时钟同步信号，观察并记录时钟同步状况；重新启动试样，观察记录向火警受理信息系统申请时钟同步信息情况。

5.3.2.2.8 进行火警呼入和普通中继呼入，观察并记录座席话机振铃情况。

5.3.2.2.9 通过火警受理信息系统或座席话机发起一个追呼呼叫，观察追呼情况下呼叫进程数据发送情况；再次进行一次追呼操作，中途中止追呼，观察并记录执行情况。

5.3.2.2.10 进行一次火警呼入，应答后将其转接到放音设备上，然后再中止放音，释放该路中继，观察并记录执行情况。

5.3.2.2.11 对于容量大于80线的火警调度机，模拟制造处理机、交换网络、电源等公共单元故障，观察并记录设备自动倒换功能实现情况。

5.3.2.2.12 将某一用户设置为专用热线方式，摘机后观察并记录呼入情况。

5.3.3 电话交换性能试验

5.3.3.1 目的

检查火警调度机的电话交换性能。

5.3.3.2 方法

按 YD/T 954—1998 和 YD/T 1304—2004 相应条款进行。

5.3.4 火警座席性能试验

5.3.4.1 目的

检查火警调度机的火警座席性能。

5.3.4.2 方法

5.3.4.2.1 按试样使用说明书上操作方法将某一座席设置为离席，进行电话呼入，观察记录试样呼叫分配状况。再将该座席设置为就席，进行电话呼入和应答操作，观察并记录试样呼叫分配情况。

5.3.4.2.2 分别用不同的座席电话通过拨号方式或火警受理信息系统的相关操作进行应答、呼叫、组呼、转接、强插、强拆、保留等操作，观察并记录试验结果。

5.3.4.2.3 模拟火警呼入，座席应答通话过程，然后通过座席拨号方式和火警受理信息系统的相关操作方式实现报警人、消防通信指挥中心调度员、消防站通信员之间的“三方通话”功能，观察并记录试验结果。

5.3.4.2.4 对容量大于16线(不含火警中继)的火警调度机，分别用不同座席组织8方双向会议，并进行参加会议方的拆除和加入操作，观察并记录通话结果。

5.3.4.2.5 对容量大于40线(不含火警中继)的火警调度机,用某一座席召开(16方)单向广播会议,并进行参加会议方的拆除和加入操作,观察并记录通话结果。

5.3.4.2.6 分别将呼叫分配方式设置为4.3.3f)中1)~4)四种方式[座席容量小于4个时4)不做]。进行火警、普通中继等呼入、应答和选择应答等操作,观察并记录试验结果。

5.3.4.2.7 将火警调度机分别设置为4.3.3f)中2)~4)呼叫分配方式,分别进行火警呼入,不予应答,观察并记录超时转移情况。

5.3.4.2.8 将火警调度机设置为四个呼入列队,四个不同的中继和座席组,按不同中继被叫号呼入并应答,观察并记录试验结果。

5.4 火警数字录音录时装置基本性能试验

5.4.1 主要部件性能试验

5.4.1.1 目的

检查火警数字录音录时装置主要部件的性能。

5.4.1.2 方法

5.4.1.2.1 检查并记录试样部件间接线的状况和标志情况。

5.4.1.2.2 检查并记录试样的零部件紧固状况,检查按键、开关、按钮等控制部件的可靠性和灵活性。

5.4.2 基本性能试验

5.4.2.1 目的

检查火警数字录音录时装置的基本性能。

5.4.2.2 方法

5.4.2.2.1 按试样正常工作要求,连接火警受理信息系统的座席电话机,连接无线固定电台,接通试样电源,模拟火警电话呼入并应答,观察并记录试样有线录音情况;使用电台通话,观察并记录试样无线录音情况,分别选择有线和无线的录音记录并放音,观察并记录试样播放有线、无线录音的声音及时间记录情况。

5.4.2.2.2 分别进行有线和无线的录音,观察并记录试样在有线和无线录音时的开始和结束状态。

5.4.2.2.3 查看试样录音记录,观察并记录开始录音时间、结束录音时间、通道号、通道模式、主叫电话号码、录音文件名等信息。

5.4.2.2.4 操作试样的存储记录数据库,观察并记录数据库是否有相应的安全机制。

5.4.2.2.5 通过开始录音时间、主叫电话号码、通道号、通道模式等条件进行录音记录数据库查询,对查询结果进行放音、拷贝等操作,观察并记录查询的结果和操作情况。

5.4.2.2.6 查看并记录当座席电话全部摘机接警情况下的录音操作。

5.4.2.2.7 在火警受理信息系统上统一修改系统时间,观察并记录试样的时间变化。

5.4.2.2.8 模拟一次火警电话呼入,座席应答接警后,座席电话挂机,观察并记录该录音记录的主叫号码的接收情况。

5.4.2.2.9 选定某一条记录,对其相关信息进行补充输入,观察并记录修改情况。

5.4.2.2.10 进行两次录音操作,观察并记录试样显示剩余存储空间的情况。将试样存储记录的硬盘分区剩余空间调整到小于第一级剩余空间的容量,观察并记录试样声音或文字告警情况;将试样存储记录的硬盘分区剩余空间调整到小于第二级剩余空间的容量,观察并记录试样自动删除录音记录保存时间以远的录音记录以获得更多存储空间的情况。

5.4.2.2.11 观察并记录试样无其他删除记录功能的情况。

5.4.2.2.12 将某一录音记录进行备份后，再清除原始录音文件，观察并记录是否能将备份的录音文件提取播放。

5.4.2.2.13 重新开启试样，观察并记录试样自动进入工作状态的情况。

5.4.2.2.14 观察并记录试样的退出操作权限。

5.4.2.2.15 对试样进行启动和退出操作，观察并记录试样记录开启与关闭时间的情况。

5.4.2.2.16 在试样与火警受理信息系统链接正常的状态下，模拟断开与火警受理信息系统的链接，观察并记录试样与火警受理信息系统的链接与断开的状态显示及声音或文字告警情况。

5.4.2.2.17 观察并记录试样多路同时有无线录音情况。

5.4.2.2.18 观察并记录试样在播放、查询、拷贝录音信息时实现正常有无线录音功能。

5.4.2.2.19 观察并记录试样是否能够将录音通过音频接口转录到其他存储介质中。

5.5 高温(运行)试验

5.5.1 目的

检验试样在高温条件下使用的适应性。

5.5.2 方法

5.5.2.1 将试样放入高温试验箱中，使其处于正常监视状态。

5.5.2.2 在温度23 ℃±5 ℃的条件下，以不大于0.5 ℃/min的升温速率，将温度升至55 ℃±2 ℃，在此条件下保持2 h。试验期间，观察并记录试样的工作状态。

5.5.2.3 试验后，取出试样，在正常大气条件下放置1 h。检查试样表面涂覆情况，并按5.3.2或5.4.2要求对试样进行基本性能试验。

5.5.3 试验设备

试验设备应符合GB 16838—2005的有关规定。

5.6 低温(运行)试验

5.6.1 目的

检验试样在低温条件下使用的适应性。

5.6.2 方法

5.6.2.1 将试样放在低温试验箱中，使其处于正常监视状态。

5.6.2.2 在温度15 ℃～20 ℃、相对湿度不大于70%的条件下保持1 h，然后以不大于0.5 ℃/min的降温速率，将温度降至－10 ℃±3 ℃，在此条件下保持2 h(试样不应有结冰现象)。试验期间，观察并记录试样的工作状态。

5.6.2.3 试验后，取出试样，在正常大气条件下放置1 h。检查试样表面涂覆情况，并按5.3.2或5.4.2要求对试样进行基本性能试验。

5.6.3 试验设备

试验设备应符合GB 16838—2005的有关规定。

5.7 恒定湿热(运行)试验

5.7.1 目的

检验试样在高湿度环境中使用的适应性。

5.7.2 方法

5.7.2.1 将试样放在湿热试验箱中,使其处于正常监视状态。

5.7.2.2 调节湿热试验箱,使试样在温度为 40 ℃±2 ℃、相对湿度为 93%±3%的条件下持续 4 d。试验期间,观察并记录试样的工作状态。

5.7.2.3 试验后,取出试样,在正常大气条件下放置 1 h。按 5.3.2 或 5.4.2 要求对试样进行基本性能试验。

5.7.3 试验设备

试验设备应符合 GB 16838—2005 的有关规定。

5.8 恒定湿热(耐久)试验

5.8.1 目的

检验试样耐受高湿度环境的能力。

5.8.2 方法

5.8.2.1 将试样放在湿热试验箱中。

5.8.2.2 调节湿热试验箱,使试样在温度为 40 ℃±2 ℃、相对湿度为 93%±3%的条件下持续 21 d。

5.8.2.3 试验后,取出试样,在正常大气条件下放置 1 h。按 5.3.2 或 5.4.2 要求对试样进行基本性能试验。

5.8.3 试验设备

试验设备应符合 GB 16838—2005 的有关规定。

5.9 腐蚀试验

5.9.1 目的

检验试样抗腐蚀的能力。

5.9.2 方法

5.9.2.1 将试样放入腐蚀试验箱中。

5.9.2.2 对试样施加下述严酷等级的试验:

a) 温度:25 ℃±2 ℃;

b) 相对湿度:90%~96%;

c) SO_2 浓度:$(25\pm5)\times10^{-6}$(体积比);

d) 试验周期:21 d。

5.9.2.3 试验后,取出试样,在正常大气条件下放置 16 h。按 5.3.2 或 5.4.2 要求对试样进行基本性能试验。

5.9.3 试验设备

试验设备应符合 GB 16838—2005 的有关规定。

5.10 振动(正弦)(运行)试验

5.10.1 目的

检验试样长时间承受振动影响的能力。

5.10.2 方法

5.10.2.1 将试样固定在振动试验台上,使其处于正常监视状态。

5.10.2.2 依次在三个互相垂直的轴线上,在 10 Hz～150 Hz 的频率循环范围内,以 0.981 m/s^2 的加速度幅值,1 倍频程每分的扫频速率,各进行 1 次扫频循环。

5.10.2.3 振动结束后,按 5.3.2 或 5.4.2 要求对试样进行基本性能试验。

5.10.3 试验设备

试验设备应符合 GB 16838—2005 的规定。

5.11 冲击试验

5.11.1 目的

检验试样对非经常性机械冲击的抗干扰性。

5.11.2 试验方法

5.11.2.1 将试样固定在冲击试验台上,使其处于正常监视状态。

5.11.2.2 对质量为 m(kg)的试样,当 $m \leqslant 4.75$ 时,峰值加速度为$(100-20m)\times 10\ m/s^2$;当 $m>4.75$ 时,峰值加速度为 0,脉冲时间为 6 ms。启动冲击试验台,对试样的 6 个方向进行冲击。

5.11.2.3 试验后,按 5.3.2 或 5.4.2 要求对试样进行基本性能试验。

5.11.3 试验设备

试验设备应符合 GB 16838—2005 的规定。

5.12 碰撞试验

5.12.1 目的

检验试样承受机械碰撞的适应性。

5.12.2 试验方法

5.12.2.1 将试样按正常的工作位置固定在碰撞试验台的水平安装板上,使其处于正常监视状态。试样在试验前应至少通电 15 min。

5.12.2.2 调整碰撞试验设备,使锤头碰撞面的中心能够从水平方向碰撞试样,并对准使试样最易遭受破坏的部位。然后以 1.500 m/s±0.125 m/s 的锤头速度、1.9 J±0.1 J 的碰撞动能碰撞试样 1 次。试验期间,观察并记录试样的工作状态。

5.12.2.3 试验后,按 5.3.2 或 5.4.2 要求对试样进行基本性能试验。

5.12.3 试验设备

试验设备应符合 GB 16838—2005 的规定。

5.13 振动(正弦)(耐久)试验

5.13.1 目的

检验试样长时间承受振动影响的能力。

5.13.2 方法

5.13.2.1 将试样固定在振动试验台上。

5.13.2.2 依次在三个互相垂直的轴线上，在 10 Hz～150 Hz 的频率循环范围内，以 4.905 m/s^2 的加速度幅值，1 倍频程每分的扫频速率，各进行 20 次扫频循环。

5.13.2.3 试验后，按 5.3.2 或 5.4.2 要求对试样进行基本性能试验。

5.13.3 试验设备

试验设备应符合 GB 16838—2005 的规定。

5.14 射频电磁场辐射抗扰度试验

5.14.1 目的

检验试样在射频电磁场辐射环境下工作的适应性。

5.14.2 方法

5.14.2.1 将试样安放在不导电支座上，接通电源，使试样处于正常监视状态 15 min。

5.14.2.2 按 GB 16838—2005 中的要求，对试样施加表 5 所示条件的电磁干扰。

5.14.2.3 干扰期间，观察并记录试样工作状态。

5.14.2.4 干扰环境结束后，按 5.3.2 或 5.4.2 要求对试样进行基本性能试验。

5.14.3 试验设备

试验设备应满足 GB 16838—2005 的有关要求。

5.15 射频场感应的传导骚扰抗扰度试验

5.15.1 目的

检验试样在来自射频发射机产生的电磁骚扰环境下工作的适应性。

5.15.2 方法

5.15.2.1 将试样安放在绝缘台上，接通电源，使试样处于正常监视状态，保持 15 min。

5.15.2.2 按 GB 16838—2005 中的要求，对试样施加表 5 所示条件的电磁干扰。

5.15.2.3 干扰期间，观察并记录试样工作状态。

5.15.2.4 干扰结束后，按 5.3.2 或 5.4.2 要求对试样进行基本性能试验。

5.15.3 试验设备

试验设备应满足 GB 16838—2005 的规定。

5.16 静电放电抗扰度试验

5.16.1 目的

检验试样对带静电人员、物体造成的静电放电的适应性。

5.16.2 方法

5.16.2.1 将试样放在距接地参考平面 0.8 m 的支架上。接通电源,使试样处于正常监视状态,保持 15 min。
5.16.2.2 对绝缘体外壳的试样,实施空气放电;对导体外壳的试样,实施接触放电。
5.16.2.3 按 GB 16838—2005 中的要求,对试样施加表 5 所示条件的电磁干扰。
5.16.2.4 干扰期间,观察并记录试样的工作状态。
5.16.2.5 干扰结束后,按 5.3.2 或 5.4.2 要求对试样进行基本性能试验。

5.16.3 试验设备

试验设备应满足 GB 16838—2005 的规定。

5.17 电快速瞬变脉冲群抗扰度试验

5.17.1 目的

检验试样抗电快速瞬变脉冲群干扰的能力。

5.17.2 方法

5.17.2.1 将试样安放在绝缘台上,接通电源,使试样处于正常监视状态,保持 15 min。
5.17.2.2 按 GB 16838—2005 中的要求,对试样施加表 5 所示条件的电磁干扰。
5.17.2.3 干扰期间,观察并记录试样工作状态。
5.17.2.4 干扰结束后,按 5.3.2 或 5.4.2 要求对试样进行基本性能试验。

5.17.3 试验设备

试验设备应满足 GB 16838—2005 的有关要求。

5.18 浪涌(冲击)抗扰度试验

5.18.1 目的

检验试样对附近闪电或供电系统的电源切换及低电压网络、包括大容性负载切换等产生的电压瞬变(电浪涌)干扰的适应性。

5.18.2 方法

5.18.2.1 将试样安放在绝缘台上,接通电源,使试样处于正常监视状态,保持 15 min。
5.18.2.2 按 GB 16838—2005 中的要求,对试样施加表 5 所示条件的电磁干扰。
5.18.2.3 干扰期间,观察并记录试样工作状态。
5.18.2.4 干扰结束后,按 5.3.2 或 5.4.2 要求对试样进行基本性能试验。

5.18.3 试验设备

试验设备应满足 GB 16838—2005 的有关要求。

6 检验规则

6.1 产品出厂检验

企业在产品出厂前应对组成火警受理系统的各类设备进行外观检查,并进行基本性能试验。

6.2 型式检验

6.2.1 型式检验项目为第5章规定的内容。在出厂检验合格的产品中抽取检验样品。

6.2.2 有下列情况之一时,应进行型式检验:

a) 新产品或老产品转厂生产时的试制定型鉴定;

b) 正式生产后,产品的结构、主要部(器)件或元器件、生产工艺等有较大的改变,可能影响产品性能或正式投产满4年;

c) 产品停产一年以上,恢复生产;

d) 出厂检验结果与上次型式检验结果差异较大;

e) 发生重大质量事故。

6.2.3 检验结果按GB 12978规定的型式检验结果判定方法进行判定。

7 标志

7.1 产品标志

组成火警受理系统的各类设备均应有清晰、耐久的产品标志,产品标志应包括以下内容:

a) 制造商名称、地址;

b) 产品名称、型号;

c) 产品主要技术参数;

d) 制造日期及产品编号;

e) 执行标准。

7.2 质量检验及合格评定标志

组成火警受理系统的各类设备均应有质量检验合格标志。

ICS 13.220.10
C 81

中华人民共和国国家标准

GB/T 25113—2010

移动消防指挥中心通用技术要求

General technical requirement for mobile fire command center

2010-09-02 发布　　2011-05-01 实施

中华人民共和国国家质量监督检验检疫总局
中国国家标准化管理委员会　发布

前言

本标准第5章内容为强制性,其余为推荐性。

本标准由中华人民共和国公安部提出。

本标准由全国消防标准化技术委员会消防通信分技术委员会(SAC/TC 113/SC 14)归口。

本标准负责起草单位:公安部沈阳消防研究所。

本标准参加起草单位:北京市公安消防总队、上海市公安消防总队、广东省公安消防总队、湖南公安消防总队、新疆公安消防总队、北京兆恒科技发展有限公司、电信科学技术第一研究所。

本标准主要起草人:吕欣驰、张春华、金京涛、陈剑、张昊、滕波、朱春玲、马青波、盛建国、楼兰、王湘新、乔雅平、谷光敏、陈春东。

移动消防指挥中心通用技术要求

1 范围

本标准规定了移动消防指挥中心的术语和定义、构成、技术要求、设备配置要求。

本标准适用于以车辆为载体的移动消防指挥中心。以船舶等为载体的移动消防指挥中心以及独立方舱式移动消防指挥中心的技术要求可参照本标准。

2 规范性引用文件

下列文件中的条款通过本标准的引用而成为本标准的条款。凡是注日期的引用文件，其随后所有的修改单(不包括勘误的内容)或修订版不适用于本标准。然而，鼓励根据本标准达成协议的各方研究是否可使用这些文件的最新版本。凡是不注日期的引用文件，其最新版本适用于本标准。

GB 1589 道路车辆外廓尺寸、轴荷及质量限值

GB 4785 汽车及挂车外部照明和光信号装置的安装规定

GB/T 4798.5 电工电子产品应用环境条件 第5部分：地面车辆使用

GB 7258 机动车运行安全技术条件

GB 8410 汽车内饰材料的燃烧特性

GB 12638 微波和超短波通信设备辐射安全要求

GB 14050 系统接地的型式及安全技术要求

GB 50313 消防通信指挥系统设计规范

GB 50401 消防通信指挥系统施工及验收规范

3 术语和定义

下列术语和定义适用于本标准。

3.1

消防通信指挥中心 fire communication and command center

设在省(自治区)、市消防指挥机构，具有受理火灾及其他灾害事故报警、灭火救援指挥调度、消防情报信息支持等功能的部分。

3.2

移动消防指挥中心 mobile fire command center

设在消防通信指挥车等移动载体上，具有在火场及其他灾害事故现场和消防勤务现场通信组网、指挥通信、情报信息支持等功能的部分，是消防通信指挥中心的延伸。

3.3

现场通信组网 communication network construction at scene

在火场及其他灾害事故现场，建立通信传输链路，连通各个通信节点的交换设备和通信终端设备，构成信息传输的通信网络。

4 构成

4.1 移动消防指挥中心选用的车辆，根据灭火救援作战要求，可由一辆通信指挥综合功能车或多辆专项功能车(如通信指挥车、卫星通信车、大型会议车等)组合构成。
4.2 移动消防指挥中心配置的设备可由通信终端设备、现场通信组网设备、作战指挥室设备、附属供电保障设备等组合构成。

5 技术要求

5.1 一般要求

5.1.1 移动消防指挥中心(以下简称移动中心)应具有下列通用性能：
a) 具有较高机动性能，应能快速到达火场及其他灾害事故现场；
b) 建立通信链路时间不应大于 10 min；
c) 应符合国家有关电磁兼容技术规范标准，各种技术设备不得相互干扰；
d) 车内设备布局合理，应有减振、降噪、隔音、防静电、防雷等措施，具有良好、舒适工作环境；
e) 采用集成化操作平台，工作界面应设计合理，操作简单、方便；
f) 应采用模块化设计，具有良好的共享性和可扩展性；
g) 应采用北京时间计时，计时最小量度为秒，系统内保持时钟同步；
h) 应与消防通信指挥中心的数据保持一致。
5.1.2 移动中心应具有下列接口：
a) 与消防通信指挥中心的语音、数据、图像传输接口；
b) 相关公网和专网的通信接入接口；
c) 外接电源、电话、网络、光纤和视音频信号接入(出)接口。
5.1.3 移动中心与外网通信应具有信息传输和接入的安全措施。
5.1.4 移动中心的软硬件设备应符合下列要求：
a) 计算机等信息技术设备应符合 GB 50401 的规定；
b) 有线通信设备、无线通信设备、卫星通信设备等产品应符合 GB 50401 的规定；
c) 开关插座、电线电缆等电器材料应采用符合国家有关标准的产品；
d) 商业软件应具有软件使用(授权)许可证；
e) 专业应用软件应具有安装程序和程序结构说明、安装使用维护手册；
f) 软件应具有防病毒、漏洞修补功能；
g) 软件应具有配置数据备份导出功能。

5.2 现场通信组网要求

5.2.1 移动中心应能通过外接电话接口或卫星通信链路，开通市话等有线电话。
5.2.2 移动中心可通过车载电话交换机和有线电话通信线路，开通现场有线电话指挥通信网络。
5.2.3 移动中心应具有现场指挥广播扩音功能。
5.2.4 移动中心应能通过车载电台、手持电台等无线用户终端设备进行下列无线语音指挥通信：
a) 与消防通信指挥中心通信；
b) 现场内各级指挥员之间通信；
c) 与多种形式消防队伍协同通信；
d) 与灭火救援应急联动队伍协同通信。

5.2.5 移动中心应能在发生自然灾害或突发技术故障造成大范围通信中断时，通过卫星电话、短波电台、广播通信等无线用户终端设备，提供应急通信保障。

5.2.6 移动中心应具有撤退、遇险等紧急呼叫信号的发送功能。

5.2.7 移动中心可通过移动通信基站，采用通信中继等方式，保证无线通信盲区的语音通信不间断。

5.2.8 移动中心可采用地下无线中继等方式，实现与地铁、隧道、地下室等地下空间内的语音通信。

5.2.9 移动中心可通过移动卫星站(车载或便携)双向传输语音、数据、图像信息。

5.2.10 移动中心应具有内部计算机网络，并可在现场范围内建立无线局域网。

5.3 现场情报信息要求

5.3.1 移动中心应能接收以下指令：

a) 消防通信指挥中心的指挥调度指令；

b) 公安机关指挥中心、政府相关部门的指挥调度指令。

5.3.2 移动中心应能接收、显示火灾及其他灾害事故信息。

5.3.3 移动中心应能查询以下信息：

a) 基于地理信息的各类灭火救援信息；

b) 预案、现场水源、周边建(构)筑物、消防实力、战勤保障、现场气象等信息；

c) 危险化学品、各类火灾和灾害事故的特性及技战术措施、抢险救援勤务规程、特种装备使用说明、典型案例、专家资料等信息。

5.3.4 移动中心应能采集录入火灾及其他灾害事故有关数据、现场环境条件和灾情态势。

5.3.5 移动中心应能跟踪、显示出动消防车辆行进、到场等实时状态信息，并具有分级、分区域和特定车辆监控功能。

5.3.6 移动中心应能向出动消防车辆、人员下达灭火救援行动命令。

5.3.7 移动中心应能向灭火救援有关单位发出灾情通报和联合作战要求。

5.3.8 移动中心应能上传灾害事故现场情况、临机灾害处置方案和灭火救援作战部署。

5.3.9 移动中心应能通过无线图像传输等设备，采集现场实况图像，并能将图像传输到消防通信指挥中心。

5.3.10 移动中心应能接入消防通信指挥中心传输的消防监控图像、公安监控图像。

5.3.11 移动中心应能召开现场视频指挥会议，并能参加公安、政府等召开的视频会议。

5.3.12 移动中心可通过气象信息采集(接收)设备，实时采集(接收)现场风速、风向、温度和湿度等常规气象要素。

5.3.13 移动中心地理信息平台应满足以下要求：

a) 应能定位显示火灾及其他灾害事故地理位置；

b) 应能显示灾害事故地点周边的建(构)筑物、道路、消防水源等信息；

c) 应能显示现场消防车辆的实时位置和动态轨迹；

d) 应能检索显示消防实力、消防装备器材、公安警力、灭火救援有关单位等分布信息；

e) 应能检索显示消防和公安监控图像系统的摄像站点分布信息；

f) 应能标绘显示火灾及其他灾害事故影响范围及趋势、灭火救援态势、临机灾害处置方案、灭火救援作战部署等；

g) 应具有地图放大、缩小、平移、漫游等功能；

h) 应具有道路、建(构)筑物等目标的距离、面积测量功能；

i) 应具有最佳行车路径分析功能；

j) 应能打印输出专题地图。

5.3.14 移动中心应能实时记录现场指挥通信全过程的文字、语音、图像(图片)等信息。

5.3.15 移动中心应能自动生成有关的统计报表。

5.4 现场辅助决策要求

5.4.1 移动中心应能对当前灾害事故的发展趋势和可能造成的后果进行评估。

5.4.2 移动中心应能根据灾害事故评估结果，提供相应的解决对策及决策参考数据。

5.4.3 移动中心应能计算现场需要的消防车辆、装备、器材、药剂，并能下达调集命令。

5.4.4 移动中心应能现场标绘作战部署，编制临机灾害事故处置方案。

5.4.5 移动中心应能进行临机灾害事故处置方案的推演和修订。

5.4.6 移动中心应能启动临机灾害事故处置方案。

5.5 现场通信控制要求

5.5.1 移动中心应能显示呼入电话号码。

5.5.2 移动中心应能进行电话呼叫、应答、转接。

5.5.3 移动中心应能进行无线通信信道(通话组)监听，显示呼入无线电台的身份码。

5.5.4 移动中心应能进行无线电台的呼叫、应答、转接。

5.5.5 移动中心应能配置无线常规通信终端的信道频率，对终端进行动态分组、收发状态控制等。

5.5.6 移动中心应能进行卫星通信链路的建立和撤收。

5.5.7 移动中心应能进行现场有线、无线录音和选择回放指定录音，录音录时功能应符合 GB 50313 的规定。

5.5.8 移动中心应能进行现场图像的预显、存储、检索和选择回放。

5.5.9 移动中心应能进行现场图文信息的切换、显示。

5.5.10 移动中心应能进行交互多媒体作战会议操作。

5.5.11 移动中心应能进行现场指挥广播扩音操作。

5.5.12 移动中心可对载体内的各种电气设备进行集中控制和监测。

5.6 图文显示要求

5.6.1 移动中心显示设备应能显示下列消防实力信息：

a） 消防指挥机关的值班领导、值班电话；
b）消防站的值班领导、车辆和人员数量、通信联络方法；
c） 消防车辆属地、类型、状态、位置、通信联络方法。

5.6.2 移动中心显示设备应能显示下列时间、气象、火警信息：

a） 日期、时钟；
b） 天气情况、温度、湿度、风向、风速等；
c） 灭火救援统计数据；
d） 当前灾害事故的地址、类型、等级、态势、出动力量等。

5.6.3 移动中心显示设备应能显示下列视音频信息：

a）现场图像；
b） 消防监控图像和公安监控图像；
c） 视频会议图像。

5.6.4 移动中心显示设备应能显示下列计算机网络传输的信息：

a） 作战指挥工作界面；
b） 通信组网管理工作界面；
c） 现场地理信息；
d） 出动消防车辆的位置等状态信息。

5.7 装载与保障要求

5.7.1 移动中心应根据功能需求合理选择大、中、小型车辆底盘，车辆底盘应为专业汽车厂家的定型产品，具有中国强制性产品质量认证证书。

5.7.2 移动中心车辆底盘离地间隙、接近角、离去角应保持原车参数。

5.7.3 移动中心车辆改装应由专业汽车改装厂承担。

5.7.4 移动中心车辆改装不应更改原车底盘的发动机、传动系、制动系、行驶系和转向系等关键总成。

5.7.5 移动中心车辆运行安全技术条件应符合 GB 7258 的规定。

5.7.6 移动中心车辆外廓尺寸应符合 GB 1589 的规定。

5.7.7 移动中心整车最大总质量不应大于原车最大允许总质量。

5.7.8 移动中心车辆在空载和满载状态下，装备质量和总质量应在各轴之间合理分配，轴荷应在左右车轮之间均衡分配。

5.7.9 移动中心车载通信设备应用环境条件应符合 GB 4798.5 的规定。

5.7.10 移动中心车内有关设备的微波和超短波辐射强度应符合 GB 12638 的规定。

5.7.11 移动中心车辆车顶应预设各类无线通信天线安装位置和馈线穿管(防灌水设计)。

5.7.12 移动中心应提供足够的物品存放空间。

5.7.13 移动中心应具有隔音、保温、防水、通风措施。

5.7.14 移动中心车内装饰材料应符合环保要求，其燃烧特性应符合 GB 8410 的规定。

5.7.15 移动中心车内高度应能使人员进出方便。

5.7.16 移动中心车内地板应防静电、防滑、耐磨损。

5.7.17 移动中心车内温度应控制在 18 ℃～26 ℃。

5.7.18 移动中心的照明应满足以下要求：

a) 车辆外部照明和光信号装置应符合 GB 4785 的规定；

b) 可采用交、直流照明设备；

c) 应提供车内外设备检修照明；

d) 作战指挥室照明应符合召开多媒体会议的相关标准；

e) 车内照明应采用光滑无尖锐角度的灯具，台面光照度不应小于 300 lx。

5.7.19 移动中心的线缆布设应满足以下要求：

a) 应有线槽(管)保护；

b) 电源线、信号线应分开布设；

c) 布线应布局合理、捆扎整齐，走线标识齐全；

d) 车外应按照隐蔽、美观、防雨、密封的原则布线。

5.7.20 移动中心的供电系统应满足以下要求：

a) 可分为照明供电、设备供电、空调供电；

b) 可采用自动切换外接电源和自备发(供)电两种供电方式；

c) 自备发(供)电可采用车载发电机、取力发电、车用电瓶等方式；

d) 应能保证 24 h 不停机满负荷运行；

e) 车载发电机额定功率应大于整车用电功耗的 20%；

f) 车载发电机安装应有减振、降噪、强制排风换气等措施，并便于维护检修。距离车载发电机 7 m 处，噪音不应大于 65 dB(A)；

g) 车载发电机工作时，作战指挥室内噪音不应大于 75 dB(A)；

h) 一次配电单元应由电源接口板、发电机、配电盘等组成，提供空调、照明等用电；

i） 二次配电单元应由 UPS 电源、交直流配电盘等组成，提供电子设备用电；

j） UPS 电源应采用在线式，并保证电子设备正常使用 30 min；

k） 应具有完善的短路保护、过载保护、漏电保护装置和稳压装置。

5.7.21 移动中心的接地应满足以下要求：

a） 接地技术安全应符合 GB 14050 的规定；

b） 应有临时接地装置。

5.7.22 作战指挥室型移动消防指挥中心宜设置相对独立的作战指挥室和通信控制室，也可由通信保障车和作战指挥室车组合组成，采用通信线缆或无线网络设备联网。

5.7.23 移动中心作战指挥室可设置综合显示屏和配套音响，显示播放通用格式的图像、语音和文本信息。

5.7.24 移动中心作战指挥室或通信控制室的桌椅和机柜应满足以下要求：

a） 应具有减振、散热措施，与车体连接牢固可靠，在行驶过程中不应产生任何松动和噪音；

b） 布局应便于设备的安装、操作和检修。

5.7.25 设置附属设备仓的大、中型移动消防指挥中心，附属设备仓与其他工作区应隔离。

6 设备配置要求

移动中心设备配置应符合表 1 要求。

表 1 移动中心设备配置表

序号	设备名称	规格、描述	数量
1	电话交换设备	根据需要选定电话交换机(集团电话)、语音网关等	选配
2	电话机	总机，配置在作战指挥室、通信控制室、火场其他分指挥部等电话	≥5
3	车外广播扩音设备	麦克、功放、高音喇叭等	1
4	无线移动通信基站	根据需要选定常规或集群网设备	选配
5	无线车载电台	根据需要选定具体设备和技术参数	≥1
6	无线手持电台、充电器	根据需要选定具体设备和技术参数	≥10
7	无线地下中继设备	用于地下空间语音通信，根据需要选定技术参数	选配
8	无线数据网设备	数据终端、无线接入网等设备	选配
9	无线图像传输设备	接收机、发射机、便携式摄像机等	≥1
10	短波电台	用于应急语音通信，车载或便携，根据需要选定技术参数	选配
11	移动卫星站	车载或便携；含天线、室内单元、室外单元等设备	1
12	卫星电话终端	车载或便携，语音及数据通信	≥1
13	网络交换机及路由器	根据需要选定技术参数	1
14	紧急信号发送设备	撤退、遇险等紧急呼叫信号的发送通信	1
15	通信组网管理设备	通信接入、交换、管理、集中控制	1
16	车载计算机	含显示屏、通信卡等	≥2
17	便携式计算机	含通信卡等	≥1
18	作战指挥业务软件	灾情接收、信息查询、指挥决策、作战指挥等	1
19	车辆状态监控软件	接收并显示出动消防车辆实时状态信息	1

表 1（续）

序号	设备名称	规格、描述	数量
20	便携式消防作战指挥终端	集成多种功能的灭火救援指挥箱，能实现信息查询、预案检索、临机方案编制、地理信息 GPS 导航、现场态势标绘、语音警示、数据传输、现场全程记录等功能	1
21	视音频会议系统终端	视音频编码器、会议摄像头、云台等	1
22	车内音响系统	麦克、调音台、功放、音箱等	1
23	打印、复印、传真机	多功能一体机	1
24	现场图像采集设备	车顶(外)摄像机等	≥1
25	气象采集设备	小型气象站	选配
26	标准时钟	GPS 时钟、显示屏	1
27	综合显示屏及附件	选用 LED、LCD、液晶等显示屏或投影机等	1
28	显示控制设备	音视频矩阵切换器、音视频分配器、图像分割器	1
29	音视频存储设备	硬盘录像机、录音录时工作站及软件	1
30	定制车厢	作战指挥室、通信控制室、附属设备仓、附属卫生间、车顶平台、车梯等	选配
31	会议桌、椅	会议桌可电动或手动折叠	选配
32	指挥通信坐席	操作台、工作椅	选配
33	通信机柜	标准机柜、二次减振系统	≥1
34	储物柜	根据实际需要配置	选配
35	外接口面板仓和接口	电源、网络、光纤、电话、视音频接口，防水 6 级	1
36	升降杆	电(气)动折叠(伸缩)式，可安装云台、摄像机、强光灯等	选配
37	电缆盘、盘架、线缆	电源、网络、电话、视音频线缆；野战光纤等	选配
38	综合布线	电源、网络、电话、视音频、照明等布线；多功能插座组；防雷接地等	选配
39	行车设备	车辆导航终端、倒车后视器等	选配
40	警示设备	长排警灯、警报器、前/后部爆闪警灯	1
41	供电设备	车载发电机或取力，20%裕量、发电机静音及减振处理	1
42	配电盘柜	一体化配电控制，内外电源自动切换	1
43	隔离变压器	根据需要选定技术参数	1
44	UPS 电源	支持 30 min	1
45	驻车空调	驻车专用空调，有制冷、制热、换风、除湿功能	选配
46	车内照明	各舱室、台面照明	1
47	车外照明	车外环境照明、强光照明	选配
48	卫生间设备	洗手池、坐(蹲)便器、淋浴器、清/污水箱	选配
49	饮用水设备	车载饮水机	选配
50	食品加热设备	车载微波炉	选配
51	食品冷藏设备	车载专用冰箱	选配

ICS 13.220.20
C 81

中华人民共和国国家标准

GB 26875.1—2011

城市消防远程监控系统 第1部分:用户信息传输装置

Remote-monitoring system of urban fire protection—Part 1: User information transmission device

2011-07-29 发布　　2012-05-01 实施

中华人民共和国国家质量监督检验检疫总局
中国国家标准化管理委员会　发布

前言

本部分的第4章、第7章为强制性的,其余为推荐性的。

GB 26875《城市消防远程监控系统》分为六个部分:

——第1部分:用户信息传输装置;

——第2部分:通信服务器软件功能要求;

——第3部分:报警传输网络通信协议;

——第4部分:基本数据项;

——第5部分:受理软件功能要求;

——第6部分:信息管理软件功能要求。

本部分为GB 26875的第1部分。

本部分依据GB/T 1.1—2009给出的规则起草。

请注意本文件的某些内容可能涉及专利。本文件的发布机构不承担识别这些专利的责任。

本部分由全国消防标准化技术委员会消防通信分技术委员会(SAC/TC 113/SC 14)归口。

本部分负责起草单位:公安部沈阳消防研究所。

本部分参加起草单位:万盛(中国)科技有限公司、海湾消防网络有限公司、沈阳美宝控制有限公司、同方股份有限公司、广东百迅信息科技有限公司、上海易达通信公司、福建省盛安城市安全信息发展有限公司、北京网迅青鸟科技发展有限公司。

本部分主要起草人:王军、隋虎林、姜学赟、徐放、张磊、马青波、李志刚、刘濛、芦日新、赵辉、贾根莲、严志明、高宏、苗占胜、徐文飞、陈兴煜、冯权辉、刘启明。

城市消防远程监控系统
第1部分:用户信息传输装置

1 范围

GB 26875的本部分规定了城市消防远程监控系统中用户信息传输装置的术语和定义、要求、试验方法、检验规则和标志。

本部分适用于一般工业与民用建筑中安装使用的城市消防远程监控系统用户信息传输装置。

2 规范性引用文件

下列文件对于本文件的应用是必不可少的。凡是注日期的引用文件,仅注日期的版本适用于本文件。凡是不注日期的引用文件,其最新版本(包括所有的修改单)适用于本文件。

GB/T 9969 工业产品使用说明书 总则

GB 12978 消防电子产品检验规则

GB 16838 消防电子产品 环境试验方法及严酷等级

GB/T 17626.2—2006 电磁兼容 试验和测量技术 静电放电抗扰度试验

GB/T 17626.3—2006 电磁兼容 试验和测量技术 射频电磁场辐射抗扰度试验

GB/T 17626.4—2008 电磁兼容 试验和测量技术 电快速瞬变脉冲群抗扰度试验

GB/T 17626.5—2008 电磁兼容 试验和测量技术 浪涌(冲击)抗扰度试验

GB/T 17626.6—2008 电磁兼容 试验和测量技术 射频场感应的传导骚扰抗扰度

GB/T 26875.3—2011 城市消防远程监控系统 第3部分:报警传输网络通信协议

GB 50440 城市消防远程监控系统技术规范

3 术语和定义

GB 50440界定的术语和定义适用于本文件。

4 要求

4.1 整机性能要求

4.1.1 通用要求

4.1.1.1 用户信息传输装置(以下简称传输装置)的主电源宜采用220 V,50 Hz交流电源。

4.1.1.2 传输装置应具有中文功能标注,用文字显示信息时应采用中文。

4.1.1.3 传输装置应通过指示灯(器)或文字显示方式,明确指示各类信息的传输过程、传输成功或失败等状态。在使用指示灯方式指示信息传输状态时,宜采用指示灯闪烁方式指示信息正在传输中,常亮方式指示信息传输成功。

4.1.1.4 传输装置应具有信息重发功能,信息重发机制应满足GB/T 26875.3—2011中6.5的要求。传输装置在传输信息失败后,应能发出指示传输信息失败或通信故障的声信号。

4.1.1.5 传输装置与监控中心间通信线路(链路)的接口,其物理特性和电特性应符合相应的国家标准。

4.1.1.6 传输装置与监控中心间的信息传输通信协议应满足GB/T 26875.3—2011的要求。

4.1.2 火灾报警信息的接收和传输功能

4.1.2.1 传输装置应能接收来自联网用户火灾探测报警系统的火灾报警信息,并在10 s内将信息传输至监控中心。

4.1.2.2 传输装置在传输火灾报警信息期间,应发出指示火灾报警信息传输的光信号或信息提示。该光信号应在火灾报警信息传输成功或火灾探测报警系统复位后至少保持5 min。

4.1.2.3 传输装置在传输除火灾报警和手动报警信息之外的其他信息期间,及在进行查岗应答、装置自检、信息查询等操作期间,如火灾探测报警系统发出火灾报警信息,传输装置应能优先接收和传输火灾报警信息。

4.1.3 建筑消防设施运行状态信息的接收和传输功能

4.1.3.1 传输装置应能接收来自联网用户建筑消防设施的按GB 50440附录A中所列的运行状态信息(火灾报警信息除外),并在10 s内将信息传输至监控中心。

4.1.3.2 传输装置在传输建筑消防设施运行状态信息期间,应发出指示信息传输的光信号或信息提示,该光信号应在信息传输成功后至少保持5 min。

4.1.4 手动报警功能

4.1.4.1 传输装置应设置手动报警按键(钮)。当手动报警按键(钮)动作时,传输装置应能在10 s内将手动报警信息传送至监控中心。

4.1.4.2 传输装置在传输手动报警信息期间,应发出手动报警状态光信号,该光信号应在信息传输成功后至少保持5 min。

4.1.4.3 传输装置在传输火灾报警信息、建筑消防设施运行状态信息和其他信息期间,及在进行查岗应答、装置自检、信息查询等操作期间,应能优先进行手动报警操作和手动报警信息传输。

4.1.5 巡检和查岗功能

4.1.5.1 传输装置应能接收监控中心发出的巡检指令,并能根据指令要求将传输装置的相关运行状态信息传送至监控中心。

4.1.5.2 传输装置应能接收监控中心发送的值班人员查岗指令,并能通过设置的查岗应答按键(钮)进行应答操作。传输装置接收来自监控中心的查岗指令后,应发出查岗提示声、光信号,声信号应与其他提示有明显区别。该声、光信号应保持至查岗应答操作完成。在无应答情况下,声、光信号应保持至接收并执行来自监控中心的新指令或至少保持10 min。

4.1.6 本机故障报警功能

4.1.6.1 传输装置应设置独立的本机故障总指示灯,该故障总指示灯在传输装置存在故障信号时应点亮。

4.1.6.2 当发生下列故障时,传输装置应在100 s内发出本机故障声、光信号,并指示故障类型:

a) 传输装置与监控中心间的通信线路(链路)不能保障信息传输;

b) 传输装置与建筑消防设施间的连接线发生断路、短路和影响功能的接地(短路时发出报警信号除外);

c) 给备用电源充电的充电器与备用电源间连接线的断路、短路;

d) 备用电源与其负载间连接线的断路、短路。

本机故障声信号应能手动消除,再有故障发生时,应能再启动;本机故障光信号应保持至故障排除。

对于b)~d)类故障,传输装置应在指示出该类故障后的60 s内将故障信息传送至监控中心。

4.1.6.3 传输装置的本机故障信号在故障排除后,可以自动或手动复位。手动复位后,传输装置应在100 s内重新显示存在的故障。

4.1.7 自检功能

传输装置应有手动检查本机面板所有指示灯、显示器、音响器件和通信链路是否正常的功能。

4.1.8 电源性能

4.1.8.1 传输装置应有主、备电源的工作状态指示,主电源应有过流保护措施。当交流供电电压变动幅度在额定电压(220 V)的85%~110%范围内,频率偏差不超过标准频率(50 Hz)的±1%时,传输装置应能正常工作。

4.1.8.2 传输装置应有主电源与备用电源之间的自动转换装置。当主电源断电时,能自动转换到备用电源;主电源恢复时,能自动转换到主电源。主、备电源的转换不应使传输装置产生误动作。备用电源的电池容量应能提供传输装置在正常监视状态下至少工作8 h。

4.1.9 绝缘性能

传输装置有绝缘要求的外部带电端子与机壳间的绝缘电阻值不应小于20 MΩ;电源输入端与机壳间的绝缘电阻值不应小于50 MΩ。

4.1.10 电气强度性能

传输装置的电源插头与机壳间应能耐受住频率为50 Hz,有效值电压为1 250 V的交流电压历时1 min的电气强度试验,试验期间传输装置的击穿电流不应大于20 mA,试验后,传输装置的功能应满足4.1.2~4.1.7的要求。

4.1.11 电磁兼容性能

传输装置应能适应表1所规定条件下的各项试验要求。试验期间,传输装置应保持正常监视状态;试验后,传输装置的功能应满足4.1.2~4.1.7的要求。

表1 电磁兼容性能试验条件

试验名称	试验参数	试验条件	工作状态
射频电磁场辐射抗扰度试验	场强 V/m	10	正常监视状态
	频率范围 MHz	80~1000	
	扫频速率 10 oct/s	$\leqslant 1.5\times10^{-3}$	
	调制幅度	80%(1 kHz,正弦)	

表 1（续）

试验名称	试验参数	试验条件	工作状态
射频场感应的传导骚扰抗扰度试验	频率范围 MHz	0.15～80	正常监视状态
	电压 dBμV	140	
	调制幅度	80%(1 kHz,正弦)	
静电放电抗扰度试验	放电电压 kV	空气放电(外壳为绝缘体试样)8 接触放电(外壳为导体试样和耦合板)6	正常监视状态
	放电极性	正、负	
	放电间隔 s	≥1	
	每点放电次数	10	
电快速瞬变脉冲群抗扰度试验	瞬变脉冲电压 kV	AC 电源线 1×(1±0.1) 其他连接线 0.5×(1±0.1)	正常监视状态
	重复频率 kHz	AC 电源线 5×(1±0.2) 其他连接线 5×(1±0.2)	
	极性	正、负	
	时间 min	每次 1	
浪涌(冲击)抗扰度试验	浪涌(冲击)电压 kV	AC 电源线 线-线:1×(1±0.1) AC 电源线 线-地:2×(1±0.1) 其他连接线 线-地:1×(1±0.1)	正常监视状态
	极性	正、负	
	试验次数	5	
电压暂降、短时中断和电压变化的抗扰度试验	持续时间 ms	20(下滑至 40%)； 10(下滑至 0 V)	正常监视状态
	重复次数	10	

4.1.12 气候环境耐受性

传输装置应能耐受住表 2 规定的气候环境条件下的各项试验。试验期间，传输装置应保持正常监视状态；试验后，传输装置应无涂覆层破坏和腐蚀现象，其功能应满足 4.1.2～4.1.7 的要求。

4.1.13 机械环境耐受性

传输装置应能耐受住表 3 规定的机械环境条件下的各项试验。试验期间，传输装置应保持正常监视状态；试验后，传输装置不应有机械损伤和紧固部位松动现象，其功能应满足 4.1.2～4.1.7 的要求。

表 2 气候环境试验条件

试验名称	试验参数	试验条件	工作状态
低温(运行)试验	温度 ℃	−20±2	正常监视状态
	持续时间 h	16	
恒定湿热(运行)试验	温度 ℃	40±2	正常监视状态
	相对湿度 %	90～95	
	持续时间 d	4	

表 3 机械环境试验条件

试验名称	试验参数	试验条件	工作状态
振动(正弦)(运行)试验	频率循环范围 Hz	10～150	正常监视状态
	加速幅值 m/s^2	0.981	
	扫频速率 oct/min	1	
	每个轴线扫频次数	1	
	振动方向	X、Y、Z	
	振动方向	X、Y、Z	
碰撞(运行)试验	碰撞能量 J	0.5±0.04	正常监视状态
	每点碰撞次数	3	

4.1.14 软件要求

4.1.14.1 程序应贮存在 ROM、EPROM、E^2PROM、FLASH 等不易丢失信息的存储器中。

4.1.14.2 每个贮存文件的存储器上均应标注文件号码。

4.1.14.3 手动或程序输入数据时，不论原状态如何，都不应引起程序的意外执行。

4.1.14.4 软件应能防止非专门人员改动。

4.1.14.5 制造商应提交软件设计资料，资料内容应能充分证明软件设计符合标准要求并应至少包括软件功能描述文件(如流程图或结构图)。

4.1.15 操作级别

传输装置的操作功能应符合表 4 规定的操作级别要求。

表 4 传输装置操作级别划分表

序号	操作项目	Ⅰ	Ⅱ[a]	Ⅲ
1	信息查询	M	M	M
2	消除声信号	O	M	M
3	手动报警操作	O	M	M
4	复位	P	M	M
5	查岗应答	P	M	M
6	自检	P	M	M
7	开、关电源	P	M	M
8	现场参数设置	P	P	M
9	修改或改变软、硬件	P	P	M
注：P——禁止；O——可选择；M——本级人员可操作。				
[a] 进入Ⅱ、Ⅲ级操作功能状态应采用钥匙、操作号码，用于进入Ⅲ级操作功能状态的钥匙或操作号码可用于进入Ⅱ级操作功能状态，但用于进入Ⅱ级操作功能状态的钥匙或操作号码不能用于进入Ⅲ级操作功能状态。				

4.2 主要部件性能要求

4.2.1 基本要求

传输装置的主要部件，应采用符合国家有关标准的定型产品。传输装置的表面应无腐蚀、涂覆层脱落和起泡现象，紧固部位无松动。

4.2.2 指示灯

4.2.2.1 应以颜色标识，红色指示火灾报警、手动报警；黄色指示故障、查岗应答、自检等；绿色指示主电源和备用电源工作。

4.2.2.2 指示灯应标注功能。

4.2.2.3 在 5 lx～500 lx 环境光条件下，在正前方 22.5°视角范围内，指示灯应在 3 m 处清晰可见。

4.2.2.4 采用闪动方式的指示灯每次点亮时间不应小于 0.25 s，其启动信号指示灯闪动频率不应小于 1 Hz，故障指示灯闪动频率不应小于 0.2 Hz。

4.2.3 字母(符)-数字显示器

在 5 lx～500 lx 环境光条件下，显示字符应在正前方 22.5°视角内，0.8 m 处可读。

4.2.4 音响器件

4.2.4.1 在正常工作条件下，音响器件在其正前方 1 m 处的声压级(A 计权)应大于 65 dB，小于 115 dB。

4.2.4.2 在 85%额定工作电压供电条件下应能发出音响。

4.2.5 熔断器

用于电源线路的熔断器或其他过流保护器件，其额定电流值一般应不大于最大工作电流的 2 倍。

在靠近熔断器或其他过流保护器件处应清楚地标注其参数值。

4.2.6 接线端子及保护接地

每一接线端子上都应清晰、牢固地标注编号或符号,相应用途应在有关文件中说明。采用交流供电的传输装置应有保护接地。

4.2.7 备用电源

4.2.7.1 电源正极连接导线应为红色,负极连接导线应为黑色或蓝色。

4.2.7.2 在不超过生产厂规定的极限放电情况下,应能将电池在24 h内充至额定容量80%以上,再充48 h后应能充满。

4.2.8 开关和按键(钮)

开关和按键(钮)(或靠近的位置上)应清楚地标注其功能。

4.2.9 导线及线槽

传输装置的主电路配线应采用工作温度参数大于105 ℃的阻燃导线(或电缆),且接线牢固;连接线槽应选用不燃材料或难燃材料(氧指数不小于28)制造。

4.2.10 使用说明书

传输装置应有相应的中文说明书。说明书的内容应满足GB/T 9969的要求。

5 试验方法

5.1 总则

5.1.1 试验的大气条件

除在有关条文另有说明外,各项试验均在下述大气条件下进行:

——温度:15 ℃~35 ℃;

——湿度:25%RH~75%RH;

——大气压力:86 kPa~106 kPa。

5.1.2 试验的正常监视状态

如试验中要求传输装置处于正常监视状态,应将传输装置与制造商提供的火灾探测报警系统等建筑消防设施连接,且保持正常工作状态;在有关条文中没有特殊要求时,应保证其工作电压为额定工作电压,并在试验期间保持工作电压稳定。

5.1.3 容差

除在有关条文另有说明外,各项试验数据的容差均为±5%;环境条件参数偏差应符合GB 16838要求。

5.1.4 试验样品(以下简称试样)

试验前,制造商应提供2台传输装置做为试样,并在试验前予以编号,制造商应同时提供与其配接的火灾探测报警系统和建筑消防设施。

5.1.5 试验前检查

试样在试验前应按4.1.1、4.1.14和4.2的要求观察并记录试样对通用要求、软件、主要部件性能的符合情况。

5.1.6 试验程序

传输装置的试验程序见表5。

表5 传输装置试验程序

序号	章条	试验项目	试样编号
1	5.2	火灾报警信息的接收与传输功能试验	1,2
2	5.3	建筑消防设施运行状态信息的接收和传输功能	1,2
3	5.4	手动报警功能试验	1,2
4	5.5	巡检和查岗功能试验	1、2
5	5.6	本机故障报警功能试验	1,2
6	5.7	自检功能试验	1,2
7	5.8	电源性能试验	1,2
8	5.9	绝缘性能试验	1
9	5.10	电气强度试验	1
10	5.11	射频电磁场辐射抗扰度试验	2
11	5.12	射频场感应的传导骚扰抗扰度试验	2
12	5.13	静电放电抗扰度试验	2
13	5.14	电快速瞬变脉冲群抗扰度试验	2
14	5.15	浪涌(冲击)抗扰度试验	2
15	5.16	电压暂降、短时中断和电压变化的抗扰度试验	1
16	5.17	低温(运行)试验	1
17	5.18	恒定湿热(运行)试验	2
18	5.19	振动(正弦)(运行)试验	1
19	5.20	碰撞试验	2

5.2 火灾报警信息的接收和传输功能试验

5.2.1 按照试样的正常工作要求,将试样配接制造商提供的火灾探测报警系统,接通试样和火灾探测报警系统的电源,使试样与火灾探测报警系统处于正常监视状态,并在试样与模拟监控中心之间建立正常传输连接。

5.2.2 使火灾探测报警系统发出火灾报警信息,测量从火灾探测报警系统发出火灾报警信息至试样将所接收的火灾报警信息传输到模拟监控中心的时间间隔,观察并记录试样发出的火灾报警光信号、信息传输状态指示情况。

5.2.3 依次使试样分别处于传输除火灾报警、手动报警信息外的其他信息状态,使火灾探测报警系统发出火灾报警信息,观察并记录试样优先进行火灾报警信息传输和状态指示情况。

5.2.4 依次进行查岗应答、装置自检和信息查询操作，在操作期间使火灾探测报警系统发出火灾报警信息，观察并记录试样优先进行火灾报警信息传输和状态指示情况。

5.2.5 切断试样与模拟监控中心设备之间的正常传输连接，使火灾探测报警系统发出火灾报警信息，观察并记录试样在信息传送失败时的声、光信号指示情况。

5.3 建筑消防设施运行状态信息的接收和传输功能试验

5.3.1 按照试样的正常工作要求，将试样配接制造商提供的建筑消防设施，接通试样和建筑消防设施的电源，使试样与建筑消防设施处于正常监视状态，并在试样与模拟监控中心之间建立正常传输连接。

5.3.2 按照GB 50440附录A中相应内容，通过改变建筑消防设施运行状态，使其发出运行状态信息，测量从建筑消防设施发出运行状态信息至试样将接收到的信息向模拟监控中心传送的时间间隔，观察并记录试样发出的信息传输状态指示情况。

5.3.3 切断试样与模拟监控中心设备之间的正常传输连接，使建筑消防设施发出运行状态信息，观察并记录试样在信息传送失败时的声、光信号指示情况。

5.4 手动报警功能试验

5.4.1 使试样处于正常监视状态，启动手动报警按键(钮)，测量从手动报警按钮(键)启动至试样将手动报警信息向模拟监控中心传送的时间间隔，观察并记录试样发出的手动报警指示、状态指示情况。

5.4.2 使试样分别处于传输火灾报警、建筑消防设施运行状态信息的状态，对试样进行手动报警操作，观察并记录试样的手动报警信息优先传输和状态指示情况。

5.4.3 依次进行查岗应答、装置自检、信息查询操作，在操作期间，对试样进行手动报警操作，观察并记录试样的手动报警信息优先传输和指示情况。

5.4.4 切断试样与模拟监控中心设备之间的正常传输连接，启动手动报警按键(钮)，观察并记录试样在信息传送失败时的声、光信号指示情况。

5.5 巡检和查岗功能试验

5.5.1 使试样处于正常监视状态，模拟监控中心发出巡检指令，观察并记录试样接受指令并向模拟监控中心传输试样运行状态信息的情况。

5.5.2 使试样处于正常监视状态，模拟监控中心发出查岗指令，观察并记录试样接受指令后的声、光提示情况。在试样上进行查岗应答操作，观察并记录试样的查岗应答信息传输和指示情况。

5.5.3 从模拟监控中心发出查岗指令，观察并记录试样在无应答情况下的声、光信号保持情况，以及试样在接受模拟监控中心的新指令后的声、光信号指示情况。

5.6 本机故障报警功能试验

5.6.1 接通电源，使试样处于正常监视状态。分别按4.1.6.2中a)～d)的要求，对试样各项本机故障报警功能进行测试，观察并记录试样本机故障声、光信号指示、故障响应时间、故障信息显示和传输等情况。

5.6.2 手动消除本机故障声信号，并使试样发出另一故障，检查试样消音功能、本机故障声信号再启动功能和显示功能。

5.6.3 手动复位试样，记录试样发出尚未排除故障信号的时间；排除所有输入的故障信号，手动复位试样后(本机故障自动恢复除外)，观察并记录试样的显示情况。

5.7 自检功能试验

手动操作试样进行自检，观察并记录试样检查面板上所有指示灯、显示器、音响器件和通信链路的情况。

5.8 电源性能试验

5.8.1 主电源试验

在试样处于正常监视状态下，切断试样的主电源，使试样由备用电源供电，再恢复主电源，检查并记录试样主、备电源的转换、状态指示情况和主电源过流保护情况。

5.8.2 备用电源试验

使试样在正常状态下工作 24 h 后，切断试样主电源，使试样在备用电源供电状态下工作 8 h，观察并记录试样工作情况。

5.9 绝缘性能试验

5.9.1 试验步骤

通过绝缘电阻试验装置，分别对试样的下述部分施加 500 V±50 V 直流电压，持续 60 s±5 s 后，测量其绝缘电阻值：

a） 有绝缘要求的外部带电端子与外壳之间；

b） 电源插头（或电源接线端子）与机壳之间（电源开关置于接通位置，但电源插头不接入电网）。

5.9.2 试验设备

绝缘电阻试验装置满足下述技术条件：

a） 试验电压：500 V±50 V；

b） 测量范围：0 MΩ～500 MΩ；

c） 最小分度：0.1 MΩ；

d） 记时：60 s±5 s。

5.10 电气强度试验

5.10.1 试验步骤

试验前，将试样的接地保护元件拆除。通过试验装置，以 100 V/s～500 V/s 的升压速率，对试样的电源线与外壳间施加 50 Hz，1 250 V 的试验电压。持续 60 s±5 s，观察并记录试验中所发生的现象。试验后，以 100 V/s～500 V/s 的降压速率使电压降至低于额定工作电压值后，方可断电。接通试样电源，按 5.2～5.7 的规定进行功能试验。

5.10.2 试验设备

满足下述条件的试验装置：

a） 试验电压：电压 0 V～1 250 V（有效值）连续可调，频率 50 Hz，短路电流 10 A（有效值）；

b） 升、降压速率：100 V/s～500 V/s；

c） 记时：60 s±5 s。

5.11 射频电磁场辐射抗扰度试验

5.11.1 将试样按 GB/T 17626.3—2006 中 7.1 的规定进行试验布置，接通电源，使试样处于正常监视状态 20 min。

5.11.2 按 GB/T 17626.3—2006 中第 8 章规定的试验方法对试样施加表 1 所示条件下的干扰试验，其间观察并记录试样状态。试验后，按 5.2～5.7 规定进行功能试验。

5.12 射频场感应的传导骚扰抗扰度试验

5.12.1 将试样按 GB/T 17626.6—2008 中第 7 章规定进行试验配置，接通电源，使试样处于正常监视状态 20 min。

5.12.2 按 GB/T 17626.6—2008 中第 8 章规定的试验方法对试样施加表 1 所示条件下的干扰试验，其间观察并记录试样状态。试验后，按 5.2～5.7 的规定进行功能试验。

5.13 静电放电抗扰度试验

5.13.1 将试样按 GB/T 17626.2—2006 中 7.1.1 的规定进行试验布置，接通电源，使试样处于正常监视状态 20 min。

5.13.2 按 GB/T 17626.2—2006 中第 8 章规定的试验方法对试样及耦合板施加表 1 所示条件的干扰试验，其间观察并记录试样状态。试验后，按 5.2～5.7 的规定进行功能试验。

5.14 电快速瞬变脉冲群抗扰度试验

5.14.1 将试样按 GB/T 17626.4—2008 中 7.2 的规定进行试验配置，接通电源，使其处于正常监视状态 20 min。

5.14.2 按 GB/T 17626.4—2008 中第 8 章规定的试验方法对试样施加表 1 所示条件下的干扰试验，其间观察并记录试样状态。试验后，按 5.2～5.7 的规定进行功能试验。

5.15 浪涌（冲击）抗扰度试验

5.15.1 将试样按 GB/T 17626.5—2008 中第 7 章规定进行试验配置，接通电源，使其处于正常监视状态 20 min。

5.15.2 按 GB/T 17626.5—2008 中第 8 章规定的试验方法对试样施加表 1 所示条件的电磁干扰试验，其间观察并记录试样状态。试验后，按 5.2～5.7 的规定进行功能试验。

5.16 电压暂降、短时中断和电压变化的抗扰度试验

5.16.1 按正常监视状态要求，连接试样到满足 GB 16838 规定的主电压下滑和中断试验装置上，使其处于正常监视状态。

5.16.2 使主电压下滑至 40%，持续 20 ms，重复进行 10 次；再将使主电压下滑至 0 V，持续 10 ms，重复进行 10 次。试验期间，观察并记录试样的工作状态；试验后，按 5.2～5.7 的规定进行功能试验。

5.17 低温（运行）试验

5.17.1 试验步骤

5.17.1.1 试验前，将试样在正常大气条件下放置 2 h～4 h。然后按正常监视状态要求，接通试样电源。

5.17.1.2 调节试验箱温度，使其在 20 ℃±2 ℃温度下保持 30 min±5 min，然后，以不大于 1 ℃/min 的速率降温至 0 ℃±3 ℃。

5.17.1.3 在 0 ℃±3 ℃温度下，观察并记录试样的工作状态；保持 16 h 后，立即按 5.2～5.7 的规定进行功能试验。

5.17.1.4 调节试验箱温度，使其以不大于 1 ℃/min 的速率升温至 20 ℃±2 ℃，并保持 30 min±

5 min。

5.17.1.5 取出试样，在正常大气条件下放置 1 h～2 h 后，检查试样表面涂覆情况，并按 5.2～5.7 的规定进行功能试验。

5.17.2 试验设备

试验设备应符合 GB 16838 的规定。

5.18 恒定湿热(运行)试验

5.18.1 试验步骤

5.18.1.1 试验前，将试样在正常大气条件下放置 2 h～4 h。然后按正常监视状态要求，接通试样电源，使其处于正常监视状态。

5.18.1.2 调节试验箱，使温度为 40 ℃±2 ℃，相对湿度 90%～95%(先调节温度，当温度达到稳定后再加湿)，观察并记录试样的工作状态；连续保持 4 d 后，立即按 5.2～5.7 的规定进行功能试验。

5.18.1.3 取出试样，在正常大气条件下，处于正常监视状态 1 h～2 h 后，检查试样表面涂覆情况，并按 5.2～5.7 的规定进行功能试验。

5.18.2 试验设备

试验设备应符合 GB 16838 的规定。

5.19 振动(正弦)(运行)试验

5.19.1 试验步骤

5.19.1.1 将试样按正常安装方式刚性安装，使同方向的重力作用如同其使用时一样(重力影响可忽略时除外)，试样在上述安装方式下可放于任何高度，试验期间试样处于正常监视状态。

5.19.1.2 依次在三个互相垂直的轴线上，在 10 Hz～150 Hz 的频率循环范围内，以 0.981 m/s^2 的加速度幅值，1 倍频程每分的扫频速率，各进行 1 次扫频循环，其间观察并记录试样的工作状态。

5.19.1.3 试验后，立即检查试样外观及紧固部位，并按 5.2～5.7 的规定进行功能试验。

5.19.2 试验设备

试验设备(振动台及夹具)应符合 GB 16838 的规定。

5.20 碰撞试验

5.20.1 试验步骤

5.20.1.1 按正常监视状态要求，接通试样电源，使其处于正常监视状态。

5.20.1.2 对试样表面上的每个易损部件(如指示灯、显示器等)施加 3 次能量为 0.5 J±0.04 J 的碰撞。在进行试验时应小心进行，以确保上一组(3 次)碰撞的结果不对后续各组碰撞的结果产生影响，在认为可能产生影响时，不应考虑发现的缺陷，取一新的试样，在同一位置重新进行碰撞试验。试验期间，观察并记录试样的工作状态；试验后，按 5.2～5.7 的规定进行功能试验。

5.20.2 试验设备

试验设备应满足 GB 16838 的规定。

6 检验规则

6.1 产品出厂检验

产品出厂检验应至少包含下述项目：

a) 火灾报警信息的接收与传输功能试验；

b) 建筑消防设施运行状态信息的接收和传输功能试验；

c) 手动报警功能试验；

d) 巡检和查岗功能试验；

e) 本机故障报警功能试验；

f) 自检功能试验；

g) 电源功能试验；

h) 绝缘性能试验；

i) 电气强度试验。

6.2 型式检验

6.2.1 型式检验项目为第5章规定的试验项目。

6.2.2 有下列情况之一时，应进行型式检验：

a) 新产品或老产品转厂生产时的试制定型；

b) 正式生产后，产品的结构、主要部(器)件或元器件、生产工艺等有较大的改变，可能影响产品性能或正式投产满5年；

c) 产品停产1年以上，恢复生产；

d) 出厂检验结果与上次型式检验结果差异较大；

e) 发生重大质量事故。

6.2.3 按GB 12978规定的型式检验结果判定方法进行判定。

7 标志

7.1 产品标志

每台传输装置均应有清晰、耐久的产品标志，产品标志应包括以下内容：

a) 产品名称；

b) 产品型号；

c) 制造商名称、地址；

d) 制造日期及产品编号；

e) 执行标准编号。

7.2 质量检验标志

每台传输装置应有质量检验合格标志。

ICS 13.220.20
C 81

中华人民共和国国家标准

GB/T 26875.2—2011

城市消防远程监控系统 第2部分:通信服务器软件功能要求

Remote-monitoring system of urban fire protection—
Part 2:Functional requirements for communication server software

2011-07-29 发布　　2012-05-01 实施

中华人民共和国国家质量监督检验检疫总局
中国国家标准化管理委员会　发布

前　言

本部分第3章为强制性的,其余为推荐性的。

GB 26875《城市消防远程监控系统》分为六个部分:

——第1部分:用户信息传输装置;

——第2部分:通信服务器软件功能要求;

——第3部分:报警传输网络通信协议;

——第4部分:基本数据项;

——第5部分:受理软件功能要求;

——第6部分:信息管理软件功能要求。

本部分为GB 26875的第2部分。

本部分按照GB/T 1.1—2009给出的规则起草。

本部分由全国消防标准化技术委员会消防通信分技术委员会(SAC/TC 113/SC 14)归口。

本部分负责起草单位:公安部沈阳消防研究所。

本部分参加起草单位:万盛(中国)科技有限公司、海湾消防网络有限公司、沈阳美宝控制有限公司、同方股份有限公司、广东百迅信息科技有限公司、上海易达通信公司、江西省盛安城市安全信息发展有限公司、北京网迅青鸟科技发展有限公司。

本部分主要起草人:刘美华、齐宝金、李海涛、郭立治、杨颖、聂威、唐皓、王宇行、贾根莲、严志明、邹超群、梁伟峰、陈兴煜、邓评韬、张俊。

城市消防远程监控系统
第2部分:通信服务器软件功能要求

1 范围

GB 26875 的本部分规定了城市消防远程监控系统中通信服务器软件的功能要求和试验方法。

本部分适用于城市消防远程监控系统监控中心安装使用的通信服务器软件。

2 规范性引用文件

下列文件对于本文件的应用是必不可少的。凡是注日期的引用文件,仅注日期的版本适用于本文件。凡是不注日期的引用文件,其最新版本(包括所有的修改单)适用于本文件。

GB/T 17544—1998 信息技术 软件包 质量要求和测试

GB/T 26875.3—2011 城市消防远程监控系统 第3部分:报警传输网络通信协议

3 功能要求

3.1 通信服务器软件运行或经登录后,应自动进入正常工作状态。

3.2 通信服务器软件应能按照 GB/T 26875.3 规定的通信协议与用户信息传输装置进行数据通信,完成下列功能:

a) 接收用户信息传输装置发送的 GB/T 26875.3—2011 中 8.3.1 所列信息,并转发至受理座席;

b) 具有用户信息传输装置寻址功能,将 GB/T 26875.3—2011 中 8.3.2 所列信息发送到相应的用户信息传输装置。

3.3 通信服务器软件应能监视与用户信息传输装置、受理座席和其他连接终端设备的通信连接状态,在通信连接故障时,应能存档并自动通知受理座席。

3.4 通信服务器软件应能通过备用链路接收用户信息传输装置发送的火灾报警信息,并转发至受理座席。

3.5 通信服务器软件应具有配置、退出等操作权限。

3.6 通信服务器软件应能自动记录、查询启动和退出时间。

3.7 通信服务器软件界面应满足以下要求:

a) 采用中文显示,显示内容应表述清晰、简明易懂;

b) 应显示与受理座席的链接状态;

c) 应显示日期和时钟信息。

3.8 通信服务器软件的用户文档应满足 GB/T 17544—1998 中 3.2 的要求。

4 试验方法

4.1 总则

4.1.1 由被测方提供通信服务器软件包和用户文档。

4.1.2 测试前,按照用户文档的相关要求进行硬件配置及软件安装,连接相关系统设备,完成软件的各项设置,使相关系统设备处于正常工作状态。

4.1.3 满足下述各项要求的被测软件为合格,否则为不合格:

a) 测试期间被测软件不发生异常情况;

b) 测试期间运行被测软件的计算机不重启、不宕(死)机;

c) 测试结果应满足第3章的要求。

4.2 方法

4.2.1 运行通信服务器软件,观察并记录通信服务器软件自动进入工作状态的情况。

4.2.2 从用户信息传输装置向通信服务器发送GB/T 26875.3—2011中8.3.1所列信息,通过受理座席观察并记录通信服务器软件接收上述信息并转发的情况;向指定的用户信息传输装置转发GB/T 26875.3—2011中8.3.2所列信息,观察并记录用户信息传输装置接收和执行信息的情况。

4.2.3 分别断开与用户信息传输装置、与一个受理座席、与其他终端的物理连接,观察并记录通信服务器软件识别与上述设备通信连接断开、通信故障后的向正常连接的受理座席通知和存档的情况。

4.2.4 断开与用户信息传输装置链接的主链路,从用户信息传输装置向通信服务器发送1条火灾报警信息,通过受理座席观察并记录通信服务器软件接收并转发该条信息的情况。

4.2.5 进行通信服务器软件的参数配置操作,观察并记录通信服务器软件是否具有参数配置的操作权限;在通信服务器软件正常运行状态下,进行退出操作,观察并记录通信服务器软件是否具有退出的操作权限。

4.2.6 观察并记录通信服务器软件自动记录、查询启动和退出时间的情况。

4.2.7 分别进行启动和退出某一受理座席操作、在通信服务器软件界面上按用户文档操作说明进行相关操作、存档记录查看操作,观察并记录通信服务器软件界面的显示情况。

ICS 13.220.20
C 81

中华人民共和国国家标准

GB/T 26875.3—2011

城市消防远程监控系统 第3部分：报警传输网络通信协议

Remote-monitoring system of urban fire protection—
Part 3: Communication protocol for alarm transmission network

2011-07-29 发布 2011-11-01 实施

中华人民共和国国家质量监督检验检疫总局
中国国家标准化管理委员会 发布

前　言

GB 26875《城市消防远程监控系统》分为六个部分：

——第1部分：用户信息传输装置；

——第2部分：通信服务器软件功能要求；

——第3部分：报警传输网络通信协议；

——第4部分：基本数据项；

——第5部分：受理软件功能要求；

——第6部分：信息管理软件功能要求。

本部分为GB 26875的第3部分。

本部分按照GB/T 1.1—2009给出的规则起草。

本部分由全国消防标准化技术委员会消防通信分技术委员会(SAC/TC 113/SC 14)归口。

本部分负责起草单位：公安部沈阳消防研究所。

本部分参加起草单位：万盛(中国)科技有限公司、海湾消防网络有限公司、沈阳美宝控制有限公司、同方股份有限公司、广东百迅信息科技有限公司、上海易达通信公司、福建省盛安城市安全信息发展有限公司、北京利达科信电子有限公司、北京法安通电子科技有限公司、四川赛科新技术有限公司、重庆华夏消防有限公司、北京网迅青鸟科技发展有限公司。

本部分主要起草人：马青波、王军、隋虎林、潘刚、张迪、姜学贇、胡锐、赵辉、贾新勇、高宏、于洋、徐文飞、陈兴煜、冯权辉、涂燕林、王京欣、袁大奎、钟尔俊、刘启明。

城市消防远程监控系统
第3部分:报警传输网络通信协议

1 范围

GB 26875的本部分规定了城市消防远程监控系统中用户信息传输装置与监控中心之间通过报警传输网络进行数据传输的协议结构、数据类型及数据定义。

本部分适用于城市消防远程监控系统中用户信息传输装置与监控中心之间的报警传输网络数据通信协议。

2 规范性引用文件

下列文件对于本文件的应用是必不可少的。凡是注日期的引用文件,仅注日期的版本适用于本文件。凡是不注日期的引用文件,其最新版本(包括所有的修改单)适用于本文件。

GB 18030—2005 信息技术 中文编码字符集

GB 50440 城市消防远程监控系统技术规范

RFC 768 用户数据报协议(User Datagram Protocol),Internet Engineering Task Force(互联网工程任务组1980年发布)

RFC 791 网际互联协议(Internet Protocol),Internet Engineering Task Force(互联网工程任务组1981年发布)

RFC 793 传输控制协议(Transmission Control Protocol),Internet Engineering Task Force(互联网工程任务组1981年发布)

3 术语和定义

GB 50440界定的以及下列术语和定义适用于本文件。

3.1

上行方向 upstream direction

从用户信息传输装置到监控中心的数据传输方向。

3.2

下行方向 downstream direction

从监控中心到用户信息传输装置的数据传输方向。

3.3

数据单元 data unit

具有共同传输原因的信息实体。

3.4

数据单元类型 data unit type

位于一个应用数据单元开始的信息域,用以识别数据单元的类型和长度,暗指或明确地指明应用数据单元的结构以及信息对象的结构、类型。

4 缩略语

下列缩略语适用于本文件。

IP 网际互联协议(internet protocol)

TCP 传输控制协议(transmission control protocol)

UDP 用户数据报协议(user datagram protocol)

5 协议结构

5.1 本部分以 RFC 791、RFC 793 和 RFC 768 中规定的 TCP/IP 或 UDP/IP 网络控制协议作为底层通信承载协议,本部分规定的协议对应于 ISO/OSI 定义的七层协议结构的应用层,如图 1 所示。

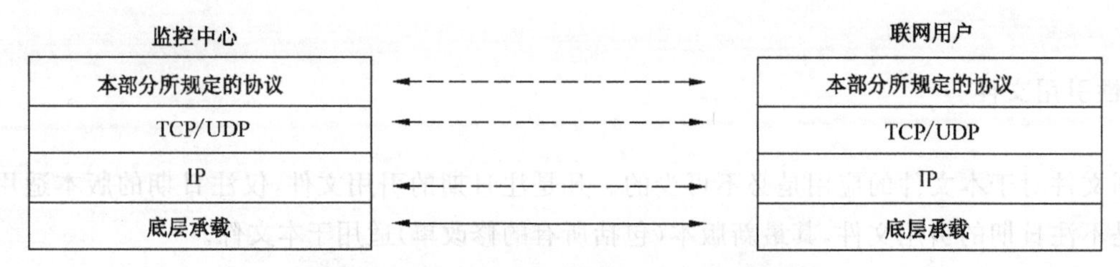

图 1 监控中心与联网用户间通信协议栈

5.2 应用层通信协议不依赖于所选用的传输网络,在基础传输层已经建立的基础上,应用层通信协议与具体传输网络无关,体现通信介质无关性。

5.3 本部分不限制城市消防远程监控系统扩展其他的信息内容,在扩展内容时不应与本部分中所使用或保留的控制命令相冲突,并应符合国家有关标准的规定。

6 通信协议

6.1 通信方式

城市消防远程监控系统的用户信息传输装置与监控中心之间的通信方式主要包括控制命令、信息(火灾报警和建筑消防设施运行状态等信息)上传和信息查询等,均采用发送/确认或请求/应答模式进行通信。

6.2 控制命令(监控中心→用户信息传输装置)

6.2.1 监控中心向用户信息传输装置发送指令时的控制命令采用发送/确认模式,其通信流程如图 2 所示。

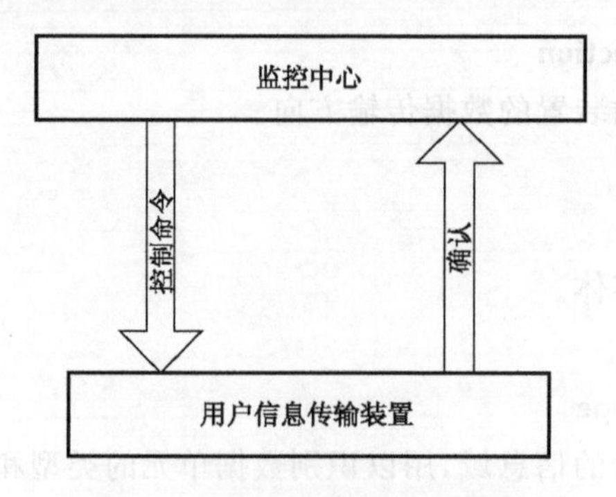

图 2 控制命令流程示意图

6.2.2 监控中心向用户信息传输装置发送控制命令，用户信息传输装置对接收到的命令信息进行校验。在校验正确的情况下，用户信息传输装置执行监控中心的控制命令，并向监控中心发送确认命令；在校验错误的情况下，用户信息传输装置舍弃所接收数据并发出否认回答。

6.2.3 监控中心接收到用户信息传输装置的确认命令后完成本次控制命令传输；监控中心在规定时间内未收到确认命令或收到否认回答后，启动重发机制。

6.3 信息上传（用户信息传输装置→监控中心）

6.3.1 用户信息传输装置向监控中心传输火灾报警和建筑消防设施运行状态等信息时采用发送/确认模式。其通信流程如图3所示。

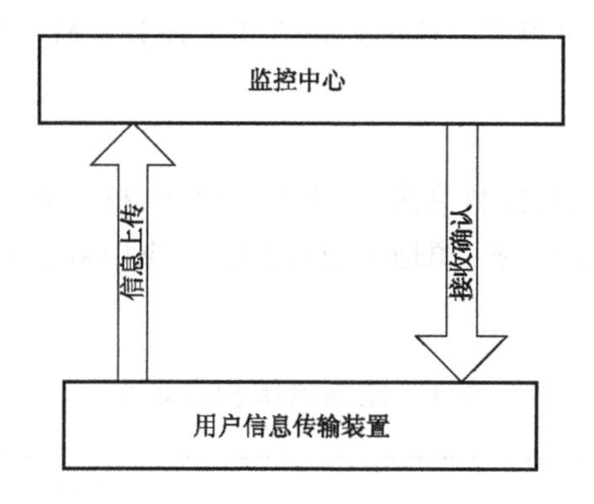

图3 上传数据流程示意图

6.3.2 当发生火灾报警或运行状态改变时，用户信息传输装置主动向监控中心上传信息，监控中心对接收到的信息进行校验。在校验正确的情况下，监控中心对接收的信息进行相应处理，并向用户信息传输装置发送确认命令；在校验错误的情况下，监控中心舍弃所接收数据并发出否认回答。

6.3.3 用户信息传输装置接收到监控中心的确认命令后完成本次信息的传输；用户信息传输装置在规定时间内未收到确认命令或收到否认回答后，启动重发机制。

6.4 信息查询（监控中心→用户信息传输装置）

6.4.1 监控中心向用户信息传输装置查询相关信息时采用请求/应答模式。其通信流程如图4所示。

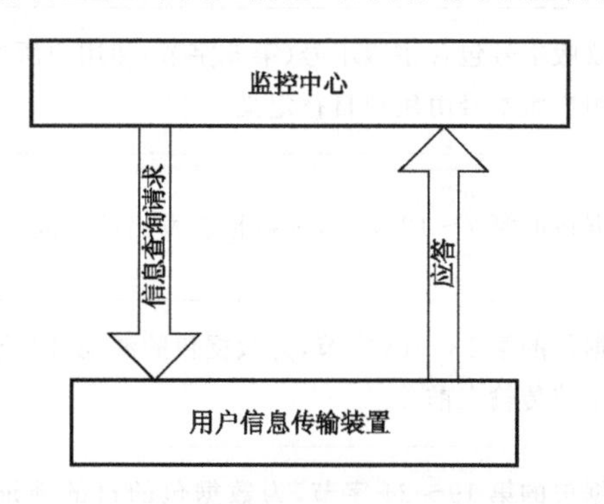

图4 查询命令流程示意图

6.4.2 监控中心向用户信息传输装置发送请求查询命令，用户信息传输装置对接收到的信息进行校验。在校验正确的情况下，用户信息传输装置根据请求内容进行应答；在校验错误的情况下，用户信息传输装置舍弃所接收的数据并发出否认回答。

6.4.3 监控中心在接收到正确的应答信息后完成本次信息查询操作；在规定时间内未接收到应答信息、应答信息错误或接收到否认回答后，启动重发机制。

6.5 重发机制

6.5.1 发送/确认模式下,发送端发出信息后在规定时间内未收到接收端的确认命令或收到否认回答,应进行信息重发,重发规定次数后仍未收到确认命令,则本次通信失败,结束本次通信。

6.5.2 请求/应答模式下,请求方在发出请求命令后的规定的时间内未收到应答信息或收到否认应答,重发请求命令,重发规定次数后仍未收到应答信息,则本次通信失败,结束本次通信。

6.5.3 通信过程中的校验错误包括校验和错误、不可识别的命令字节、应用数据单元长度超限、启动字符和结束字符错误等。

6.5.4 超时时间不宜大于 10 s,可根据具体的通信方式和任务性质自行定义。

6.5.5 超时重发次数宜为 3 次,可根据具体的通信方式和任务性质自行定义。

6.6 数据包结构

每个完整的数据包应由启动符、控制单元、应用数据单元、校验和、结束符组成,其中控制单元包含业务流水号、协议版本号、发送时间标签、源地址、目的地址、应用数据单元长度、命令字节,具体的结构和定义见表 1。

表 1 数据包结构和定义

定义		描述
启动符‘@@’(2 字节)		数据包的第 1、2 字节,为固定值 64,64
控制单元	业务流水号(2 字节)	数据包的第 3、4 字节。发送/确认模式下,业务流水号由发送端在发送新的数据包时按顺序加一,确认方按发送包的业务流水号返回;请求/应答模式下,业务流水号由请求端在发送新的请求命令时按顺序加一,应答方按请求包的业务流水号返回。低字节传输在前。业务流水号是一个 2 字节的正整数,由通信双方第一次建立网络连接时确定,初始值为 0。业务流水号由业务发起方(业务发起方指发送/确认模式下的发送端或者请求/应答模式下的请求端)独立管理。业务发起方负责业务流水号的分配和回收,保证在业务存续期间业务流水号的唯一性
	协议版本号(2 字节)	协议版本号包含主版本号(第 5 字节)和用户版本号(第 6 字节)。主版本号为固定值 1,用户版本号由用户自行定义
	时间标签(6 字节)	数据包的第 7～12 字节,为数据包发出的时间,具体定义见 8.2.2
	源地址(6 字节)	数据包的第 13～18 字节,为数据包的源地址(监控中心或用户信息传输装置地址)。低字节传输在前
	目的地址(6 字节)	数据包的第 19～24 字节,为数据包的目的地址(监控中心或用户信息传输装置地址)。低字节传输在前
	应用数据单元长度(2 字节)	数据包的第 25、26 字节,为应用数据单元的长度,长度不应大于 1 024;低字节传输在前
	命令字节(1 字节)	数据包的第 27 字节,为控制单元的命令字节,具体定义见表 2

表 1（续）

定义	描述
应用数据单元 （最大 1 024 字节）	应用数据单元，基本格式见图 5，对于确认/否认等命令包，此单元可为空
校验和 （1 字节）	控制单元中各字节数据（第 3～27 字节）及应用数据单元的算术校验和，舍去 8 位以上的进位位后所形成的 1 字节二进制数
结束符‘##’ （2 字节）	为固定值 35，35

表 2　控制单元命令字节定义表

类型值	命令定义	命令说明
0	预留	
1	控制命令	时间同步
2	发送数据	发送火灾报警和建筑消防设施运行状态等信息
3	确认	对控制命令和发送信息的确认回答
4	请求	查询火灾报警和建筑消防设施运行状态等信息
5	应答	返回查询的信息
6	否认	对控制命令和发送信息的否认回答
7～127	预留	
128～255	用户自行定义	

7　应用数据单元基本格式

应用数据单元基本格式如图 5 所示。

数据单元标识符	类型标志	1字节
	信息对象数目	1字节
信息对象1	信息体	根据类型不同长度不同
	时间标签1[a]	6字节
	⋮	⋮
信息对象 n	信息体 n	根据类型不同长度不同
	时间标签 n[b]	6字节

[a,b] 对于某些特殊数据类型，此项可为空。

图 5　应用数据单元基本格式

8 数据定义

8.1 数据单元标识符

8.1.1 类型标志

类型标志为1字节二进制数，取值范围0～255，类型标志见表3。

表3 类型标志定义表

类型值	说明	方向
0	预留	
1	上传建筑消防设施系统状态	上行
2	上传建筑消防设施部件运行状态	上行
3	上传建筑消防设施部件模拟量值	上行
4	上传建筑消防设施操作信息	上行
5	上传建筑消防设施软件版本	上行
6	上传建筑消防设施系统配置情况	上行
7	上传建筑消防设施部件配置情况	上行
8	上传建筑消防设施系统时间	上行
9～20	预留(建筑消防设施信息)	上行
21	上传用户信息传输装置运行状态	上行
22	预留	上行
23	预留	上行
24	上传用户信息传输装置操作信息	上行
25	上传用户信息传输装置软件版本	上行
26	上传用户信息传输装置配置情况	上行
27	预留	上行
28	上传用户信息传输装置系统时间	上行
29～40	预留(用户信息传输装置信息)	上行
41～60	预留(控制信息)	上行
61	读建筑消防设施系统状态	下行
62	读建筑消防设施部件运行状态	下行
63	读建筑消防设施部件模拟量值	下行
64	读建筑消防设施操作信息	下行

表 3（续）

类型值	说明	方向
65	读建筑消防设施软件版本	下行
66	读建筑消防设施系统配置情况	下行
67	读建筑消防设施部件配置情况	下行
68	读建筑消防设施系统时间	下行
69～80	预留	下行
81	读用户信息传输装置运行状态	下行
82	预留	下行
83	预留	下行
84	读用户信息传输装置操作信息记录	下行
85	读用户信息传输装置软件版本	下行
86	读用户信息传输装置配置情况	下行
87	预留	下行
88	读用户信息传输装置系统时间	下行
89	初始化用户信息传输装置	下行
90	同步用户信息传输装置时钟	下行
91	查岗命令	下行
92～127	预留	
128～254	用户自定义	

8.1.2 信息对象数目

信息对象数目为 1 字节二进制数，其取值范围与数据包类型相关。

8.2 信息对象

8.2.1 信息体

8.2.1.1 建筑消防设施系统状态

建筑消防设施系统状态数据结构如图 6 所示，共 4 字节。

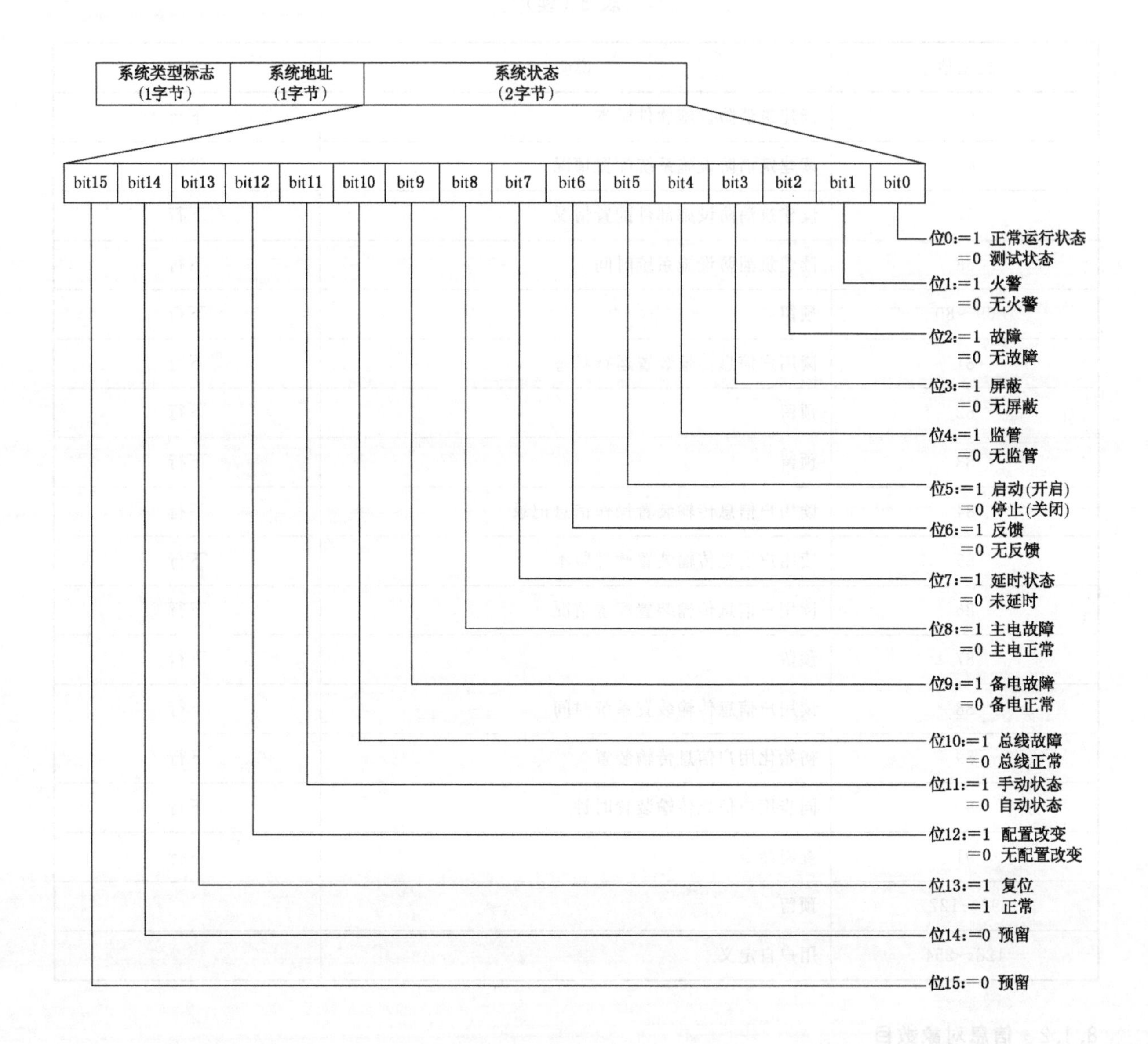

图 6　建筑消防设施系统状态数据结构

系统类型标志符为 1 字节二进制数,取值范围 0～255,系统类型定义如表 4 所示。

系统地址为 1 字节二进制数,取值范围 0～255,由建筑消防设施设定。

系统状态数据为 2 字节,低字节传输在前。

表 4　系统类型定义表

系统类型值	说明
0	通用
1	火灾报警系统
2～9	预留

表 4（续）

系统类型值	说明
10	消防联动控制器
11	消火栓系统
12	自动喷水灭火系统
13	气体灭火系统
14	水喷雾灭火系统(泵启动方式)
15	水喷雾灭火系统(压力容器启动方式)
16	泡沫灭火系统
17	干粉灭火系统
18	防烟排烟系统
19	防火门及卷帘系统
20	消防电梯
21	消防应急广播
22	消防应急照明和疏散指示系统
23	消防电源
24	消防电话
25～127	预留
128～255	用户自定义

8.2.1.2 建筑消防设施部件状态

建筑消防设施部件状态数据结构如图 7 所示，共 40 字节。

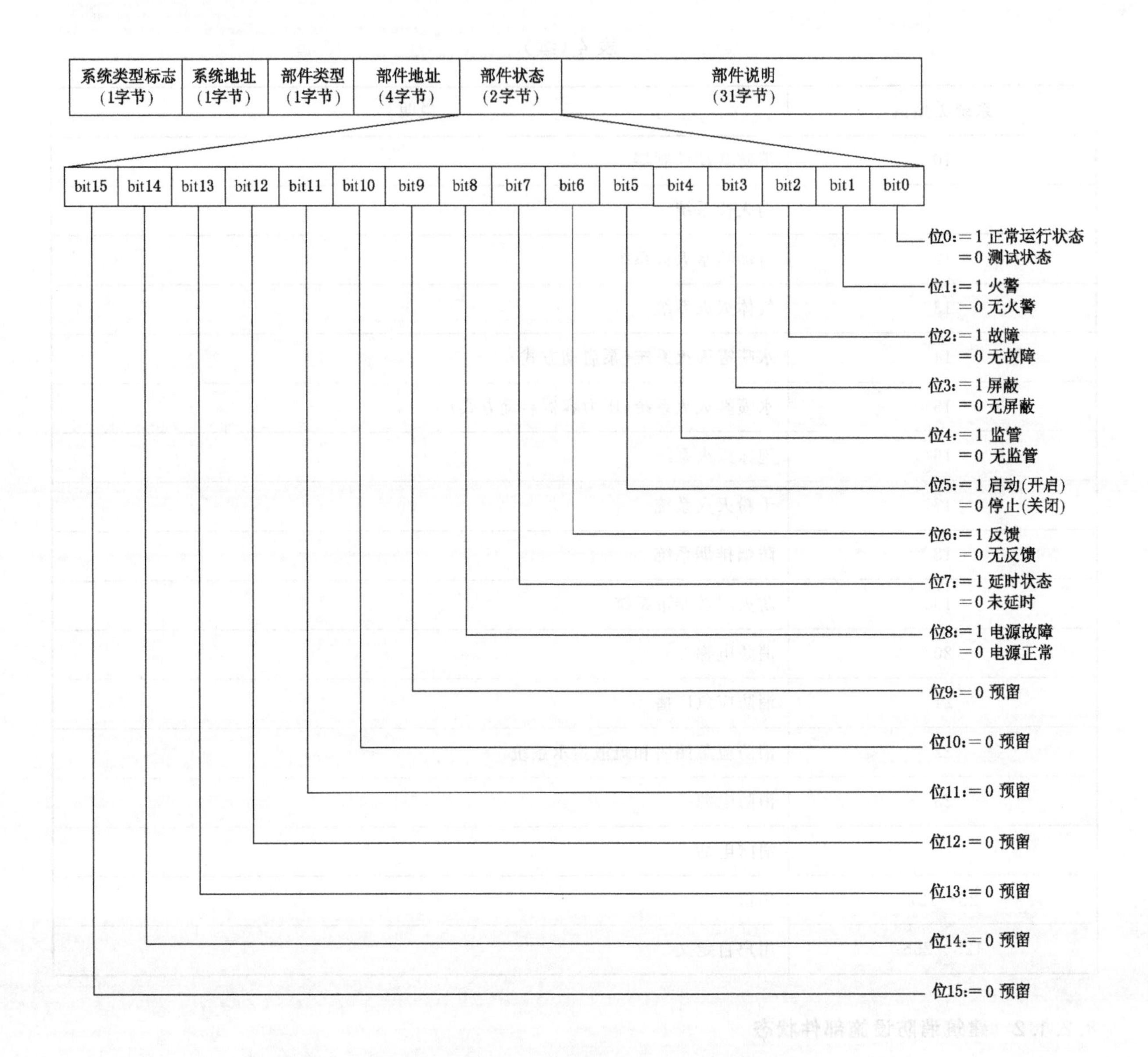

图7 建筑消防设施部件状态数据结构

建筑消防设施系统类型标志、系统地址分别为1字节二进制数，其定义见8.2.1.1。

建筑消防设施部件类型标志符为1字节二进制数，定义如表5所示。

建筑消防设施部件地址为4字节二进制数，建筑消防设施部件状态数据为2字节，低字节先传输。

建筑消防设施部件说明为31字节的字符串，采用GB 18030—2005规定的编码。

表5 建筑消防设施部件类型定义表

类型值	说明
0	通用
1	火灾报警控制器
2～9	预留
10	可燃气体探测器

表5（续）

类型值	说明
11	点型可燃气体探测器
12	独立式可燃气体探测器
13	线型可燃气体探测器
14～15	预留
16	电气火灾监控报警器
17	剩余电流式电气火灾监控探测器
18	测温式电气火灾监控探测器
19～20	预留
21	探测回路
22	火灾显示盘
23	手动火灾报警按钮
24	消火栓按钮
25	火灾探测器
26～29	预留
30	感温火灾探测器
31	点型感温火灾探测器
32	点型感温火灾探测器(S型)
33	点型感温火灾探测器(R型)
34	线型感温火灾探测器
35	线型感温火灾探测器(S型)
36	线型感温火灾探测器(R型)
37	光纤感温火灾探测器
38	预留
39	预留
40	感烟火灾探测器
41	点型离子感烟火灾探测器
42	点型光电感烟火灾探测器
43	线型光束感烟火灾探测器
44	吸气式感烟火灾探测器
45～49	预留
50	复合式火灾探测器
51	复合式感烟感温火灾探测器
52	复合式感光感温火灾探测器
53	复合式感光感烟火灾探测器

表 5（续）

类型值	说明
54～59	预留
60	预留
61	紫外火焰探测器
62	红外火焰探测器
63～68	预留
69	感光火灾探测器
70～73	预留
74	气体探测器
75～77	预留
78	图像摄像方式火灾探测器
79	感声火灾探测器
80	预留
81	气体灭火控制器
82	消防电气控制装置
83	消防控制室图形显示装置
84	模块
85	输入模块
86	输出模块
87	输入/输出模块
88	中继模块
89～90	预留
91	消防水泵
92	消防水箱
93～94	预留
95	喷淋泵
96	水流指示器
97	信号阀
98	报警阀
99	压力开关
100	预留
101	阀驱动装置
102	防火门
103	防火阀
104	通风空调

表 5（续）

类型值	说明
105	泡沫液泵
106	管网电磁阀
107～110	预留
111	防烟排烟风机
112	预留
113	排烟防火阀
114	常闭送风口
115	排烟口
116	电控挡烟垂壁
117	防火卷帘控制器
118	防火门监控器
119～120	预留
121	警报装置
122～127	预留
128～255	用户自定义

8.2.1.3 建筑消防设施部件模拟量值

建筑消防设施部件模拟量值数据结构如图 8 所示，共 10 字节。

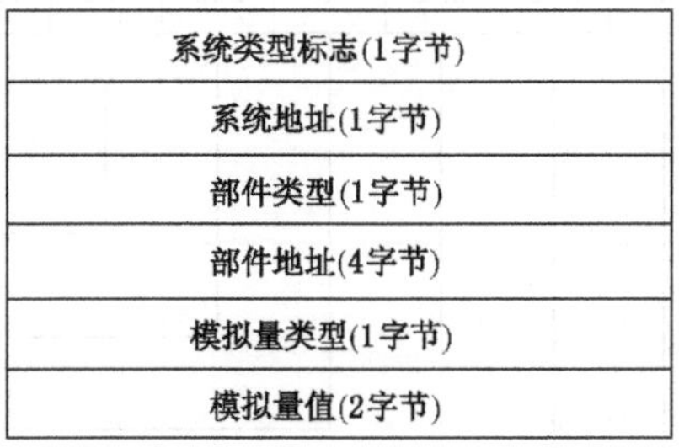

系统类型标志(1字节)
系统地址(1字节)
部件类型(1字节)
部件地址(4字节)
模拟量类型(1字节)
模拟量值(2字节)

图 8　建筑消防设施部件模拟量值数据结构

系统类型标志、系统地址、部件类型、部件地址的定义同 8.2.1.2。

模拟量类型为 1 字节二进制数，取值范围 0～255。

模拟量值为 2 字节有符号整型数，取值范围为－32 768～＋32 767，低字节传输在前。

模拟量类型和模拟量值的具体定义见表 6。

表 6 模拟量定义

模拟量类型值	说明	单位	有效值范围	最小计量单元
0	未用			
1	事件计数	件	0～32 000	1 件
2	高度	m	0～320	0.01 m
3	温度	℃	−273～+3 200	0.1 ℃
4	压力	MPa(兆帕)	0～3200	0.1 MPa
5	压力	kPa(千帕)	0～3 200	0.1 kPa
6	气体浓度	%LEL	0～100	0.1%LEL
7	时间	s	0～32 000	1 s
8	电压	V	0～3 200	0.1 V
9	电流	A	0～3 200	0.1 A
10	流量	L/s	0～3 200	0.1 L/s
11	风量	m^3/min	0～3 200	0.1 m^3/min
12	风速	m/s	0～20	1 m/s
13～127	预留			
128～255	用户自定义			

8.2.1.4 建筑消防设施操作信息

建筑消防设施操作信息数据结构如图 9 所示，共 4 字节。

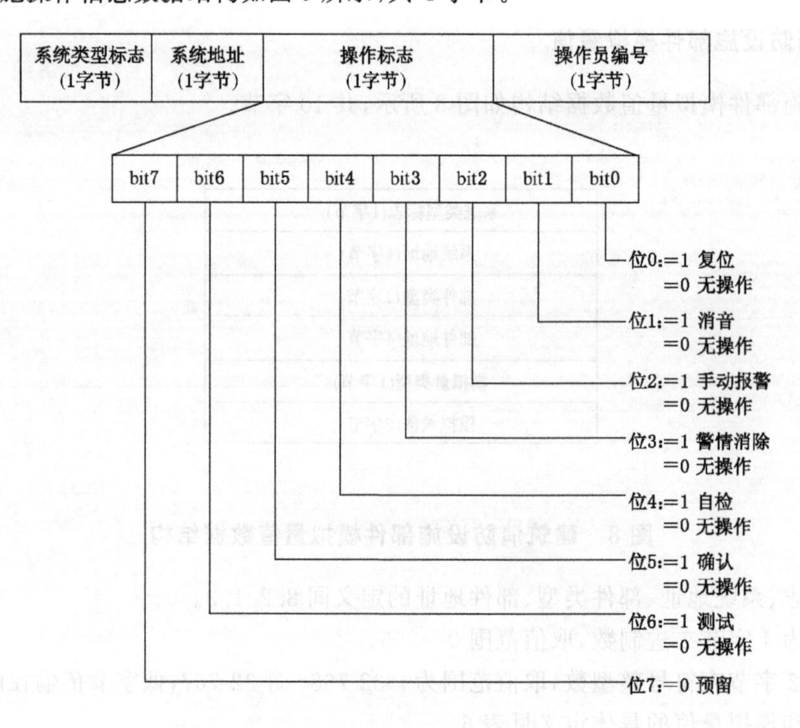

图 9 建筑消防设施操作信息数据结构

系统类型标志和系统地址的定义见 8.2.1.1。

操作员编号为 1 字节二进制数，由建筑消防设施定义。

8.2.1.5 建筑消防设施软件版本

建筑消防设施的软件版本数据结构如图 10 所示，共 4 字节。

系统类型标志和系统地址定义见 8.2.1.1。

主版本号和次版本号分别为 1 字节二进制数，由建筑消防设施定义。

系统类型标志(1字节)
系统地址(1字节)
主版本号(1字节)
次版本号(1字节)

图 10 建筑消防设施软件版本数据结构

8.2.1.6 建筑消防设施系统配置情况

建筑消防设施系统配置情况数据格式如图 11 所示，不定长。

系统类型标志和系统地址定义见 8.2.1.1。

系统配置说明部分为字符串，采用 GB 18030—2005 规定的编码。

系统类型标志(1字节)
系统地址(1字节)
系统说明长度(1字节 $L=0\sim255$)
系统配置说明(L字节)

图 11 建筑消防设施系统配置情况数据结构

8.2.1.7 建筑消防设施系统部件配置情况

建筑消防设施系统部件的配置情况数据格式如图 12 所示，共 38 字节。

系统类型标志、系统地址、部件类型、部件地址定义见 8.2.1.2。

部件说明为 31 字节的字符串，采用 GB 18030—2005 规定的编码。

系统类型标志(1字节)
系统地址(1字节)
部件类型(1字节)
部件地址(4字节)
部件说明(31字节)

图 12 建筑消防设施部件配置情况数据结构

8.2.1.8 用户信息传输装置运行状态

用户信息传输装置运行状态数据定义格式如图 13 所示，共 1 字节。

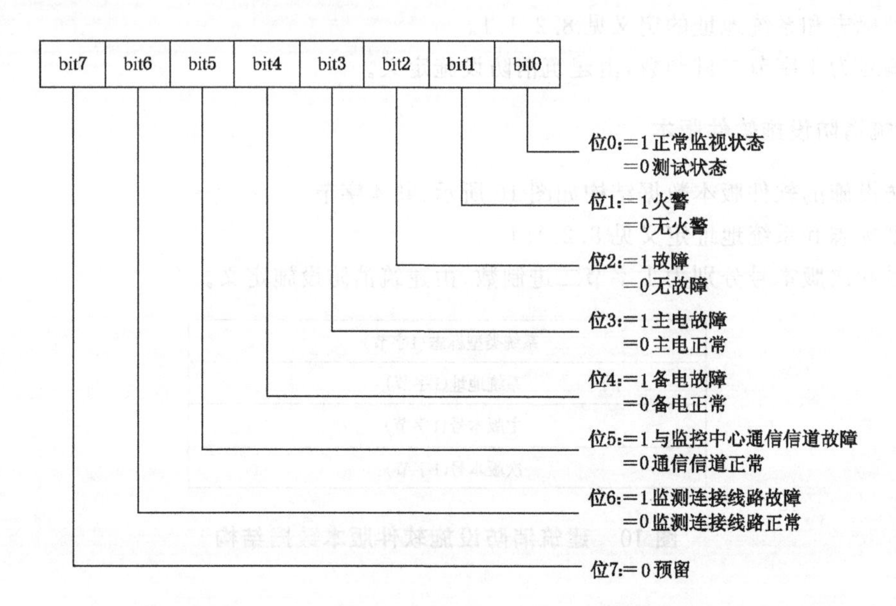

图 13 用户信息传输装置运行状态数据结构

8.2.1.9 用户信息传输装置操作信息

用户信息传输装置操作信息数据结构如图 14 所示,共 2 字节。

操作员编号为 1 字节二进制数,由联网用户定义。

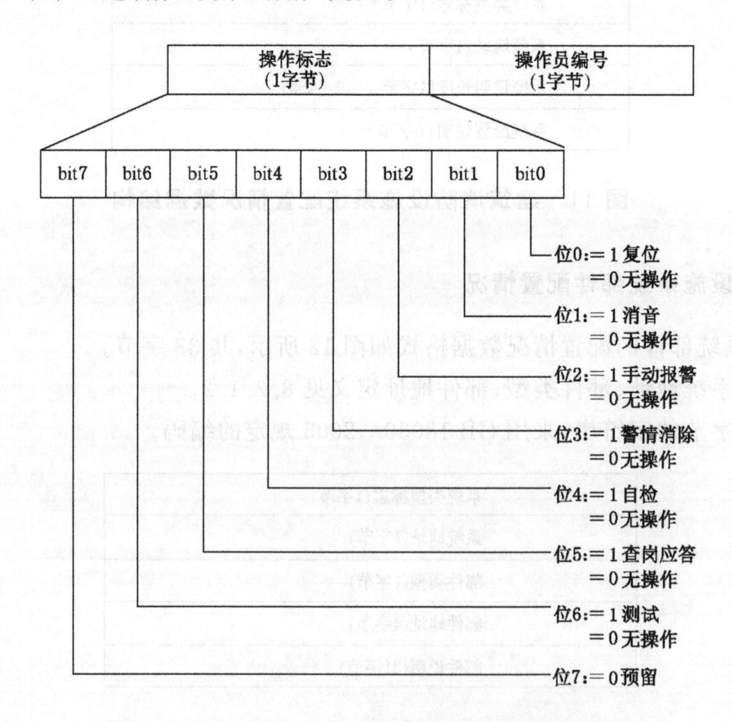

图 14 用户信息传输装置操作信息数据结构

8.2.1.10 用户信息传输装置软件版本

用户信息传输装置的软件版本数据结构如图 15 所示,共 2 字节。

主版本号和次版本号分别为 1 字节二进制数,由制造商自行定义。

主版本号(1字节)
次版本号(1字节)

图 15 用户信息传输装置数据版本数据结构

8.2.1.11 用户信息传输装置配置情况

用户信息传输装置的配置情况数据结构如图16所示,用户信息传输装置说明为不定长的字符串,采用GB 18030—2005规定的编码。

用户信息传输装置说明长度(1字节 $L=0\sim255$)
用户信息传输装置说明(L字节)

图 16 用户信息传输装置配置情况数据结构

8.2.2 时间标签

时间标签数据结构如图17所示。

秒	=0～59
分	=0～59
时	=0～23
日	=1～31
月	=1～12
年	=0～99

图 17 时间标签数据结构

8.3 数据定义细则

8.3.1 上行方向数据

8.3.1.1 上传建筑消防设施系统状态

上传建筑消防设施系统状态的数据格式如图18所示。

类型标志符(1字节)	=1
信息对象数目(1字节)	=n(n不大于102)
系统类型1(1字节)	见8.2.1.1的定义
系统地址1(1字节)	见8.2.1.1的定义
系统状态1(2字节)	见8.2.1.1的定义
状态1发生时间(6字节)	见8.2.2的定义
⋮	
系统类型n(1字节)	见8.2.1.1的定义
系统地址n(1字节)	见8.2.1.1的定义
系统状态n(2字节)	见8.2.1.1的定义
状态n发生时间(6字节)	见8.2.2的定义

图 18 上传建筑消防设施系统状态的数据格式

8.3.1.2 上传建筑消防设施部件运行状态

上传建筑消防设施部件运行状态的数据格式如图 19 所示。

类型标志符(1字节)	=2
信息对象数目(1字节)	=n(n不大于22)
系统类型1(1字节)	见 8.2.1.1 的定义
系统地址1(1字节)	见 8.2.1.1 的定义
部件类型1(1字节)	见 8.2.1.2 的定义
部件地址1(4字节)	见 8.2.1.2 的定义
部件状态1(2字节)	见 8.2.1.2 的定义
部件说明1(31字节)	见 8.2.1.2 的定义
状态1发生时间(6字节)	见 8.2.2的定义
⋮	
系统类型n(1字节)	见 8.2.1.1 的定义
系统地址n(1字节)	见 8.2.1.1 的定义
部件类型n(1字节)	见 8.2.1.2 的定义
部件地址n(4字节)	见 8.2.1.2 的定义
部件状态n(2字节)	见 8.2.1.2 的定义
部件说明n(31字节)	见 8.2.1.2 的定义
状态 n 发生时间(6字节)	见 8.2.2 的定义

图 19 上传建筑消防设施部件运行状态的数据格式

8.3.1.3 上传建筑消防设施部件模拟量值

上传建筑消防设施部件模拟量值的数据格式如图 20 所示。

类型标志符(1字节)	=3
信息对象数目(1字节)	=n(n不大于63)
系统类型1(1字节)	见 8.2.1.1 的定义
系统地址1(1字节)	见 8.2.1.1 的定义
部件类型1(1字节)	见 8.2.1.2 的定义
部件地址1(4字节)	见 8.2.1.2 的定义
模拟量类型1(1字节)	见 8.2.1.3 的定义
模拟量值1(2字节)	见 8.2.1.3 的定义
模拟量值1的采样时间(6字节)	见 8.2.2的定义
⋮	
系统类型n(1字节)	见 8.2.1.1 的定义
系统地址n(1字节)	见 8.2.1.1 的定义
部件类型n(1字节)	见 8.2.1.2 的定义
部件地址n(4字节)	见 8.2.1.2 的定义
模拟量类型n(1字节)	见 8.2.1.3 的定义
模拟量值n(2字节)	见 8.2.1.3 的定义
模拟量值n的采样时间(6字节)	见 8.2.2 的定义

图 20 上传建筑消防设施部件模拟量值的数据格式

8.3.1.4 上传建筑消防设施操作信息记录

上传建筑消防设施操作信息的数据格式如图 21 所示。

类型标志符(1字节)	=4
信息对象数目(1字节)	=n(n不大于102)
系统类型1(1字节)	见 8.2.1.1 的定义
系统地址1(1字节)	见 8.2.1.1 的定义
操作信息1(1字节)	见 8.2.1.4 的定义
操作员编号1(1字节)	见 8.2.1.4 的定义
操作1的记录时间(6字节)	见 8.2.2 的定义
⋮	
系统类型n(1字节)	见 8.2.1.1 的定义
系统地址n(1字节)	见 8.2.1.1 的定义
操作信息n(1字节)	见 8.2.1.4 的定义
操作员编号n(1字节)	见 8.2.1.4 的定义
操作n的记录时间(6字节)	见 8.2.2 的定义

图 21 上传建筑消防设施操作信息的数据格式

8.3.1.5 上传建筑消防设施软件版本

上传建筑消防设施软件版本的数据格式如图 22 所示。

类型标志符(1字节)	=5
信息对象数目(1字节)	=1
系统类型(1字节)	见8.2.1.1的定义
系统地址(1字节)	见8.2.1.1的定义
软件主版本号(1字节)	见8.2.1.5的定义
软件次版本号(1字节)	见8.2.1.5的定义

图 22 上传建筑消防设施软件版本数据格式

8.3.1.6 上传建筑消防设施系统配置情况

上传建筑消防设施系统配置情况的数据格式如图 23 所示。

类型标志符(1字节)	=6
信息对象数目(1字节)	=n(n不大于3)
系统类型1(1字节)	见8.2.1.1的定义
系统地址1(1字节)	见8.2.1.1的定义
系统说明长度1(1字节)	见8.2.1.4的定义
系统说明1(L1字节)	见8.2.1.4的定义
⋮	
系统类型n(1字节)	见8.2.1.1的定义
系统地址n(1字节)	见8.2.1.1的定义
系统说明长度n(1字节)	见8.2.1.4的定义
系统说明n(Ln字节)	见8.2.1.4的定义

图23 上传建筑消防设施系统配置情况的数据格式

8.3.1.7 上传建筑消防设施部件配置情况

上传建筑消防设施部件配置情况的数据格式如图24所示。

类型标志符(1字节)	=7
信息对象数目(1字节)	=n(n不大于26)
系统类型1(1字节)	见8.2.1.1的定义
系统地址1(1字节)	见8.2.1.1的定义
部件类型1(1字节)	见8.2.1.2的定义
部件地址1(4字节)	见8.2.1.2的定义
部件说明1(31字节)	见8.2.1.2的定义
⋮	
系统类型n(1字节)	见8.2.1.1的定义
系统地址n(1字节)	见8.2.1.1的定义
部件类型n(1字节)	见8.2.1.2的定义
部件地址n(4字节)	见8.2.1.2的定义
部件说明n(31字节)	见8.2.1.2的定义

图24 上传建筑消防设施部件配置情况的数据格式

8.3.1.8 上传建筑消防设施系统时间

上传建筑消防设施系统时间的数据格式如图25所示。

类型标志符(1字节)	=8
信息对象数目(1字节)	=1
系统类型(1字节)	见8.2.1.1的定义
系统地址(1字节)	见8.2.1.1的定义
建筑消防设施的系统时间(6字节)	见8.2.2的定义

图25 上传建筑消防设施系统时间的数据格式

8.3.1.9 上传用户信息传输装置运行状态

上传用户信息传输装置运行状态的数据格式如图 26 所示。

类型标志符(1字节)	=21
信息对象数目(1字节)	=1
状态(1字节)	见8.2.1.8的定义
状态发生时间(6字节)	见8.2.2的定义

图 26 上传用户信息传输装置运行状态的数据格式

8.3.1.10 上传用户信息传输装置操作信息记录

上传用户信息传输装置操作信息的数据格式如图 27 所示。

类型标志符(1字节)	=24
信息对象数目(1字节)	=n(n不大于127)
操作信息1(1字节)	见8.2.1.9的定义
操作员编号1(1字节)	见8.2.1.9的定义
操作1的记录时间(6字节)	见8.2.2的定义
⋮	
操作信息n(1字节)	见8.2.1.9的定义
操作员编号n(1字节)	见8.2.1.9的定义
操作n的记录时间(6字节)	见8.2.2的定义

图 27 上传用户信息传输装置操作信息的数据格式

8.3.1.11 上传用户信息传输装置软件版本

上传用户信息传输装置数据版本的数据格式如图 28 所示。

类型标志符(1字节)	=25
信息对象数目(1字节)	=1
软件版本号(2字节)	见8.2.1.10的定义

图 28 上传用户信息传输装置的软件版本的数据格式

8.3.1.12 上传用户信息传输装置配置情况

上传用户信息传输装置配置情况的数据格式如图 29 所示。

类型标志符(1字节)	=26
信息对象数目(1字节)	=1
配置说明长度(1字节)	=L
配置说明(L字节)	

图 29 上传用户信息传输装置配置情况的数据格式

8.3.1.13 上传用户信息传输装置系统时间

上传用户信息传输装置系统时间的数据格式如图30所示。

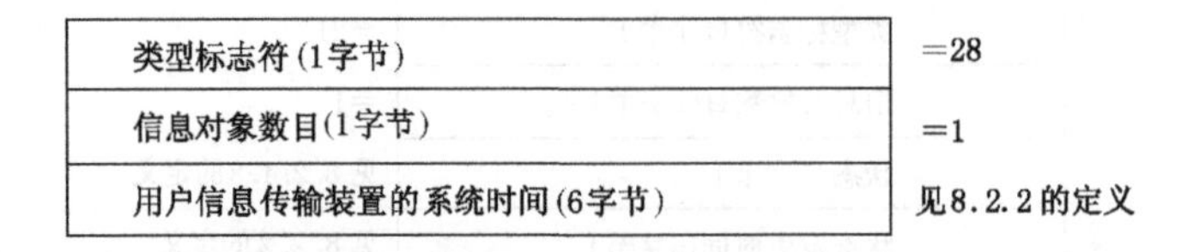

类型标志符(1字节)	=28
信息对象数目(1字节)	=1
用户信息传输装置的系统时间(6字节)	见8.2.2的定义

图30 上传用户信息传输装置系统时间的数据格式

8.3.2 下行方向数据

8.3.2.1 读建筑消防设施系统状态

读建筑消防设施系统状态的数据格式如图31所示。

类型标志符(1字节)	=61
信息对象数目(1字节)	=n(n不大于102)
系统类型1(1字节)	见8.2.1.1的定义
系统地址1(1字节)	见8.2.1.1的定义
⋮	
系统类型n(1字节)	见8.2.1.1的定义
系统地址n(1字节)	见8.2.1.1的定义

图31 读建筑消防设施系统状态的数据格式

8.3.2.2 读建筑消防设施系统部件状态

读建筑消防设施系统部件状态的数据格式如图32所示。

类型标志符(1字节)	=62
信息对象数目(1字节)	=n(n不大于22)
系统类型1(1字节)	见8.2.1.1的定义
系统地址1(1字节)	见8.2.1.1的定义
部件地址1(4字节)	见8.2.1.2的定义
⋮	
系统类型n(1字节)	见8.2.1.1的定义
系统地址n(1字节)	见8.2.1.1的定义
部件地址n(4字节)	见8.2.1.2的定义

图32 读建筑消防设施系统部件状态的数据格式

8.3.2.3 读建筑消防设施部件模拟量值

读建筑消防设施部件模拟量值的数据格式如图33所示。

类型标志符(1字节)	=63
信息对象数目(1字节)	$=n$(n不大于63)
系统类型1(1字节)	见8.2.1.1的定义
系统地址1(1字节)	见8.2.1.1的定义
部件地址1(4字节)	见8.2.1.2的定义
⋮	
系统类型n(1字节)	见8.2.1.1的定义
系统地址n(1字节)	见8.2.1.1的定义
部件地址n(4字节)	见8.2.1.2的定义

图33 读建筑消防设施部件模拟量值的数据格式

8.3.2.4 读建筑消防设施操作信息记录

监控中心请求用户信息传输装置传送建筑消防设施操作信息记录，并指定记录起始时间和记录数目。其数据格式如图34所示。

类型标志符(1字节)	=64
信息对象数目(1字节)	=1
系统类型(1字节)	见8.2.1.1的定义
系统地址(1字节)	见8.2.1.1的定义
查询操作信息记录数目(1字节)	$=n$(n不大于102)
查询记录的指定起始时间(6字节)	见8.2.2的定义

图34 读建筑消防设施操作信息的数据格式

8.3.2.5 读建筑消防设施软件版本

读建筑消防设施软件版本的数据格式如图35所示。

类型标志符(1字节)	=65
信息对象数目(1字节)	=1
系统类型(1字节)	见8.2.1.1的定义
系统地址(1字节)	见8.2.1.1的定义

图35 读火灾报警控制器的软件版本数据格式

8.3.2.6 读建筑消防设施系统配置情况

读建筑消防设施系统配置情况的数据格式如图36所示。

类型标志符(1字节)	=66
信息对象数目(1字节)	$=n$(n不大于3)
系统类型1(1字节)	见8.2.1.1的定义
系统地址1(1字节)	见8.2.1.1的定义
系统类型n(1字节)	见8.2.1.1的定义
系统地址n(1字节)	见8.2.1.1的定义

图36 读建筑消防设施系统配置情况的数据格式

8.3.2.7 读建筑消防设施部件配置情况

读建筑消防设施部件配置情况的数据格式如图37所示。

类型标志符(1字节)	=67
信息对象数目(1字节)	$=n$(n不大于26)
系统类型1(1字节)	见8.2.1.1的定义
系统地址1(1字节)	见8.2.1.1的定义
部件地址1(4字节)	见8.2.1.2的定义
系统类型n(1字节)	见8.2.1.1的定义
系统地址n(1字节)	见8.2.1.1的定义
部件地址n(4字节)	见8.2.1.2的定义

图37 读建筑消防设施部件配置情况的数据格式

8.3.2.8 读建筑消防设施系统时间

读建筑消防设施系统时间的数据格式如图38所示。

类型标志符(1字节)	=68
信息对象数目(1字节)	=1
系统类型(1字节)	见8.2.1.1的定义
系统地址(1字节)	见8.2.1.1的定义

图38 读建筑消防设施系统时间的数据格式

8.3.2.9 读用户信息传输装置运行状态

读用户信息传输装置运行状态的数据格式如图39所示。

类型标志符(1字节)	=81
信息对象数目(1字节)	=1
预留(1字节)	=0

图39 读用户信息传输装置运行状态的数据格式

8.3.2.10 读用户信息传输装置操作信息记录

监控中心请求用户信息传输装置传送操作信息记录,并指定记录起始时间和信息数目。其数据格式如图 40 所示。

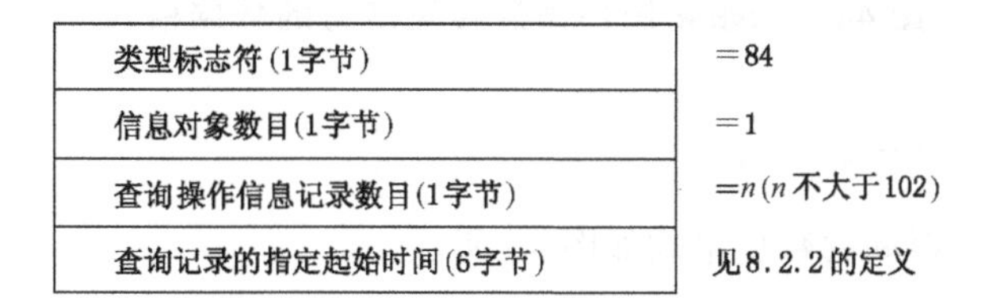

类型标志符(1字节)	=84
信息对象数目(1字节)	=1
查询操作信息记录数目(1字节)	=n(n不大于102)
查询记录的指定起始时间(6字节)	见8.2.2的定义

图 40 读用户信息传输装置操作信息的数据格式

8.3.2.11 读用户信息传输装置软件版本

读用户信息传输装置软件版本的数据格式如图 41 所示。

类型标志符(1字节)	=85
信息对象数目(1字节)	=1
预留(1字节)	=0

图 41 读用户信息传输装置软件版本的数据格式

8.3.2.12 读用户信息传输装置配置情况

读用户信息传输装置配置情况的数据格式如图 42 所示。

类型标志符(1字节)	=86
信息对象数目(1字节)	=1
预留(1字节)	=0

图 42 读用户信息传输装置配置情况的数据格式

8.3.2.13 读用户信息传输装置系统时间

读用户信息传输装置系统时间的数据格式如图 43 所示。

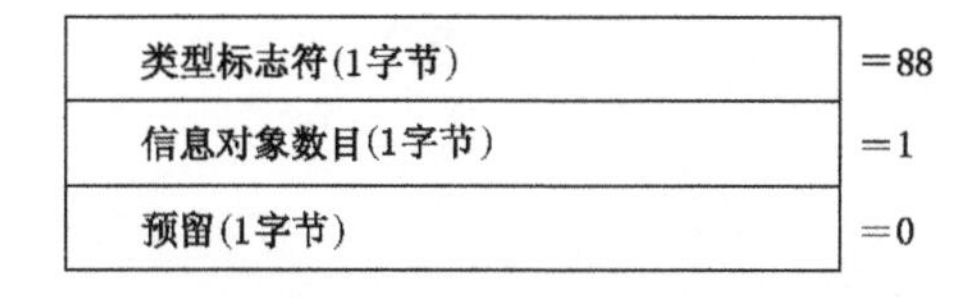

类型标志符(1字节)	=88
信息对象数目(1字节)	=1
预留(1字节)	=0

图 43 读用户信息传输装置系统时间的数据格式

8.3.2.14 初始化用户信息传输装置

初始化用户信息传输装置的数据格式如图 44 所示。

类型标志符(1字节)	=89
信息对象数目(1字节)	=1
预留(1字节)	=0

图 44　初始化用户信息传输装置的数据格式

8.3.2.15　同步用户信息传输装置时间

同步用户信息传输装置时间的数据格式如图 45 所示。

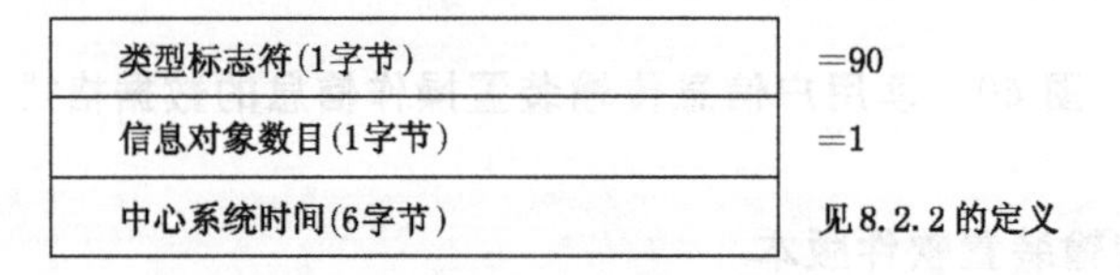

类型标志符(1字节)	=90
信息对象数目(1字节)	=1
中心系统时间(6字节)	见 8.2.2 的定义

图 45　同步用户信息传输装置时间的数据格式

8.3.2.16　查岗命令

监控中心向用户信息传输装置发送查岗命令的数据格式如图 46 所示。

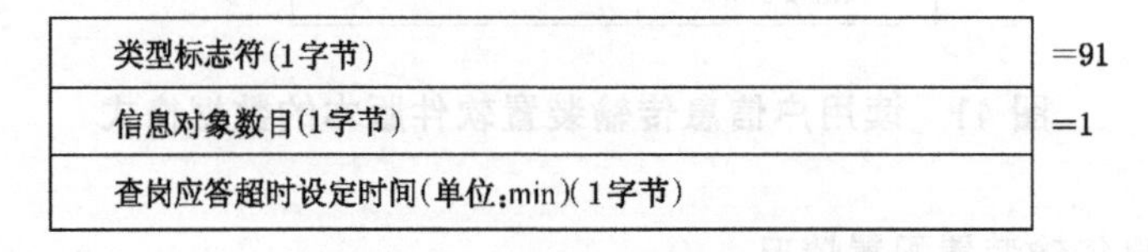

类型标志符(1字节)	=91
信息对象数目(1字节)	=1
查岗应答超时设定时间(单位:min)(1字节)	

图 46　查岗命令的数据格式

ICS 13.220.20
C 81

中华人民共和国国家标准

GB/T 26875.4—2011

城市消防远程监控系统 第4部分:基本数据项

Remote-monitoring system of urban fire protection—Part 4:Basic data item

2011-07-29 发布　　2011-11-01 实施

中华人民共和国国家质量监督检验检疫总局
中国国家标准化管理委员会　发布

前　言

GB 26875《城市消防远程监控系统》分为六个部分：

——第1部分：用户信息传输装置；

——第2部分：通信服务器软件功能要求；

——第3部分：报警传输网络通信协议；

——第4部分：基本数据项；

——第5部分：受理软件功能要求；

——第6部分：信息管理软件功能要求。

本部分为GB 26875的第4部分。

本部分依据GB/T 1.1—2009给出的规则起草。

本部分由全国消防标准化技术委员会消防通信分技术委员会(SAC/TC 113/SC 14)归口。

本部分负责起草单位：公安部沈阳消防研究所。

本部分参加起草单位：厦门准信机电工程有限公司、万盛(中国)科技有限公司、海湾消防网络有限公司、沈阳美宝控制有限公司、同方股份有限公司、广东百迅信息科技有限公司、上海易达通信公司、江西省盛安城市安全信息发展有限公司、北京网迅青鸟科技发展有限公司。

本部分主要起草人：隋虎林、刘海霞、蔡畅宇、范玉峰、马青波、屈励、刘濛、张健、戴持、钟尔俊、贾根莲、严志明、徐珍喜、徐文飞、陈兴煜、邓评韬、刘启明。

城市消防远程监控系统
第4部分:基本数据项

1 范围

GB 26875 的本部分规定了城市消防远程监控系统监控信息和消防安全管理信息所包含的基本数据项。

本部分适用于城市消防远程监控系统的建设和应用。

2 规范性引用文件

下列文件对于本文件的应用是必不可少的。凡是注日期的引用文件,仅注日期的版本适用于本文件。凡是不注日期的引用文件,其最新版本(包括所有的修改单)适用于本文件。

GB/T 2260 中华人民共和国行政区划代码

GB 11643 公民身份号码

GB 11714 全国组织机构代码编制规则

GB/T 12402 经济类型分类与代码

GB 18030 信息技术 中文编码字符集

GA/T 396—2002 消防业务基础数据元与代码表

3 城市消防远程监控系统数据项集

3.1 监控中心信息数据项

监控中心信息数据项见表1。

表1 监控中心信息数据项

序号	项目名称	类型	长度/字节	说明
1	中心名称	字符型	70	
2	所属区域	字符型	6	符合 GB/T 2260 的规定
3	中心详址	字符型	40	
4	联系电话	字符型	18	
5	中心负责人姓名	字符型	30	
6	中心负责人电话	字符型	18	
7	中心级别	字符型	1	1—国家级;2—区域级;3—省级;4—地市级;5—县级;9—其他
8	上级中心名称	字符型	70	
9	冗余备份中心名称	字符型	70	

3.2 监控人员信息数据项

监控人员信息数据项见表2。

表2 监控人员信息数据项

序号	项目名称	类型	长度/字节	说明
1	人员姓名	字符型	30	
2	人员电话	字符型	18	
3	人员所属单位名称字	符型	70	

3.3 联网用户基本情况信息数据项

联网用户基本情况信息数据项见表3。

表3 联网用户基本情况信息数据项

序号	项目名称	类型	长度/字节	说明
1	单位名称	字符型	70	
2	组织机构代码	字符型	9	符合 GB 11714 的规定
3	单位类别	字符型	2	见 GA/T 396—2002 表 A.5
4	所属区域	字符型	6	符合 GB/T 2260 的规定
5	单位详址	字符型	40	
6	联系电话	字符型	18	
7	联网状态	字符型	1	0—未联网；1—联网
8	邮政编码	字符型	6	
9	消防控制室电话	字符型	18	
10	消防安全责任人姓名	字符型	30	
11	消防安全责任人公民身份号码	字符型	18	符合 GB 11643 的规定
12	消防安全责任人电话	字符型	18	
13	消防安全管理人姓名	字符型	30	
14	消防安全管理人公民身份号码	字符型	18	符合 GB 11643 的规定
15	消防安全管理人电话	字符型	18	
16	专兼职消防管理人姓名	字符型	30	
17	专兼职消防管理人公民身份号码	字符型	18	符合 GB 11643 的规定
18	专兼职消防管理人电话	字符型	18	
19	法人代表姓名	字符型	30	
20	法人代表公民身份号码	字符型	18	符合 GB 11643 的规定
21	法人代表电话	字符型	18	
22	职工总人数	数值型	10	

表 3（续）

序号	项目名称	类型	长度/字节	说明
23	成立时间	日期型	8	表示方法：YYYYMMDD
24	上级主管单位名称	字符型	70	
25	管辖单位名称	字符型	70	
26	经济所有制	字符型	3	符合 GB/T 12402 的规定
27	固定资产	数值型	10	单位：万元，精确到小数点后 2 位
28	单位占地面积	数值型	10	单位：m^2
29	总建筑面积	数值型	10	单位：m^2
30	入网日期	日期型	8	表示方法：YYYYDDMM
31	监管等级	字符型	1	见 GA/T 396—2002 表 A.6
32	单位总平面图	二进制		
33	单位所属中心名称	字符型	70	

3.4 建、构筑物信息数据项

建、构筑物信息数据项见表 4。

表 4 建、构筑物信息数据项

序号	项目名称	类型	长度/字节	说明
1	建、构筑物名称	字符型	40	
2	建、构筑物类别	字符型	2	见 GA/T 396—2002 表 A.8
3	建造日期	日期型	8	表示方法：YYYYDDMM
4	使用性质	字符型	2	见 GA/T 396—2002 表 A.11
5	火灾危险性	字符型	1	见 GA/T 396—2002 表 A.12
6	耐火等级	字符型	1	见 GA/T 396—2002 表 A.10
7	结构类型	字符型	1	见 GA/T 396—2002 表 A.9
8	建筑高度	数值型	6	单位：m，精确到小数点后 2 位
9	建筑面积	数值型	10	单位：m^2
10	占地面积	数值型	10	单位：m^2
11	标准层面积	数值型	10	单位：m^2
12	地上层数	数值型	3	
13	地上层面积	数值型	10	单位：m^2
14	地下层数	数值型	3	
15	地下层面积	数值型	10	单位：m^2
16	隧道高度	数值型	6	单位：m，精确到小数点后 2 位
17	隧道长度	数值型	10	单位：m，精确到小数点后 2 位

表 4（续）

序号	项目名称	类型	长度/字节	说明
18	消防控制室位置	字符型	50	
19	避难层数量	数值型	3	
20	避难层总面积	数值型	10	单位：m^2
21	避难层位置	字符型	50	
22	安全出口数量	数值型	3	
23	安全出口位置	字符型	50	
24	安全出口形式	字符型	50	
25	消防电梯数量	数值型	3	
26	消防电梯容纳总重量	数值型	10	单位：kg
27	日常工作时间人数	数值型	10	
28	最大容纳人数	数值型	10	
29	储存物名称	字符型	40	
30	储存物数量	字符型	40	
31	储存物性质	字符型	40	
32	储存物形态	字符型	40	
33	储存容积	数值型	10	单位：m^3
34	主要原料	字符型	100	
35	主要产品	字符型	100	
36	毗邻建筑物情况	字符型	500	毗邻建筑的使用性质、结构类型、建筑高度、与本建筑物的间距等信息
37	建筑立面图	二进制		
38	消防设施平面布置图	二进制		
39	建筑平面图	二进制		
40	建筑物所属单位名称	字符型	70	

3.5 消防安全重点部位信息数据项

消防安全重点部位信息数据项见表 5。

表 5　消防安全重点部位信息数据项

序号	项目名称	类型	长度/字节	说明
1	重点部位名称	字符型	70	
2	建筑面积	数值型	10	单位：m^2
3	耐火等级	字符型	1	见 GA/T 396—2002 表 A.10
4	所在位置	字符型	50	

表 5（续）

序号	项目名称	类型	长度/字节	说明
5	使用性质	字符型	2	见 GA/T 396—2002 表 A.11
6	消防设施情况	字符型	200	有无消防设施及设施相关信息
7	责任人姓名	字符型	30	
8	责任人公民身份号码	字符型	18	符合 GB 11643 的规定
9	责任人电话	字符型	18	
10	确立消防安全重点部位的原因	字符型	—	不定长
11	防火标志的设立情况	字符型	—	不定长
12	危险源情况	字符型	—	不定长
13	消防安全管理措施	字符型	—	不定长
14	重点部位所属单位名称	字符型	70	

3.6 消防设施信息数据项

消防设施信息数据项见表 6。

表 6　消防设施信息数据项

序号	项目名称	类型	长度/字节	说明
1	设施名称	字符型	40	
2	设置部位	字符型	50	
3	设施系统形式	字符型	50	
4	投入使用时间	日期型	8	表示方法:YYYYMMDD
5	探测器数量	数值型	5	
6	控制器数量	数值型	5	
7	手动报警按钮数量	数值型	5	
8	消防电气控制装置数量	数值型	5	
9	市政给水管网形式	字符型	1	见 GA/T 396—2002 表 A.36
10	市政进水管数量	数值型	3	单位:条
11	市政进水管管径	数值型	5	单位:mm
12	消防水池容量	数值型	10	单位:m^3
13	消防水池位置	字符型	50	
14	消防水箱容量	数值型	10	单位:m^3
15	消防水箱位置	字符型	50	
16	其他水源供水量	数值型	10	单位:m^3
17	其他水源情况	字符型	200	形式、位置等信息
18	消防泵房位置	字符型	50	

表 6（续）

序号	项目名称	类型	长度/字节	说明
19	消防泵数量	数值型	5	
20	消防泵流量	数值型	6	单位：L/s
21	消防泵扬程	数值型	6	单位：m
22	室外消火栓管网形式	字符型	1	见 GA/T 396—2002 表 A.36
23	室外消火栓数量	数值型	5	
24	室外消火栓管径	数值型	5	单位：mm
25	室内消火栓管网形式	字符型	1	见 GA/T 396—2002 表 A.36
26	室内消火栓数量	数值型	5	
27	室内消火栓管径	数值型	5	单位：mm
28	水泵接合器数量	数值型	5	
29	水泵接合器位置	字符型	50	
30	稳压泵数量	数值型	5	
31	稳压泵流量	数值型	6	单位：L/s
32	稳压泵扬程	数值型	6	单位：m
33	气压罐容量	数值型	10	单位：m^3
34	消防水喉数量	数值型	5	
35	报警阀数量	数值型	5	
36	报警阀位置	字符型	50	
37	水流指示器数量	数值型	5	
38	水流指示器位置	字符型	50	
39	喷头数量	数值型	5	
40	减压阀数量	数值型	5	
41	减压阀位置	字符型	50	
42	竖向分区数量	数值型	5	
43	喷淋泵数量	数值型	5	
44	喷淋泵流量	数值型	6	单位：L/s
45	喷淋泵扬程	数值型	6	单位：m
46	喷淋泵位置	字符型	50	
47	雨淋阀数量	数值型	5	
48	雨淋阀位置	字符型	50	
49	水雾喷头数量	数值型	5	
50	水雾喷头位置	字符型	50	
51	防护区数量	数值型	5	
52	防护区容积	数值型	10	单位：m^3

表 6（续）

序号	项目名称	类型	长度/字节	说明
53	防护区部位名称	字符型	50	
54	防护区位置	字符型	50	
55	灭火剂类型	字符型	50	
56	手动控制装置位置	字符型	50	
57	设施动作方式	字符型	50	
58	瓶库位置	字符型	50	
59	钢瓶数量	数值型	5	
60	单个钢瓶容量	数值型	10	单位:L
61	钢瓶间距	数值型	6	单位:m,精确到小数点后 2 位
62	泡沫泵数量	数值型	5	
63	泡沫泵流量	数值型	6	单位:L/s
64	泡沫泵扬程	数值型	6	单位:m
65	泡沫数值	数值型	5	
66	干粉储罐位置	字符型	50	
67	防烟分区数量	数值型	5	
68	防烟分区位置	字符型	50	
69	风机数量	数值型	5	
70	风机安装位置	字符型	50	
71	风机风量	数值型	6	单位:m^3/h
72	风口设置部位	字符型	50	
73	排烟防火阀数量	数值型	5	
74	排烟阀数量	数值型	5	
75	防火阀数量	数值型	5	
76	正压送风阀数量	数值型	5	
77	防火门数量	数值型	5	
78	防火卷帘数量	数值型	5	
79	防火门设置部位	字符型	50	
80	防火卷帘设置部位	字符型	50	
81	扩音机功率	数值型	5	单位:W
82	备用扩音机功率	数值型	5	单位:W
83	扬声器数量	数值型	5	
84	广播分区数量数	值型	5	
85	广播分区设置部位	字符型	50	
86	消防专用电话数量	数值型	5	

表 6（续）

序号	项目名称	类型	长度/字节	说明
87	消防专用电话位置	字符型	50	
88	应急照明及疏散指示装置数量	数值型	5	
89	消防电源设置部位	字符型	50	
90	消防主电源是否为独立配电柜	字符型	1	1—是；2—否
91	备用电源形式	字符型	50	发电机、EPS、蓄电池等
92	灭火器设置部位	字符型	50	
93	灭火器配置类型	字符型	30	
94	灭火器生产日期	日期型	8	表示方法：YYYYMMDD
95	灭火器更换药剂日期	日期型	8	表示方法：YYYYMMDD
96	灭火器数量	数值型	5	
97	设施服务状态	字符型	1	0—停用；1—试运行；2—有效；9—其他
98	生产单位名称	字符型	70	
99	生产单位电话	字符型	18	
100	维修保养单位名称	字符型	70	
101	维修保养单位电话	字符型	18	
102	设施状态	字符型	2	01—正常；10—报警；20—故障；99—其他
103	状态描述	字符型	100	
104	状态变化时间	日期时间型	14	表示方法：YYYYMMDDHHmmss
105	火灾自动报警系统图	二进制		
106	消防给水系统平面布置图	二进制		
107	室外消火栓平面布置图	二进制		
108	室内消火栓布置图	二进制		
109	自动喷水灭火系统图	二进制		
110	水喷雾灭火系统图	二进制		
111	气体灭火系统图	二进制		
112	泡沫灭火系统图	二进制		
113	干粉灭火系统图	二进制		
114	防烟排烟系统图	二进制		
115	消防应急广播系统图	二进制		
116	应急照明及疏散指示系统图	二进制		
117	消防设施所属单位名称	字符型	70	

3.7 消防设施部件信息数据项

消防设施部件信息数据项见表 7。

表7　消防设施部件信息数据项

序号	项目名称	类型	长度/字节	说明
1	设施名称	字符型	40	
2	部件名称	字符型	40	
3	部件型号	字符型	30	
4	部件区号	数值型	4	
5	部件回路号	数值型	4	
6	部件位号	数值型	4	
7	安装位置	字符型	50	
8	部件状态	字符型	2	01—正常;10—报警;20—故障;99—其他
9	状态描述	字符型	100	
10	状态变化时间	日期时间型	14	表示方法:YYYYMMDDHHmmss

3.8　受理信息数据项

受理信息数据项见表8。

表8　受理信息数据项

序号	项目名称	类型	长度/字节	说明
1	单位名称	字符型	70	
2	首次报警时间	日期时间型	14	表示方法:YYYYMMDDHHmmss
3	受理时间	日期时间型	14	表示方法:YYYYMMDDHHmmss
4	受理结束时间	日期时间型	14	表示方法:YYYYMMDDHHmmss
5	信息类型	字符型	1	1—火警;2—故障;9—其他
6	信息描述	字符型	100	
7	处理结果	字符型	300	
8	受理员姓名	字符型	30	
9	用户联系人姓名	字符型	30	
10	信息确认	字符型	1	1—误报信息;2—有效信息;9—其他
11	向消防通信指挥中心报告时间	日期时间型	14	表示方法:YYYYMMDDHHmmss
12	消防通信指挥中心反馈确认时间	日期时间型	14	表示方法:YYYYMMDDHHmmss
13	消防通信指挥中心受理员姓名	字符型	30	
14	消防通信指挥中心接警处理情况	字符型	200	

3.9　查岗信息数据项

查岗信息数据项见表9。

表9 查岗信息数据项

序号	项目名称	类型	长度/字节	说明
1	查岗发起人姓名	字符型	30	
2	被查岗单位名称	字符型	70	
3	发起时间	日期时间型	14	表示方法:YYYYMMDDHHmmss
4	结束时间	日期时间型	14	表示方法:YYYYMMDDHHmmss
5	查岗结果	字符型	100	

3.10 火灾信息数据项

火灾信息数据项见表10。

表10 火灾信息数据项

序号	项目名称	类型	长度/字节	说明
1	单位名称	字符型	70	
2	起火部位	字符型	50	
3	起火时间	日期时间型	14	表示方法:YYYYMMDDHHmmss
4	起火原因	字符型	—	不定长
5	报警方式描述	字符型	40	自动、人工等信息
6	过火面积	数值型	10	单位:m^2
7	死亡人数	数值型	6	
8	受伤人数	数值型	6	
9	财产损失	数值型	10	单位:万元,精确到小数点后2位
10	火灾扑救概述	字符型	—	不定长

3.11 消防设施检查信息数据项

消防设施检查信息数据项见表11。

表11 消防设施检查信息数据项

序号	项目名称	类型	长度/字节	说明
1	单位名称	字符型	70	
2	检查日期	日期型	8	表示方法:YYYYMMDD
3	检查人姓名	字符型	30	
4	消防安全管理人姓名	字符型	30	
5	检查类别	字符型	1	1—巡查;2—单项检查;3—联动检查;9—其他
6	检查结果	字符型	1	1—正常;2—故障;9—其他

表 11（续）

序号	项目名称	类型	长度/字节	说明
7	检查内容	字符型	—	不定长
8	故障内容	字符型	—	不定长
9	处理情况	字符型	—	不定长

3.12 消防设施维护保养信息数据项

消防设施维护保养信息数据项见表 12。

表 12 消防设施维护保养信息数据项

序号	项目名称	类型	长度/字节	说明
1	单位名称	字符型	70	
2	维护保养时间	日期型	8	表示方法:YYYYMMDD
3	维护人员姓名	字符型	30	
4	维护保养内容	字符型	—	不定长
5	停用系统消防安全人姓名	字符型	30	
6	维护保养结果	字符型	200	
7	消防安全管理人姓名	字符型	30	

3.13 消防法规信息数据项

消防法规信息数据项见表 13。

表 13 消防法规信息数据项

序号	项目名称	类型	长度/字节	说明
1	法规名称	字符型	50	
2	法规类别	字符型	2	见 GA/T 396—2002 表 A.14
3	颁布机关	字符型	30	
4	批准机关	字符型	30	
5	颁布文号	字符型	30	
6	颁布日期	日期型	8	表示方法:YYYYMMDD
7	实施日期	日期型	8	表示方法:YYYYMMDD
8	输入日期	日期型	8	表示方法:YYYYMMDD
9	输入人姓名	字符型	30	
10	法规内容	字符型	—	不定长

3.14 消防常识信息数据项

消防常识信息数据项见表14。

表 14 消防常识信息数据项

序号	项目名称	类型	长度/字节	说明
1	名称	字符型	50	
2	输入人姓名	字符型	30	
3	输入日期	日期型	8	表示方法:YYYYMMDD
4	内容	字符型	—	不定长

4 说明

——所有字符采用GB 18030中规定的字符。
——图形文件格式宜采用JPEG,TIFF;文件大小宜不大于200 kB。

参 考 文 献

[1] GB 16806—2006 消防联动控制系统
[2] GB 50016—2006 建筑设计防火规范
[3] GB 50045—1995 高层民用建筑设计防火规范
[4] GB 50166—2007 火灾自动报警系统施工及验收规范
[5] GB 50440—2007 城市消防远程监控系统技术规范
[6] XF 503—2004 建筑消防设施检测技术规程
[7] GA 587—2005 建筑消防设施的维护管理

ICS 13.220.20
C 81

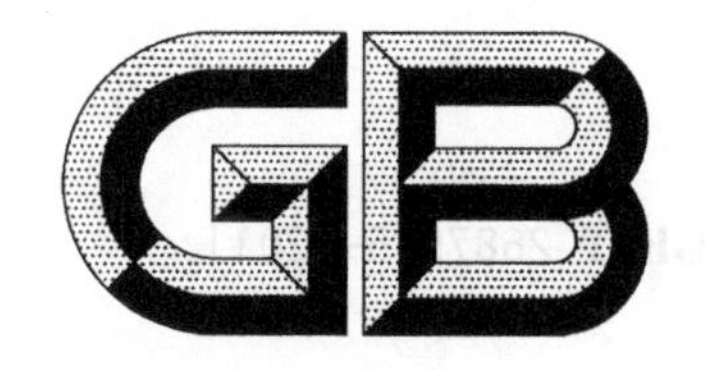

中华人民共和国国家标准

GB/T 26875.5—2011

城市消防远程监控系统 第5部分:受理软件功能要求

Remote-monitoring system of urban fire protection—
Part 5: Functional requirements for receiving software

2011-07-29 发布　　　　2012-05-01 实施

中华人民共和国国家质量监督检验检疫总局
中国国家标准化管理委员会 发布

前　言

本部分第4章、第5章为强制性的,其余为推荐性的。

GB 26875《城市消防远程监控系统》分为六个部分:

——第1部分:用户信息传输装置;

——第2部分:通信服务器软件功能要求;

——第3部分:报警传输网络通信协议;

——第4部分:基本数据项;

——第5部分:受理软件功能要求;

——第6部分:信息管理软件功能要求。

本部分为GB 26875的第5部分。

本部分按照GB/T 1.1—2009给出的规则起草。

本部分由全国消防标准化技术委员会消防通信分技术委员会(SAC/TC 113/SC 14)归口。

本部分负责起草单位:公安部沈阳消防研究所。

本部分参加起草单位:万盛(中国)科技有限公司、海湾消防网络有限公司、沈阳美宝控制有限公司、同方股份有限公司、广东百迅信息科技有限公司、上海易达通信公司、江西省盛安城市安全信息发展有限公司、北京网迅青鸟科技发展有限公司。

本部分主要起草人:隋虎林、屈励、刘海霞、谷安永、杨波、袁国斌、胡锐、费春祥、石建国、严志明、邹志刚、梁伟峰、陈兴煜、邓评韬、张俊。

城市消防远程监控系统
第5部分:受理软件功能要求

1 范围

GB 26875的本部分规定了城市消防远程监控系统中报警受理系统和火警信息终端的受理软件的术语和定义、基本要求、功能要求和试验方法。

本部分适用于城市消防远程监控系统中报警受理系统和火警信息终端安装使用的受理软件。

2 规范性引用文件

下列文件对于本文件的应用是必不可少的。凡是注日期的引用文件,仅注日期的版本适用于本文件。凡是不注日期的引用文件,其最新版本(包括所有的修改单)适用于本文件。

GB/T 17544—1998 信息技术 软件包 质量要求和测试

GB 50440 城市消防远程监控系统技术规范

3 术语和定义

GB 50440界定的以及下列术语和定义适用于本文件。

3.1

火警信息终端 fire alarm information terminal

设置在消防通信指挥中心或其他接处警中心,用于接收城市消防远程监控中心报警受理系统发送的联网用户火灾报警信息的终端。

4 基本要求

受理软件应满足以下基本要求:

a) 受理软件界面应采用中文显示;

b) 操作过程应有明确的受理流程指示;

c) 软件在运行期间不应发生异常情况;

d) 受理软件的用户文档应满足GB/T 17544—1998中3.2的要求。

5 功能要求

5.1 受理软件通用功能要求

5.1.1 运行或经登录后,应自动进入监控受理工作状态。

5.1.2 应具有文字信息显示界面和地理信息显示界面,分别显示文字信息和地理信息。

5.1.3 界面应显示下列信息:

a) 未受理信息;

b） 日期和时钟信息；

c） 软件版本信息；

d） 受理座席、受理员信息；

e） 受理员离席或在席状态信息。

上述信息中，a)项内容不应被覆盖。

5.1.4 应能记录、查询其启停时间和人员登录、注销时间、值班记事等。

5.1.5 应有受理、查询、退出等操作权限。

5.1.6 应与城市消防远程监控系统的标准时钟同步。

5.1.7 应具有违规操作提示功能。

5.2 报警受理系统受理软件功能要求

5.2.1 应能接收、显示、记录及查询用户信息传输装置发送的火灾报警信息、建筑消防设施运行状态信息。

5.2.2 应能接收、显示、记录及查询通信服务器发送的系统告警信息。

5.2.3 收到各类信息时，应能驱动声器件和显示界面发出声信号和显示提示。火灾报警信息声提示信号和显示提示应明显区别于其他信息，且显示及处理优先。声信号应能手动消除，当收到新的信息时，声信号应能再启动。信息受理后，相应声信号、显示提示应自动消除。

5.2.4 受理用户信息传输装置发送的火灾报警、故障状态信息时，应能显示下列内容：

a） 信息接收时间、用户名称、地址、联系人姓名、电话、单位信息、相关系统或部件的类型、状态等信息。

b） 该用户的地理信息、建筑消防设施的位置信息以及部件在建筑物中的位置信息；部件位置在系统平面图中显示应明显。

c） 该用户信息传输装置发送的不少于五条的同类型历史信息记录。

5.2.5 应能对火灾报警信息进行确认和记录归档。

5.2.6 应能向火警信息终端传送经确认的火灾报警信息，信息内容应包括：报警联网用户名称、地址、联系人姓名、电话、建筑物名称、报警点所在建筑物详细位置、监控中心受理员编号或姓名等；并能接收、显示和记录火警信息终端返回的确认时间、指挥中心受理员编号或姓名等信息；通信失败时应告警。

5.2.7 应能对用户信息传输装置发送的故障状态信息进行核实、记录、查询和统计，并向联网用户相关人员或相关部门发送经核实的故障信息；对故障处理结果应能进行查询。

5.2.8 应能人工向用户信息传输装置发送测试命令，对通信链路、用户信息传输装置进行测试，测试失败应告警；并能记录、显示和查询测试结果。

5.3 火警信息终端受理软件功能要求

5.3.1 应能接收、显示、记录及查询监控中心报警受理系统发送的火灾报警信息。

5.3.2 收到火灾报警及系统内部故障告警信息时，应能驱动声器件和显示界面发出声信号和显示提示。火灾报警信息声提示信号和显示提示应明显区别于故障告警信息，且显示及处理优先。声信号应能手动消除，当收到新的信息时，声信号应能再启动。信息受理后，相应声信号、显示提示应自动消除。

5.3.3 受理火灾报警信息时，应能显示报警联网用户的名称、地址、联系人姓名、电话、建筑物名称、报警点所在建筑物位置、联网用户的地理信息、监控中心受理员编号或姓名、接收时间等信息；经人工确认后，向监控中心反馈确认时间、指挥中心受理员编号或姓名等信息；通信失败时应告警。

5.3.4 应能检测与监控中心之间的通信状况，出现故障时应告警，并能记录和查询故障类型、故障出现及消除时间。

6 试验方法

6.1 总则

6.1.1 由被测方提供受理软件包和用户文档。

6.1.2 测试前，按照用户文档的相关要求进行硬件配置及软件安装，连接相关系统设备，完成软件的各项设置，使相关系统设备处于正常工作状态。

6.1.3 报警受理系统受理软件功能测试过程按6.2、6.3的方法，火警信息终端受理软件功能测试过程按6.2、6.4的方法，分别参照用户文档相应操作过程逐条进行。

6.2 通用功能试验方法

6.2.1 运行受理软件，观察并记录受理软件进入工作状态情况。

6.2.2 查看受理软件的文字信息显示界面和地理信息显示界面情况。

6.2.3 查看并记录受理软件信息显示内容，观察未受理信息不被其他信息覆盖情况，观察并记录当前受理员状态信息显示情况。

6.2.4 进行不同受理员注销、登录、值班记事、退出及运行受理软件等操作，记录上述操作时间及相关内容，通过受理软件查询窗口查看上述操作时间及内容与记录一致情况。

6.2.5 查看受理软件操作权限设置及作用情况。

6.2.6 修改系统的标准时钟，观察并记录受理软件与系统标准时钟同步情况；修改受理软件的运行时钟，执行时钟同步申请操作，观察并记录受理软件与系统标准时钟同步情况。

6.2.7 人为制造违规操作，如越权操作等，观察并记录受理软件提示情况。

6.3 报警受理系统受理软件功能试验方法

6.3.1 通过用户信息传输装置本机以及与用户信息传输装置连接的建筑消防设施，发送火灾报警信息和建筑消防设施运行状态信息至少三条，在受理系统受理软件显示界面上对上述接收信息进行受理。观察并记录受理软件接收、显示信息和时间情况；通过受理软件查询窗口查看软件记录情况。

6.3.2 人为制造系统内部故障告警，观察并记录受理软件接收、显示情况；通过受理软件查询窗口查看系统告警记录情况。

6.3.3 通过用户信息传输装置本机以及与用户信息传输装置连接的建筑消防设施，发送火灾报警信息和建筑消防设施运行状态信息至少三条，且火灾报警信息不是首条发送；受理软件接收到第一条信息后，手动消除声信号；人为制造一起系统内部故障，如关闭火警信息终端；受理接收信息；执行过程中观察并记录下列各项内容：

a) 受理软件驱动声器件发出的声信号及受理软件界面显示情况；

b) 未受理信息队列显示情况；

c) 手动消除声信号后声信号的再启动情况；

d) 火灾报警信息的声提示信号与其他信息声提示信号的区别；

e) 火灾报警信息显示提示信号的优先显示情况；

f) 系统内部故障信息的声提示信号和显示提示情况；

g) 信息受理后的声信号、显示提示自动消除情况。

6.3.4 通过与用户信息传输装置连接的建筑消防设施，发送火灾报警信息和故障状态信息，受理软件接收后进行受理操作，观察并记录显示内容。

6.3.5 通过用户信息传输装置本机或与用户信息传输装置连接的建筑消防设施，发送火灾报警信息，受理软件接收后，进行警情确认操作，观察并记录受理软件对火灾报警信息的确认、记录归档等操作的提示及处理情况。

6.3.6　确认一起火灾报警信息，火警信息终端收到火灾信息后，确认该信息，观察并记录信息内容及火警信息终端接收情况、火警信息终端返回的确认信息情况；断开与火警信息终端的通信链路，再次确认一起火灾报警信息，观察并记录通信失败时的告警提示情况；通过受理软件查询窗口查看本起火灾报警信息受理情况。

6.3.7　通过用户信息传输装置本机或与用户信息传输装置连接的建筑消防设施，发送故障状态信息，受理软件接收后，进行核实、告知、受理操作，观察并记录受理软件对故障状态信息的核实、告知、受理和时间情况；通过受理软件查询窗口查看故障状态信息处理结果记录情况。

6.3.8　人工向某一用户信息传输装置发送测试命令，观察并记录测试情况及测试结果；断开与该用户信息传输装置的通信链路，再次发起测试命令，观察并记录测试情况及测试结果；通过受理软件查询窗口查看测试记录情况。

6.4　火警信息终端受理软件功能试验方法

6.4.1　由报警受理系统确认一起火灾报警信息，观察并记录火警信息终端受理软件接收、显示信息和时间情况。

6.4.2　由报警受理系统确认一起火灾报警信息，火警信息终端受理软件接收到第一条信息后，手动消除声信号；人为制造一起系统内部故障，如断开本终端与监控中心之间的通信链路；受理火灾报警信息及系统内部故障信息；执行过程中观察并记录下列各项内容：

a）受理软件驱动声器件发出的声信号及受理软件界面显示情况；

b）未受理信息显示区域信息队列显示情况；

c）手动消除声信号后声信号的再启动情况；

d）火灾报警信息的声提示信号与系统内部故障信息声提示信号的区别；

e）系统内部故障信息的声提示信号和显示提示情况；

f）信息受理后的声信号、显示提示消除情况。

6.4.3　由报警受理系统确认一起火灾报警信息，火警信息终端受理软件接收后进行受理操作，观察并记录显示内容；人工确认后，观察并记录报警受理系统受理软件接收反馈信息情况；由报警受理系统再次确认一起火灾报警信息，火警信息终端受理软件接收后、人工确认前，断开与监控中心之间的通信链路，再进行人工确认操作，观察并记录通信失败时的提示情况；通过受理软件查询窗口查看本起火灾报警信息受理记录情况。

6.4.4　断开与监控中心之间的通信链路，观察并记录出现故障提示时间、故障告警提示信息情况；恢复与监控中心之间的通信链路，观察并记录故障时间及信号消除情况；通过受理软件查询窗口查看故障记录情况。

ICS 13.220.20
C 81

中华人民共和国国家标准

GB/T 26875.6—2011

城市消防远程监控系统 第6部分：信息管理软件功能要求

Remote-monitoring system of urban fire protection—Part 6: Functional requirements of information management software

2011-07-29 发布　　　　2012-05-01 实施

中华人民共和国国家质量监督检验检疫总局
中国国家标准化管理委员会　发布

前　言

本部分第4章、第5章为强制性的，其余为推荐性的。

GB 26875《城市消防远程监控系统》分为六个部分：

——第1部分：用户信息传输装置；

——第2部分：通信服务器软件功能要求；

——第3部分：报警传输网络通信协议；

——第4部分：基本数据项；

——第5部分：受理软件功能要求；

——第6部分：信息管理软件功能要求。

本部分为GB 26875的第6部分。

本部分按照GB/T 1.1—2009给出的规则起草。

本部分由全国消防标准化技术委员会消防通信分技术委员会(SAC/TC 113/SC 14)归口。

本部分负责起草单位：公安部沈阳消防研究所。

本部分参加起草单位：万盛(中国)科技有限公司、海湾消防网络有限公司、沈阳美宝控制有限公司、同方股份有限公司、广东百迅信息科技有限公司、上海易达通信公司、福建省盛安城市安全信息发展有限公司、北京网迅青鸟科技发展有限公司。

本标准主要起草人：范玉峰、徐放、张迪、姜学赟、刘海霞、杜阳、贾根莲、严志明、赵晓波、梁伟峰、陈兴煜、冯权辉、张俊。

城市消防远程监控系统
第6部分:信息管理软件功能要求

1 范围

GB 26875 的本部分规定了城市消防远程监控系统中信息查询系统和用户服务系统的信息管理软件的术语和定义、功能要求和试验方法。

本部分适用于城市消防远程监控系统中信息查询系统和用户服务系统的信息管理软件。

2 规范性引用文件

下列文件对于本文件的应用是必不可少的。凡是注日期的引用文件,仅注日期的版本适用于本文件。凡是不注日期的引用文件,其最新版本(包括所有的修改单)适用于本文件。

GB/T 17544—1998 信息技术 软件包 质量要求和测试

GB/T 26875.4—2011 城市消防远程监控系统 第4部分:基本数据项

GB 50440 城市消防远程监控系统技术规范

3 术语和定义

GB 50440 界定的以及下列术语和定义适用于本文件。

3.1

用户 users

能够利用信息管理软件访问城市消防远程监控系统信息的人员,包括:监控中心用户、公安消防部门用户和联网单位用户。

3.2

管理 manage

实现对城市消防远程监控系统信息进行查询、添加、更新和删除的操作。

4 基本要求

信息管理软件应满足以下基本要求:

a) 软件界面应采用中文显示;

b) 软件在运行期间不应发生异常情况;

c) 软件的用户文档应满足 GB/T 17544—1998 中 3.2 的要求。

5 功能要求

5.1 信息管理软件应具有用户权限管理功能,用户权限划分应至少包含下述权限级别:

a) 信息管理软件用户管理;

b) 查询监控中心信息;

c） 管理监控中心信息；

d） 查询联网单位信息；

e） 管理联网单位信息；

f） 查询本联网单位信息；

g） 管理本联网单位信息；

h） 对联网单位值班人员查岗。

5.2 信息管理软件应具有查岗功能。

5.3 信息管理软件应具有按用户权限的不同，管理监控中心下列信息的功能：

a） 监控中心信息，信息应满足 GB/T 26875.4—2011 表 1 要求；

b） 监控中心人员信息，信息应满足 GB/T 26875.4—2011 表 2 要求；

c） 消防法律法规，信息应满足 GB/T 26875.4—2011 表 13 要求；

d） 消防常识信息，信息应满足 GB/T 26875.4—2011 表 14 要求。

5.4 信息管理软件应具有按用户权限的不同，管理联网用户下列信息的功能：

a） 联网单位基本情况信息，信息应满足 GB/T 26875.4—2011 表 3 要求；

b） 联网单位建、构筑物信息，信息应满足 GB/T 26875.4—2011 表 4 要求；

c） 联网单位消防安全重点部位信息，信息应满足 GB/T 26875.4—2011 表 5 要求；

d） 联网单位消防设施信息，信息应满足 GB/T 26875.4—2011 表 6 要求；

e） 联网单位消防设施部件信息，信息应满足 GB/T 26875.4—2011 表 7 要求；

f） 联网单位报警受理信息，信息应满足 GB/T 26875.4—2011 表 8 要求；

g） 联网单位查岗信息，信息应满足 GB/T 26875.4—2011 表 9 要求；

h） 联网单位火灾信息，信息应满足 GB/T 26875.4—2011 表 10 要求；

i） 联网单位消防设施检查信息，信息应满足 GB/T 26875.4—2011 表 11 要求；

j） 联网单位消防设施维护保养信息，信息应满足 GB/T 26875.4—2011 表 12 要求。

5.5 信息管理软件应具有分类检索、统计功能，并能生成相应统计报表。对于联网单位的火灾报警信息和消防设施运行状态信息，应能按照下述检索项进行单项或联合检索和统计：

a） 日期；

b） 联网单位名称；

c） 联网单位类别；

d） 联网单位所属区域；

e） 联网单位监管等级；

f） 建筑物类别；

g） 建筑物使用性质；

h） 建筑物结构类型；

i） 建筑消防设施类型；

j） 建筑消防设施部件类型；

k） 建筑消防设施制造厂商名称；

l） 建筑消防设施维修保养厂商名称。

5.6 信息管理软件应具有将 5.5 中生成的统计报表进行存档和打印功能。

6 试验方法

6.1 总则

6.1.1 制造商应提供信息管理软件包和用户文档。

6.1.2 测试前，按照用户文档的相关要求进行硬件配置及软件安装，连接相关系统设备，完成软件的各项设置，使相关系统设备处于正常工作状态。

6.1.3 测试前，应通过手动添加或者系统运行生成等方式，在 GB/T 26875.4—2011 规定的所有数据表中，存在不少于 10 条数据。

6.1.4 应按照 5.1 规定，在城市消防远程监控系统的数据库中建立权限用户，各级权限用户不少于 1 名。

6.1.5 信息管理软件功能测试过程按 6.2 的方法，参照用户文档相应操作过程逐条进行。

6.1.6 满足下述各项要求的被测软件为合格，否则为不合格：

a） 测试期间被测软件满足第 4 章要求；

b） 测试期间被测软件不发生异常情况；

c） 测试期间运行被测软件的计算机不重启、不宕(死)机；

d） 信息管理软件功能测试结果应满足第 5 章的要求。

6.2 方法

6.2.1 运行信息管理软件，观察并记录信息管理软件进入工作状态情况。

6.2.2 查看信息管理软件的文字信息界面情况。

6.2.3 分别以不同权限用户登录信息管理软件，查看其对信息的操作状况，观察并记录操作结果。

6.2.4 以 5.1 中的 h)级权限用户登录信息管理软件，对联网单位值班人员进行远程查岗，观察并记录操作结果。

6.2.5 分别以 5.1 中的 b)和 c)级权限用户登录信息管理软件，管理 5.3 中的 a)、b)、c)和 d)信息，观察并记录操作结果。

6.2.6 分别以 5.1 中的 d)、e)、f)和 g)级权限用户登录信息管理软件，管理 5.4 中的 a)、b)、c)、d)、e)、f)、g)、h)、i)和 j)信息，观察并记录操作结果。

6.2.7 分别以 5.1 中的 d)、e)、f)和 g)级权限用户登录信息管理软件，按照 5.5 中的 a)、b)、c)、d)、e)、f)、g)、h)、i)、j)、k)和 l)对联网单位的火灾报警信息和消防设施运行状态信息进行单项或者联合项索引统计，观察并记录操作结果。

6.2.8 观察并记录将 6.2.7 查询统计结果存档和打印的情况。

ICS 13.220.20
C 81

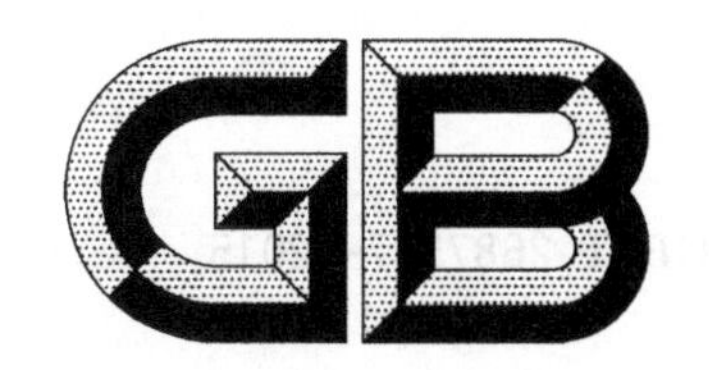

中华人民共和国国家标准

GB/T 26875.7—2015

城市消防远程监控系统
第7部分:消防设施维护管理软件
功能要求

**Remote-monitoring system of urban fire protection—
Part 7: Functional requirements for maintenance and management software for building fire facilities**

2015-06-02 发布　　2016-02-01 实施

中华人民共和国国家质量监督检验检疫总局
中国国家标准化管理委员会　发布

前 言

GB 26875《城市消防远程监控系统》分为以下8个部分：

——第1部分：用户信息传输装置；

——第2部分：通信服务器软件功能要求；

——第3部分：报警传输网络通信协议；

——第4部分：基本数据项；

——第5部分：受理软件功能要求；

——第6部分：信息管理软件功能要求；

——第7部分：消防设施维护管理软件功能要求；

——第8部分：监控中心对外数据交换协议。

本部分为GB 26875的第7部分。

本部分按照GB/T 1.1—2009给出的规则起草。

本部分由中华人民共和国公安部提出。

本部分由全国消防标准化技术委员会(SAC/TC 113)归口。

本部分负责起草单位：公安部沈阳消防研究所。

本部分参加起草单位：深圳市赋安安全系统有限公司、重庆华夏消防有限公司、海湾安全技术有限公司、厦门准信机电工程有限公司、万盛(中国)科技有限公司。

本部分主要起草人：张迪、王军、李志刚、杨树峰、隋虎林、马青波、徐放、范玉峰、刘濛、郑春华、钟尔俊、杨志强、童雷、经纬。

城市消防远程监控系统
第7部分:消防设施维护管理软件
功能要求

1 范围

GB 26875的本部分规定了城市消防远程监控系统中消防设施维护管理软件的术语和定义、功能要求和测试方法。

本部分适用于城市消防远程监控系统中消防设施维护管理软件的开发。

2 规范性引用文件

下列文件对于本文件的应用是必不可少的。凡是注日期的引用文件,仅注日期的版本适用于本文件。凡是不注日期的引用文件,其最新版本(包括所有的修改单)适用于本文件。

GB/T 25000.51—2010 软件工程 软件产品质量要求与评价(SQuaRE) 商业现货(COTS)软件产品的质量要求和测试细则

GB 25201—2010 建筑消防设施的维护管理

GB 50440 城市消防远程监控系统技术规范

3 术语和定义

GB 25201—2010和GB 50440界定的以及下列术语和定义适用于本文件。

3.1

用户 user

利用城市消防远程监控系统消防设施维护管理软件,对消防设施的维护过程进行信息管理的人员,包括监控中心、公安消防部门、消防设施所在单位、消防设施维护管理单位、消防设备生产厂家和消防设施施工安装企业等单位的人员。

4 功能要求

4.1 一般要求

消防设施维护管理软件应满足以下一般要求:

a) 界面采用中文显示;

b) 在运行期间不应发生不能登录、链接错误等异常情况;

c) 用户文档应满足GB/T 25000.51—2010中5.2的要求;

d) 支持移动终端、条形码扫描等现场录入方式;

e) 在数据库的存储容量不足10%时,有声音或文字的提示。

4.2 用户权限管理

消防设施维护管理软件应能根据用户性质的不同,进行软件功能操作权限的管理。不同用户的权限管理要求见表1。

表1 权限管理表

序号	用户	消防设施所在单位信息的添加、修改、删除操作权限	消防设施所在单位信息的查询操作权限
1	监控中心人员	允许	允许
2	公安消防部门人员	不允许	允许
3	消防设施所在单位人员	允许	允许
4	消防设施维护管理单位人员	允许	允许
5	消防设备生产厂家人员	不允许	允许
6	消防设施施工安装企业人员	不允许	允许

4.3 消防设施巡查信息管理

4.3.1 消防设施维护管理软件应能对消防设施的巡查信息进行查询、添加、修改和删除。

4.3.2 消防设施的巡查信息应包括单位名称、巡查项目、巡查内容、巡查情况、巡查部件编号、消防安全责任人或消防安全管理人、巡查人、工作过程、巡查结果、巡查时间等,其中巡查项目、巡查内容、巡查情况的内容应满足GB 25201—2010中表C.1的要求。

4.3.3 消防设施维护管理软件应能生成《建筑消防设施巡查记录表》,并能进行打印,记录表的内容应满足GB 25201—2010中表C.1的要求。

4.4 消防设施检测信息管理

4.4.1 消防设施维护管理软件应能对消防设施的检测信息进行查询、添加、修改和删除。

4.4.2 消防设施的检测信息应包括单位名称、检测项目、检测内容、实测记录、故障记录及处理、检测部件编号、检测单位、消防安全责任人或消防安全管理人、检测人、检测人等级证书编号、工作过程、检测结论、检测时间。检测项目、检测内容、实测记录、故障记录及处理应满足GB 25201—2010中表D.1要求。

4.4.3 消防设施维护管理软件应能生成《建筑消防设施检测记录表》,并能进行打印,记录表的内容应满足GB 25201—2010中表D.1的要求。

4.5 消防设施维修信息管理

4.5.1 消防设施维护管理软件应能对消防设施的维修信息进行查询、添加、修改和删除。

4.5.2 消防设施维护管理软件应能根据巡查、检测和远程监控中发现的故障信息,自动生成故障维修申请。

4.5.3 消防设施的维修信息应包括单位名称、系统名称、故障情况、故障维修情况、故障排除确认、维修部件编号、发现时间、维修时间、维修人、工作过程。故障情况、故障维修情况、故障排除确认应满足GB 25201—2010中表B.1的要求。

4.5.4 消防设施维护管理软件应能生成《建筑消防设施维修记录表》,并能进行打印,记录表的内容应满足GB 25201—2010中表B.1的要求。

4.6 消防设施保养信息管理

4.6.1 消防设施维护管理软件应能对消防设施的保养计划信息进行查询、添加、修改和删除。

4.6.2　消防设施的保养计划信息内容应包括单位名称、检查保养项目、保养内容、周期、系统类型、消防安全责任人或消防安全管理人、计划制定人、审核人。检查保养项目、保养内容、周期应满足GB 25201—2010 中表 E.1 的要求。

4.6.3　消防设施维护管理软件应能生成《建筑消防设施维护保养计划表》，并能进行打印，计划表内容应满足 GB 25201—2010 中表 E.1 的要求。

4.6.4　消防设施维护管理软件应能对消防设施的保养信息进行查询、添加、修改和删除。

4.6.5　消防设施的保养信息内容应包括单位名称、设备名称、保养项目、保养完成情况、备注、系统类型、消防安全责任人或消防安全管理人、保养人、审核人。设备名称、保养项目、保养完成情况、备注应满足 GB 25201—2010 中表 E.2 的要求。

4.6.6　消防设施维护管理软件应能生成《建筑消防设施维护保养记录表》，并能进行打印，记录表的内容应满足 GB 25201—2010 中表 E.2 的要求。

4.7　消防设施分类检索、统计

消防设施维护管理软件应能对消防设施所在单位的巡查信息、检测信息、维修信息和保养信息，按照下述检索项进行单项或联合检索和统计：

a） 时间；
b） 消防设施所在单位名称；
c） 消防设施所在单位所在区域；
d） 消防设施所在单位监管等级；
e） 消防设施类型；
f） 消防设施部件类型；
g） 消防设施部件编号；
h） 消防设施维护管理单位名称；
i） 消防设备生产厂家名称。

消防设施维护管理软件应能根据检索和统计结果生成相应统计报表，并能进行打印。

5　测试方法

5.1　总则

5.1.1　制造商应提供消防设施维护管理软件包和用户文档。

5.1.2　测试前，按照用户文档的相关要求进行硬件配置及软件安装，连接相关系统设备，完成软件的各项设置，使相关系统设备处于正常工作状态。

5.1.3　消防设施维护管理软件功能测试过程应按 5.2 规定的方法，分别参照用户文档相应操作过程逐条进行。

5.2　功能测试方法

5.2.1　运行消防设施维护管理软件，观察并记录信息管理软件进入工作状态情况。

5.2.2　查看消防设施维护管理软件的文字信息界面情况。

5.2.3　查看软件对移动终端、条形码扫描的录入情况。

5.2.4　将数据库的硬盘分区剩余空间调整到小于 10%的容量，观察并记录软件声音或文字提示情况。

5.2.5　分别以不同权限用户登录消防设施维护管理软件，查看其对信息的操作状况，观察并记录操作结果。

5.2.6　进行消防设施巡查信息的查询、添加、修改和删除等操作，生成《建筑消防设施巡查记录表》，进行打印,观察并记录操作结果。

5.2.7 进行消防设施检测信息的查询、添加、修改和删除等操作,生成《建筑消防设施检测记录表》,进行打印,观察并记录操作结果。

5.2.8 进行模拟消防设施巡查、检测和远程监控中发现故障的操作,观察并记录操作结果。

5.2.9 进行消防设施维修信息的查询、添加、修改和删除等操作,生成《建筑消防设施维修记录表》,进行打印,观察并记录操作结果。

5.2.10 进行消防设施保养计划信息的查询、添加、修改和删除等操作,生成《建筑消防设施保养计划表》,进行打印,观察并记录操作结果。

5.2.11 进行消防设施保养信息的查询、添加、修改和删除等操作,生成《建筑消防设施保养记录表》,进行打印,观察并记录操作结果。

5.2.12 登录消防设施维护管理软件,按照4.7中a)～i)规定的对消防设施所在单位的巡查信息、检测信息、维护信息和保养信息进行单项或者联合项索引统计,观察并记录操作结果。

5.2.13 观察并记录根据5.2.12获得的查询统计结果的打印情况。

ICS 13.220.20
C 81

中华人民共和国国家标准

GB/T 26875.8—2015

城市消防远程监控系统 第8部分：监控中心对外数据交换协议

Remote-monitoring system of urban fire protection—
Part 8: External data exchange protocol for monitoring center

2015-06-02 发布　　2016-02-01 实施

中华人民共和国国家质量监督检验检疫总局
中国国家标准化管理委员会　发布

前　言

GB 26875《城市消防远程监控系统》分为以下八个部分：

——第1部分：用户信息传输装置；

——第2部分：通信服务器软件功能要求；

——第3部分：报警传输网络通信协议；

——第4部分：基本数据项；

——第5部分：受理软件功能要求；

——第6部分：信息管理软件功能要求；

——第7部分：消防设施维护管理软件功能要求；

——第8部分：监控中心对外数据交换协议。

本部分为GB 26875的第8部分。

本部分按照GB/T 1.1—2009给出的规则起草。

本部分由中华人民共和国公安部提出。

本部分由全国消防标准化技术委员会(SAC/TC 113)归口。

本部分负责起草单位：公安部沈阳消防研究所。

本部分参加起草单位：深圳市赋安安全系统有限公司、万盛(中国)科技有限公司、海湾安全技术有限公司。

本部分主要起草人：李志刚、王军、张迪、杨树峰、刘海霞、裴建国、齐宝金、仝瑞涛、赵海荣、张磊、杜阳、乔培玉、刘濛、隋虎林、马青波、郑春华、经纬、王海润。

城市消防远程监控系统 第8部分:监控中心对外数据交换协议

1 范围

GB 26875 的本部分规定了城市消防远程监控系统监控中心对外数据交换协议的缩略语、XML Schema 定义、一般要求、数据查询接口和数据实时发布接口。

本部分适用于城市消防远程监控系统监控中心与外部系统之间的数据交换。

2 规范性引用文件

下列文件对于本文件的应用是必不可少的。凡是注日期的引用文件,仅注日期的版本适用于本文件。凡是不注日期的引用文件,其最新版本(包括所有的修改单)适用于本文件。

GB 18030 信息技术 中文编码字符集

GB/T 26875.4—2011 城市消防远程监控系统 第4部分:基本数据项

GB 50440 城市消防远程监控系统技术规范

RFC 2616 超文本传输协议(Hypertext Transfer Protocol—HTTP/1.1)

RFC 2818 超文本传输安全协议(HTTP Over TLS)

RFC 3023 XML 媒体类型(XML Media Types)

RFC 3629 ISO 10646 的转换格式(UTF-8,a transformation format of ISO 10646)

RFC 6749 OAuth 2.0 认证框架(The OAuth 2.0 Authorization Framework)

3 术语和定义

GB 50440 界定的术语和定义适用于本文件。

4 缩略语

下列缩略语适用于本文件。

HTTP:超文本传输协议(Hypertext Transfer Protocol)

HTTPS:超文本传输安全协议(HTTP Over TLS)

REST:表述性状态转移(Representational State Transfer)

URI:统一资源标识符(Uniform Resource Identifier)

XML:可扩展标记语言(eXtensible Markup Language)

XML Schema:可扩展标记语言架构定义(XML Schema Definition)

5 XML Schema 定义

5.1 GB/T 26875.4—2011 中规定的各类信息的 XML Schema 定义见附录 A。

5.2 数据订阅请求、取消数据订阅请求、数据订阅响应及相关数据通知的 XML Schema 定义见附录 B。

5.3 附录A、附录B所述XML Schema中引用的公用数据类型的XML Schema定义见附录C。

6 一般要求

6.1 本协议使用的字符集应满足GB 18030或RFC 3629的规定。

6.2 本协议应以HTTP或HTTPS协议作为底层承载协议。采用HTTP协议时,应满足RFC 2616的规定;采用HTTPS协议时,应满足RFC 2818的规定。

6.3 本协议宜采用OAuth 2.0协议进行客户端验证和授权,并满足RFC 6749的规定。

6.4 监控中心如未能处理接收到的请求时,返回的HTTP响应的状态代码(Status Code)应是400,实体主体(Entity Body)应是RFC 3023中描述的媒体类型为"application/xml"的错误响应。错误响应的XML Schema定义见A.15,其中description元素为错误描述;code元素为错误代码,取值范围为1~9999,仅1000~9999用于自定义错误,错误代码的定义见表1。

表1 错误代码表

错误代码	错误含义
1	未知错误
2	监控中心暂时停止数据交换服务
3	监控中心不支持的数据交换请求
4	客户应用的身份无法确定
5	客户应用被禁用
6	客户应用的IP被禁止
7	客户应用的请求频率超过限制
8	客户应用的权限不足
9	请求参数无效
10	请求参数缺失
11	请求无法被处理
100	监控中心不存在指定的数据
200	订阅请求无法添加
201	取消订阅时,subscribe_id不存在
1000~9999	自定义

7 数据查询接口

7.1 数据查询请求

7.1.1 任何查询请求应支持表2规定的通用查询参数。

表 2 通用查询参数

参数名称	类型	是否必需	描述
format	字符型	否	响应数据格式，可以为 xml，默认值为 xml
ie	字符型	否	查询请求的编码类型，可以为 UTF-8 或 GBK，默认值为 UTF-8
oe	字符型	否	响应数据的编码类型，可以为 UTF-8 或 GBK，默认值为 UTF-8
page_no	整数型	否	用于支持数据集合分页，表示第几页，默认值为 1
page_size	整数型	否	用于支持数据集合分页，表示每页返回多少条数据，默认值为 20

7.1.2 查询请求接口应支持 HTTP 的 GET 方法。

注：GET 方法是 HTTP 规定的客户端与服务器的交互方法之一，一般用于获取或查询资源信息。

7.1.3 查询请求接口应采用 REST 风格的 HTTP 接口，接口 URL 基本格式为 http(s)://.../openapi/v1/query/{uri}{query_string}，其中{uri}应支持 7.3 规定的各类查询的{uri}路径，{uri}可在任何"/"处截止，不以"/"结尾；{query_string}由通用查询参数和具体查询参数组合而成，在格式上，以"?"字符为起点，每个参数以"&"隔开，再以"="分开参数名称与参数值，同一参数的参数值如有多个，则以","连接参数值。如?key1=value&key2=value21,value22&…。

7.2 数据查询响应

7.2.1 查询响应数据的格式由查询请求的 format 参数指定。

7.2.2 查询响应数据的编码类型由查询请求的 oe 参数指定。

7.3 数据查询细则

7.3.1 监控中心查询

7.3.1.1 {uri}为 jkzx_list/{jkzx_guid}。

7.3.1.2 {query_string}可使用表 3 规定的具体查询参数。

表 3 监控中心具体查询参数

项目名称	参数名称
中心名称	zxmc
所属区域	ssqy
中心详址	zxxz
中心级别	zxjb
上级中心名称	sjzxmc

7.3.1.3 响应数据的 XML Schema 定义见 A.1。

7.3.2 监控人员查询

7.3.2.1 {uri}为 jkzx_list/{jkzx_guid}/jkry_list/{jkry_guid}。

7.3.2.2 {query_string}除可以使用 7.3.1.2 规定的参数外，还可使用表 4 规定的具体查询参数。

表 4 监控人员具体查询参数

项目名称	参数名称
人员姓名	ryxm
人员电话	rydh
人员所属单位名称	ryssdwmc

7.3.2.3 响应数据的 XML Schema 定义见 A.2。

7.3.3 联网用户基本情况查询

7.3.3.1 {uri}为 jkzx_list/{jkzx_guid}/lwyh_list/{lwyh_guid}。

7.3.3.2 {query_string}除可以使用 7.3.1.2 规定的参数外,还可使用表 5 规定的具体查询参数。

表 5 联网用户基本情况具体查询参数

项目名称	参数名称
单位名称	dwmc
组织机构代码	zzjgdm
单位类别	dwlb
所属区域	ssqy
单位详址	dwxz
联网状态	lwzt
邮政编码	yzbm

7.3.3.3 响应数据的 XML Schema 定义见 A.3。

7.3.4 建、构筑物基本情况查询

7.3.4.1 {uri}为 jkzx_list/{jkzx_guid}/lwyh_list/{lwyh_guid}/jgzw_list/{jgzw_guid}。

7.3.4.2 {query_string}除可以使用 7.3.1.2、7.3.3.2 规定的参数外,还可使用表 6 规定的具体查询参数。

表 6 建、构筑物具体查询参数

项目名称	参数名称
建、构筑物类别	jgzwlb
使用性质	syxz
火灾危险性	hzwxx
耐火等级	nhdj
结构类型	jglx

7.3.4.3 响应数据的 XML Schema 定义见 A.4。

7.3.5 消防安全重点部位基本情况查询

7.3.5.1 {uri}为 jkzx_list/{jkzx_guid}/lwyh_list/{lwyh_guid}/xfaqzdbw_list/{xfaqzdbw_guid}。

7.3.5.2 {query_string}除可以使用 7.3.1.2、7.3.3.2 规定的参数外，还可使用表 7 规定的具体查询参数。

表 7 消防安全重点部位具体查询参数

项目名称	参数名称
耐火等级	zdbw_nhdj
使用性质	zdbw_xyxz

7.3.5.3 响应数据的 XML Schema 定义见 A.5。

7.3.6 消防设施查询

7.3.6.1 {uri}为 jkzx_list/{jkzx_guid}/lwyh_list/{lwyh_guid}/xfss_list/{xfss_guid}。

7.3.6.2 {query_string}除可以使用 7.3.1.2、7.3.3.2 规定的参数外，还可使用表 8 规定的具体查询参数。

表 8 消防设施具体查询参数

项目名称	参数名称
设施名称	ssmc
设施服务状态	ssfwzt
设施状态	sszt
维护保养单位名称	whbydwmc
消防设施所属单位名称	xfssssdwmc

7.3.6.3 响应数据的 XML Schema 定义见 A.6。

7.3.7 消防设施部件查询

7.3.7.1 {uri}为 jkzx_list/{jkzx_guid}/lwyh_list/{lwyh_guid}/xfss_list/{xfss_guid}/xfssbj_list/{xfssbj_guid}。

7.3.7.2 {query_string}除可以使用 7.3.1.2、7.3.3.2、7.3.6.2 规定的参数外，还可使用表 9 规定的具体查询参数。

表 9 消防设施部件具体查询参数

项目名称	参数名称
部件型号	bjxh
部件状态	bjzt
状态变化时间	ztbhsj,ztbhsj_from,ztbhsj_to

7.3.7.3 响应数据的 XML Schema 定义见 A.7。

7.3.8 受理查询

7.3.8.1 {uri}为 jkzx_list/{jkzx_guid}/sl_list/{sl_guid}jkzx_list/{jkzx_guid}/lwyh_list/{lwyh_guid}/sl_list/{sl_guid}。

7.3.8.2 {query_string}除可以使用 7.3.1.2、7.3.3.2 规定的参数外，还可使用表 10 规定的具体查询参数。

表 10 受理具体查询参数

项目名称	参数名称
单位名称	sl_dwmc
首次报警时间	scbjsj，scbjsj_from，scbjsj_to
受理时间	slsj，slsj_from，slsj_to
信息类型	xxlx
信息确认	xxqr

7.3.8.3 响应数据的 XML Schema 定义见 A.8。

7.3.9 查岗查询

7.3.9.1 {uri}为 jkzx_list/{jkzx_guid}/cg_list/{cg_guid}或 jkzx_list/{jkzx_guid}/lwyh_list/{lwyh_guid}/cg_list/{cg_guid}。

7.3.9.2 {query_string}除可以使用 7.3.1.2、7.3.3.2 规定的参数外，还可使用表 11 规定的具体查询参数。

表 11 查岗具体查询参数

项目名称	参数名称
发起时间	fqsj，fqsj_from，fqsj_to
查岗结果	cgjg

7.3.9.3 响应数据的 XML Schema 定义见 A.9。

7.3.10 火灾查询

7.3.10.1 {uri}为 jkzx_list/{jkzx_guid}/hz_list/{hz_guid}或 jkzx_list/{jkzx_guid}/lwyh_list/{lwyh_guid}/hz_list/{hz_guid}。

7.3.10.2 {query_string}除可以使用 7.3.1.2、7.3.3.2 规定的参数外，还可使用表 12 规定的具体查询参数。

表 12 火灾具体查询参数

项目名称	参数名称
起火时间	qhsj，qhsj_from，qhsj_to
报警方式描述	bjfsms

7.3.10.3 响应数据的 XML Schema 定义见 A.10。

7.3.11 消防设施检查查询

7.3.11.1 {uri}为 jkzx_list/{jkzx_guid}/lwyh_list/{lwyh_guid}/xfssjc_list/{xfssjc_guid}。

7.3.11.2 {query_string}除可以使用 7.3.1.2、7.3.3.2 规定的参数外，还可使用表 13 规定的具体查询参数。

表 13 消防设施检查具体查询参数

项目名称	参数名称
检查日期	qhsj，qhsj_from，qhsj_to
检查类别	jclb
检查结果	jcjg

7.3.11.3 响应数据的 XML Schema 定义见 A.11。

7.3.12 消防设施维护保养查询

7.3.12.1 {uri}为 jkzx_list/{jkzx_guid}/lwyh_list/{lwyh_guid}/xfsswhby_list/{xfsswhby_guid}。

7.3.12.2 {query_string}除可以使用 7.3.1.2、7.3.3.2 规定的参数外，还可使用表 14 规定的具体查询参数。

表 14 消防设施维护保养具体查询参数

项目名称	参数名称
维护保养时间	whbysj，whbysj_from，whbysj_to

7.3.12.3 响应数据的 XML Schema 定义见 A.12。

7.3.13 消防法规查询

7.3.13.1 {uri}为 xffg_list/{xffg_guid}。

7.3.13.2 响应数据的 XML Schema 定义见 A.13。

7.3.14 消防常识查询

7.3.14.1 {uri}为 xfcs_list/{xfcs_guid}。

7.3.14.2 响应数据的 XML Schema 定义见 A.14。

8 数据实时发布接口

8.1 数据订阅请求

8.1.1 订阅请求接口应支持 HTTP 接口的 POST 方法。

注：POST 方法是 HTTP 规定的客户端与服务器的交互方法之一，一般用于更新资源信息。

8.1.2 订阅请求接口应采用 REST 风格的 HTTP 接口，接口 URL 基本格式为 http(s)://.../openapi/v1/realtime/{uri}，其中{uri}应支持 8.4 规定的各类订阅地址的{uri}路径，{uri}可在任何“/”处截止，不以“/”结尾。

8.1.3 订阅请求的 XML 元素见表 15，XML Schema 定义见 B.1。

表 15 订阅请求的 XML 元素

项目名称		类型	是否必需	描述
format		字符型	否	响应数据的格式，可以为 xml，默认值为 xml
ie		字符型	否	请求的编码类型，可以为 UTF-8 或 GBK，默认值为 UTF-8
oe		字符型	否	响应数据的编码类型，可以为 UTF-8 或 GBK，默认值为 UTF-8
operation		字符型	是	操作类型，为 subscribe
callback_url		字符型	是	回调地址
callback_format		字符型	否	回调数据的格式，可以为 xml，默认值为 xml
callback_oe		字符型	否	回调数据的编码类型，可以为 UTF-8 或 GBK，默认值为 UTF-8
validity_from，validity_to		日期型	否	有效时限范围，超过该时限该订阅自动失效。如无时限范围，则始终有效
filter	para_name	字符型	是	过滤条件参数名称，见 8.4
	para_value	字符型	是	过滤条件参数取值

8.1.4 取消订阅请求的 XML 元素见表 16，XML Schema 定义见 B.2。

表 16 取消订阅请求的 XML 元素

项目名称	类型	是否必需	描述
format	字符型	否	响应数据的格式，可以为 xml，默认值为 xml
ie	字符型	否	请求的编码类型，可以为 UTF-8 或 GBK，默认值为 UTF-8
oe	字符型	否	响应数据的编码类型，可以为 UTF-8 或 GBK，默认值为 UTF-8
operation	字符型	是	操作类型，为 unsubscribe
subscribe_id	字符型	是	订阅编号

8.1.5 取消所有订阅请求的 XML 元素见表 17，XML Schema 定义见 B.3。

表 17 取消所有订阅请求的 XML 元素

项目名称	类型	是否必需	描述
format	字符型	否	响应数据的格式，为 xml，默认值为 xml
ie	字符型	否	请求的编码类型，可以为 UTF-8 或 GBK，默认值为 UTF-8
oe	字符型	否	响应数据的编码类型，可以为 UTF-8 或 GBK，默认值为 UTF-8
operation	字符型	是	操作类型，为 clear

8.2 数据订阅响应

8.2.1 订阅响应数据的格式由订阅请求的 format 参数指定。

8.2.2 订阅响应数据的编码类型由订阅请求的 oe 参数指定。

8.2.3 订阅响应数据的 XML 元素见表 18,XML Schema 定义见 B.4。

表 18 订阅响应的 XML 元素

项目名称	类型	是否必需	描述
subscribe_id	字符型	是	监控中心返回的订阅编号,客户端注销订阅时需提供该编号
validity_from, validity_to	日期型	否	有效时限范围

8.3 数据发布通知回调

通知的接收方应在 callback_url 指定的地址,采用基于 HTTP 的 Web Service 接口等待接收监控中心的实时数据发布通知。

8.4 订阅请求和通知细则

消防设施部件状态变化通知的要求如下:

——URI 路径为 jkzx_list/{jkzx_guid}或 jkzx_list/{jkzx_guid}/lwyh_list/{lwyh_guid};

——过滤条件参数见表 19;

——通知数据的 XML Schema 定义见 B.5。

表 19 消防设施部件状态过滤条件参数

项目名称	参数名称
单位所属区域	dwssqy
单位类别	dwlb
部件状态	bjzt

附 录 A
（规范性附录）
数据查询接口相关的 XML Schema 定义

A.1 监控中心信息 XML Schema 定义

监控中心信息的 XML Schema 定义如下：

```
<?xml version="1.0" encoding="utf-8"?>
<xs:schema targetNamespace="http://schemas.syfri.cn/rmsufp/v1/openapi"
          xmlns="http://schemas.syfri.cn/rmsufp/v1/openapi"
          elementFormDefault="qualified"
          attributeFormDefault="unqualified"
          xmlns:xs="http://www.w3.org/2001/XMLSchema">
  <xs:include schemaLocation="define.xsd"/>
  <!-- 监控中心 -->
  <xs:element name="jkzx_list">
    <xs:complexType>
      <xs:sequence minOccurs="1" maxOccurs="unbounded">
        <xs:element name="jkzx" type="jkzx_t"/>
      </xs:sequence>
    </xs:complexType>
  </xs:element>
</xs:schema>
```

A.2 监控人员信息 XML Schema 定义

监控人员信息的 XML Schema 定义如下：

```
<?xml version="1.0" encoding="utf-8"?>
<xs:schema targetNamespace="http://schemas.syfri.cn/rmsufp/v1/openapi"
          xmlns="http://schemas.syfri.cn/rmsufp/v1/openapi"
          elementFormDefault="qualified"
          attributeFormDefault="unqualified"
          xmlns:xs="http://www.w3.org/2001/XMLSchema">
  <xs:include schemaLocation="define.xsd"/>
  <!-- 监控人员 -->
  <xs:element name="jkry_list">
    <xs:complexType>
      <xs:sequence minOccurs="1" maxOccurs="unbounded">
        <xs:element name="jkry" type="jkry_t"/>
      </xs:sequence>
    </xs:complexType>
  </xs:element>
</xs:schema>
```

A.3 联网用户基本情况信息 XML Schema 定义

联网用户基本情况信息的 XML Schema 定义如下：

```
〈?xml version="1.0" encoding="utf-8"?〉
〈xs:schema targetNamespace="http://schemas.syfri.cn/rmsufp/v1/openapi"
          xmlns="http://schemas.syfri.cn/rmsufp/v1/openapi"
          elementFormDefault="qualified"
          attributeFormDefault="unqualified"
          xmlns:xs="http://www.w3.org/2001/XMLSchema"〉
  〈xs:include schemaLocation="define.xsd"/〉
  〈!-- 联网用户基本情况 --〉
  〈xs:element name="lwyhjbqk_list"〉
    〈xs:complexType〉
      〈xs:sequence minOccurs="1" maxOccurs="unbounded"〉
        〈xs:element name="lwyhjbqk" type="lwyhjbqk_t"/〉
      〈/xs:sequence〉
    〈/xs:complexType〉
  〈/xs:element〉
〈/xs:schema〉
```

A.4 建、构筑物信息 XML Schema 定义

建、构筑物信息的 XML Schema 定义如下：

```
〈?xml version="1.0" encoding="utf-8"?〉
〈xs:schema targetNamespace="http://schemas.syfri.cn/rmsufp/v1/openapi"
          xmlns="http://schemas.syfri.cn/rmsufp/v1/openapi"
          elementFormDefault="qualified"
          attributeFormDefault="unqualified"
          xmlns:xs="http://www.w3.org/2001/XMLSchema"〉
  〈xs:include schemaLocation="define.xsd"/〉
  〈!-- 建、构筑物 --〉
  〈xs:element name="jgzw_list"〉
    〈xs:complexType〉
      〈xs:sequence minOccurs="1" maxOccurs="unbounded"〉
        〈xs:element name="jgzw" type="jgzw_t"/〉
      〈/xs:sequence〉
    〈/xs:complexType〉
  〈/xs:element〉
〈/xs:schema〉
```

A.5 消防安全重点部位信息 XML Schema 定义

消防安全重点部位信息的 XML Schema 定义如下：

```
〈?xml version="1.0" encoding="utf-8"?〉
〈xs:schema targetNamespace="http://schemas.syfri.cn/rmsufp/v1/openapi"
```

```
        xmlns="http://schemas.syfri.cn/rmsufp/v1/openapi"
        elementFormDefault="qualified"
        attributeFormDefault="unqualified"
        xmlns:xs="http://www.w3.org/2001/XMLSchema">
  <xs:include schemaLocation="define.xsd"/>
  <!-- 消防安全重点部位信息数据项 -->
  <xs:element name="xfaqzdbw_list">
    <xs:complexType>
      <xs:sequence minOccurs="1" maxOccurs="unbounded">
        <xs:element name="xfaqzdbw" type="xfaqzdbw_t"/>
      </xs:sequence>
    </xs:complexType>
  </xs:element>
</xs:schema>
```

A.6 消防设施信息 XML Schema 定义

消防设施信息的 XML Schema 定义如下：

```
<?xml version="1.0" encoding="utf-8"?>
<xs:schema targetNamespace="http://schemas.syfri.cn/rmsufp/v1/openapi"
        xmlns="http://schemas.syfri.cn/rmsufp/v1/openapi"
        elementFormDefault="qualified"
        attributeFormDefault="unqualified"
        xmlns:xs="http://www.w3.org/2001/XMLSchema">
  <xs:include schemaLocation="define.xsd"/>
  <!-- 消防设施 -->
  <xs:element name="xfss_list">
    <xs:complexType>
      <xs:sequence minOccurs="1" maxOccurs="unbounded">
        <xs:element name="xfss" type="xfss_t"/>
      </xs:sequence>
    </xs:complexType>
  </xs:element>
</xs:schema>
```

A.7 消防设施部件信息 XML Schema 定义

消防设施部件信息的 XML Schema 定义如下：

```
<?xml version="1.0" encoding="utf-8"?>
<xs:schema targetNamespace="http://schemas.syfri.cn/rmsufp/v1/openapi"
        xmlns="http://schemas.syfri.cn/rmsufp/v1/openapi"
        elementFormDefault="qualified"
        attributeFormDefault="unqualified"
        xmlns:xs="http://www.w3.org/2001/XMLSchema">
  <xs:include schemaLocation="define.xsd"/>
```

```
  <!-- 消防设施部件 -->
  <xs:element name="xfssbj_list">
    <xs:complexType>
      <xs:sequence minOccurs="1" maxOccurs="unbounded">
        <xs:element name="xfssbj" type="xfssbj_t"/>
      </xs:sequence>
    </xs:complexType>
  </xs:element>
</xs:schema>
```

A.8 受理信息 XML Schema 定义

受理信息的 XML Schema 定义如下：

```
<?xml version="1.0" encoding="utf-8"?>
<xs:schema targetNamespace="http://schemas.syfri.cn/rmsufp/v1/openapi"
          xmlns="http://schemas.syfri.cn/rmsufp/v1/openapi"
          elementFormDefault="qualified"
          attributeFormDefault="unqualified"
          xmlns:xs="http://www.w3.org/2001/XMLSchema">
  <xs:include schemaLocation="define.xsd"/>
  <!-- 受理信息 -->
  <xs:element name="sl_list">
    <xs:complexType>
      <xs:sequence minOccurs="1" maxOccurs="unbounded">
        <xs:element name="sl" type="sl_t"/>
      </xs:sequence>
    </xs:complexType>
  </xs:element>
</xs:schema>
```

A.9 查岗信息 XML Schema 定义

查岗信息的 XML Schema 定义如下：

```
<?xml version="1.0" encoding="utf-8"?>
<xs:schema targetNamespace="http://schemas.syfri.cn/rmsufp/v1/openapi"
          xmlns="http://schemas.syfri.cn/rmsufp/v1/openapi"
          elementFormDefault="qualified"
          attributeFormDefault="unqualified"
          xmlns:xs="http://www.w3.org/2001/XMLSchema">
  <xs:include schemaLocation="define.xsd"/>
  <!-- 查岗信息 -->
  <xs:element name="cg_list">
    <xs:complexType>
      <xs:sequence minOccurs="1" maxOccurs="unbounded">
        <xs:element name="cg" type="cg_t"/>
```

```
      </xs:sequence>
    </xs:complexType>
  </xs:element>
</xs:schema>
```

A.10 火灾信息 XML Schema 定义

火灾信息的 XML Schema 定义如下：

```
<?xml version="1.0" encoding="utf-8"?>
<xs:schema targetNamespace="http://schemas.syfri.cn/rmsufp/v1/openapi"
          xmlns="http://schemas.syfri.cn/rmsufp/v1/openapi"
          elementFormDefault="qualified"
          attributeFormDefault="unqualified"
          xmlns:xs="http://www.w3.org/2001/XMLSchema">
  <xs:include schemaLocation="define.xsd"/>
  <!-- 火灾信息 -->
  <xs:element name="hz_list">
    <xs:complexType>
      <xs:sequence minOccurs="1" maxOccurs="unbounded">
        <xs:element name="hz" type="hz_t"/>
      </xs:sequence>
    </xs:complexType>
  </xs:element>
</xs:schema>
```

A.11 消防设施检查信息 XML Schema 定义

消防设施检查信息的 XML Schema 定义如下：

```
<?xml version="1.0" encoding="utf-8"?>
<xs:schema targetNamespace="http://schemas.syfri.cn/rmsufp/v1/openapi"
          xmlns="http://schemas.syfri.cn/rmsufp/v1/openapi"
          elementFormDefault="qualified"
          attributeFormDefault="unqualified"
          xmlns:xs="http://www.w3.org/2001/XMLSchema">
  <xs:include schemaLocation="define.xsd"/>
  <!-- 消防设施检查 -->
  <xs:element name="xfssjc_list">
    <xs:complexType>
      <xs:sequence minOccurs="1" maxOccurs="unbounded">
        <xs:element name="xfssjc" type="xfssjc_t"/>
      </xs:sequence>
    </xs:complexType>
  </xs:element>
</xs:schema>
```

A.12 消防设施维护保养信息 XML Schema 定义

消防设施维护保养信息的 XML Schema 定义如下：

```
<?xml version="1.0" encoding="utf-8"?>
<xs:schema targetNamespace="http://schemas.syfri.cn/rmsufp/v1/openapi"
           xmlns="http://schemas.syfri.cn/rmsufp/v1/openapi"
           elementFormDefault="qualified"
           attributeFormDefault="unqualified"
           xmlns:xs="http://www.w3.org/2001/XMLSchema">
  <xs:include schemaLocation="define.xsd"/>
  <!-- 消防设施维护保养 -->
  <xs:element name="xfsswhby_list">
    <xs:complexType>
      <xs:sequence minOccurs="1" maxOccurs="unbounded">
        <xs:element name="xfsswhby" type="xfsswhby_t"/>
      </xs:sequence>
    </xs:complexType>
  </xs:element>
</xs:schema>
```

A.13 消防法规信息 XML Schema 定义

消防法规信息的 XML Schema 定义如下：

```
<?xml version="1.0" encoding="utf-8"?>
<xs:schema targetNamespace="http://schemas.syfri.cn/rmsufp/v1/openapi"
           xmlns="http://schemas.syfri.cn/rmsufp/v1/openapi"
           elementFormDefault="qualified"
           attributeFormDefault="unqualified"
           xmlns:xs="http://www.w3.org/2001/XMLSchema">
  <xs:include schemaLocation="define.xsd"/>
  <!-- 消防法规 -->
  <xs:element name="xffg_list">
    <xs:complexType>
      <xs:sequence minOccurs="1" maxOccurs="unbounded">
        <xs:element name="xffg" type="xffg_t"/>
      </xs:sequence>
    </xs:complexType>
  </xs:element>
</xs:schema>
```

A.14 消防常识 XML Schema 定义

消防常识信息的 XML Schema 定义如下：

```
<?xml version="1.0" encoding="utf-8"?>
<xs:schema targetNamespace="http://schemas.syfri.cn/rmsufp/v1/openapi"
```

```
            xmlns="http://schemas.syfri.cn/rmsufp/v1/openapi"
            elementFormDefault="qualified"
            attributeFormDefault="unqualified"
            xmlns:xs="http://www.w3.org/2001/XMLSchema">
  <xs:include schemaLocation="define.xsd"/>
  <!-- 消防常识 -->
  <xs:elementname="xfcs_list">
    <xs:complexType>
      <xs:sequence minOccurs="1" maxOccurs="unbounded">
        <xs:element name="xfcs" type="xfcs_t"/>
      </xs:sequence>
    </xs:complexType>
  </xs:element>
</xs:schema>
```

A.15 错误响应信息 XML Schema 定义

监控中心不能处理接收到的请求时，所返回错误响应信息的 XML Schema 定义如下：

```
<?xml version="1.0" encoding="utf-8"?>
<xs:schema targetNamespace="http://schemas.syfri.cn/rmsufp/v1/openapi"
            xmlns="http://schemas.syfri.cn/rmsufp/v1/openapi"
            elementFormDefault="qualified"
            attributeFormDefault="unqualified"
            xmlns:xs="http://www.w3.org/2001/XMLSchema">
  <xs:include schemaLocation="define.xsd"/>
  <!-- 错误 -->
  <xs:element name="errors">
    <xs:complexType>
      <xs:sequence minOccurs="1" maxOccurs="unbounded">
        <xs:element name="error" type="error_t"/>
      </xs:sequence>
    </xs:complexType>
  </xs:element>
</xs:schema>
```

附　录　B
（规范性附录）
数据实时发布接口相关的 XML Schema 定义

B.1　订阅请求的 XML Schema 定义

外部系统向监控中心发出的订阅请求的 XML Schema 定义如下：

```
〈?xml version="1.0" encoding="utf-8"?〉
〈xs:schema targetNamespace="http://schemas.syfri.cn/rmsufp/v1/openapi"
           xmlns="http://schemas.syfri.cn/rmsufp/v1/openapi"
           elementFormDefault="qualified"
           attributeFormDefault="unqualified"
           xmlns:xs="http://www.w3.org/2001/XMLSchema"〉
  〈xs:include schemaLocation="define.xsd"/〉
  〈!-- 订阅 --〉
  〈xs:element name="subscribe"〉
    〈xs:complexType〉
      〈xs:sequence〉
        〈!-- 响应数据的格式 --〉
        〈xs:element name="format" type="output_format_t" default="xml" minOccurs="0"/〉
        〈!-- 请求的编码类型 --〉
        〈xs:element name="ie" type="encoding_t" default="UTF-8" minOccurs="0"/〉
        〈!-- 响应数据的编码类型 --〉
        〈xs:element name="oe" type="encoding_t" default="UTF-8" minOccurs="0"/〉
        〈!-- 操作类型 --〉
        〈xs:element name="operation" type="xs:string" fixed="subscribe"/〉
        〈!-- 回调地址 --〉
        〈xs:element name="callback_url" type="xs:string"/〉
        〈!-- 回调数据的格式 --〉
        〈xs:element name="callback_format" type="output_format_t" default="xml"
minOccurs="0"/〉
        〈!-- 回调数据的编码类型 --〉
        〈xs:element name="callback_oe" type="encoding_t" default="UTF-8" minOccurs="0"/〉
        〈!-- 有效时限起始 --〉
        〈xs:element name="validity_from" type="xs:date" minOccurs="0"/〉
        〈!-- 有效时限结束 --〉
        〈xs:element name="validity_to" type="xs:date" minOccurs="0"/〉
        〈!-- 过滤条件 --〉
        〈xs:element name="filters"〉
          〈xs:complexType〉
            〈xs:sequence〉
              〈!-- 过滤条件如有多个,则为逻辑“与”的关系 --〉
```

```
                〈xs:element name="filter"minOccurs="1" maxOccurs="unbounded"〉
                  〈xs:complexType〉
                    〈xs:sequence〉
                      〈!-- 参数名称 --〉
                      〈xs:element name="para_name" type="xs:string"/〉
                      〈!-- 参数值 --〉
                      〈xs:element name="para_value" type="xs:string"/〉
                    〈/xs:sequence〉
                  〈/xs:complexType〉
                〈/xs:element〉
              〈/xs:sequence〉
            〈/xs:complexType〉
          〈/xs:element〉
        〈/xs:sequence〉
      〈/xs:complexType〉
    〈/xs:element〉
  〈/xs:schema〉
```

B.2 取消订阅请求的 XML Schema 定义

外部系统向监控中心发出的取消订阅请求的 XML Schema 定义如下：

```
〈?xml version="1.0" encoding="utf-8"?〉
〈xs:schema targetNamespace="http://schemas.syfri.cn/rmsufp/v1/openapi"
          xmlns="http://schemas.syfri.cn/rmsufp/v1/openapi"
          elementFormDefault="qualified"
          attributeFormDefault="unqualified"
          xmlns:xs="http://www.w3.org/2001/XMLSchema"〉
  〈xs:include schemaLocation="define.xsd"/〉
  〈!-- 取消订阅 --〉
  〈xs:element name="unsubscribe"〉
    〈xs:complexType〉
      〈xs:all〉
        〈!-- 响应数据的格式 --〉
        〈xs:element name="format" type="output_format_t" default="xml" minOccurs="0"/〉
        〈!-- 请求的编码类型 --〉
        〈xs:element name="ie" type="encoding_t" default="UTF-8" minOccurs="0"/〉
        〈!-- 响应数据的编码类型 --〉
        〈xs:element name="oe" type="encoding_t" default="UTF-8" minOccurs="0"/〉
        〈!-- 操作类型 --〉
        〈xs:element name="operation" type="xs:string" fixed=" unsubscribe"/〉
        〈!-- 订阅编号 --〉
        〈xs:element name="subscribe_id" type="xs:string" minOccurs="1"/〉
      〈/xs:all〉
    〈/xs:complexType〉
```

```
  〈/xs:element〉
〈/xs:schema〉
```

B.3 取消所有订阅请求的 XML Schema 定义

外部系统向监控中心发出的取消所有订阅请求的 XML Schema 定义如下：

```
〈?xml version="1.0" encoding="utf-8"?〉
〈xs:schema targetNamespace="http://schemas.syfri.cn/rmsufp/v1/openapi"
           xmlns="http://schemas.syfri.cn/rmsufp/v1/openapi"
           elementFormDefault="qualified"
           attributeFormDefault="unqualified"
           xmlns:xs="http://www.w3.org/2001/XMLSchema"〉
  〈xs:include schemaLocation="define.xsd"/〉
  〈!-- 取消所有订阅 --〉
  〈xs:element name="clear_subscribe"〉
    〈xs:complexType〉
      〈xs:all〉
        〈!-- 响应数据的格式 --〉
        〈xs:element name="format" type="output_format_t" default="xml" minOccurs="0"/〉
        〈!-- 请求的编码类型 --〉
        〈xs:element name="ie" type="encoding_t" default="UTF-8" minOccurs="0"/〉
        〈!-- 响应数据的编码类型 --〉
        〈xs:element name="oe" type="encoding_t" default="UTF-8" minOccurs="0"/〉
        〈!-- 操作类型 --〉
        〈xs:element name="operation" type="xs:string" fixed="clear_subscribe"/〉
      〈/xs:all〉
    〈/xs:complexType〉
  〈/xs:element〉
〈/xs:schema〉
```

B.4 订阅响应的 XML Schema 定义

监控中心为外部系统返回的订阅响应的 XML Schema 定义如下：

```
〈?xml version="1.0" encoding="utf-8"?〉
〈xs:schema targetNamespace="http://schemas.syfri.cn/rmsufp/v1/openapi"
           xmlns="http://schemas.syfri.cn/rmsufp/v1/openapi"
           elementFormDefault="qualified"
           attributeFormDefault="unqualified"
           xmlns:xs="http://www.w3.org/2001/XMLSchema"〉
  〈!-- 订阅响应 --〉
  〈xs:element name="subscribe_response"〉
    〈xs:complexType〉
      〈xs:all〉
        〈!-- 订阅编号 --〉
        〈xs:element name="subscribe_id" type="xs:string" minOccurs="1"/〉
```

```
    <!-- 有效时限起始 -->
    <xs:element name="validity_from" type="xs:date" minOccurs="0"/>
    <!-- 有效时限结束 -->
    <xs:element name="validity_to" type="xs:date" minOccurs="0"/>
   </xs:all>
  </xs:complexType>
 </xs:element>
</xs:schema>
```

B.5 消防设施部件状态变化通知的 XML Schema 定义

监控中心向外部系统发送的消防设施部件状态变化通知的 XML Schema 定义如下：

```
<?xml version="1.0" encoding="utf-8"?>
<xs:schema targetNamespace="http://schemas.syfri.cn/rmsufp/v1/openapi"
           xmlns="http://schemas.syfri.cn/rmsufp/v1/openapi"
           elementFormDefault="qualified"
           attributeFormDefault="unqualified"
           xmlns:xs="http://www.w3.org/2001/XMLSchema">
 <xs:include schemaLocation="define.xsd"/>
 <!-- 订阅响应 -->
 <xs:element name="notify_part_states">
  <xs:complexType>
   <xs:sequence>
    <xs:elementname="notify_part_state" minOccurs="1" maxOccurs="unbounded">
     <xs:complexType>
      <xs:sequence>
       <!-- 订阅编号 -->
       <xs:element name="subscribe_id" type="xs:string"/>
       <!-- 监控中心 -->
       <xs:element name="jkzx" type="jkzx_t"/>
       <!-- 联网用户 -->
       <xs:element name="lwyh" type="lwyhjbqk_t"/>
       <!-- 消防设施 -->
       <xs:element name="xfss" type="xfss_t"/>
       <!-- 消防设施部件 -->
       <xs:element name="xfssbj" type="xfssbj_t"/>
      </xs:sequence>
     </xs:complexType>
    </xs:element>
   </xs:sequence>
  </xs:complexType>
 </xs:element>
</xs:schema>
```

附 录 C
(规范性附录)
公用数据类型的 XML Schema 定义

公用数据类型的 XML Schema 定义如下:

```
<?xml version="1.0" encoding="utf-8"?>
<xs:schema targetNamespace="http://schemas.syfri.cn/rmsufp/v1/openapi"
           xmlns="http://schemas.syfri.cn/rmsufp/v1/openapi"
           elementFormDefault="qualified"
           attributeFormDefault="unqualified"
           xmlns:xs="http://www.w3.org/2001/XMLSchema">
  <!-- 字符型,限长 18 -->
  <xs:simpleType name="string18_t">
    <xs:restriction base="xs:string">
      <xs:maxLength value="18"/>
    </xs:restriction>
  </xs:simpleType>

  <!-- 字符型,限长 30 -->
  <xs:simpleType name="string30_t">
    <xs:restriction base="xs:string">
      <xs:maxLength value="30"/>
    </xs:restriction>
  </xs:simpleType>

  <!-- 字符型,限长 40 -->
  <xs:simpleType name="string40_t">
    <xs:restriction base="xs:string">
      <xs:maxLength value="40"/>
    </xs:restriction>
  </xs:simpleType>

  <!-- 字符型,限长 50 -->
  <xs:simpleType name="string50_t">
    <xs:restriction base="xs:string">
      <xs:maxLength value="50"/>
    </xs:restriction>
  </xs:simpleType>

  <!-- 字符型,限长 70 -->
  <xs:simpleType name="string70_t">
    <xs:restriction base="xs:string">
```

```
      <xs:maxLength value="70"/>
    </xs:restriction>
  </xs:simpleType>

  <!-- 字符型,限长 100 -->
  <xs:simpleType name="string100_t">
    <xs:restriction base="xs:string">
      <xs:maxLength value="100"/>
    </xs:restriction>
  </xs:simpleType>

  <!-- 字符型,限长 200 -->
  <xs:simpleType name="string200_t">
    <xs:restriction base="xs:string">
      <xs:maxLength value="200"/>
    </xs:restriction>
  </xs:simpleType>

  <!-- 数值型,限长 3 -->
  <xs:simpleType name="int3_t">
    <xs:restriction base="xs:int">
      <xs:totalDigits value="3"/>
    </xs:restriction>
  </xs:simpleType>

  <!-- 数值型,限长 4 -->
  <xs:simpleType name="int4_t">
    <xs:restriction base="xs:int">
      <xs:totalDigits value="4"/>
    </xs:restriction>
  </xs:simpleType>

  <!-- 数值型,限长 5 -->
  <xs:simpleType name="int5_t">
      <xs:restriction base="xs:int">
    <xs:totalDigits value="5"/>
  </xs:restriction>
</xs:simpleType>

  <!-- 数值型,限长 6 -->
  <xs:simpleType name="int6_t">
    <xs:restriction base="xs:int">
      <xs:totalDigits value="6"/>
```

```
    〈/xs:restriction〉
〈/xs:simpleType〉

〈! -- 数值型,限长 10 --〉
〈xs:simpleType name="int10_t"〉
    〈xs:restriction base="xs:int"〉
        〈xs:totalDigit value="10"/〉
    〈/xs:restriction〉
〈/xs:simpleType〉

〈! -- 浮点数,4 位整数,2 位小数 --〉
〈xs:simpleType name="decimal4p2_t"〉
    〈xs:restriction base="xs:decimal"〉
        〈xs:totalDigits value="6"/〉
        〈xs:fractionDigits value="2"/〉
    〈/xs:restriction〉
〈/xs:simpleType〉

〈! -- 浮点数,8 位整数,2 位小数 --〉
〈xs:simpleType name="decimal8p2_t"〉
    〈xs:restriction base="xs:decimal"〉
        〈xs:totalDigits value="10"/〉
        〈xs:fractionDigits value="2"/〉
    〈/xs:restriction〉
〈/xs:simpleType〉

〈! -- 所属区域 --〉
〈xs:simpleType name="ssqy_t"〉
    〈xs:restriction base="xs:string"〉
        〈xs:maxLength value="6"/〉
    〈/xs:restriction〉
〈/xs:simpleType〉

〈! -- 公民身份号码 --〉
〈xs:simpleType name="gmsfhm_t"〉
    〈xs:restriction base="xs:string"〉
        〈xs:maxLength value="18"/〉
    〈/xs:restriction〉
〈/xs:simpleType〉

〈! -- 人员信息 --〉
〈xs:complexType name="ryxx_t"〉
    〈xs:sequence〉
```

```
        <!-- 姓名 -->
        <xs:element name="xm" type="string30_t"/>
        <!-- 公民身份号码 -->
        <xs:element name="gmsfhm" type="gmsfhm_t"/>
        <!-- 联系电话 -->
        <xs:element name="lxdh" type="string18_t"/>
        <!-- 扩展 -->
        <xs:any minOccurs="0"/>
    </xs:sequence>
</xs:complexType>

<!-- 建筑物使用性质 -->
<xs:simpleType name="jzwssxz_t">
    <xs:restriction base="xs:string">
        <xs:maxLength value="2"/>
        <xs:pattern value="([1-9])|(1[0-8])|(99)"/>
    </xs:restriction>
</xs:simpleType>

<!-- 耐火等级 -->
<xs:simpleType name="nhdj_t">
    <xs:restriction base="xs:string">
        <xs:pattern value="([1-4])"/>
    </xs:restriction>
</xs:simpleType>

<!-- 给水管网形式 -->
<xs:simpleType name="gsgwxs_t">
    <xs:restriction base="xs:string">
        <xs:pattern value="[129]"/>
    </xs:restriction>
</xs:simpleType>

<!-- 监控中心 -->
<xs:complexType name="jkzx_t">
    <xs:sequence>
        <!-- 中心名称 -->
        <xs:element name="zxmc" type="string70_t"/>
        <!-- 所属区域 -->
        <xs:element name="ssqy" type="ssqy_t"/>
        <!-- 中心祥址 -->
        <xs:element name="zxxz" type="string40_t"/>
        <!-- 联系电话 -->
```

```
    <xs:element name="lxdh" type="string18_t"/>
    <!-- 中心负责人姓名 -->
    <xs:element name="zxfzrxm" type="string30_t"/>
    <!-- 中心负责人电话 -->
    <xs:element name="zxfzrdh" type="string18_t"/>
    <!-- 中心级别 -->
    <xs:element name="zxjb">
      <xs:simpleType>
        <xs:restriction base="xs:string">
          <xs:maxLength value="1"/>
          <xs:pattern value="[1,2,3,4,5,9]"/>
        </xs:restriction>
      </xs:simpleType>
    </xs:element>
    <!-- 上级中心名称 -->
    <xs:element name="sjzxmc" type="string70_t"/>
    <!-- 冗余备份中心名称 -->
    <xs:element name="rybfzxmc" type="string70_t"/>
    <!-- 扩展 -->
    <xs:any minOccurs="0"/>
  </xs:sequence>
</xs:complexType>

<!-- 监控人员 -->
<xs:complexType name="jkry_t">
  <xs:sequence>
    <!-- 人员姓名 -->
    <xs:element name="ryxm" type="string30_t"/>
    <!-- 人员电话 -->
    <xs:element name="rydh" type="string18_t"/>
    <!-- 所属单位名称 -->
    <xs:element name="ssdwmc" type="string70_t"/>
    <!-- 扩展 -->
    <xs:any minOccurs="0"/>
  </xs:sequence>
</xs:complexType>

<!-- 联网单位用户基本情况 -->
<xs:complexType name="lwyhjbqk_t">
  <xs:sequence>
    <!-- 单位名称 -->
    <xs:element name="dwmc" type="string70_t"/>
    <!-- 组织机构代码 -->
```

```
<xs:element name="zzjgdm">
  <xs:simpleType>
    <xs:restriction base="xs:string">
      <xs:maxLength value="9"/>
    </xs:restriction>
  </xs:simpleType>
</xs:element>
<!-- 单位类别 -->
<xs:element name="dwlb">
  <xs:simpleType>
    <xs:restriction base="xs:string">
      <xs:maxLength value="2"/>
      <xs:patternvalue="([1-9])|(1[0-2])|(99)"/>
    </xs:restriction>
  </xs:simpleType>
</xs:element>
<!-- 所属区域 -->
<xs:element name="ssqy" type="ssqy_t"/>
<!-- 单位详址 -->
<xs:element name="dwxz" type="string70_t"/>
<!-- 联系电话 -->
<xs:element name="lxdh" type="string18_t"/>
<!-- 联网状态 -->
<xs:element name="lwzt">
  <xs:simpleType>
    <xs:restriction base="xs:string">
      <xs:pattern value="[0,1]"/>
    </xs:restriction>
  </xs:simpleType>
</xs:element>
<!-- 邮政编码 -->
<xs:element name="yzbm">
  <xs:simpleType>
    <xs:restriction base="xs:string">
      <xs:maxLength value="6"/>
    </xs:restriction>
  </xs:simpleType>
</xs:element>
<!-- 消防控制室电话 -->
<xs:element name="xfkzsdh" type="string18_t"/>
<!-- 消防安全责任人 -->
<xs:element name="xfaqzrr" type="ryxx_t"/>
<!-- 消防安全管理人 -->
```

```
〈xs:element name="xfaqglr" type="ryxx_t"/〉
〈!-- 专兼职消防管理人 --〉
〈xs:element name="zjzxfglr" type="ryxx_t"/〉
〈!-- 法人代表 --〉
〈xs:element name="frdb" type="ryxx_t"/〉
〈!-- 职工总人数 --〉
〈xs:element name="zgzrs" type="int10_t"/〉
〈!-- 成立时间 --〉
〈xs:element name="clsj" type="xs:date"/〉
〈!-- 上级主管单位名称 --〉
〈xs:element name="sjzgdwmc" type="string70_t"/〉
〈!-- 管辖单位名称 --〉
〈xs:element name="gxdwmc" type="string70_t"/〉
〈!-- 经济所有制 --〉
〈xs:element name="jjsyz"〉
  〈xs:simpleType〉
    〈xs:restriction base="xs:string"〉
      〈xs:pattern
value="(1[0-7]0)|(190)|(14[1239])|(15[19])|(17[1-5])|(179)|(2[0-4]0)|(290)|(3[0-4]0)|
(390)|(900)"/〉
    〈/xs:restriction〉
  〈/xs:simpleType〉
〈/xs:element〉
〈!-- 固定资产 --〉
〈xs:element name="gdzc" type="int10_t"/〉
〈!-- 单位占地面积 --〉
〈xs:element name="dwzdmj" type="int10_t"/〉
〈!-- 总建筑面积 --〉
〈xs:element name="zjzmj" type="int10_t"/〉
〈!-- 入网日期 --〉
〈xs:element name="rwrq" type="xs:date"/〉
〈!-- 监管等级 --〉
〈xs:element name="jgdj"〉
  〈xs:simpleType〉
    〈xs:restriction base="xs:string"〉
      〈xs:pattern value="[0,1,2,3]"/〉
    〈/xs:restriction〉
  〈/xs:simpleType〉
〈/xs:element〉
〈!-- 单位总平面图 --〉
〈xs:element name="dwzpmt" type="xs:anyURI"/〉
〈!-- 单位所属中心名称 --〉
〈xs:element name="dwsszxmc" type="string70_t"/〉
```

```
    <!-- 扩展 -->
    <xs:any minOccurs="0"/>
  </xs:sequence>
</xs:complexType>

<!-- 建、构筑物 -->
<xs:complexType name="jgzw_t">
  <xs:sequence>
    <!-- 建构筑物名称 -->
    <xs:element name="jgzwmc" type="string40_t"/>
    <!-- 建构筑物类别 -->
    <xs:element name="jgzwlb">
      <xs:simpleType>
        <xs:restriction base="xs:string">
          <xs:maxLength value="2"/>
          <xs:pattern value="([1-9])|(99)"/>
        </xs:restriction>
      </xs:simpleType>
    </xs:element>
    <!-- 建造日期 -->
    <xs:element name="jzrq" type="xs:date"/>
    <!-- 使用性质 -->
    <xs:element name="syxz" type="jzwssxz_t"/>
    <!-- 火灾危险性 -->
    <xs:element name="hzwxx">
      <xs:simpleType>
        <xs:restriction base="xs:string">
          <xs:pattern value="([1-6])"/>
        </xs:restriction>
      </xs:simpleType>
    </xs:element>
    <!-- 耐火等级 -->
    <xs:element name="nhdj" type="nhdj_t"/>
    <!-- 结构类型 -->
    <xs:element name="jglx">
      <xs:simpleType>
        <xs:restriction base="xs:string">
          <xs:pattern value="([1-5])|(9)"/>
        </xs:restriction>
      </xs:simpleType>
    </xs:element>
    <!-- 毗邻建筑物情况 -->
    <xs:element name="pljzwqk" minOccurs="0">
```

```
  〈xs:simpleType〉
    〈xs:restriction base="xs:string"〉
      〈xs:maxLength value="500"/〉
    〈/xs:restriction〉
  〈/xs:simpleType〉
〈/xs:element〉
〈!-- 建筑立面图 --〉
〈xs:element name="jzlmt" type="xs:anyURI"/〉
〈!-- 消防设施平面布置图 --〉
〈xs:element name="xfsspmbzt" type="xs:anyURI"/〉
〈!-- 建筑平面图 --〉
〈xs:element name="jzpmt" type="xs:anyURI"/〉
〈!-- 建筑物所属单位名称 --〉
〈xs:element name="jzwssdwmc" type="string70_t"/〉
〈!-- 建筑物描述信息 --〉
〈xs:element name="variables"〉
  〈xs:complexType〉
    〈xs:sequence〉
      〈!-- 建筑高度 --〉
      〈xs:element name="jzgd" type="decimal4p2_t" minOccurs="0"/〉
      〈!-- 建筑面积 --〉
      〈xs:element name="jzmj" type="int10_t" minOccurs="0"/〉
      〈!-- 占地面积 --〉
      〈xs:element name="zdmj" type="int10_t" minOccurs="0"/〉
      〈!-- 标准层面积 --〉
      〈xs:element name="bzcmj" type="int10_t" minOccurs="0"/〉
      〈!-- 地上层数 --〉
      〈xs:element name="dscs" type="int3_t" minOccurs="0"/〉
      〈!-- 地上层面积 --〉
      〈xs:element name="dscmj" type="int10_t" minOccurs="0"/〉
      〈!-- 地下层数 --〉
      〈xs:element name="dxcs" type="int3_t" minOccurs="0"/〉
      〈!-- 地下层面积 --〉
      〈xs:element name="dxcmj" type="int10_t" minOccurs="0"/〉
      〈!-- 隧道高度 --〉
      〈xs:element name="sdgd" type="decimal4p2_t" minOccurs="0"/〉
      〈!-- 隧道长度 --〉
      〈xs:element name="sdcd" type="decimal8p2_t" minOccurs="0"/〉
      〈!-- 消防控制室位置 --〉
      〈xs:element name="xfkzswz" type="string50_t" minOccurs="0"/〉
      〈!-- 避难层数量 --〉
      〈xs:element name="bncsl" type="int3_t" minOccurs="0"/〉
      〈!-- 避难层总面积 --〉
```

```
            〈xs:element name="bnczmj" type="int10_t" minOccurs="0"/〉
            〈!-- 避难层位置 --〉
            〈xs:element name="bncwz" type="string50_t" minOccurs="0"/〉
            〈!-- 安全出口数量 --〉
            〈xs:element name="aqcksl" type="int3_t" minOccurs="0"/〉
            〈!-- 安全出口位置 --〉
            〈xs:element name="aqckwz" type="string50_t" minOccurs="0"/〉
            〈!-- 安全出口形式 --〉
            〈xs:element name="aqckxs" type="string50_t" minOccurs="0"/〉
            〈!-- 消防电梯数量 --〉
            〈xs:element name="xfdtsl" type="int3_t" minOccurs="0"/〉
            〈!-- 消防电梯容纳总重量 --〉
            〈xs:element name="xfdtrnzzl" type="int10_t" minOccurs="0"/〉
            〈!-- 日常工作时间人数 --〉
            〈xs:element name="rcgzsjrs" type="int10_t" minOccurs="0"/〉
            〈!-- 最大容纳人数 --〉
            〈xs:element name="zdrnrs" type="int10_t" minOccurs="0"/〉
            〈!-- 储存物名称 --〉
            〈xs:element name="ccwmc" type="string40_t" minOccurs="0"/〉
            〈!-- 储存物数量 --〉
            〈xs:element name="ccwsl" type="string40_t" minOccurs="0"/〉
            〈!-- 储存物性质 --〉
            〈xs:element name="ccwxz" type="string40_t" minOccurs="0"/〉
            〈!-- 储存物形态 --〉
            〈xs:element name="ccwxt" type="string40_t" minOccurs="0"/〉
            〈!-- 储存容积 --〉
            〈xs:element name="ccrj" type="int10_t" minOccurs="0"/〉
            〈!-- 主要原料 --〉
            〈xs:element name="zyyl" type="string100_t" minOccurs="0"/〉
            〈!-- 主要产品 --〉
            〈xs:element name="zycp" type="string100_t" minOccurs="0"/〉
         〈/xs:sequence〉
      〈/xs:complexType〉
   〈/xs:element〉
   〈!-- 扩展 --〉
   〈xs:any minOccurs="0"/〉
 〈/xs:sequence〉
〈/xs:complexType〉

〈!-- 消防安全重点部位 --〉
〈xs:complexTypename="xfaqzdbw_t"〉
  〈xs:sequence〉
    〈!-- 重点部位名称 --〉
```

```
    〈xs:element name="zdbwmc" type="string70_t"/〉
    〈!-- 建筑面积 --〉
    〈xs:element name="jzmj" type="int10_t"/〉
    〈!-- 耐火等级 --〉
    〈xs:element name="nhdj" type="nhdj_t"/〉
    〈!-- 所在位置 --〉
    〈xs:element name="szwz" type="string50_t"/〉
    〈!-- 使用性质 --〉
    〈xs:element name="syxz" type="jzwssxz_t"/〉
    〈!-- 消防设施情况 --〉
    〈xs:element name="xfssqk" type="string200_t"/〉
    〈!-- 责任人 --〉
    〈xs:element name="zrr" type="ryxx_t"/〉
    〈!-- 确立消防安全重点部位的原因 --〉
    〈xs:element name="qlxfaqzdbwdyy" type="xs:string"/〉
    〈!-- 防火标志的设立情况 --〉
    〈xs:element name="fhbzdslqk" type="xs:string"/〉
    〈!-- 危险源情况 --〉
    〈xs:element name="wxyqk" type="xs:string"/〉
    〈!-- 消防安全管理措施 --〉
    〈xs:element name="xfaqglcs" type="xs:string"/〉
    〈!-- 重点部位所属单位名称 --〉
    〈xs:element name="zdbwssdwmc" type="string70_t"/〉
    〈!-- 扩展 --〉
    〈xs:any minOccurs="0"/〉
  〈/xs:sequence〉
〈/xs:complexType〉

〈!-- 消防设施 --〉
〈xs:complexTypename="xfss_t"〉
  〈xs:sequence〉
    〈!-- 设施名称 --〉
    〈xs:element name="ssmc" type="string40_t"/〉
    〈!-- 设置部位 --〉
    〈xs:element name="szbw" type="string50_t"/〉
    〈!-- 设施系统形式 --〉
    〈xs:element name="ssxtxs" type="string50_t"/〉
    〈!-- 投入使用时间 --〉
    〈xs:element name="trsysj" type="xs:date"/〉
    〈xs:element name="variables"〉
      〈xs:complexType〉
        〈xs:sequence〉
          〈!-- 探测器数量 --〉
```

```
〈xs:element name="tcqsl" type="int5_t" minOccurs="0"/〉
〈!-- 控制器数量 --〉
〈xs:element name="kzqsl" type="int5_t" minOccurs="0"/〉
〈!-- 手动报警按钮数量 --〉
〈xs:element name="sdbjansl" type="int5_t" minOccurs="0"/〉
〈!-- 消防电气控制装置数量 --〉
〈xs:element name="xfdqkzzzsl" type="int5_t" minOccurs="0"/〉
〈!-- 市政给水管网形式 --〉
〈xs:element name="szgsgwxs" type="gsgwxs_t" minOccurs="0"/〉
〈!-- 市政进水管数量 --〉
〈xs:element name="szjsgsl" type="int3_t" minOccurs="0"/〉
〈!-- 市政进水管管径 --〉
〈xs:element name="szjsggj" type="int5_t" minOccurs="0"/〉
〈!-- 消防水池容量 --〉
〈xs:element name="xfscrl" type="int10_t" minOccurs="0"/〉
〈!-- 消防水池位置 --〉
〈xs:element name="xfscwz" type="string50_t" minOccurs="0"/〉
〈!-- 消防水箱容量 --〉
〈xs:element name="xfsxrl" type="int10_t" minOccurs="0"/〉
〈!-- 消防水箱位置 --〉
〈xs:element name="xfsxwz" type="string50_t" minOccurs="0"/〉
〈!-- 其他水源供水量 --〉
〈xs:element name="qtsygsl" type="int10_t" minOccurs="0"/〉
〈!-- 其他水源情况 --〉
〈xs:element name="qtsyqk" type="string200_t" minOccurs="0"/〉
〈!-- 消防泵房位置 --〉
〈xs:element name="xfbfwz" type="string50_t" minOccurs="0"/〉
〈!-- 消防泵数量 --〉
〈xs:element name="xfbsl" type="int5_t" minOccurs="0"/〉
〈!-- 消防泵流量 --〉
〈xs:element name="xfbll" type="int6_t" minOccurs="0"/〉
〈!-- 消防泵扬程 --〉
〈xs:element name="xfbyc" type="int6_t" minOccurs="0"/〉
〈!-- 室外消火栓管网形式 --〉
〈xs:element name="swxhsgwxs" type="gsgwxs_t" minOccurs="0"/〉
〈!-- 室外消火栓数量 --〉
〈xs:element name="swxhsgwsl" type="int5_t" minOccurs="0"/〉
〈!-- 室外消火栓管径 --〉
〈xs:element name="swxhsgwgj" type="int5_t" minOccurs="0"/〉
〈!-- 室内消火栓管网形式 --〉
〈xs:element name="snxhsgwxs" type="gsgwxs_t" minOccurs="0"/〉
〈!-- 室内消火栓数量 --〉
〈xs:element name="snxhssl" type="int5_t" minOccurs="0"/〉
```

```
<!-- 室内消火栓管径 -->
<xs:element name="snxhsgj" type="int5_t" minOccurs="0"/>
<!-- 水泵接合器数量 -->
<xs:element name="sbjhqsl" type="int5_t" minOccurs="0"/>
<!-- 水泵接合器位置 -->
<xs:element name="sbjhqwz" type="string50_t" minOccurs="0"/>
<!-- 稳压泵数量 -->
<xs:element name="wybsl" type="int5_t" minOccurs="0"/>
<!-- 稳压泵流量 -->
<xs:element name="wybll" type="int6_t" minOccurs="0"/>
<!-- 稳压泵扬程 -->
<xs:element name="wybyc" type="int6_t" minOccurs="0"/>
<!-- 气压罐容量 -->
<xs:element name="qygrl" type="int10_t" minOccurs="0"/>
<!-- 消防水喉数量 -->
<xs:element name="xfshsl" type="int5_t" minOccurs="0"/>
<!-- 报警阀数量 -->
<xs:element name="bjfsl" type="int5_t" minOccurs="0"/>
<!-- 报警阀位置 -->
<xs:element name="bjfwz" type="string50_t" minOccurs="0"/>
<!-- 水流指示器数量 -->
<xs:element name="slzsqsl" type="int5_t" minOccurs="0"/>
<!-- 水流指示器位置 -->
<xs:element name="slzsqwz" type="string50_t" minOccurs="0"/>
<!-- 喷头数量 -->
<xs:element name="ptsl" type="int5_t" minOccurs="0"/>
<!-- 减压阀数量 -->
<xs:element name="jyfsl" type="int5_t" minOccurs="0"/>
<!-- 减压阀位置 -->
<xs:element name="jyfwz" type="string50_t" minOccurs="0"/>
<!-- 竖向分区数量 -->
<xs:element name="sxfqsl" type="int5_t" minOccurs="0"/>
<!-- 喷淋泵数量 -->
<xs:element name="plbsl" type="int5_t" minOccurs="0"/>
<!-- 喷淋泵流量 -->
<xs:element name="plbll" type="int6_t" minOccurs="0"/>
<!-- 喷淋泵扬程 -->
<xs:element name="plbyc" type="int6_t" minOccurs="0"/>
<!-- 喷淋泵位置 -->
<xs:element name="plbwz" type="string50_t" minOccurs="0"/>
<!-- 雨淋阀数量 -->
<xs:element name="ylfsl" type="int5_t" minOccurs="0"/>
<!-- 雨淋阀位置 -->
```

```
〈xs:element name="ylfwz" type="string50_t" minOccurs="0"/〉
〈!-- 水雾喷头数量 --〉
〈xs:element name="swptsl" type="int5_t" minOccurs="0"/〉
〈!-- 水雾喷头位置 --〉
〈xs:element name="swptwz" type="string50_t" minOccurs="0"/〉
〈!-- 防护区数量 --〉
〈xs:element name="fhqsl" type="int5_t" minOccurs="0"/〉
〈!-- 防护区容积 --〉
〈xs:element name="fhqrj" type="int10_t" minOccurs="0"/〉
〈!-- 防护区部位名称 --〉
〈xs:element name="fhqbwmc" type="string50_t" minOccurs="0"/〉
〈!-- 防护区位置 --〉
〈xs:element name="fhqwz" type="string50_t" minOccurs="0"/〉
〈!-- 灭火剂类型 --〉
〈xs:element name="mhjlx" type="string50_t" minOccurs="0"/〉
〈!-- 手动控制装置位置 --〉
〈xs:element name="sdkzzzwz" type="string50_t" minOccurs="0"/〉
〈!-- 设施动作方式 --〉
〈xs:element name="ssdzfs" type="string50_t" minOccurs="0"/〉
〈!-- 瓶库位置 --〉
〈xs:element name="pkwz" type="string50_t" minOccurs="0"/〉
〈!-- 钢瓶数量 --〉
〈xs:element name="gpsl" type="int5_t" minOccurs="0"/〉
〈!-- 单个钢瓶容量 --〉
〈xs:element name="dggprl" type="int10_t" minOccurs="0"/〉
〈!-- 钢瓶间距 --〉
〈xs:element name="gpjj" type="int6_t" minOccurs="0"/〉
〈!-- 泡沫泵数量 --〉
〈xs:element name="pmbsl" type="int5_t" minOccurs="0"/〉
〈!-- 泡沫泵流量 --〉
〈xs:element name="pmbll" type="int6_t" minOccurs="0"/〉
〈!-- 泡沫泵扬程 --〉
〈xs:element name="pmbyc" type="int6_t" minOccurs="0"/〉
〈!-- 泡沫数值 --〉
〈xs:element name="pmsz" type="int5_t" minOccurs="0"/〉
〈!-- 干粉储罐位置 --〉
〈xs:element name="gfcgwz" type="string50_t" minOccurs="0"/〉
〈!-- 防烟分区数量 --〉
〈xs:element name="fyfqsl" type="int5_t" minOccurs="0"/〉
〈!-- 防烟分区位置 --〉
〈xs:element name="fhfqwz" type="string50_t" minOccurs="0"/〉
〈!-- 风机数量 --〉
〈xs:element name="fjsl" type="int5_t" minOccurs="0"/〉
```

```
〈!-- 风机安装位置 --〉
〈xs:element name="fjazwz" type="string50_t" minOccurs="0"/〉
〈!-- 风机风量 --〉
〈xs:element name="fjfl" type="int6_t" minOccurs="0"/〉
〈!-- 风口设置部位 --〉
〈xs:element name="fkszbw" type="string50_t" minOccurs="0"/〉
〈!-- 排烟防火阀数量 --〉
〈xs:element name="pyfhfsl" type="int5_t" minOccurs="0"/〉
〈!-- 排烟阀数量 --〉
〈xs:element name="pyfsl" type="int5_t" minOccurs="0"/〉
〈!-- 防火阀数量 --〉
〈xs:element name="fhfsl" type="int5_t" minOccurs="0"/〉
〈!-- 正压送风阀数量 --〉
〈xs:element name="zysffsl" type="int5_t" minOccurs="0"/〉
〈!-- 防火门数量 --〉
〈xs:element name="fhmsl" type="int5_t" minOccurs="0"/〉
〈!-- 防火卷帘数量 --〉
〈xs:element name="fhjlsl" type="int5_t" minOccurs="0"/〉
〈!-- 防火门设置部位 --〉
〈xs:element name="fhmszbw" type="string50_t" minOccurs="0"/〉
〈!-- 防火卷帘设置部位 --〉
〈xs:element name="fhjlszbw" type="string50_t" minOccurs="0"/〉
〈!-- 扩音机功率 --〉
〈xs:element name="kyjgl" type="int5_t" minOccurs="0"/〉
〈!-- 备用扩音机功率 --〉
〈xs:element name="bykyjgl" type="int5_t" minOccurs="0"/〉
〈!-- 扬声器数量 --〉
〈xs:element name="ysqsl" type="int5_t" minOccurs="0"/〉
〈!-- 广播分区数量 --〉
〈xs:element name="gbfqsl" type="int5_t" minOccurs="0"/〉
〈!-- 广播分区设置部位 --〉
〈xs:element name="gbfqszbw" type="string50_t" minOccurs="0"/〉
〈!-- 消防专用电话数量 --〉
〈xs:element name="xfzydhsl" type="int5_t" minOccurs="0"/〉
〈!-- 消防专用电话位置 --〉
〈xs:element name="xfzydhwz" type="string50_t" minOccurs="0"/〉
〈!-- 应急照明及疏散指示装置数量 --〉
〈xs:element name="yjzmjsszszzsl" type="int5_t" minOccurs="0"/〉
〈!-- 消防电源设置部位 --〉
〈xs:element name="xxdyszbw" type="string50_t" minOccurs="0"/〉
〈!-- 消防主电源是否为独立配电柜 --〉
〈xs:element name="xfzdysfwdlpdg" minOccurs="0"〉
  〈xs:simpleType〉
```

```
          <xs:restriction base="xs:string">
            <xs:pattern value="(1)|(2)"/>
          </xs:restriction>
        </xs:simpleType>
      </xs:element>
      <!-- 备用电源形式 -->
      <xs:element name="bydyxs" type="string50_t" minOccurs="0"/>
      <!-- 灭火器设置部位 -->
      <xs:element name="mhqszbw" type="string50_t" minOccurs="0"/>
      <!-- 灭火器配置类型 -->
      <xs:element name="mhqpzlx" type="string30_t" minOccurs="0"/>
      <!-- 灭火器生产日期 -->
      <xs:element name="mhqscrq" type="xs:date" minOccurs="0"/>
      <!-- 灭火器更换药剂日期 -->
      <xs:element name="mhqghyjrq" type="xs:date" minOccurs="0"/>
      <!-- 灭火器数量 -->
      <xs:element name="mhqsl" type="int5_t" minOccurs="0"/>
      <!-- 火灾自动报警系统图 -->
      <xs:element name="hzzdbjxtt" type="xs:anyURI" minOccurs="0"/>
      <!-- 消防给水系统平面布置图 -->
      <xs:element name="xfgsxtpmbzt" type="xs:anyURI" minOccurs="0"/>
      <!-- 室外消火栓平面布置图 -->
      <xs:element name="swxhspmbzt" type="xs:anyURI" minOccurs="0"/>
      <!-- 室内消火栓布置图 -->
      <xs:element name="snxhsbzt" type="xs:anyURI" minOccurs="0"/>
      <!-- 自动喷水灭火系统图 -->
      <xs:element name="zdpsmhxtt" type="xs:anyURI" minOccurs="0"/>
      <!-- 水喷雾灭火系统图 -->
      <xs:element name="spwmhxtt" type="xs:anyURI" minOccurs="0"/>
      <!-- 气体灭火系统图 -->
      <xs:element name="qtmhxtt" type="xs:anyURI" minOccurs="0"/>
      <!-- 泡沫灭火系统图 -->
      <xs:element name="pmmhxtt" type="xs:anyURI" minOccurs="0"/>
      <!-- 干粉灭火系统图 -->
      <xs:element name="gfmhxtt" type="xs:anyURI" minOccurs="0"/>
      <!-- 防烟排烟系统图 -->
      <xs:element name="fypyxtt" type="xs:anyURI" minOccurs="0"/>
      <!-- 消防应急广播系统图 -->
      <xs:element name="xfyjgbxtt" type="xs:anyURI" minOccurs="0"/>
      <!-- 应急照明及疏散指示系统图 -->
      <xs:element name="yjzmjsszsxtt" type="xs:anyURI" minOccurs="0"/>
    </xs:sequence>
  </xs:complexType>
```

```
    </xs:element>
    <!-- 设施服务状态 -->
    <xs:element name="ssfwzt">
      <xs:simpleType>
        <xs:restriction base="xs:string">
          <xs:pattern value="[0129]"/>
        </xs:restriction>
      </xs:simpleType>
    </xs:element>
    <!-- 生产单位名称 -->
    <xs:element name="scdwmc" type="string70_t"/>
    <!-- 生产单位电话 -->
    <xs:element name="scdwdh" type="string18_t"/>
    <!-- 维修保养单位名称 -->
    <xs:element name="wxbydwmc" type="string70_t"/>
    <!-- 维修保养单位电话 -->
    <xs:element name="wxbydwdh" type="string18_t"/>
    <!-- 设施状态 -->
    <xs:element name="sszt">
      <xs:simpleType>
        <xs:restriction base="xs:string">
          <xs:pattern value="(1)|(10)|(20)|(99)"/>
        </xs:restriction>
      </xs:simpleType>
    </xs:element>
    <!-- 状态描述 -->
    <xs:element name="ztms" type="string100_t"/>
    <!-- 状态变化时间 -->
    <xs:element name="ztbhsj" type="xs:dateTime"/>
    <!-- 消防设施所属单位名称 -->
    <xs:element name="xfssssdwmc" type="string70_t"/>
    <!-- 扩展 -->
    <xs:any minOccurs="0"/>
  </xs:sequence>
</xs:complexType>

<!-- 消防设施部件 -->
<xs:complexType name="xfssbj_t">
  <xs:sequence>
    <!-- 设施名称 -->
    <xs:element name="ssmc" type="string40_t"/>
    <!-- 部件名称 -->
    <xs:element name="bjmc" type="string40_t"/>
```

```
    <!-- 部件型号 -->
    <xs:element name="bjxh" type="string40_t"/>
    <!-- 部件区号 -->
    <xs:element name="bjqh" type="int4_t"/>
    <!-- 部件回路号 -->
    <xs:element name="bjhlh" type="int4_t"/>
    <!-- 部件位号 -->
    <xs:element name="bjwh" type="int4_t"/>
    <!-- 安装位置 -->
    <xs:element name="azwz" type="string50_t"/>
    <!-- 部件状态 -->
    <xs:element name="bjzt">
      <xs:simpleType>
        <xs:restriction base="xs:string">
          <xs:pattern value="(1)|([12]0)|(99)"/>
        </xs:restriction>
      </xs:simpleType>
    </xs:element>
    <!-- 状态描述 -->
    <xs:element name="ztms" type="string100_t"/>
    <!-- 状态变化时间 -->
    <xs:element name="ztbhsj" type="xs:dateTime"/>
    <!-- 扩展 -->
    <xs:any minOccurs="0"/>
  </xs:sequence>
</xs:complexType>

<!-- 受理 -->
<xs:complexTypename="sl_t">
  <xs:sequence>
    <!-- 单位名称 -->
    <xs:element name="dwmc" type="string70_t"/>
    <!-- 首次报警时间 -->
    <xs:element name="scbjsj" type="xs:dateTime"/>
    <!-- 受理时间 -->
    <xs:element name="slsj" type="xs:dateTime"/>
    <!-- 受理结束时间 -->
    <xs:element name="sljssj" type="xs:dateTime"/>
    <!-- 信息类型 -->
    <xs:element name="xxlx">
      <xs:simpleType>
        <xs:restriction base="xs:string">
          <xs:pattern value="[129]"/>
```

```
      </xs:restriction>
    </xs:simpleType>
  </xs:element>
  <!-- 信息描述 -->
  <xs:element name="xxms" type="string100_t"/>
  <!-- 处理结果 -->
  <xs:element name="cljg">
    <xs:simpleType>
      <xs:restriction base="xs:string">
        <xs:maxLength value="300"/>
      </xs:restriction>
    </xs:simpleType>
  </xs:element>
  <!-- 受理员姓名 -->
  <xs:element name="slyxm" type="string30_t"/>
  <!-- 用户联系人姓名 -->
  <xs:element name="yhlxrxm" type="string30_t"/>
  <!-- 信息确认 -->
  <xs:element name="xxqr">
    <xs:simpleType>
      <xs:restriction base="xs:string">
        <xs:pattern value="[129]"/>
      </xs:restriction>
    </xs:simpleType>
  </xs:element>
  <!-- 向消防通信指挥中心报告时间 -->
  <xs:element name="xxftxzhzxbgsj" type="xs:dateTime"/>
  <!-- 消防通信指挥中心反馈确认时间 -->
  <xs:element name="xftxzhzxqrsj" type="xs:dateTime"/>
  <!-- 消防通信指挥中心受理员姓名 -->
  <xs:element name="xftxzhzxslyxm" type="string30_t"/>
  <!-- 消防通信指挥中心接警处理情况 -->
  <xs:element name="xftxzhzxjjclqk" type="string200_t"/>
  <!-- 扩展 -->
  <xs:any minOccurs="0"/>
 </xs:sequence>
</xs:complexType>

<!-- 查岗 -->
<xs:complexType name="cg_t">
 <xs:sequence>
  <!-- 查岗发起人姓名 -->
  <xs:element name="cgfqrxm" type="string30_t"/>
```

```
      〈!-- 被查岗单位名称 --〉
      〈xs:element name="bcgdwmc" type="string70_t"/〉
      〈!-- 发起时间 --〉
      〈xs:element name="fqsj" type="xs:dateTime"/〉
      〈!-- 结束时间 --〉
      〈xs:element name="jssj" type="xs:dateTime"/〉
      〈!-- 查岗结果 --〉
      〈xs:element name="cgjg" type="string100_t"/〉
      〈!-- 扩展 --〉
      〈xs:any minOccurs="0"/〉
    〈/xs:sequence〉
  〈/xs:complexType〉

  〈!-- 火灾 --〉
  〈xs:complexType name="hz_t"〉
    〈xs:sequence〉
      〈!-- 单位名称 --〉
      〈xs:element name="dwmc" type="string70_t"/〉
      〈!-- 起火部位 --〉
      〈xs:element name="qhbw" type="string50_t"/〉
      〈!-- 起火时间 --〉
      〈xs:element name="qhsj" type="xs:dateTime"/〉
      〈!-- 起火原因 --〉
      〈xs:element name="qhyy" type="xs:string"/〉
      〈!-- 报警方式描述 --〉
      〈xs:element name="bjfsms" type="string40_t"/〉
      〈!-- 过火面积 --〉
      〈xs:element name="ghmj" type="int10_t"/〉
      〈!-- 死亡人数 --〉
      〈xs:element name="swrs" type="int6_t"/〉
      〈!-- 受伤人数 --〉
      〈xs:element name="ssrs" type="int6_t"/〉
      〈!-- 财产损失 --〉
      〈xs:element name="ccss" type="int10_t"/〉
      〈!-- 火灾扑救概述 --〉
      〈xs:element name="hzpjgs" type="xs:string"/〉
      〈!-- 扩展 --〉
      〈xs:any minOccurs="0"/〉
    〈/xs:sequence〉
  〈/xs:complexType〉

  〈!-- 消防设施检查 --〉
  〈xs:complexType name="xfssjc_t"〉
```

```
    〈xs:sequence〉
      〈!-- 单位名称 --〉
      〈xs:element name="dwmc" type="string70_t"/〉
      〈!-- 检查日期 --〉
      〈xs:element name="jcrq" type="xs:date"/〉
      〈!-- 检查人姓名 --〉
      〈xs:element name="jcrxm" type="string30_t"/〉
      〈!-- 消防安全管理人姓名 --〉
      〈xs:element name="xfaqglrxm" type="string30_t"/〉
      〈!-- 检查类别 --〉
      〈xs:element name="jclb"〉
        〈xs:simpleType〉
          〈xs:restriction base="xs:string"〉
            〈xs:pattern value="[1239]"/〉
          〈/xs:restriction〉
        〈/xs:simpleType〉
      〈/xs:element〉
      〈!-- 检查结果 --〉
      〈xs:element name="jcjg"〉
        〈xs:simpleType〉
          〈xs:restriction base="xs:string"〉
            〈xs:pattern value="[129]"/〉
          〈/xs:restriction〉
        〈/xs:simpleType〉
      〈/xs:element〉
      〈!-- 检查内容 --〉
      〈xs:element name="jcnr" type="xs:string"/〉
      〈!-- 故障内容 --〉
      〈xs:element name="gznr" type="xs:string"/〉
      〈!-- 处理情况 --〉
      〈xs:element name="clqk" type="xs:string"/〉
      〈!-- 扩展 --〉
      〈xs:any minOccurs="0"/〉
    〈/xs:sequence〉
  〈/xs:complexType〉

  〈!-- 消防设施维护保养 --〉
  〈xs:complexType name="xfsswhby_t"〉
    〈xs:sequence〉
      〈!-- 单位名称 --〉
      〈xs:element name="dwmc" type="string70_t"/〉
      〈!-- 维护保养日期 --〉
      〈xs:element name="whbysj" type="xs:date"/〉
```

```
        <!-- 维护人员姓名 -->
        <xs:element name="whryxm" type="string30_t"/>
        <!-- 维护保养内容 -->
        <xs:element name="whbynr" type="xs:string"/>
        <!-- 停用系统消防安全人姓名 -->
        <xs:element name="tyxtxfaqrxm" type="string30_t"/>
        <!-- 维护保养结果 -->
        <xs:element name="whbyjg" type="string200_t"/>
        <!-- 消防安全管理人姓名 -->
        <xs:element name="xfaqglrxm" type="string30_t"/>
        <!-- 扩展 -->
        <xs:any minOccurs="0"/>
      </xs:sequence>
    </xs:complexType>

    <!-- 消防法规 -->
    <xs:complexType name="xffg_t">
      <xs:sequence>
        <!-- 法规名称 -->
        <xs:element name="fgmc" type="string50_t"/>
        <!-- 法规类别 -->
        <xs:element name="fglb">
          <xs:simpleType>
            <xs:restriction base="xs:string">
              <xs:pattern
value="(11)|(2[12])|(3[12])|(4[1-3])|(5[1-4])|(6[1-4])|(99)"/>
            </xs:restriction>
          </xs:simpleType>
        </xs:element>
        <!-- 颁布机关 -->
        <xs:element name="bbjg" type="string30_t"/>
        <!-- 批准机关 -->
        <xs:element name="pzjg" type="string30_t"/>
        <!-- 颁布文号 -->
        <xs:element name="bbwh" type="string30_t"/>
        <!-- 颁布日期 -->
        <xs:element name="bbrq" type="xs:date"/>
        <!-- 实施日期 -->
        <xs:element name="ssrq" type="xs:date"/>
        <!-- 输入日期 -->
        <xs:element name="srrq" type="xs:date"/>
        <!-- 输入人姓名 -->
        <xs:element name="srrxm" type="string30_t"/>
```

```
      <!-- 法规内容 -->
      <xs:element name="fgnr" type="xs:string"/>
      <!-- 扩展 -->
      <xs:any minOccurs="0"/>
    </xs:sequence>
  </xs:complexType>

  <!-- 消防常识 -->
  <xs:complexType name="xfcs_t">
    <xs:sequence>
      <!-- 名称 -->
      <xs:element name="mc" type="string50_t"/>
      <!-- 输入人姓名 -->
      <xs:element name="srrxm" type="string30_t"/>
      <!-- 输入日期 -->
      <xs:element name="srrq" type="xs:date"/>
      <!-- 内容 -->
      <xs:element name="nr" type="xs:string"/>
      <!-- 扩展 -->
      <xs:any minOccurs="0"/>
    </xs:sequence>
  </xs:complexType>

  <!-- 错误 -->
  <xs:complexType name="error_t">
    <xs:sequence>
      <!-- 代码 -->
      <xs:element name="code">
        <xs:simpleType>
          <xs:restriction base="xs:int">
            <xs:pattern
value="([1-9])|(10)|(11)|(100)|(200)|(201)|([1-9][0-9][0-9][0-9])"/>
          </xs:restriction>
        </xs:simpleType>
      </xs:element>
      <!-- 描述 -->
      <xs:element name="description" type="xs:string"/>
      <!-- 扩展 -->
      <xs:any minOccurs="0"/>
    </xs:sequence>
  </xs:complexType>

  <!-- 输出格式 -->
```

```
〈xs:simpleType name="output_format_t"〉
  〈xs:restriction base="xs:string"〉
    〈xs:enumeration value="xml"/〉
  〈/xs:restriction〉
〈/xs:simpleType〉

〈!-- 字符编码 --〉
〈xs:simpleType name="encoding_t"〉
  〈xs:restriction base="xs:string"〉
    〈xs:enumeration value="UTF-8"/〉
    〈xs:enumeration value="GBK"/〉
  〈/xs:restriction〉
〈/xs:simpleType〉

〈/xs:schema〉
```

ICS 13.220.10
C 81

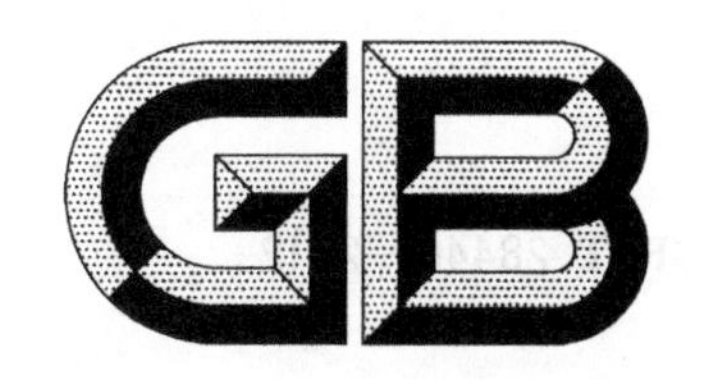

中华人民共和国国家标准

GB/T 28440—2012

消防话音通信组网管理平台

Voice communication network management platform for firefighting command center

2012-06-29 发布　　2013-04-01 实施

中华人民共和国国家质量监督检验检疫总局
中国国家标准化管理委员会　发布

前　言

本标准的第4章～第8章内容为强制性的，其余为推荐性的。

本标准按照GB/T 1.1—2009给出的规则起草。

本标准由中华人民共和国公安部提出。

本标准由全国消防标准化技术委员会消防通信分技术委员会(SAC/TC 113/SC 14)归口。

本标准起草单位：公安部沈阳消防研究所。

本标准主要起草人：刘程、刘长安、马青波、卢韶然、祁广路、郭锐、臧桂从、郭金龙。

消防话音通信组网管理平台

1 范围

本标准规定了消防话音通信组网管理平台的术语和定义、要求、试验、检验规则、标志和使用说明书。

本标准适用于公安消防部队、政府专职消防队及单位专职消防队使用的消防话音通信组网管理平台。

2 规范性引用文件

下列文件对于本文件的应用是必不可少的。凡是注日期的引用文件，仅注日期的版本适用于本文件。凡是不注日期的引用文件，其最新版本（包括所有的修改单）适用于本文件。

GB/T 9969 工业产品使用说明书 总则

GB 12978 消防电子产品检验规则

GB 16838 消防电子产品环境试验方法及严酷等级

GB/T 17626.2 电磁兼容 试验和测量技术 静电放电抗扰度试验

GB/T 17626.3 电磁兼容 试验和测量技术 射频电磁场辐射抗扰度试验

GB/T 17626.4 电磁兼容 试验和测量技术 电快速瞬变脉冲群抗扰度试验

GB/T 17626.5 电磁兼容 试验和测量技术 浪涌（冲击）抗扰度试验

GB/T 17626.6 电磁兼容 试验和测量技术 射频场感应的传导骚扰抗扰度

3 术语和定义

下列术语和定义适用于本文件。

3.1

消防话音通信组网管理平台 voice communication network management platform for firefighting command center

安装于消防通信指挥中心或移动消防指挥中心，汇接有线电话、无线常规、无线集群、公众移动、卫星电话等通信系统，建立通信传输链路，互联互通，具有综合通信调度管理功能的系统。

4 要求

4.1 总则

消防话音通信组网管理平台（以下简称管理平台）应符合第4章的要求，并按第5章的规定进行试验。

4.2 整机性能要求

4.2.1 管理平台主电源应支持交流和直流两种供电电源。

4.2.2 管理平台的主要部（器）件应采用符合相关标准的定型产品。紧固部位应无松动。按键、开关等控制部件的动作应灵活可靠，并有清晰齐全的中文标志。表面应无腐蚀、涂覆层脱落和起泡现象，无明显划伤、裂痕、毛刺等机械损伤。

4.2.3 管理平台接入U/VHF无线常规通信系统的信道接口应不少于4路，管理平台应能通过无线信道进行半双工或全双工通信。

4.2.4 管理平台应具有接入无线集群通信系统的信道接口，应能接入350 MHz或800 MHz集群系统进行话音通信。

4.2.5 管理平台接入公众通信网的信道接口应不少于2路，应能接入公众交换电话网(PSTN)、用户交换机(PBX)、VOIP语音网关或卫星电话、GSM、CDMA或3G模式进行话音通信。

4.2.6 管理平台应具有接入短波电台的信道接口，并应能通过短波电台进行话音通信。

4.2.7 管理平台应具有本地调度电话接口，应能与所有通信信道进行话音通信。

4.2.8 管理平台应具有通信信道监听扩音接口，应能对通信信道通话进行扩音播放。

4.2.9 管理平台应具有调度指挥终端，应能对全部接入的通信系统进行调度管理。

4.2.10 管理平台应具有交换通话、多方通话、通播通话、会议通话、联网通话以及分组私密通话控制功能，私密通话时不影响接收其他用户的呼叫。管理平台进行话音交换时，切换时间应小于1 s，通话延迟应小于50 ms。管理平台话音信道在300 Hz～3 400 Hz范围内频率响应特性应优于±3 dB，在1 000 Hz频率上的总谐波失真应小于5%。

4.2.11 管理平台应具有对无线通信的通话效果优化的功能，应能通过硬件或软件方式对噪音进行滤除。

4.2.12 管理平台应具有不少于2种电台通信的触发模式，包括VOX(声音)、COR(载波检测)、VMR(语音)。

4.2.13 管理平台应能进行特定紧急信号音或指挥信号音的播放控制，应能在所有通信信道范围内按信道或按会议组进行独立的内置或外置式自动录音，应能对所有通信信道进行管理和显示。

4.2.14 管理平台应能编制信道用户组、重点用户、通话会议组、自动接入控制和无线信道通信参数配置等指挥通信预案。

4.2.15 管理平台应能管理用户资料并查询通话记录，应能支持内置或外置查询并回放录音。

4.2.16 管理平台应具有多平台间的联网和统一调度管理的能力。

4.2.17 管理平台应具有二次开发接口。

4.3 绝缘性能

管理平台有绝缘要求的外部带电端子与机壳间的绝缘电阻值应不小于20 MΩ；管理平台的电源输入端与机壳间的绝缘电阻值应不小于50 MΩ。

4.4 电气强度

管理平台的电源插头与机壳间应能耐受频率为50 Hz，有效值电压为1 250 V的交流电历时1 min的电气强度试验。试验期间，不应发生击穿现象，漏电流值应小于20 mA；试验后，管理平台的整机性能应满足4.2的要求。

4.5 电磁兼容性能

管理平台应能耐受表1所规定条件下的各项电磁兼容试验。试验期间，管理平台应保持正常工作状态；试验后，管理平台的整机性能应满足4.2的要求。

表 1 电磁兼容性能试验条件

序号	试验名称	试验条件
1	射频电磁场辐射抗扰度试验	——场强:10 V/m; ——频率范围:80 MHz～1 000 MHz; ——扫频速率:≤1.5×10^{-3} dec/s; ——调制幅度:80%(1 kHz,正弦)
2	射频场感应的传导骚扰抗扰度试验	——电压:140 dBμV; ——频率范围:0.15 MHz～80 MHz; ——调制幅度:80%(1 kHz,正弦)
3	静电放电抗扰度试验	——空气放电电压(外壳为绝缘体):8 kV; ——接触放电电压(外壳为导体和耦合板):6 kV; ——放电极性:正、负; ——放电间隔:≥1 s; ——每点放电次数:10 次
4	电快速瞬变脉冲群抗扰度试验	——AC 电源线瞬变脉冲电压:2 kV±0.2 kV; ——其他连接线瞬变脉冲电压:1 kV±0.1 kV; ——重复频率:100 kHz; ——极性:正、负; ——时间:每次 1 min
5	浪涌(冲击)抗扰度试验	——AC 电源线浪涌(冲击)电压:2 kV±0.2 kV; ——其他连接线浪涌(冲击)电压:1 kV±0.1 kV; ——极性:正、负; ——试验次数:5 次

4.6 电源瞬变耐受性

管理平台应能耐受将主电源按照通电 9 s、断电 1 s 的固定程序连续通断 500 次的试验。试验后,管理平台的整机性能应满足 4.2 的要求。

4.7 气候环境耐受性

管理平台应能耐受表 2 所规定条件下的各项气候环境试验。试验期间,管理平台应保持正常工作状态;试验后,管理平台应无破坏涂覆和腐蚀现象,整机性能应满足 4.2 的要求。

表 2 气候环境试验条件

序号	试验名称	试验条件
1	低温(运行)试验	——温度:−25 ℃±3 ℃; ——时间:16 h
2	恒定湿热(运行)试验	——温度:55 ℃±3 ℃; ——相对湿度:90%～95%; ——时间:4 d

4.8 机械环境耐受性

管理平台应能耐受表3所规定条件下的各项机械环境试验。振动(正弦)(运行)和碰撞试验期间,管理平台应保持正常工作状态。振动(正弦)(耐久)试验期间,管理平台不通电。试验后,管理平台应无机械损伤和紧固部位松动现象,整机性能应满足4.2的要求。

表3 机械环境试验条件

序号	试验名称	试验条件
1	振动(正弦)(运行)试验	——扫频范围:10 Hz~150 Hz; ——加速度:9.81 m/s^2; ——扫频速率:1 oct/min; ——振动方向:X、Y、Z互相垂直的三个轴线; ——每个振动方向扫频次数:1次
2	振动(正弦)(耐久)试验	——扫频范围:10 Hz~150 Hz; ——加速度:9.81 m/s^2; ——扫频速率:1 oct/min; ——振动方向:X、Y、Z互相垂直的三个轴线; ——每个振动方向扫频次数:20次
3	碰撞试验	——碰撞能量:0.5 J±0.04 J; ——碰撞部位:试样表面上的每个易损部件; ——每个部位碰撞次数:3次

5 试验

5.1 总则

5.1.1 除特殊规定外,各项试验应在下述大气条件下进行:

——温度:15 ℃~35 ℃;

——相对湿度:25%~75%;

——大气压力:86 kPa~106 kPa。

5.1.2 各项试验数据的容差为±5%。

5.1.3 环境试验参数偏差应符合GB 16838要求。

5.1.4 试验样品为管理平台1套。试验程序见表4。

表4 试验程序

序号	条款号	试验项目
1	5.2	整机性能试验
2	5.3	绝缘电阻试验
3	5.4	电气强度试验
4	5.5	射频电磁场辐射抗扰度试验
5	5.6	射频场感应的传导骚扰抗扰度试验

表 4（续）

序号	条款号	试验项目
6	5.7	静电放电抗扰度试验
7	5.8	电快速瞬变脉冲群抗扰度试验
8	5.9	浪涌（冲击）抗扰度试验
9	5.10	电源瞬变试验
10	5.11	低温（运行）试验
11	5.12	恒定湿热（运行）试验
12	5.13	振动（正弦）（运行）试验
13	5.14	振动（正弦）（耐久）试验
14	5.15	碰撞试验

5.2 整机性能试验

5.2.1 试验步骤

5.2.1.1 在试样正常工作状态下，通过无线或有线呼入，检查试样的交换、控制和显示功能。

5.2.1.2 在试样正常工作状态下，操作试样的调度指挥终端，检查试样的录音、管理、查询和回放功能。

5.2.1.3 在试样正常工作状态下，将示波器、音频综合测试仪连接至试样的有线话音信道，测量试样的通话延迟时间、频率响应特性和总谐波失真。

5.2.2 试验设备

微型集群系统 1 套，350 MHz 常规手持无线电台 2 台，400 MHz 常规手持无线电台 2 台，350 MHz 集群手持无线电台 1 台，800 MHz 集群手持无线电台 1 台，GSM 或 CDMA 手机 2 部，示波器，音频综合测试仪。

5.3 绝缘电阻试验

5.3.1 试验步骤

通过绝缘电阻试验装置，分别对试样的下述部分施加 500 V±50 V 直流电压：

——有绝缘要求的外部带电端子与机壳之间；

——电源插头（或电源接线端子）与机壳之间（电源开关置于接通位置，但电源插头不接入电网）。

持续 60 s±5 s 后，测量其绝缘电阻值。试验时，应保证接触点有可靠的接触，引线间的绝缘电阻应足够大，以保证读数准确。

5.3.2 试验设备

采用满足下述技术要求的绝缘电阻试验装置（也可用兆欧表或摇表测试）：

——试验电压：500 V±50 V；

——测量范围：0 MΩ～500 MΩ；

——最小分度：0.1 MΩ；

——记时：60 s±5 s。

5.4 电气强度试验

5.4.1 试验步骤

试验前，将试样的接地保护元件拆除。通过试验装置，以100 V/s～500 V/s的升压速率，对试样的电源线与机壳间施加50 Hz、1 250 V的试验电压。持续60 s±5 s，观察并记录试验中所发生的现象。试验后，以100 V/s～500 V/s的降压速率使电压降至低于额定电压值后，方可断电。接通试样电源，按5.2的要求进行整机性能试验。

5.4.2 试验设备

采用满足下述条件的试验装置：

——试验电压：电压0 V～1 250 V(有效值)连续可调，频率50 Hz；

——漏电流：≥20 mA；

——升、降压速率：100 V/s～500 V/s；

——计时：60 s±5 s。

5.5 射频电磁场辐射抗扰度试验

5.5.1 试验步骤

5.5.1.1 将试样按GB/T 17626.3的规定进行试验布置，接通电源，使试样处于正常工作状态20 min。

5.5.1.2 按GB/T 17626.3规定的试验方法对试样施加符合4.5规定条件的电磁干扰。试验期间，观察并记录试样状态。试验后，按5.2的要求进行整机性能试验。

5.5.2 试验设备

采用符合GB/T 17626.3相关规定的试验设备。

5.6 射频场感应的传导骚扰抗扰度试验

5.6.1 试验步骤

5.6.1.1 将试样按GB/T 17626.6的规定进行试验布置，接通电源，使试样处于正常工作状态20 min。

5.6.1.2 按GB/T 17626.6规定的试验方法对试样施加符合4.5规定条件的电磁干扰试验。试验期间，观察并记录试样状态。试验后，按5.2的要求进行整机性能试验。

5.6.2 试验设备

采用符合GB/T 17626.6相关规定的试验设备。

5.7 静电放电抗扰度试验

5.7.1 试验步骤

5.7.1.1 将试样按GB/T 17626.2的规定进行试验布置，接通电源，使试样处于正常工作状态20 min。

5.7.1.2 按GB/T 17626.2规定的试验方法对试样及耦合板施加符合4.5规定条件的静电放电干扰试验。试验期间，观察并记录试样状态。试验后，按5.2的要求进行整机性能试验。

5.7.2 试验设备

采用符合GB/T 17626.2相关规定的试验设备。

5.8 电快速瞬变脉冲群抗扰度试验

5.8.1 试验步骤

5.8.1.1 将试样按 GB/T 17626.4 规定进行试验配置，接通电源，使其处于正常工作状态 20 min。
5.8.1.2 按 GB/T 17626.4 规定的试验方法对试样施加 4.5 规定条件的电快速瞬变脉冲群干扰试验。试验期间，观察并记录试样状态。试验后，按 5.2 的要求进行整机性能试验。

5.8.2 试验设备

采用符合 GB/T 17626.4 相关规定的试验设备。

5.9 浪涌(冲击)抗扰度试验

5.9.1 试验步骤

5.9.1.1 将试样按 GB/T 17626.5 的规定进行试验配置，接通电源，使其处于正常工作状态 20 min。
5.9.1.2 按 GB/T 17626.5 规定的试验方法对试样施加符合 4.5 规定条件的浪涌干扰试验。试验期间，观察并记录试样状态。试验后，按 5.2 的要求进行整机性能试验。

5.9.2 试验设备

采用符合 GB/T 17626.5 相关规定的试验设备。

5.10 电源瞬变试验

5.10.1 试验步骤

5.10.1.1 连接试样到电源瞬变试验装置上，使其处于正常工作状态。
5.10.1.2 对试样施加符合 4.6 规定条件的电源瞬变试验。试验后，按 5.2 的要求进行整机性能试验。

5.10.2 试验设备

采用能够产生满足试验条件要求的电源装置。

5.11 低温(运行)试验

5.11.1 试验步骤

5.11.1.1 试验前，将试样在正常大气条件下放置 2 h～4 h，然后接通电源，使试样处于正常工作状态。
5.11.1.2 调节试验箱温度，使其在 20 ℃±3 ℃温度下保持 30 min±5 min，然后，以不大于 1 ℃/min 的速率降温至－25 ℃±3 ℃。
5.11.1.3 在－25 ℃±3 ℃温度下，保持 16 h 后，立即按 5.2 的要求进行整机性能试验。
5.11.1.4 调节试验箱温度，使其以不大于 1 ℃/min 的速率升温至 20 ℃±3 ℃，并保持 30 min±5 min。
5.11.1.5 取出试样，在正常大气条件下放置 1 h～2 h 后，检查试样表面涂覆情况。

5.11.2 试验设备

采用符合 GB 16838 相关规定的试验设备。

5.12 恒定湿热(运行)试验

5.12.1 试验步骤

5.12.1.1 试验前,将试样在正常大气条件下放置 2 h～4 h,然后接通电源,使试样处于正常工作状态。

5.12.1.2 调节试验箱,使温度为 55 ℃±3 ℃,相对湿度为 90%～95%(先调节温度,当温度达到稳定后再加湿)。连续保持 4 d 后,立即按 5.2 的要求进行整机性能试验。

5.12.1.3 取出试样,在正常大气条件下,处于正常工作状态 1 h～2 h 后,检查试样表面涂覆情况。

5.12.2 试验设备

采用符合 GB 16838 相关规定的试验设备。

5.13 振动(正弦)(运行)试验

5.13.1 试验步骤

5.13.1.1 将试样刚性固定在试验设备上,使其重力作用方向与使用时一致(重力影响可忽略时除外),接通电源,使试样处于正常工作状态。

5.13.1.2 对试样施加符合 4.8 规定条件的振动(正弦)(运行)试验。

5.13.1.3 试验后,立即检查试样外观及紧固部位,并按 5.2 的要求进行整机性能试验。

5.13.2 试验设备

采用符合 GB 16838 相关规定的试验设备(振动台及夹具)。

5.14 振动(正弦)(耐久)试验

5.14.1 试验步骤

5.14.1.1 将试样刚性固定在试验设备上,使其重力作用方向与使用时一致(重力影响可忽略时除外),试验期间试样不通电。

5.14.1.2 对试样施加符合 4.8 规定条件的振动(正弦)(耐久)试验。

5.14.1.3 试验后,立即检查试样外观及紧固部位,并按 5.2 的要求进行整机性能试验。

5.14.2 试验设备

采用符合 GB 16838 相关规定的试验设备(振动台及夹具)。

5.15 碰撞试验

5.15.1 试验步骤

5.15.1.1 接通电源,使试样处于正常工作状态。

5.15.1.2 对试样施加符合 4.8 规定条件的碰撞试验。

5.15.1.3 试验后,按 5.2 的要求进行整机性能试验。

5.15.2 试验设备

采用符合 GB 16838 相关规定的试验设备。

6 检验规则

6.1 出厂检验

管理平台出厂前,应进行下述试验项目的检验:

a) 整机性能试验;

b) 绝缘电阻试验;

c) 电气强度试验。

其中任一项不合格,则判该产品不合格。

6.2 型式检验

6.2.1 型式检验项目为第5章规定的试验项目。检验样品在出厂合格的产品中抽取。

6.2.2 有下列情况之一时,应进行型式检验:

a) 新产品或老产品转厂生产时的试制定型鉴定;

b) 正式生产后,产品的结构、主要部件或元器件、生产工艺等有较大的改变可能影响产品性能;

c) 正常生产满5年;

d) 产品停产1年以上,恢复生产;

e) 出厂检验结果与上次型式检验结果差异较大;

f) 发生重大质量事故。

6.2.3 检验结果按GB 12978中规定的型式检验结果判定方法进行判定。

7 标志

7.1 产品标志

每套管理平台应有清晰、耐久的产品标志,产品标志应包括以下内容:

a) 产品名称、型号;

b) 执行标准代号;

c) 制造商名称或商标;

d) 软件版本号;

e) 接线端子标注;

f) 制造日期、产品编号和产地。

7.2 质量检验标志

每套管理平台应有质量检验合格标志。

8 使用说明书

管理平台应附有相应的中文说明书。说明书的内容应满足GB/T 9969要求,并与产品的性能一致。

ICS 13.220.10
C 81

中华人民共和国国家标准

GB/T 38254—2019

火警受理联动控制装置

Automatic control device for fire alarm receiving and dispatching system

2019-12-10 发布　　2020-07-01 实施

国家市场监督管理总局
国家标准化管理委员会 发布

前言

本标准按照 GB/T 1.1—2009 给出的规则起草。

请注意本文件的某些内容可能涉及专利。本文件的发布机构不承担识别这些专利的责任。

本标准由中华人民共和国应急管理部提出。

本标准由全国消防标准化技术委员会(SAC/TC 113)归口。

本标准起草单位:应急管理部沈阳消防研究所、天维尔信息科技股份有限公司、上海迪爱斯通信设备有限公司。

本标准主要起草人:刘海霞、隋虎林、李志刚、王军、齐宝金、杜阳、滕波、范玉峰、马青波、高文军、陈春东、姜学赟、刘濛、张磊、张迪、丰国炳、杨树峰、安震鹏。

火警受理联动控制装置

1 范围

本标准规定了火警受理联动控制装置的术语和定义、要求、试验方法、检验规则和标志。

本标准适用于消防救援机构火警受理系统的联动控制装置。

2 规范性引用文件

下列文件对于本文件的应用是必不可少的。凡是注日期的引用文件,仅注日期的版本适用于本文件。凡是不注日期的引用文件,其最新版本(包括所有的修改单)适用于本文件。

GB/T 9969 工业产品使用说明书 总则

GB 12978 消防电子产品检验规则

GB 16281 火警受理系统

GB/T 16838 消防电子产品环境试验方法及严酷等级

GB/T 17626.2 电磁兼容 试验和测量技术 静电放电抗扰度试验

GB/T 17626.3 电磁兼容 试验和测量技术 射频电磁场辐射抗扰度试验

GB/T 17626.4 电磁兼容 试验和测量技术 电快速瞬变脉冲群抗扰度试验

GB/T 17626.5 电磁兼容 试验和测量技术 浪涌(冲击)抗扰度试验

GB/T 17626.6 电磁兼容 试验和测量技术 射频场感应的传导骚扰抗扰度

RFC0768 UPD 协议(User datagram protocol)

RFC0791 IP 协议(Internet protocol)

RFC0793 TCP 协议(Transmission control protocol)

3 术语和定义

GB 16281 界定的以及下列术语和定义适用于本文件。

3.1

火警受理联动控制装置 automatic control device for fire alarm receiving and dispatching system

在消防通信指挥系统中,能接收火警受理系统的指令,控制警灯、警铃(警号)、广播、照明、车库门等外部连接设备启动和停止的装置。

4 要求

4.1 火警受理联动控制装置基本功能

4.1.1 火警受理联动控制装置(以下简称装置)应具有对交流和直流回路进行通断控制的功能。通过控制交/直流回路的通断,实现对装置外部连接的警灯、警铃(警号)、广播、照明、车库门等联动设备的启动和停止;联动控制的回路数量应不少于 8 路。

4.1.2 应具有数据通信接口,能与火警受理系统按附录 A 规定的通信协议进行数据通信和时钟同步。

4.1.3 应通过指示灯或文字显示方式对装置的电源、运行状态、通信故障及联动控制回路通断状态进行指示，文字显示信息应采用中文。采用指示灯时，正常运行状态下，电源指示灯应红色常亮；运行状态指示灯应绿色闪烁；通信故障指示灯应在通信故障时黄色常亮；联动控制回路通断状态指示灯在接通状态时绿色常亮，断开状态时应常灭。

4.1.4 应能在火警受理系统发出联动控制命令后 1 s 内启动或停止外部联接的设备工作。

4.1.5 发生下列情况时，应能在 1 s 内向火警受理系统发送附录 A 规定的相应信息：

a) 各联动控制回路状态发生变化时；

b) 在接收到火警受理系统发送的查询申请指令后。

4.1.6 应具有通信检测和通信故障告警功能。装置按附录 A 规定的通信协议定时向火警受理系统发送通信检测信号，出现通信故障时应能在 30 s 内给出声、光提示信号；光故障告警提示信号在故障消除前应保持，声、光故障提示信号在故障解除后应能自动消除，声故障告警提示信号亦能手动消除。

4.1.7 应具有独立手动控制功能。能在装置上手动启停每一回路的外部联动设备。

4.1.8 应具有人工复位按钮。复位后，装置应恢复至初始设定状态。

4.1.9 应具有信息记录功能和记录信息导出功能。能对装置的运行信息、接收和发送的信息、故障信息、回路控制信息及对应时间进行记录；记录的信息应存储在非易失性存储介质中；记录保存容量不应低于 1 000 条，当记录存储空间不足时，应能自动覆盖最早的信息。

4.1.10 应具有手动检查装置上的音响器件、所有指示灯或显示器(屏)、回路控制是否正常的功能。

4.2 主要部件性能要求

4.2.1 装置的内外表面应无腐蚀、涂覆层脱落和起泡现象，紧固部位无松动。

4.2.2 装置的数据通信接口，应采用 RJ45 以太网接口或 RS232 串行接口，其物理特性和电特性应符合相应的国家标准。采用 RJ45 接口时，应采用 RFC0791、RFC0793 和 RFC0768 中规定的 TCP/IP 或 UDP/IP 网络控制协议作为底层通信承载协议；采用 RS232 接口时，其速率应为 9 600 bit/s、19 200 bit/s、57 600 bit/s、115 200 bit/s 之一。

4.2.3 状态指示灯和电源指示灯在 5 lx～500 lx 环境光条件下，在正前方 22.5°视角范围内，3 m 处应清晰可见；使用显示器(屏)显示字符应在 5 lx～500 lx 环境光条件下，正前方 22.5°视角范围内，0.8 m 处可读。

4.2.4 在正常工作条件下，音响器件在其正前方 1 m 处的声压级(A 计权)应大于 65 dB，小于 115 dB；在 85％额定工作电压供电条件下，音响器件应能发出音响。

4.2.5 装置的交流回路控制器件应满足在额定电压 220 V 的 85％～110％范围内，额定电流不小于 5 A；装置的直流回路控制器件应满足在额定电压 24 V 的±10％范围内，额定电流不小于 3 A。装置的回路控制器件接通时两引出端间的电压降应小于回路开路电压的 10％，断开时两引出端间的电压应大于回路开路电压的 90％。

4.2.6 装置用于电源线路的熔断器或其他过流保护器件，其额定电流值一般应不大于最大工作电流的 2 倍。在靠近熔断器或其他过流保护器件处应清楚地标注其参数值。

4.2.7 接线端子应满足下述要求：

a) 应采用中文清晰、牢固地标注其编号或用途，相应用途应在有关文件中说明；

b) 接线端子的结构应保证良好的电接触和预期的载流能力，其所有的接触部件和载流部件都应由导电的金属制成，并应有足够的机械强度；

c) 用于连接外部导线的接线端子在安装时应容易进入并便于接线；

d) 接线端子紧固用螺钉和螺母除固定接线端子本身就位或防止其松动外，不应作为固定其他任何零部件之用；

e) 采用交流供电的装置应有保护接地。

4.2.8 开关和按键(钮)应用中文清楚地标注其功能。

4.2.9 应有相应的中文说明书。说明书的内容应满足 GB/T 9969 的要求,并与产品性能一致,说明书中应明确说明装置的通信模式及通信接口配置参数。

4.3 电源性能

装置的主电源可采用 220 V,50 Hz 交流电源或 5 V～24 V 直流供电,并有过流保护措施。当供电电压在下述条件范围内时,应能正常工作;

a) 交流电源供电电压变动幅度在额定电压 220 V 的 85%～110%,频率为 50 Hz±1 Hz;

b) 直流供电电压变动幅度在额定电压(标称值)的±10%。

4.4 绝缘性能

装置有绝缘要求的外部带电端子与机壳间的绝缘电阻值不应小于 20 MΩ;电源输入端与机壳间的绝缘电阻值不应小于 50 MΩ。

4.5 电气强度

装置的主电源采用 220 V,50 Hz 交流电源时,装置的电源插头与机壳间应能耐受住频率为 50 Hz,有效值为 1 250 V 的交流电压历时 1 min 的电气强度试验,试验期间,装置不应发生击穿现象,漏电电流值应小于 20 mA;试验后,装置的功能应满足 4.1 的要求。

4.6 电磁兼容性能

装置应能耐受住表 1 所规定条件下的各项电磁兼容试验要求。试验期间,装置应保持正常工作状态;试验后,装置的功能应满足 4.1 的要求。

表 1 电磁兼容性能试验条件

试验名称	试验参数	试验条件
射频电磁场辐射抗扰度试验	场强/(V/m)	10
	频率范围/MHz	80～1 000
	扫频速率/(10 oct/s)	$\leqslant 1.5\times 10^{-3}$
	调制幅度	80%(1 kHz,正弦)
射频场感应的传导骚扰抗扰度试验	频率范围/MHz	0.15～80
	电压/dB μV	140
	调制幅度	80%(1 kHz,正弦)
静电放电抗扰度试验	放电电压/kV	空气放电(外壳为绝缘体)8 接触放电(外壳为导体和耦合板)6
	放电极性	正、负
	放电间隔/s	≥1
	每点放电次数	10
电快速瞬变脉冲群抗扰度试验	瞬变脉冲电压/kV	AC 电源线 2×(1±0.1) 其他连接线 1×(1±0.1)

表 1（续）

试验名称	试验参数	试验条件
电快速瞬变脉冲群抗扰度试验	重复频率/kHz	AC 电源线：2.5×(1±0.2) 其他连接线：5×(1±0.2)
	极性	正、负
	时间/min	每次 1
浪涌（冲击）抗扰度试验	浪涌（冲击）电压/kV	AC 电源线 线—线：1×(1±0.1) AC 电源线 线—地：2×(1±0.1) 其他连接线 线—地：1×(1±0.1)
	极性	正、负
	试验次数	5

4.7 气候环境耐受性

装置应能耐受住表 2 规定的气候环境条件下的各项试验。试验期间，装置应保持正常工作状态；试验后，装置应无涂覆层破坏和腐蚀现象，其功能应满足 4.1 的要求。

表 2 气候环境试验条件

试验名称	试验参数	试验条件
低温（运行）试验	温度/℃	−10±2
	持续时间/h	16
恒定湿热（运行）试验	温度/℃	40±2
	相对湿度/%	90～95
	持续时间/d	4

4.8 机械环境耐受性

装置应能耐受住表 3 规定的机械环境条件下的各项试验。试验期间，装置应保持正常工作状态；试验后，装置不应有机械损伤和紧固部位松动现象，其功能应满足 4.1 的要求。

表 3 机械环境试验条件

试验名称	试验参数	试验条件
振动（正弦）（运行）试验	频率循环范围/Hz	10～150
	加速幅值/(m/s^2)	0.981
	扫频速率/(oct/min)	1
	每个轴线扫频次数	1
	振动方向	X、Y、Z
碰撞（运行）试验	碰撞能量/J	0.5±0.04
	每点碰撞次数	3

5 试验方法

5.1 总则

5.1.1 试验的大气条件

除在有关条文中另有说明外，各项试验均应在下述大气条件下进行：

——温度：15 ℃～35 ℃；

——相对湿度：25%～75%；

——大气压力：86 kPa～106 kPa。

5.1.2 试验的正常工作状态

按装置规定的正常工作要求，将火警受理系统(或其模拟系统)与装置连接，每路联动控制回路均连接外部联动设备(或其模拟设备)，且保持正常工作状态；在有关条文中没有特殊要求时，应保证工作电压为额定工作电压，并在试验期间保持工作电压稳定。

5.1.3 容差

除在有关条文另有说明外，各项试验数据的容差均为±5%；环境条件参数偏差应符合 GB/T 16838 要求。

5.1.4 试验样品

试验前，制造商应提供 2 台火警受理联动控制装置作为试验样品(以下简称为试样)，并在试验前予以编号。

5.1.5 试验前检查

试验前应按 4.2 的要求观察并记录试样主要部件性能的符合情况。

5.1.6 试验程序

火警受理联动控制装置的试验程序见表 4。

表 4 火警受理联动控制装置试验程序

序号	章条	试验项目	试样编号
1	5.2	基本功能试验	1、2
2	5.3	电源性能试验	1、2
3、	5.4	绝缘性能试验	1
4	5.5	电气强度试验	1
5	5.6	射频电磁场辐射抗扰度试验	2
6	5.7	射频场感应的传导骚扰抗扰度试验	2
7	5.8	静电放电抗扰度试验	2
8	5.9	电快速瞬变脉冲群抗扰度试验	2
9	5.10	浪涌(冲击)抗扰度试验	2

表 4（续）

序号	章条	试验项目	试样编号
10	5.11	低温(运行)试验	1
11	5.12	恒定湿热(运行)试验	1
12	5.13	振动(正弦)(运行)试验	1
13	5.14	碰撞试验	1

5.2 基本功能试验

5.2.1 通过火警受理系统向试样发送附录 A 规定的联动控制命令、查询指令，观察并记录试样启动联动设备工作情况和响应时间、联动控制回路工作状态指示情况；并在火警受理系统中查看试样接收信息后的确认、应答情况。

5.2.2 分别进行断开与火警受理系统的通信线路、接通与火警受理系统的通信线路、关闭火警受理系统等操作，观察并记录试样的工作、运行状态指示情况、声光故障告警提示情况，声光故障提示信号自动消除和手动消除情况；通信线路断开后，发出通信故障告警提示的响应时间。

5.2.3 在试样上进行手动启动、手动停止外部联动设备工作的操作，观察并记录联动设备动作情况，联动控制回路工作状态指示情况，火警受理系统中信息接收显示情况。

5.2.4 按下复位开关，观察并记录试样复位情况。

5.2.5 关闭装置电源，重新启动装置，进行记录信息导出操作，观察并记录上述各条操作信息记录情况；通过自动或上述操作方法生成 1 000 条以上信息记录，观察并记录信息记录存储覆盖情况。

5.2.6 手动操作试样进行器件检查，观察并记录试样上的音响器件、指示灯或显示器(屏)、回路控制的情况。

5.2.7 修改火警受理系统的系统时间，观察并记录试样时钟同步响应情况。

5.3 电源性能试验

5.3.1 对由交流电压供电的火警受理联动控制装置，分别将供电电压调至电压额定值 220 V 的 110% 和 85%，频率为 50 Hz±1Hz，按 5.2 的规定对试样进行基本功能试验，观察并记录试验现象。

5.3.2 对由直流电压供电的火警受理联动控制装置，分别将供电电压调至电压额定值的±10%，按 5.2 的规定对试样进行基本功能试验，观察并记录试验现象。

5.4 绝缘性能试验

5.4.1 试验步骤

通过绝缘电阻试验装置，分别对试样的下述部分施加 500 V±50 V 直流电压：

a） 有绝缘要求的外部带电端子与机壳之间；

b） 电源插头(或电源接线端子)与机壳之间(电源开关置于接通位置，但电源插头不接入电网)。

试验持续 60 s±5 s 后，测量试样的绝缘电阻值。

5.4.2 试验设备

采用满足下述条件的试验装置(也可采用兆欧表或摇表测试)：

a） 试验电压：500 V±50 V；

b） 测量范围：0 MΩ～500 MΩ；

c) 最小分度值:0.1 MΩ;

d) 计时:60 s±5 s。

5.5 电气强度试验

5.5.1 试验步骤

试验前,将试样的接地保护元件拆除。通过试验装置,以 100 V/s~500 V/s 的升压速率,对试样的电源线与外壳间施加 50 Hz,1 250 V 的试验电压。持续 60 s±5 s,观察并记录试验中所发生的现象。试验后,以 100 V/s~500 V/s 的降压速率使电压降至低于额定工作电压值后,方可断电。接通试样电源,按 5.2 的规定进行基本功能试验。

5.5.2 试验设备

采用满足下述条件的试验装置:

a) 试验电压:电压 0 V~1 250 V(有效值)连续可调,频率 50 Hz;

b) 漏电流:≥20 mA;

c) 升、降压速率:100 V/s~500 V/s;

d) 计时:60 s±5 s。

5.6 射频电磁场辐射抗扰度试验

5.6.1 试验步骤

5.6.1.1 将试样按 GB/T 17626.3 的规定进行试验布置,接通电源,使试样处于正常工作状态 20 min。

5.6.1.2 按 GB/T 17626.3 规定的试验方法对试样施加表 1 规定条件下的干扰试验。试验期间,观察并记录试样状态。试验后,按 5.2 的规定进行基本功能试验。

5.6.2 试验设备

采用符合 GB/T 17626.3 相关规定的试验设备。

5.7 射频场感应的传导骚扰抗扰度试验

5.7.1 试验步骤

5.7.1.1 将试样按 GB/T 17626.6 的规定进行试验配置,接通电源,使试样处于正常工作状态 20 min。

5.7.1.2 按 GB/T 17626.6 规定的试验方法对试样施加表 1 规定条件下的干扰试验。试验期间,观察并记录试样状态。试验后,按 5.2 的规定进行基本功能试验。

5.7.2 试验设备

采用符合 GB/T 17626.6 相关规定的试验设备。

5.8 静电放电抗扰度试验

5.8.1 试验步骤

5.8.1.1 将试样按 GB/T 17626.2 的规定进行试验布置,接通电源,使试样处于正常工作状态 20 min。

5.8.1.2 按 GB/T 17626.2 规定的试验方法对试样及耦合板施加表 1 规定条件下的干扰试验。试验期间,观察并记录试样状态。试验后,按 5.2 的规定进行基本功能试验。

5.8.2 试验设备

采用符合 GB/T 17626.2 相关规定的试验设备。

5.9 电快速瞬变脉冲群抗扰度试验

5.9.1 试验步骤

5.9.1.1 将试样按 GB/T 17626.4 的规定进行试验配置，接通电源，使其处于正常工作状态 20 min。

5.9.1.2 按 GB/T 17626.4 规定的试验方法对试样施加表 1 规定条件下的干扰试验。试验期间，观察并记录试样状态。试验后，按 5.2 的规定进行基本功能试验。

5.9.2 试验设备

采用符合 GB/T 17626.4 相关规定的试验设备。

5.10 浪涌(冲击)抗扰度试验

5.10.1 试验步骤

5.10.1.1 将试样按 GB/T 17626.5 的规定进行试验配置，接通电源，使其处于正常工作状态 20 min。

5.10.1.2 按 GB/T 17626.5 规定的试验方法对试样施加表 1 规定条件下的干扰试验。试验期间，观察并记录试样状态。试验后，按 5.2 的规定进行基本功能试验。

5.10.2 试验设备

采用符合 GB/T 17626.5 相关规定的试验设备。

5.11 低温(运行)试验

5.11.1 试验步骤

5.11.1.1 试验前，将试样在正常大气条件下放置 2 h～4 h。然后按正常工作状态要求，接通试样电源。

5.11.1.2 调节试验箱温度，使其在 20 ℃±2 ℃温度下保持 30 min±5 min，然后，以不大于 1 ℃/min 的速率降温至－10 ℃±2 ℃。

5.11.1.3 在－10 ℃±2 ℃温度下，观察并记录试样的工作状态；保持 16 h 后，立即按 5.2 的规定进行基本功能试验。

5.11.1.4 调节试验箱温度，使其以不大于 1 ℃/min 的速率升温至 20 ℃±2 ℃，并保持 30 min± 5 min。

5.11.1.5 取出试样，在正常大气条件下放置 1 h～2 h 后，检查试样表面涂覆情况，并按5.2的规定进行基本功能试验。

5.11.2 试验设备

采用符合 GB/T 16838 相关规定的试验设备。

5.12 恒定湿热(运行)试验

5.12.1 试验步骤

5.12.1.1 试验前，将试样在正常大气条件下放置 2 h～4 h。然后按正常工作状态要求，接通试样电源，使其处于正常工作状态。

5.12.1.2 调节试验箱，使温度为 40 ℃±2 ℃，相对湿度 90%～95%(先调节温度，当温度达到稳定后再加湿)，观察并记录试样的工作状态；连续保持 4 d 后，立即按 5.2 的规定进行基本功能试验。

5.12.1.3 取出试样，在正常大气条件下，处于正常工作状态 1 h～2 h 后，检查试样表面涂覆情况，并按 5.2 的规定进行基本功能试验。

5.12.2 试验设备

采用符合 GB/T 16838 相关规定的试验设备。

5.13 振动(正弦)(运行)试验

5.13.1 试验步骤

5.13.1.1 将试样按正常安装方式刚性安装，使同方向的重力作用如同其使用时一样(重力影响可忽略时除外)，试样在上述安装方式下可放于任何高度，试验期间试样处于正常工作状态。

5.13.1.2 依次在 3 个互相垂直的轴线上，在 10 Hz～150 Hz 的频率循环范围内，以 0.981 m/s^2 的加速度幅值，1 oct/min 的扫频速率，各进行 1 次扫频循环，期间观察并记录试样的工作状态。

5.13.1.3 试验后，立即检查试样外观及紧固部位，并按 5.2 的规定进行基本功能试验。

5.13.2 试验设备

采用符合 GB/T 16838 相关规定的试验设备(振动台及夹具)。

5.14 碰撞试验

5.14.1 试验步骤

5.14.1.1 按正常工作状态要求，接通试样电源，使其处于正常工作状态。

5.14.1.2 对试样表面上的每个易损部件施加 3 次能量为 0.5 J±0.04 J 的碰撞。在进行试验时应小心进行，以确保上一组(3 次)碰撞的结果不对后续各组碰撞的结果产生影响，在认为可能产生影响时，不应考虑发现的缺陷，取一新的试样，在同一位置重新进行碰撞试验。试验期间，观察并记录试样的工作状态；试验后，按 5.2 的规定进行基本功能试验。

5.14.2 试验设备

采用符合 GB/T 16838 相关规定的试验设备。

6 检验规则

6.1 出厂检验

装置出厂检验应至少包含下述项目：

a) 基本功能试验；

b) 电源性能试验；

c) 绝缘性能试验；

d) 电气强度试验。

其中任一项不合格，则判定该产品不合格。

6.2 型式检验

6.2.1 型式检验项目为第 5 章的全部试验项目。检验样品在出厂合格的产品中抽取。

6.2.2 有下列情况之一时，应进行型式检验：

a） 新产品或老产品转厂生产时的定型鉴定；

b） 正式生产后，产品的结构、主要部件或元器件、生产工艺等有较大改变，可能影响产品性能；

c） 产品停产1年以上，恢复生产；

d） 国家质量监督机构依法提出要求；

e） 发生重大质量事故。

6.2.3 检验结果按GB 12978规定的型式检验结果判定方法进行判定。

7 标志

7.1 产品标志

每台装置均应有清晰、耐久的产品标志。产品标志应包括以下内容：

a） 产品名称、型号；

b） 执行标准编号；

c） 制造商名称、地址；

d） 软件版本号；

e） 接线端子标注；

f） 制造日期和产品编号。

7.2 质量检验标志

每台装置应有质量检验合格标志。

附 录 A
（规范性附录）
火警受理联动控制装置通信协议

A.1 总则

本附录规定了火警受理联动控制装置与火警受理系统进行数据通信的通信协议，包括通信方式和数据包定义。

A.2 通信方式

A.2.1 一般规定

装置与火警受理系统之间的通信方式主要包括控制命令、信息上传和信息查询，均采用发送/确认或请求/应答模式进行通信。

A.2.2 控制命令（火警受理系统→装置）

A.2.2.1 火警受理系统向装置发送指令时的控制命令采用发送/确认模式。

A.2.2.2 装置接收到火警受理系统发送的控制命令后，向火警受理系统发送确认信息，并按正确的控制命令对联动设备进行控制。

A.2.3 信息查询（火警受理系统→装置）

A.2.3.1 火警受理系统向装置查询相关信息时采用请求/应答模式。

A.2.3.2 火警受理系统向装置发送请求查询命令，装置接收到查询命令后根据请求内容进行应答。

A.2.4 信息上传（装置→火警受理系统）

A.2.4.1 装置向火警受理系统主动上传信息和进行通信检测时采用发送/确认模式。

A.2.4.2 当装置发生 4.1.5 中 a）的情况或定时通信检测周期到时，装置主动向火警受理系统上传相应信息。

A.2.5 重发机制

A.2.5.1 发送/确认模式下，发送端发出信息后在规定时间（超时时间）内未收到接收端的确认命令，应进行信息重发，重发规定次数后仍未收到确认命令，则本次通信失败，结束本次通信。

A.2.5.2 请求/应答模式下，请求方在发出请求命令后的规定时间（超时时间）内未收到应答信息，重发请求命令，重发规定次数后仍未收到应答信息，则本次通信失败，结束本次通信。

A.2.5.3 超时时间不宜大于 3 s，可根据具体的通信方式和任务性质自行定义。

A.2.5.4 重发次数宜为 3 次，可根据具体的通信方式和任务性质自行定义。

A.3 数据包定义

A.3.1 通信协议数据包

装置与火警受理系统之间的通信协议数据包采用 XML 标准格式，各数据包 XML 语言中的标签定义见表 A.1。

表 A.1 数据包标签定义

标签	定义	类型	描述	备注
MsgID	业务流水号	数值型	发送/确认模式下,业务流水号由发送方在发送新的数据包时按顺序加一,接收方按发送包的业务流水号返回;请求/应答模式下,业务流水号由请求方在发送新的请求命令时按顺序加一,接收方按请求包的业务流水号返回。业务流水号是一个正整数,由通信双方第一次建立网络连接时确定,初始值为1。业务流水号由业务发起方(业务发起方指发送/确认模式下的发送方或者请求/应答模式下的请求方)独立管理。业务发起方负责业务流水号的分配和回收,保证在业务存续期间业务流水号的唯一性	
MsgType	协议类型	字符型	协议类型由固定字符 LDSB 加 2 位数值组成。其中通信检测信号由装置按规定时间主动发起,发送给火警受理系统,火警受理系统在规定时间内未收到该数据包,即可认为通信故障	LDSB01:联动控制命令; LDSB02:时间同步命令; LDSB03:查询装置状态; LDSB04:应答查询信息; LDSB05:上传装置状态; LDSB06:发送通信检测信息; LDSB07:确认信息; LDSB08-LDSB30:预留; LDSB30-LDSB99:用户自定义
MsgSender	源地址	字符型	采用 RJ45 以太网接口时,源地址由“IP 地址”+“:”+“端口号”组成;采用 RS232 串行通信接口时,由用户自定义	
MsgReceiver	目的地址	字符型	采用 RJ45 以太网接口时,目的地址由“IP 地址”+“:”+“端口号”组成;采用 RS232 串行通信接口时,由用户自定义	
MsgSendTime	发送时间	日期时间型	数据格式为 yyyy-mm-dd hh:mm:ss	
MsgVersion	协议版本号	字符型	协议版本号由主版本号与用户版本号两部分组成,中间用“.”间隔。主版本号为固定值 1,用户版本号由用户自行定义	
MsgState	状态信息	数值型	状态信息	0:正常; 1:请求数据重发; 2～999:预留; 1 000～2 000:故障或错误[a]; 2 000～8 000:预留; 其他:用户自定义

表 A.1（续）

标签	定义	类型	描述	备注
KYSB	扩音设备	字符型	由一组 0～2 数字组成的数值型字符串[b]，每位代表某一种设备的一个回路。例〈CKM〉01020102〈/CKM〉为 8 个车库门的不同命令或状态	0：不做任何操作； 1：启动/打开/连通； 2：停止/关闭/断开
JL	警铃	字符型		
JD	警灯	字符型		
CKM	车库门	字符型		
KZCS	扩展参数	字符型		
[a] 故障或错误代码含义应在说明书中说明。 [b] 字符串长度超过装置设定的长度，则忽略超出长度的数据；少于装置设定的长度，则仅操作已有字符对应设备，其余设备不做操作；字符串中的每位字符若不在 0～2 范围内，认为指令错误，舍弃该包数据。				

A.3.2 控制命令数据包

A.3.2.1 发送联动控制命令

火警受理系统向装置发送联动控制命令数据包格式及参考数据如下：

```
〈? xml version="1.0" encoding="utf-8" ?〉
〈MainMsg〉
    〈MsgID〉10000〈/MsgID〉
    〈MsgType〉LDSB01〈/MsgType〉
    〈MsgSender〉192.168.0.1:8888〈/MsgSender〉
    〈MsgReceiver〉192.168.0.2:8888〈/MsgReceiver〉
    〈MsgSendTime〉2013-06-06 12:12:12〈/MsgSendTime〉
    〈MsgVersion〉1.01〈/MsgVersion〉
    〈MsgContent〉
        〈KYSB〉0〈/KYSB〉
        〈JL〉0〈/JL〉
        〈JD〉0〈/JD〉
        〈CKM〉0102010201020102〈/CKM〉
        〈KZCS〉0〈/KZCS〉
    〈/MsgContent〉
〈/MainMsg〉
```

A.3.2.2 确认联动控制命令

装置收到火警受理系统发来的联动控制命令后，向火警受理系统发送确认数据包格式及参考数据如下：

```
〈? xml version="1.0" encoding="utf-8" ?〉
〈MainMsg〉
    〈MsgID〉10000〈/MsgID〉
    〈MsgType〉LDSB07〈/MsgType〉
    〈MsgSender〉192.168.0.2:8888〈/MsgSender〉
    〈MsgReceiver〉192.168.0.1:8888〈/MsgReceiver〉
```

〈MsgSendTime〉2013-06-06 12:12:12〈/MsgSendTime〉
〈MsgVersion〉1.01〈/MsgVersion〉
〈MsgState〉0〈/MsgState〉
〈/MainMsg〉

A.3.2.3 发送时间同步命令

火警受理系统向装置发送时间同步命令数据包格式及参考数据如下:

〈? xml version="1.0" encoding="utf-8" ?〉
〈MainMsg〉
〈MsgID〉10001〈/MsgID〉
〈MsgType〉LDSB02〈/MsgType〉
〈MsgSender〉192.168.0.1:8888〈/MsgSender〉
〈MsgReceiver〉192.168.0.2:8888〈/MsgReceiver〉
〈MsgSendTime〉2013-06-06 12:12:12〈/MsgSendTime〉
〈MsgVersion〉1.01〈/MsgVersion〉
〈/MainMsg〉

A.3.2.4 确认时间同步命令

装置收到火警受理系统发来的时间同步命令后,将本装置时间更新为 A.3.2.3 中〈MsgSendTime〉元素的时间值,并向火警受理系统发送确认数据包格式及参考数据如下:

〈? xml version="1.0" encoding="utf-8" ?〉
〈MainMsg〉
〈MsgID〉10001〈/MsgID〉
〈MsgType〉LDSB07〈/MsgType〉
〈MsgSender〉192.168.0.2:8888〈/MsgSender〉
〈MsgReceiver〉192.168.0.1:8888〈/MsgReceiver〉
〈MsgSendTime〉2013-06-06 12:12:12〈/MsgSendTime〉
〈MsgVersion〉1.01〈/MsgVersion〉
〈MsgState〉0〈/MsgState〉
〈/MainMsg〉

A.3.3 信息查询数据包

A.3.3.1 查询装置状态

火警受理系统向装置发送查询装置状态数据包格式及参考数据如下:

〈? xml version="1.0" encoding="utf-8" ?〉
〈MainMsg〉
〈MsgID〉10002〈/MsgID〉
〈MsgType〉LDSB03〈/MsgType〉
〈MsgSender〉192.168.0.1:8888〈/MsgSender〉
〈MsgReceiver〉192.168.0.2:8888〈/MsgReceiver〉
〈MsgSendTime〉2013-06-06 12:12:12〈/MsgSendTime〉
〈MsgVersion〉1.01〈/MsgVersion〉

〈/MainMsg〉

A.3.3.2 应答查询信息

装置收到火警受理系统发来的查询命令后，向火警受理系统发送确认数据包格式及参考数据如下：


```
〈? xml version="1.0" encoding="utf-8" ?〉
〈MainMsg〉
    〈MsgID〉10002〈/MsgID〉
    〈MsgType〉LDSB04〈/MsgType〉
    〈MsgSender〉192.168.0.2:8888〈/MsgSender〉
    〈MsgReceiver〉192.168.0.1:8888〈/MsgReceiver〉
    〈MsgSendTime〉2013-06-06 12:12:12〈/MsgSendTime〉
    〈MsgVersion〉1.01〈/MsgVersion〉
    〈MsgState〉0〈/MsgState〉
    〈MsgContent〉
        〈KYSB〉0〈/KYSB〉
        〈JL〉0〈/JL〉
        〈JD〉0〈/JD〉
        〈CKM〉0102010201020102〈/CKM〉
        〈KZCS〉0〈/KZCS〉
    〈/MsgContent〉
〈/MainMsg〉
```


A.3.4 信息上传数据包

A.3.4.1 上传装置状态

装置回路状态发生变化时，向火警受理系统上传装置状态信息数据包格式及参考数据如下：


```
〈? xml version="1.0" encoding="utf-8" ?〉
〈MainMsg〉
    〈MsgID〉10000〈/MsgID〉
    〈MsgType〉LDSB05〈/MsgType〉
    〈MsgSender〉192.168.0.2:8888〈/MsgSender〉
    〈MsgReceiver〉192.168.0.1:8888〈/MsgReceiver〉
    〈MsgSendTime〉2013-06-06 12:12:12〈/MsgSendTime〉
    〈MsgVersion〉1.01〈/MsgVersion〉
    〈MsgState〉0〈/MsgState〉
    〈MsgContent〉
        〈KYSB〉0〈/KYSB〉
        〈JL〉0〈/JL〉
        〈JD〉0〈/JD〉
        〈CKM〉0102010201020102〈/CKM〉
        〈KZCS〉0〈/KZCS〉
    〈/MsgContent〉
〈/MainMsg〉
```

A.3.4.2 确认上传信息

火警受理系统收到装置发来的上传状态信息后，向装置发送确认数据包格式及参考数据如下：

〈? xml version="1.0" encoding="utf-8" ?〉
〈MainMsg〉
　　〈MsgID〉10000〈/MsgID〉
　　〈MsgType〉LDSB07〈/MsgType〉
　　〈MsgSender〉192.168.0.1:8888〈/MsgSender〉
　　〈MsgReceiver〉192.168.0.2:8888〈/MsgReceiver〉
　　〈MsgSendTime〉2013-06-06 12:12:12〈/MsgSendTime〉
　　〈MsgVersion〉1.01〈/MsgVersion〉
　　〈MsgState〉0〈/MsgState〉
〈/MainMsg〉

A.3.4.3 发送通信检测信息

装置定时向火警受理系统发送通信检测信号数据包格式及参考数据如下：

〈? xml version="1.0" encoding="utf-8" ?〉
〈MainMsg〉
　　〈MsgID〉10001〈/MsgID〉
　　〈MsgType〉LDSB06〈/MsgType〉
　　〈MsgSender〉192.168.0.2:8888〈/MsgSender〉
　　〈MsgReceiver〉192.168.0.1:8888〈/MsgReceiver〉
　　〈MsgSendTime〉2013-06-06 12:12:12〈/MsgSendTime〉
　　〈MsgVersion〉1.01〈/MsgVersion〉
〈/MainMsg〉

A.3.4.4 确认通信检测信息

火警受理系统收到装置发来的通信检测信息后，向装置发送确认数据包格式及参考数据如下：

〈? xml version="1.0" encoding="utf-8" ?〉
〈MainMsg〉
　　〈MsgID〉10001〈/MsgID〉
　　〈MsgType〉LDSB07〈/MsgType〉
　　〈MsgSender〉192.168.0.1:8888〈/MsgSender〉
　　〈MsgReceiver〉192.168.0.2:8888〈/MsgReceiver〉
　　〈MsgSendTime〉2013-06-06 12:12:12〈/MsgSendTime〉
　　〈MsgVersion〉1.01〈/MsgVersion〉
　　〈MsgState〉0〈/MsgState〉
〈/MainMsg〉

ICS 13.220.10
C 81

中华人民共和国消防救援行业标准

XF/T 875—2010

火场通信控制台

Fire scene communication console

2010-06-17 发布　　2010-08-01 实施

中华人民共和国应急管理部　公布

前　言

根据公安部、应急管理部联合公告(2020 年 5 月 28 日)和应急管理部 2020 年第 5 号公告(2020 年 8 月 25 日),本标准归口管理自 2020 年 5 月 28 日起由公安部调整为应急管理部,标准编号自 2020 年 8 月 25 日起由 GA/T 875—2010 调整为 XF/T 875—2010,标准内容保持不变。

本标准依据 GB/T 1.1—2009 给出的规则起草。

请注意本文件的某些内容可能涉及专利。本文件的发布机构不承担识别这些专利的责任。

本标准由公安部消防局提出。

本标准由全国消防标准化技术委员会消防通信分技术委员会(SAC/TC 113/SC 14)归口。

本标准负责起草单位:公安部沈阳消防研究所。

本标准参加起草单位:深圳市天维尔通讯技术有限公司。

本标准主要起草人:谷安永、刘海霞、徐放、范玉峰、张迪、高文军、齐宝金、杜阳、刘濛。

本标准为首次发布。

火场通信控制台

1 范围

本标准规定了火场通信控制台的术语和定义、技术要求、试验方法、检验规则和标志。

本标准适用于公安消防部队移动通信指挥车安装使用的火场通信控制台。

2 规范性引用文件

下列文件对于本文件的应用是必不可少的。凡是注日期的引用文件，仅注日期的版本适用于本文件。凡是不注日期的引用文件，其最新版本（包括所有的修改单）适用于本文件。

GB/T 9969 工业产品使用说明书 总则

GB 12978 消防电子产品检验规则

GB/T 17626.2—2006 电磁兼容 试验和测量技术 静电放电抗扰度试验

GB/T 17626.3—2006 电磁兼容 试验和测量技术 射频电磁场辐射抗扰度试验

GB/T 17626.6—2008 电磁兼容 试验和测量技术 射频场感应的传导骚扰抗扰度

3 术语和定义

下列术语和定义适用于本文件。

3.1

火场通信控制台 fire scene communication console

对安装在消防移动通信指挥车上的有线、无线通信设备进行集中控制操作和状态显示的控制台。

4 技术要求

4.1 基本功能

4.1.1 火场通信控制台应有消防无线语音通信控制功能，能控制不少于2部消防用无线电台接入消防常规、集群等无线通信网进行语音通信，并具有通信工作状态指示功能。

4.1.2 火场通信控制台应有公众移动通信控制功能，能控制不少于2部公众移动通话设备接入公众移动通信网，接听、拨打电话和收发短信，并具有通信工作状态指示和主叫号码显示及来电声、光提示功能。

4.1.3 火场通信控制台应有有线电话通信控制功能，能实现不少于1路中继、2路内线电话的接听、拨打和交换功能，并具有通信工作状态指示和主叫号码显示及来电声、光提示功能。

4.1.4 火场通信控制台应有IP电话通信控制功能，能控制IP电话接入网络，接听和拨打IP电话，并具有通信工作状态指示和主叫信息显示及来电声、光提示功能。

4.1.5 火场通信控制台应有不同频段的无线电台、公众移动电话、有线电话等设备间的语音互通控制和转接功能，并能实现语音信号的监听、强拆等操作。

4.1.6 火场通信控制台应有无线数据通信功能，并能显示数据发送、接收成功或失败等信息。

4.1.7 火场通信控制台应有图像显示控制功能，能控制画面切换、回放等。

4.1.8 火场通信控制台应有受话音量调控功能。

4.2 外观及主要部件

4.2.1 火场通信控制台的文字、符号和标志应清晰齐全，应有相应的中文说明书，说明书内容应满足GB/T 9969的要求。

4.2.2 火场通信控制台表面应无腐蚀、涂覆层脱落和起泡现象，无明显划伤、裂痕、毛刺等机械损伤。

4.2.3 火场通信控制台的结构应稳定可靠，紧固部位无松动，移动操作平台应推拉灵活并有定位装置。

4.2.4 火场通信控制台的主要部件应采用符合国家有关标准的定型产品，电信设备应有入网许可证。

4.2.5 火场通信控制台应有过流保护器件，电源线路的熔断器或其他过流保护器件的额定电流值不应大于最大工作电流的2倍；在靠近熔断器或其他过流保护器件处应清楚地标注其参数值。

4.2.6 火场通信控制台应具有语音、数据、图像通信接口。

4.2.7 在正常工作条件下，提示音响器件在其正前方1 m处的声压级（A计权）应大于65 dB，小于90 dB。

4.2.8 功能指示灯和电源指示灯在5 lx～500 lx环境光线条件下，在正前方22.5°视角范围内，1 m处应清晰可见；其他指示灯应在0.6 m处清晰可见。

4.2.9 鼠标、触摸屏等部件的控制应灵活可靠，开关、按键、旋钮等应有标识并调节灵活。

4.2.10 所有布线应整齐、牢靠，走线标识齐全，线缆通过金属板时，在孔口应加绝缘胶圈。

4.2.11 接线端子应标注编号或符号，相应用途应在有关文件中说明。

4.3 电源要求

火场通信控制台应有交、直流电源工作状态指示。当供电电压在下述条件范围内时，应能正常工作：

a） 交流电源供电电压变动幅度在额定电压（220 V）的85%～110%，频率偏差不超过标准频率（50 Hz）的±1%；

b） 直流供电电压变动幅度在额定电压（标称值）的±10%。

4.4 绝缘电阻

火场通信控制台有绝缘要求的外部带电端子与机壳间的绝缘电阻值不应小于20 MΩ；电源输入端与机壳间的绝缘电阻值不应小于50 MΩ。

4.5 电气强度

火场通信控制台电源插头与机壳间应能耐受住频率为50 Hz，有效值电压为1 250 V的交流电压历时1 min的电气强度试验，试验时击穿电流不应大于20 mA，试验后火场通信控制台的功能应满足4.1的要求。

4.6 电磁兼容性

火场通信控制台应能耐受住表1规定的电磁环境条件下的各项试验，试验期间应能正常工作，试验后其功能应满足4.1的要求。

表 1 电磁环境试验条件

试验名称	试验参数	试验条件	工作状态
射频电磁场辐射抗扰度试验	场强/(V/m)	10	正常工作状态
	频率范围/MHz	80～1 000	
	扫频速率/(10 oct/s)	≤1.5×10^{-3}	
	调制幅度	80%(1 kHz,正弦)	
射频场感应的传导骚扰抗扰度试验	频率范围/MHz	0.15～80	正常工作状态
	电压/dBμV	140	
	调制幅度	80%(1 kHz,正弦)	
静电放电抗扰度试验	放电电压/kV	空气放电(外壳为绝缘体试样)8 接触放电(外壳为导体试样和耦合板)6	正常工作状态
	放电极性	正、负	
	放电间隔/s	≥1	
	每点放电次数	10	

4.7 气候环境耐受性

火场通信控制台应能耐受住表 2 规定的气候环境条件下的各项试验,试验期间应能正常工作,试验后应无涂覆层破坏和腐蚀现象,其功能应满足 4.1 的要求。

表 2 气候环境试验条件

试验名称	试验参数	试验条件	工作状态
低温(运行)试验	温度/℃	−25±3	正常工作状态
	持续时间/h	16	
恒定湿热(运行)试验	温度/℃	40±2	正常工作状态
	相对湿度/%	90～95	
	持续时间/d	4	

4.8 机械环境耐受性

火场通信控制台应能耐受住表 3 规定的机械环境条件下的各项试验,试验期间应能满足表 3 规定的工作状态要求,试验后不应有机械损伤和紧固部位松动现象,其功能应满足 4.1 的要求。

表 3 机械环境试验条件

试验名称	试验参数	试验条件	工作状态
振动(正弦)(运行)试验	频率循环范围/Hz	5～150	正常工作状态
	加速幅值/(m/s^2)	4.905	
	扫频速率/(oct/min)	1	

表 3（续）

试验名称	试验参数	试验条件	工作状态
振动(正弦)(运行)试验	每个轴线扫频次数	3	正常工作状态
	振动方向	X、Y、Z	
振动(正弦)(耐久)试验	频率循环范围/Hz	5～150	不通电状态
	加速幅值/(m/s²)	4.905	
	扫频速率/(oct/min)	1	
	每个轴线扫频次数	20	
	振动方向	X、Y、Z	
碰撞(运行)试验	碰撞能量/J	0.5±0.04	正常工作状态
	每点磁撞次数	3	

5 试验方法

5.1 总则

5.1.1 试验的大气环境

如在有关条文中没有说明，则各项试验均在下述大气条件下进行：

——温度：15 ℃～35 ℃；

——湿度：25%RH～75%RH；

——大气压力：86 kPa～106 kPa。

5.1.2 容差

除在有关条文另有说明外，各项试验数据的容差均为±5%。

5.1.3 试验样品(以下称试样)

试样为火场通信控制台 2 台，并在试验前予以编号。

5.1.4 试验程序

试验程序见表 4。

表 4 试验程序

序号	试验项目	技术条款	试验条款	试样编号
1	外观及主要部件检查	4.2	5.2	1、2
2	基本功能试验	4.1	5.3	1、2
3	电源要求试验	4.3	5.4	1、2
4	绝缘电阻试验	4.4	5.5	1、2
5	电气强度试验	4.5	5.6	1、2

表 4（续）

序号	试验项目	技术条款	试验条款	试样编号
6	射频电磁场辐射抗扰度试验	4.6	5.7	1
7	射频场感应的传导骚扰抗扰度试验	4.6	5.8	1
8	静电放电抗扰度试验	4.6	5.9	1
9	低温(运行)试验	4.7	5.10	1
10	恒定湿热(运行)试验	4.7	5.11	2
11	振动(正弦)(运行)试验	4.8	5.12	1
12	振动(正弦)(耐久)试验	4.8	5.13	1
13	碰撞(运行)试验	4.8	5.14	1

5.2 外观及主要部件检查

按 4.2 逐项对试样进行检查。

5.3 基本功能试验

5.3.1 开通消防用无线电台、公众移动语音、公众移动数据、语音互通等设备或上述设备的模拟装置，使试样处于正常工作状态。

5.3.2 依次控制消防用无线电台进行双向语音通话，查看通信工作状态指示及通信控制情况。

5.3.3 依次控制公众移动通话设备接入公众移动网，拨打、接听电话和收、发短信，查看通信工作状态指示、主叫号码显示、来电声光提示及通信控制情况。

5.3.4 依次控制中继、内线电话接入有线电话网，拨打、接听和转接有线电话，查看通信工作状态指示、主叫号码显示、来电声光提示及通信控制情况。

5.3.5 拨打和接听 IP 电话，查看通信工作状态指示、主叫信息显示、来电声光提示及通信控制情况。

5.3.6 将试样控制的 2 部消防用无线电台设置为不同频率，进行双向语音通话；再用其中一部电台先后与有线电话、公众移动电话进行双向语音通话；在通话过程中进行监听、强拆操作，查看语音互通及控制情况。

5.3.7 进行双向无线数据通信，查看数据通信及状态显示情况。

5.3.8 对接收录制的图像进行画面切换、回放显示等操作，查看操作控制情况。

5.3.9 在上述 5.3.2～5.3.5 通话过程中，调控受话音量，监听音量变化情况。

5.4 电源要求试验

5.4.1 使试样的交流电源输入电压分别为 187 V、242 V，频率为 50 Hz±1 Hz，查看电源工作状态指示情况，并按 5.3 的规定进行基本功能试验。

5.4.2 使试样的直流电源输入电压分别为标称值的±10%，查看电源工作状态指示情况，并按 5.3 的规定进行基本功能试验。

5.5 绝缘电阻试验

分别对试样的下述部分施加 500 V±50 V 直流电压，持续 60 s±5 s 后，测量其绝缘电阻值：

a） 有绝缘要求的外部带电端子与机壳之间；

b） 电源插头(或电源接线端子)与机壳之间(电源开关置于接通位置，但电源插头不接入电网)。

5.6 电气强度试验

试验前，将试样的接地保护元件拆除。以100 V/s～500 V/s的升压速率，对试样的电源线与机壳间施加50 Hz，1 250 V的试验电压。持续60 s±5 s，观察并记录电流值。试验后，以100 V/s～500 V/s的降压速率使电压降至低于额定电压值后，方可断电。接通试样电源，按5.3的规定进行基本功能试验。

5.7 射频电磁场辐射抗扰度试验

5.7.1 将试样按GB/T 17626.3—2006中第7章的规定进行试验布置，接通试样电源，使试样处于正常工作状态20 min。

5.7.2 按GB/T 17626.3—2006中第8章规定的试验方法对试样施加表1所示条件下的电磁干扰，其间观察并记录试样状态。试验后，按5.3的规定进行基本功能试验。

5.8 射频场感应的传导骚扰抗扰度试验

5.8.1 将试样按GB/T 17626.6—2008中第7章规定进行试验配置，接通试样电源，使试样处于正常工作状态20 min。

5.8.2 按GB/T 17626.6—2008中第8章规定的试验方法对试样施加表1所示条件下的电磁干扰，其间观察并记录试样状态。试验后，按5.3的规定进行基本功能试验。

5.9 静电放电抗扰度试验

5.9.1 将试样按GB/T 17626.2—2006中第7章的规定进行试验布置，接通试样电源，使试样处于正常工作状态20 min。

5.9.2 按GB/T 17626.2—2006中第8章规定的试验方法对试样及耦合板施加表1所示条件下的电磁干扰，其间观察并记录试样状态。试验后，按5.3的规定进行基本功能试验。

5.10 低温(运行)试验

5.10.1 试验前，将试样在正常大气条件下放置2 h～4 h。然后接通试样电源，使试样处于正常工作状态。

5.10.2 调节试验箱温度，使其在20 ℃±2 ℃温度下保持30 min±5 min，然后，以不大于1 ℃/min的速率降温至−25 ℃±3 ℃。

5.10.3 在−25 ℃±3 ℃温度下，观察并记录试样的工作状态；保持16 h后，立即按5.3的规定进行基本功能试验。

5.10.4 调节试验箱温度，使其以不大于1 ℃/min的速率升温至20 ℃±2 ℃，并保持30 min±5 min。

5.10.5 取出试样，在正常大气条件下放置1 h～2 h后，检查试样表面涂覆情况，并按5.3的规定进行基本功能试验。

5.11 恒定湿热(运行)试验

5.11.1 试验前，将试样在正常大气条件下放置2 h～4 h。然后接通试样电源，使试样处于正常工作状态。

5.11.2 调节试验箱，使温度为40 ℃±2 ℃，相对湿度90%～95%(先调节温度，当温度达到稳定后再加湿)，观察并记录试样的工作状态；连续保持4 d后，立即按5.3的规定进行基本功能试验。

5.11.3 取出试样，在正常大气条件下，处于正常工作状态1 h～2 h后，检查试样表面涂覆情况，并按5.3的规定进行基本功能试验。

5.12 振动(正弦)(运行)试验

5.12.1 将试样按正常安装方式刚性安装,使同方向的重力作用如同其使用时一样(重力影响可忽略时除外),试样在上述安装方式下可放于任何高度,试验期间试样处于正常工作状态。

5.12.2 依次在三个互相垂直的轴线上,在 5 Hz～150 Hz 的频率循环范围内,以 4.905 m/s^2 的加速度幅值,1 倍频程每分的扫频速率,各进行 3 次扫频循环,其间观察并记录试样的工作状态。

5.12.3 试验后,立即检查试样外观及紧固部位,并按 5.3 的规定进行基本功能试验。

5.13 振动(正弦)(耐久)试验

5.13.1 将试样按正常安装方式刚性安装(重力影响可忽略时除外),试样在上述安装方式下可放于任何高度,试验期间试样不通电。

5.13.2 依次在三个互相垂直的轴线上,在 5 Hz～150 Hz 的频率循环范围内,以 4.905 m/s^2 的加速度幅值,1 倍频程每分的扫频速率,各进行 20 次扫频循环。

5.13.3 试验后,立即检查试样外观及紧固部位,并按 5.3 的规定进行基本功能试验。

5.14 碰撞(运行)试验

对试样表面上的每个易损部件(如指示灯、显示器等)施加 3 次能量为 0.5 J±0.04 J 的碰撞。在进行试验时应小心进行,以确保上一组(3 次)碰撞的结果不对后续各组碰撞的结果产生影响,在认为可能产生影响时,不应考虑发现的缺陷,取一新的试样,在同一位置重新进行碰撞试验。试验期间,观察并记录试样的工作状态;试验后,按 5.3 的规定进行基本功能试验。

6 检验规则

6.1 出厂检验

制造商在产品出厂前应对火场通信控制台按 4.2 的要求进行检查,并至少进行下述试验项目的检验:

a) 基本功能试验;
b) 电源要求试验;
c) 绝缘电阻试验;
d) 电气强度试验。

制造商应规定抽样方法、检验和判定规则。

6.2 型式检验

6.2.1 型式检验项目为 5.2～5.14 规定的检验项目。检验样品在出厂检验合格的产品中抽取。

6.2.2 有下列情况之一时,应进行型式检验:

a) 新产品投产或老产品转厂生产时的试制定型;
b) 投产后,产品的结构、主要部件、生产工艺等有较大的改变,可能影响产品性能时;
c) 投产后连续生产满 5 年;
d) 产品停产一年以上,恢复生产时;
e) 出厂检验结果与上次型式检验结果差异较大时;
f) 发生重大质量事故时;
g) 国家质量监督机构提出要求时。

6.2.3 检验结果按 GB 12978 中规定的型式检验结果判定方法进行判定。

7 标志

7.1 产品标志

每台火场通信控制台均应有清晰、耐久的产品标志，产品标志应包括以下内容：

a） 产品名称；

b） 产品型号；

c） 制造商名称或商标；

d） 产地；

e） 制造日期及产品编号；

f） 执行标准代号。

7.2 质量检验标志

每台火场通信控制台应有质量检验合格标志。

ICS 13.220.10
C 84

中华人民共和国消防救援行业标准

XF/T 971.1—2011

消防卫星通信系统
第1部分：系统总体要求

Fire-fighting satellite communication system—
Part 1:System general requirement

2011-12-09 发布　　2012-01-01 实施

中华人民共和国应急管理部　公布

前 言

根据公安部、应急管理部联合公告(2020年5月28日)和应急管理部2020年第5号公告(2020年8月25日),本标准归口管理自2020年5月28日起由公安部调整为应急管理部,标准编号自2020年8月25日起由GA/T 971.1—2011调整为XF/T 971.1—2011,标准内容保持不变。

XF/T 971《消防卫星通信系统》分为以下部分:

——第1部分:系统总体要求;

——第2部分:便携式卫星站;

……。

本部分为XF/T 971的第1部分。

本部分按照GB/T 1.1—2009给出的规则起草。

本部分由公安部消防局提出。

本部分由全国消防标准化技术委员会消防通信分技术委员会(SAC/TC 113/SC 14)归口。

本部分起草单位:公安部上海消防研究所、公安部消防局信息通信处。

本部分主要起草人:常峰、钟琳、张昊、陈剑、林海、温晓燕、胡传平、陈强、洪赢政、陈伟、汪萍萍。

本部分为首次发布。

消防卫星通信系统
第1部分:系统总体要求

1 范围

XF/T 971的本部分规定了消防卫星通信系统的术语、定义和缩略语、构成、技术要求和试验等。

本部分适用于消防卫星通信系统的新建、改建和扩建。

2 规范性引用文件

下列文件对于本文件的应用是必不可少的。凡是注日期的引用文件,仅注日期的版本适用于本文件。凡是不注日期的引用文件,其最新版本(包括所有的修改单)适用于本文件。

GB/T 16463 广播节目声音质量主观评价方法和技术指标要求

GA/T 528 公安车载应急通信系统技术规范

GY/T 134—1998 数字电视图像质量主观评价方法

3 术语、定义和缩略语

3.1 术语和定义

下列术语和定义适用于本文件。

3.1.1

消防卫星通信系统 fire-fighting satellite communication system

利用统一的消防卫星频率资源,由各类卫星地球站构成,并在同一网管系统管理下,实现消防综合业务通信的卫星通信系统。

3.1.2

网管中心站 VMS hub earth station

具备统一管理调配消防卫星频率资源、管控全网卫星通信设备、并与各分中心站和移动站实现综合业务通信的卫星通信地球站。

3.1.3

分中心站 subnet earth station

在网管中心站的管理控制下,实现与所辖移动站综合业务通信的卫星通信地球站。

3.1.4

便携式卫星站 portable earth station

以方便携带的箱体为载体,由便携式卫星天线、卫星通信设备、业务终端设备及供电等附属设备组成的可搬移式卫星通信地球站。便携式卫星天线分为自动对星天线、半自动对星天线和手动对星天线等类型。

3.1.5

车载式卫星站 transportable earth station

以通信指挥车为载体,装有车载卫星天线、卫星通信和业务终端设备及其他通信电子设备的移动卫星通信地球站。车载卫星天线分为在高速移动中自动对星工作的“动中通”天线和在驻停时对星工作的

"静中通"天线两种类型。

3.1.6

综合业务通信　integrated business communication

将语音、数据和图像等信息以数字信号方式,在规定的码率及协议下进行统一传送、处理和交换的通信方式。

3.1.7

射频单元设备　RF unit equipment

对卫星射频信号进行上、下变频及功率放大的设备。包括功率放大及上变频器、低噪声下变频器等。

3.1.8

基带传输设备　baseband transmission equipment

对卫星基带数字信号进行调制解调的设备,包括调制解调器、多路解调器和 IRD 接收机。

3.1.9

业务终端设备　business terminal equipment

对语音、数据、图像等业务信息进行采集、编码、压缩、显示等处理的设备。包括视音频编解码器、视频会议终端、VOIP 语音网关及采集、显示附属设备等。

3.1.10

初始对星时间　initial time of the star

卫星天线加电启动后,完成初始寻星过程所需的时间。

3.1.11

初始对星精度　initial accuracy of the star

卫星天线完成初始对星后,手动调整天线角度,使接收电平信号达到最大值,此时天线与初始对星时天线之间的角度差。

3.1.12

跟踪精度　tracking accuracy

对卫星实施自动跟踪后,卫星天线电轴与信号最大值方向之间的角度差。

3.1.13

重捕卫星时间　recapture the satellite time

动中通天线在移动通信过程中,因物体(如:山体、房屋、树林、路桥、涵洞等)遮挡导致卫星链路中断,天线从遮蔽物移出起至通信链路建立的时间。

3.2　缩略语

下列缩略语适用于本文件:

AL	电路预订(arrange link)
BPSK	二进制相移键控(binary phase shift keying)
BUC	功率放大及上变频单元(block up-converter)
bps	比特速率(bits per second)
DAMA	信道动态按需分配(demand access multiple access)
DVB	数字视频广播(digital video broadcasting)
DVB-S/DVB-S2	数字视频广播-卫星电视格式(digital video broadcasting-satellite)
dSCPC	低时延动态 SCPC(dynamic single channel per carrier)
E_b/N_0	信号载噪比,E_b 为单位比特数据信号的能量、N_0 为单位带宽内噪声的功率
FDMA	频分多址(frequency division multiple access)

FEC	前向纠错(forward error correction)
IRD	综合解码卫星接收机(integrated receiver decoder)
LNB	低噪声下变频器(low noise block-downconverter)
MCPC	多路单载波(multiple channel per carrier)
QoS	服务质量(quality of service)
QPSK	四相相移键控(quaternary phase shift keying)
SCPC	单路单载波(single channel per carrier)
SNMP	简单网络管理协议(simple network management protocol)
STDMA	选择性时分多路访问(selective time division multiple access)
ToS	数据包的服务类型标记(terms of service)
TPC	乘积码(turbo product coding Turbo)
VCS	卫星链路调度系统(vipersat control system)
VMS	网络管理系统(vipersat management system)
VNO	虚拟卫星网络控制终端(virtual network operator)
VOIP	互联网电话(voice over internet protocol)

4 构成

4.1 系统构成

4.1.1 卫星地球站包括网管中心站、分中心站和移动站(车载式卫星站和便携式卫星站)等。

4.1.2 软件包括网络管理软件 VMS、卫星链路调度软件 VCS、电路预订软件 AL 和虚拟卫星网络控制软件 VNO 等。

4.2 网管中心站的构成

网管中心站由卫星天线及跟踪控制系统、射频单元、网管系统及软件、DVB 封装及软件、DVB 调制器等卫星设备和业务终端设备、计算机网络设备等组成。网管中心站射频设备、基带设备、网管设备应进行冗余备份,并能实现自动切换。

4.3 分中心站的构成

4.3.1 分中心站由卫星天线及跟踪控制系统、射频单元、基带传输设备、虚拟网管终端等卫星设备和业务终端设备、计算机网络设备等组成。

4.3.2 分中心站上行传输速率小于 4.5 Mbps 时(在调制解调器采用 TPC/QPSK/FEC=3/4 的模式下),应配置 1 套基带传输设备如图 1 所示。

4.3.3 分中心站上行传输速率大于 4.5 Mbps,小于 9 Mbps 时,应配置并行的 2 套基带传输设备如图 2 所示。业务终端设备通过三层交换机分别指向 2 套基带传输设备。

4.3.4 一套基带传输设备包括 1 台 IRD 接收机、1 台调制解调器、1 台多路解调器。多路解调器的配置应达到同时接收 4 路卫星信号的能力。

4.3.5 分中心站配置虚拟网管终端,监控管理辖内移动站。

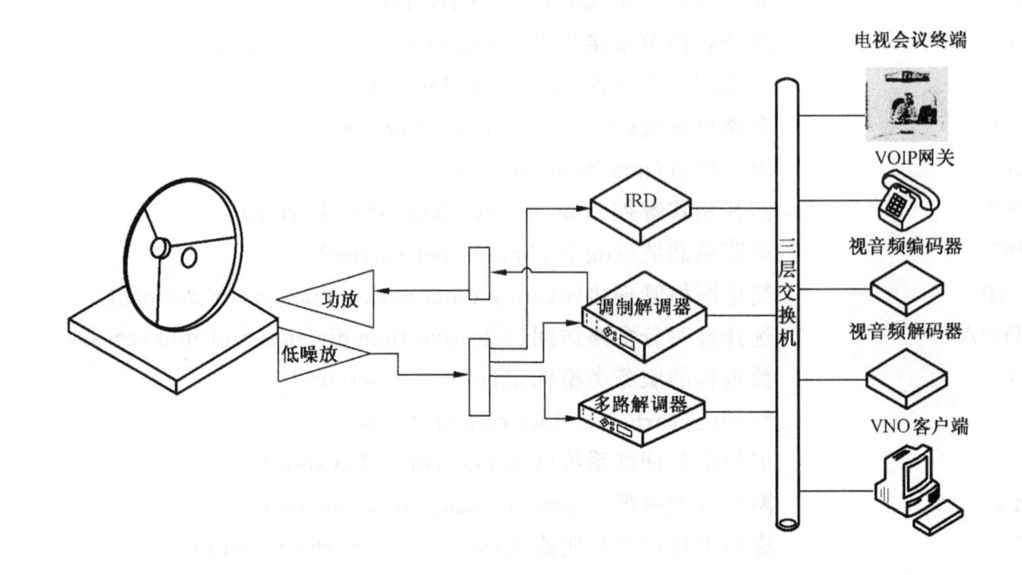

图1　分中心站上行传输速率小于4.5 Mbps时的构成图

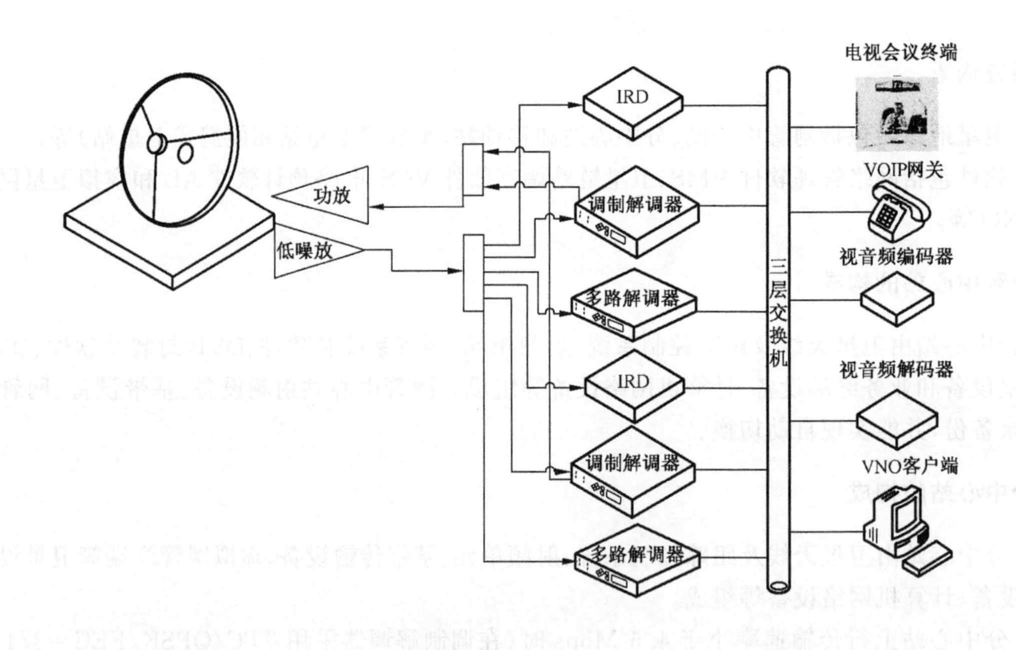

图2　分中心站上行传输速率大于4.5 Mbps时构成图

4.4　车载式卫星站的构成

4.4.1　车载式卫星站由车体、车载卫星天线、射频单元、基带传输设备等卫星设备和业务终端设备、计算机网络设备及无线电台等通信设备、供电照明等保障设备等组成。

4.4.2　车载式卫星站基带传输设备配置如图3所示。应配置1台IRD接收机、1台调制解调器。需同时接收两路以上的传输业务时，加配1台多路解调器。

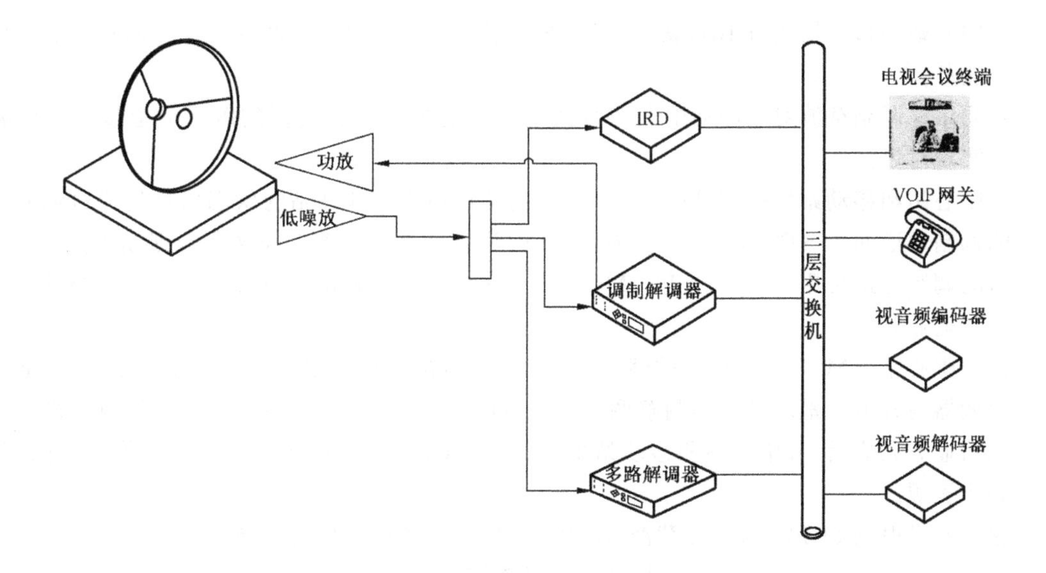

图3　车载式卫星站构成图

4.5　便携式卫星站的构成

4.5.1　便携式卫星站由可拆卸组合的便携卫星天线、射频单元、基带传输设备等卫星设备和业务终端设备、计算机网络设备及电源、设备箱等保障设备等组成。

4.5.2　便携式卫星站基带传输设备配置如图4所示。配置1台IRD接收机、1台调制解调器。

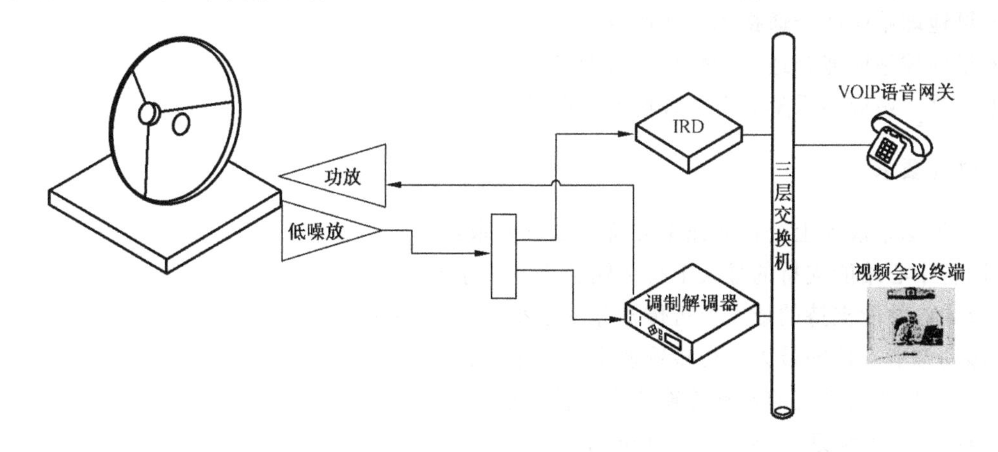

图4　便携式卫星站构成图

5　技术要求

5.1　总则

消防卫星系统若要符合本标准，应首先满足本章的要求，然后按第6章的规定进行试验，并满足试验的要求。

5.2　技术体制要求

5.2.1　消防卫星通信系统应采用FDMA/DAMA/dSCPC卫星通信技术体制。

a）　网管中心站不间断发射1路DVB-S2载波和1路窄带调制载波。

b） 分中心站和移动站通过 IRD 接收 DVB-S2 载波，该载波包含了网管信令和网管中心站广播综合业务。

c） 需要跟踪调制载波对星的动中通车载式卫星站通过调制解调器的解调通道接收窄带调制载波实现对星。

d） 分中心站和移动站发往网管中心站 VMS 的切换请求和地球站的状态信息先通过调制解调器的调制通道回传 STDMA 载波传输，建立网管管理通路。当自动入网注册完成后，调制解调器的调制通道可用于发射 SCPC/MCPC 业务数据载波，解调通道可用于接收 1 路其他地球站的传输业务。

e） 网管中心站 VMS 可根据业务类型和流量，动态分配卫星频率资源和调度卫星电路，通过调制解调器与各卫星地球站的调制解调器建立双向 SCPC/MCPC 载波，构建星状网链路。

f） 通信业务完成后，分中心站和移动站由 SCPC/MCPC 模式切换回 STDMA 模式，并释放卫星频率资源。

g） 移动站发射的 SCPC/MCPC 载波，应能由分中心站和网管中心站同时接收。

5.2.2 消防卫星通信系统应使用 Ku 频段的卫星频率资源。

5.2.3 消防卫星通信系统应采用基于 IP 协议的通信标准。

5.3 基本功能要求

5.3.1 消防卫星通信系统应能实现全国范围在同一时段内有 2 个灾害救援现场或演练现场，每个现场有 4 个移动站规模的综合数据业务传输。

5.3.2 卫星地球站应能开通指挥视频会议。

5.3.3 卫星地球站应能开通指挥电话业务。

5.3.4 卫星地球站应能开通应用数据交换业务。

5.3.5 卫星移动站应能采集并上传现场实时图像。

5.4 基本性能要求

5.4.1 卫星地球站最大上行传输速率应符合以下要求：

a） 网管中心站能支持的最大上行传输速率不小于 8 Mbps；

b） 分中心站能支持的最大上行传输速率不小于 4 Mbps；

c） 移动站能支持的最大上行传输速率不小于 2 Mbps。

5.4.2 消防卫星通信系统的业务传输速率应符合以下要求：

a） 每路数据传输速率不小于 64 kbps；

b） 每路话音传输速率不小于 8 kbps；

c） 每路图像传输速率不小于 512 kbps；

d） 每路综合业务数据至少包含 4 路话音、1 路图像和 1 路数据。

5.4.3 消防卫星通信系统可用度应达到 99.90%；误码率小于 10^{-7}；雨衰模型应参考国际电信联盟无线电通信组（ITU-R）的标准进行设计。

5.4.4 卫星地球站在系统可用度要求下，IRD 接收网管中心站发射的 DVB-S2 载波时 E_b/N_0 应不小于 3.5 dB，调制解调器接收其他卫星地球站发射的业务载波时 E_b/N_0 应不小于 4.0 dB。

5.5 网管系统要求

5.5.1 网管系统能控制网管中心站、分中心站、各移动站之间建立单跳 SCPC 链接，按照业务需要组成星状、网状连接。

5.5.2 网管系统能统一管理和动态分配卫星带宽资源。

5.5.3　网管系统能对网内站点进行添加、删除和参数更改。

5.5.4　在网管系统的管控下，分中心站和移动站能采用以下方法自动建立卫星链路：

a）通过 VCS 软件，采用电路预订方法，在预订时间自动建立卫星链路；

b）根据业务数据包的 IP 包头中的 ToS 值触发自动建立卫星链路。

5.5.5　网管系统能手动完成电路调度操作，调整分中心站和移动站的回传 SCPC 载波，修改其工作参数。

5.5.6　分中心站虚拟网管终端可监视辖内移动站的工作状态和带宽使用情况。

5.5.7　网管系统能通过设置分配列表实现一点发多点收。

5.5.8　网管系统能检测、记录消防卫星通信系统的运行情况和网络设备的工作状态。

5.6　天线系统要求

5.6.1　分中心站天线要求

5.6.1.1　天线应具有国内主要卫星公司颁发的入网许可证。

5.6.1.2　天线口径宜为 4.5 m 或以上，具备方位、俯仰、极化三轴电动换星功能。

5.6.1.3　天线可根据安装环境配置自动跟踪及自动除冰功能。

5.6.1.4　天线电性能应符合以下要求：

a）工作频率：发射：14.0 GHz～14.5 GHz，接收：12.25 GHz～12.75 GHz；

b）天线增益：发射≥54.3 dBi，接收≥53.1 dBi；

c）旁瓣特性：

第一旁瓣＜－14 dB

$29-25\log(\theta)$ dBi，　　for $2°<\theta\leqslant7°$

8 dBi，　　for $7°<\theta\leqslant9.2°$

$32-25\log(\theta)$ dBi，　　for $9.2°<\theta\leqslant48°$

注：θ 为从主瓣中心衡量的旁瓣角度。在 2°～7°范围内，旁瓣增益不应超过上述公式。在 7°之外，允许 10％的旁瓣增益超出上述包络，但最多不可超出 3 dB。

d）交叉极化隔离度≥33 dB；

e）收发隔离度≥85 dB。

5.6.2　车载动中通天线要求

5.6.2.1　天线电性能应符合以下要求：

a）工作频率：发射：14.0 GHz～14.5 GHz，接收：12.25 GHz～12.75 GHz；

b）天线等效口径应不小于 0.8 m；天线增益发射≥39 dBi，接收≥37.7 dBi；

c）天线交叉极化隔离度≥30 dB；

d）收发隔离度≥85 dB；

e）极化方式：线极化，自动调整；

f）天线旁瓣特性要求：

$29-25\log(\theta)$ dBi，　　for $2°<\theta\leqslant7°$

8 dBi，　　for $7°<\theta\leqslant9.2°$

$32-25\log(\theta)$ dBi，　　for $9.2°<\theta\leqslant48°$

注：θ 为从主瓣中心衡量的旁瓣角度。在 2°～7°范围内，旁瓣增益不应超过上述公式。在 7°之外，允许 10％的旁瓣增益超出上述包络，但最多不可超出 3dB。

对于非圆形的动中通天线，天线的主轴应该旋转至与当地所见的同步轨道平面一致，从而使其能够满足上述所列的旁瓣要求。

5.6.2.2 天线转动应符合以下要求：

a) 全方位360°连续无限转动，天线波束俯仰调整范围：10°～80°，极化调整范围：至少±90°内可调；

b) 方位俯仰最大跟踪角速度≥100°/s；

c) 方位俯仰最大跟踪角加速度≥800°/s^2。

5.6.2.3 天线跟踪性能应符合以下要求：

a) 跟星操作自动完成。

b) 运动中初始对星时间≤180 s。

c) 初始对星精度应≤2/10天线接收波束宽度。

d) 跟踪精度应≤2/10天线接收波束宽度。

e) 任意情况下，重捕卫星时间≤1 s。

f) 极化自动跟踪。

g) 应能在以下行驶状态下准确跟星：

1) 一级路面：≥120 km/h；

2) 二级路面：≥80 km/h；

3) 三级路面：≥60 km/h。

h) 可允许的最大指向偏差为0.2°，在指向偏差超出0.5°时，动中通天线系统应在100 ms内停止上行，并保持载波发射关闭状态直至偏差恢复到0.2°以内。

5.6.3 车载静中通天线要求

5.6.3.1 天线从收藏状态到自动对准卫星的时间应不大于2 min，从工作状态到收藏状态的时间应不大于1.5 min。

5.6.3.2 天线口径应不小于1.2 m。

5.6.3.3 天线初始对星精度应≤2/10天线接收波束宽度。

5.6.3.4 天线电性能应符合以下要求：

a) 工作频率：发射：14.0 GHz～14.5 GHz，接收：12.25 GHz～12.75 GHz；

b) 天线增益：发射≥42.9 dBi，接收≥41.5 dBi；

c) 旁瓣特性：

$29-25\log(\theta)$ dBi,　　for $2°<\theta\leq 7°$

8 dBi,　　for $7°<\theta\leq 9.2°$

$32-25\log(\theta)$ dBi,　　for $9.2°<\theta\leq 48°$

注：θ为从主瓣中心衡量的旁瓣角度。在2°～7°范围内，旁瓣增益不应超过上述公式。在7°之外，允许10%的旁瓣增益超出上述包络，但最多不可超出3 dB。

d) 交叉极化隔离度≥30 dB；

e) 收发隔离度≥85 dB。

5.6.4 便携式卫星站天线要求

5.6.4.1 天线具备手动对星或自动对星功能。

5.6.4.2 天线等效口径应不小于0.9 m。

5.6.4.3 天线电性能应符合以下要求：

a) 工作频率：发射：14.0 GHz～14.5 GHz，接收：12.25 GHz～12.75 GHz；

b) 天线增益：发射≥40.5 dBi，接收≥39 dBi；

c) 旁瓣特性：

29－25 log(θ)dBi， for 2°＜θ≤7°

8 dBi， for 7°＜θ≤9.2°

32－25 log(θ)dBi， for 9.2°＜θ≤48°

注：θ为从主瓣中心衡量的旁瓣角度。在2°～7°范围内，旁瓣增益不应超过上述公式。在7°之外，允许10％的旁瓣增益超出上述包络，但最多不可超出3 dB。

d） 交叉极化隔离度≥30 dB；

e） 收发隔离≥85 dB。

5.7 BUC要求

5.7.1 卫星地球站BUC的功率应根据业务需求和卫星链路计算确定。其中，分中心站BUC的功率应不小于40 W。

5.7.2 BUC性能应符合以下要求：

a） 输入频率范围应符合950 MHz～1450 MHz；

b） 输出频率应符合14.0 GHz～14.5 GHz；

c） 输出接口：WR-75G；

d） 输入阻抗：50 Ω；

e） VSWR：≤1.25∶1；

f） 相位噪声：参照IESS 308；

g） 杂散发射EIRP值：参照IESS 308；

h） 10 MHz参考源：内置或外置；

i） 工作温度：－40 ℃～＋55 ℃；

j） 相对湿度：5％～100％；

k） 电源：180 V～240 V交流，50 Hz/60 Hz，或24 V、48 V直流供电。

5.8 LNB要求

LNB性能应符合以下要求：

a） 输入频率：12.25 GHz～12.75 GHz；

b） 输出频率：950 MHz～1450 MHz；

c） 输入接口：WR75G；

d） 本振频率：11.3 GHz；

e） 频率稳定度：优于±10 kHz；

f） 噪声系数：满足0.8 dB；

g） 功率增益：满足60 dB(典型值)；

h） 增益波动：满足2.0 dB(任一50M带宽内)；

i） 本振相位噪声：

－75 dBc/Hz(100 Hz)

－80 dBc/Hz(1 kHz)

－90 dBc/Hz(10 kHz)

j） 供电：直流13 V～24 V；

k） 工作温度：－30 ℃～＋55 ℃；

l） 相对湿度：5％～100％。

5.9 基带传输设备要求

5.9.1 卫星地球站的调制解调器、多路解调器及IRD接收机应可加入网管系统。

5.9.2 调制解调器性能应符合以下要求：

a) 频率范围：950 MHz～1950 MHz，100 Hz 分辨率。
b) 输入/输出阻抗和接头：发射：50 Ω(N 型阴头)，接收：50 Ω(N 型阴头)。
c) 数据速率范围：2.4 kbps～5 Mbps。
d) 调制解调方式：BPSK，QPSK。
e) 前向纠错方式：TPCFEC，Rates1/2，3/4，7/8。
f) 数据接口：10/100 base-T 以太网接口，V.35，RS-232。
g) 支持 Vipersat-Plus 网管及 G2 功能。
h) 支持 VNO 管理。
i) 服务质量保证：4 level priority。
j) 帧头压缩。
k) 载荷压缩。
l) 分配列表。
m) IP 模块标准特性：
   1) 支持 managed switch 模式和路由模式；
   2) 支持单播和多播的静态 IP 路由；
   3) 支持 SNMP，web 或 telnet 的管理；
   4) 支持组播协议 IGMP v1 和 v2；
   5) 支持对称与非对称传输。
n) M&C 监控接口：EIA-232，EIA-485(2-或 4-线)，以太网 ethernet 10/100 Base T。
o) Tx 口直流供电模块(选配)：24 V 或 48 V 供电。
p) 工作温度：0 ℃～+50 ℃；存放温度：−25 ℃～+85 ℃。
q) 电源：交流 100 V～240 V，50 Hz/60 Hz。
r) CE 许可：EN55022 Class B(放射)；EN50082-1 Part 1(抗扰性)；EN60950(安全性)。

5.9.3 多路解调器性能应符合以下要求：

a) 数据速率范围：2.4 kbps～5 Mbps；
b) 解调方式：BPSK、QPSK；
c) 中频：L-Band，Type-N connectors；
d) 前向纠错方式：TPCFEC，Rates 1/2，3/4，7/8；
e) 数据接口：10/100 base-T 以太网接口，V.35，RS-232；
f) 支持 vipersat-plus 网管及 G2 功能；
g) 支持 VNO 管理；
h) 服务质量保证：4 level priority；
i) 帧头压缩；
j) 载荷压缩；
k) 分配列表。

5.9.4 IRD 接收机性能应符合以下要求：

a) 解调方式：BPSK，QPSK；
b) 标准：DVB-S，DVB-S2；
c) 前向纠错方式：1/2，2/3，3/4，5/6，7/8；
d) 滚降率：0.35；
e) 符号速率：2 MHz～45 MHz SPSC；
f) 输入电平：−65 dBm～−25 dBm；

g) 工作频段:950 MHz～2150 MHz,100 Hz步进;
h) 接头:F型,75 Ω;
i) 捕获时间:小于3 s;
j) 信号频谱倒置:自动识别频谱正常/倒置,自动锁定;
k) PID数目:1 000(最少);
l) 数据接口:10 M/100 M base-T,自适应;
m) 监控方式:RS232、ethernet;
n) IP包处理:转发IP广播、单播和组播。

5.10 业务终端设备要求

业务终端设备应符合相关产品标准的要求。

5.11 通信接口要求

5.11.1 基带传输设备提供至少1个标准10 M/100 M以太网接口,与视频会议终端、PABX、路由器VOIP语音网关等设备连接。

5.11.2 业务终端设备接口应符合消防业务部门有关技术标准要求。

5.12 其他要求

5.12.1 图像质量要求

由业务终端设备传输的实时动态图像的质量,按照GY/T 134—1998中的“5级损伤”评分标准中的评分方法进行评价,应符合表1的规定。

5.12.2 声音质量要求

由业务终端设备传输的实时声音的质量,按照GB/T 16463中的评分方法进行评价,应符合表1的规定。

表1 图像及声音质量要求

卫星通信速率/(kbit/s)	图像质量等级/级	声音质量评分/分
=384	=3	=3(中)
≥512	>3	>3(中)
≥768	≥4	≥4(良)

6 试验

6.1 总则

6.1.1 如在有关条文中没有说明,则各项试验均在下述大气条件下进行:
——温度:15 ℃～35 ℃;
——湿度:25%RH～75%RH;
——大气压力:86 kPa～106 kPa。

6.1.2 如在有关条文中没有说明,则各项试验数据的容差均为±5%。

6.1.3 试验样品为待测分中心站、车载式卫星站或便携式卫星站。

6.1.4 如试验时要求试样处于正常工作状态,应将试样按照制造商规定的方式安装并通电运行。

6.1.5 试验程序见表2。

表2 试验程序

序号	章条	试验项目
1	6.2	试验准备
2	6.3	基本功能试验
3	6.4	基本性能试验
4	6.5	分中心站天线试验
5	6.6	车载动中通天线试验
6	6.7	车载静中通天线试验
7	6.8	便携式卫星站天线试验
8	6.9	BUC性能试验
9	6.10	LNB性能试验
10	6.11	基带传输设备性能试验
11	6.12	图像质量试验
12	6.13	声音质量试验

6.2 试验准备

6.2.1 目的

检验卫星地球站的设备配置、工作频率、技术体制。

6.2.2 试验步骤

6.2.2.1 查看卫星地球站的设备配置。

6.2.2.2 查看卫星通信设备的工作频率、技术体制等。

6.2.3 试验结果

判断试样的设备配置是否符合4.3、4.4、4.5的要求,工作频率和技术体制是否符合5.2的要求。

6.3 基本功能试验

6.3.1 目的

检验卫星地球站的开通指挥视频会议、上传实时图像、指挥电话和数据业务接入等功能。

6.3.2 试验步骤

6.3.2.1 建立卫星地球站与网管中心站的卫星链路,完成入网,并保持正常工作状态。

6.3.2.2 检查卫星地球站是否能开通指挥视频会议。

6.3.2.3 检查卫星地球站是否能开通指挥电话业务。

6.3.2.4 检查卫星地球站是否能开通业务应用数据交换业务。

6.3.2.5 检查卫星地球站是否能采集并上传现场实时图像。

6.3.3 试验结果

判断试样是否符合5.3的基本功能要求。

6.4 基本性能试验

6.4.1 目的

检验试样的基本性能。

6.4.2 试验步骤

6.4.2.1 天线对准卫星后，发射单载波，由卫星转发器运营商进行发射功率标定。
6.4.2.2 设置基带传输设备、业务终端设备的网络参数、设备参数。
6.4.2.3 与网管中心站进行卫星链路调试并连通入网，IRD能锁定DVB载波。
6.4.2.4 入网完成后，由网管中心站进行链路调配。
6.4.2.5 查看IRD接收机的 E_b/N_0 值。
6.4.2.6 查看调制解调器的 E_b/N_0 值。

6.4.3 试验结果

判断试样的基本性能是否符合5.4的要求，能否完成入网，信噪比是否符合5.4.4的要求。

6.5 分中心站天线试验

6.5.1 目的

检验分中心站天线的电动控制性能、交叉极化隔离度和天线增益、旁瓣特性等性能。

6.5.2 试验步骤

6.5.2.1 查看天线生产商提供的测试报告，检查天线口径、增益及旁瓣特性性能。
6.5.2.2 查看天线控制器控制天线方位、俯仰、极化转动、限位、角度显示、自动换星功能是否正常。
6.5.2.3 由卫星转发器运营商进行交叉极化隔离度测试，并出具测试报告。

6.5.3 试验结果

判断试样天线的天线增益、旁瓣特性、交叉极化隔离度等电性能是否符合5.6.1.4的要求，天线控制器各项功能是否符合5.6.1.2的要求。

6.6 车载动中通天线试验

6.6.1 目的

检验车载动中通天线的交叉极化隔离度、天线增益、旁瓣特性等电性能和运动中初始对星时间、初始对星精度、跟踪精度、信号遮挡后重捕卫星时间、转动范围。

6.6.2 试验步骤

6.6.2.1 查看天线生产商提供的测试报告，检查天线口径、增益及旁瓣特性性能。
6.6.2.2 驻车时，由卫星转发器运营商进行交叉极化隔离度测试，并出具测试报告。
6.6.2.3 按照GA/T 528中规定的方法对车载动中通天线进行天线跟踪性能测试并记录。

6.6.2.4　按照GA/T 528中规定的方法对车载动中通天线进行天线方位、俯仰、极化转动范围测试并记录。

6.6.3　试验结果

判断试样天线的天线增益、旁瓣特性、交叉极化隔离度等电性能是否符合5.6.2.1的要求,跟踪性能是否符合5.6.2.3的要求,转动范围是否符合5.6.2.2的要求。

6.6.4　试验设备

频谱仪、秒表。

6.7　车载静中通天线试验

6.7.1　目的

检验车载静中通天线的交叉极化隔离度、天线增益、旁瓣特性等电性能和对星时间、收藏时间、初始对星精度。

6.7.2　试验步骤

6.7.2.1　查看天线生产商提供的测试报告,检查天线口径、增益及旁瓣特性性能。
6.7.2.2　由卫星转发器运营商进行交叉极化隔离度测试,并出具测试报告。
6.7.2.3　启动车载静中通天线自动找星,同时记录从开始到准确对准卫星的时间。
6.7.2.4　手动调整天线角度,使接收电平指示装置所指示的卫星信标信号达到最大值,记录此时天线在方位和俯仰上转动的角度。
6.7.2.5　启动车载静中通天线自动收藏,同时记录从开始到收藏好的时间。

6.7.3　试验结果

判断试样天线的天线增益、旁瓣特性、交叉极化隔离度等电性能是否符合5.6.3.4的要求,对星时间和收藏时间是否符合5.6.3.1的要求,初始对星精度是否符合5.6.3.3的要求。

6.7.4　试验设备

秒表。

6.8　便携式卫星站天线试验

6.8.1　目的

检验便携式卫星站天线的交叉极化隔离度、天线增益、旁瓣特性等电性能。

6.8.2　试验步骤

6.8.2.1　查看天线生产商提供的测试报告,检查天线口径、增益及旁瓣特性性能。
6.8.2.2　由卫星转发器运营商进行交叉极化隔离度测试,并出具测试报告。

6.8.3　试验结果

判断试样天线的天线增益、旁瓣特性、交叉极化隔离度等电性能是否符合5.6.4.3的要求。

6.9 BUC 性能试验

6.9.1 目的

检验 BUC 的发射功率和相位噪声。

6.9.2 试验步骤

查看生产商提供的 BUC 出厂测试报告。

6.9.3 试验结果

判断试样 BUC 是否满足 5.7.2 的要求。

6.10 LNB 性能试验

6.10.1 目的

检验 LNB 的频率稳定度。

6.10.2 试验步骤

接收网管中心站发出的窄带调制载波，查看卫星调制解调器的接收频偏。

6.10.3 试验结果

判断试样 LNB 的频率稳定度是否满足 5.8 的要求。

6.11 基带传输设备性能试验

6.11.1 目的

检验基带传输设备的配置及性能。

6.11.2 试验步骤

6.11.2.1 查看卫星调制解调器、多路解调器是否配有 IP 模块、VMS 模块、QOS、帧头压缩。

6.11.2.2 查看卫星调制解调器、多路解调器的软件版本是否为 G2。

6.11.2.3 查看卫星调制解调器、多路解调器的最高速率是否为 5 Mbps。

6.11.2.4 查看 IRD 接收机的软件版本。

6.11.3 试验结果

判断试样基带传输设备配置及性能是否满足 5.9 的要求。

6.12 图像质量试验

6.12.1 目的

检验在一定的卫星通信速率下图像的传输质量。

6.12.2 试验步骤

6.12.2.1 把经过卫星通信系统传输的标准音视频源图像在显示器上播放。

6.12.2.2 按照 GY/T 134—1998 的方法安排图像观看人群。

6.12.3 试验结果

试验期间,试样应保持正常工作状态;试验后,判断结果是否符合5.12.1的要求。

6.12.4 试验设备

试验设备满足GY/T 134—1998相关规定。

6.13 声音质量试验

6.13.1 目的

检验在一定的卫星通信速率下声音的传输质量。

6.13.2 试验步骤

6.13.2.1 把经过卫星通信系统传输的声音按照正常聆听的音量在音响中播放。
6.13.2.2 按照GB/T 16463的方法安排音响鉴听人群。

6.13.3 试验结果

试验期间,试样应保持正常工作状态;试验后,判断结果是否符合5.12.2的要求。

6.13.4 试验设备

试验设备满足GB/T 16463相关规定。

参 考 文 献

[1] IESS-308:Performance Characteristics For Intermediate Data Rate Digital Carries Using Convolutional Encoding/Viterbi Encoding And QPSK Modulation(QPSK/IDR)

参 考 文 献

[1] IESS 308: Performance Characteristics For Intermediate Data Rate Digital Carries Using Convolutional Encoding Viterbi Decoding And QPSK Modulation(QPSK/IDR)

ICS 13.220.10
C 84

中华人民共和国消防救援行业标准

XF/T 971.2—2011

消防卫星通信系统
第2部分:便携式卫星站

Fire-fighting satellite communication system—
Part 2:Portable earth station

2011-12-09 发布 2012-01-01 实施

中华人民共和国应急管理部 公布

前言

根据公安部、应急管理部联合公告(2020年5月28日)和应急管理部2020年第5号公告(2020年8月25日),本标准归口管理自2020年5月28日起由公安部调整为应急管理部,标准编号自2020年8月25日起由GA/T 971.2—2011调整为XF/T 971.2—2011,标准内容保持不变。

XF/T 971《消防卫星通信系统》分为以下部分:

——第1部分:系统总体要求;

——第2部分:便携式卫星站;

……。

本部分为XF/T 971的第2部分。

本部分按照GB/T 1.1—2009给出的规则起草。

本部分由公安部消防局提出。

本部分由全国消防标准化技术委员会消防通信分技术委员会(SAC/TC 113/SC 14)归口。

本部分起草单位:公安部上海消防研究所、公安部消防局信息通信处。

本部分主要起草人:常峰、陈强、洪赢政、张昊、陈剑、林海、温晓燕、陈伟、崔艳、胡传平、钟琳、汪萍萍。

本部分为首次发布。

消防卫星通信系统
第2部分:便携式卫星站

1 范围

XF/T 971的本部分规定了消防卫星通信系统便携式卫星站的术语、定义和缩略语,构成、技术要求、试验方法、标志和贮存等。

本部分适用于消防卫星通信系统中的便携式卫星站。

2 规范性引用文件

下列文件对于本文件的应用是必不可少的。凡是注日期的引用文件,仅注日期的版本适用于本文件。凡是不注日期的引用文件,其最新版本(包括所有的修改单)适用于本文件。

GB/T 9969 工业产品使用说明书 总则

XF/T 971.1—2011 消防卫星通信系统 第1部分:系统总体要求

3 术语、定义和缩略语

XF/T 971.1界定的术语、定义和缩略语适用于本文件。

4 构成

便携式卫星站的构成应满足XF/T 971.1—2011中4.5的要求。

5 技术要求

5.1 总则

便携式卫星站应首先满足本章的要求,然后按第6章规定进行试验,并满足试验的要求。

5.2 一般要求

5.2.1 便携式卫星站的技术体制、基本功能和基本性能应符合XF/T 971.1—2011中5.2、5.3、5.4的规定。

5.2.2 手动对星的便携式卫星站总质量应不大于50 kg,自动或半自动对星的便携式卫星站总质量应不大于70 kg。

5.2.3 便携式卫星站在以下环境中应能正常工作:

——工作风速:8级风;

——工作温度:−30 ℃～+55 ℃;

——相对湿度:5%～100%;

——海拔5 000 m以下,全天候气象条件。

5.3 天线要求

5.3.1 便携式卫星站天线应符合 XF/T 971.1—2011 中 5.6.4 的规定。

5.3.2 手动对星的便携式卫星站天线质量应不大于 20 kg,从天线面拼装、设备连接、上电到对准卫星的时间应小于 10 min。

5.3.3 自动或半自动对星的便携式卫星站天线应分成天线面、伺服机构两个部分,每个部分的质量应不大于 20 kg,从天线面拼装、设备连接、上电到对准卫星的时间应小于 5 min。

5.4 射频单元设备要求

便携式卫星站的射频单元设备应符合 XF/T 971.1—2011 中 5.7、5.8 的规定。

5.5 基带传输设备要求

便携式卫星站的基带传输设备应符合 XF/T 971.1—2011 中 5.9 的规定。

5.6 业务终端设备要求

5.6.1 便携式卫星站配备的视频会议终端、VOIP 语音网关等设备应符合消防业务部门有关技术标准要求。

5.6.2 便携式卫星站应配备摄像机、显示器、无线话筒、电话机及音箱等附属设备。

5.7 电源设备要求

5.7.1 便携式卫星站应配备可独立工作的电源设备,电源设备的连续工作时间不小于 3 h。

5.7.2 便携式卫星站应可由市电或发电机提供的 220 V、50 Hz 的交流电源供电。

5.8 机箱要求

5.8.1 便携式卫星站机箱总数应不多于 5 个,天线机箱数量应不多于 2 个,主机设备机箱不多于 2 个,电源机箱不多于 1 个。所有机箱应便于背负或手提。

5.8.2 便携式卫星站的机箱闭合后应有良好的防水、防尘、抗震动、抗压性能。按 6.8.2 规定试验后,设备应能正常工作。

5.9 外接口要求

5.9.1 卫星中频接口:N 型,50 Ω。

5.9.2 网络接口应符合 XF/T 971.1—2011 中 5.11.1 的规定。

5.9.3 视音频接口应符合有关产品标准要求。

6 试验

6.1 总则

6.1.1 如在有关条文中没有说明,则各项试验均在下述大气条件下进行:

——温度:15 ℃～35 ℃;

——湿度:25%RH～75%RH;

——大气压力:86 kPa～106 kPa。

6.1.2 如在有关条文中没有说明,则各项试验数据的容差均为±5%。

6.1.3 试验样品为便携式卫星站一套。

6.1.4 如试验时要求试样处于正常工作状态,应将试样按照制造商规定的方式安装并通电运行。
6.1.5 试验程序见表1。
6.1.6 试验前对生产商提供样品的技术资料进行检查,其性能指标应满足5.2的要求。

表1 试验程序

序号	章条	试验项目
1	6.1.6	试验前检查
2	6.2	天线电性能试验
3	6.3	天线操作性能试验
4	6.4	射频单元设备性能试验
5	6.5	基带传输设备性能试验
6	6.6	业务终端设备试验
7	6.7	电源设备试验
8	6.8	机箱试验

6.2 天线电性能试验

6.2.1 目的

检验天线的电性能。

6.2.2 试验步骤

6.2.2.1 按试样天线功能实现的需要连接所配接的部件,接通电源,使试样处于正常工作状态。
6.2.2.2 按照XF/T 971.1—2011中6.8的规定检验便携式卫星站的交叉极化隔离度、天线增益、旁瓣特性等电性能。

6.2.3 试验结果

判断试样天线是否符合5.3.1的要求。

6.2.4 试验设备

频谱仪、秒表。

6.3 天线操作性能试验

6.3.1 目的

检验天线的质量和操作性能。

6.3.2 试验步骤

6.3.2.1 用磅秤测量试样天线带机箱质量并做记录。
6.3.2.2 由经过正规培训并熟练掌握天线操作的人员完成试样天线从天线面拼装、设备连接、上电到对准卫星的整个流程,并用秒表准确记录所用时间。

6.3.3 试验结果

判断试样天线是否符合 5.3.2、5.3.3 的要求。

6.3.4 试验设备

磅秤、秒表。

6.4 射频单元设备性能试验

6.4.1 目的

检验射频单元设备的性能。

6.4.2 试验步骤

6.4.2.1 按试样功能实现的需要连接所配接的部件。接通电源,使试样处于正常工作状态。
6.4.2.2 用 XF/T 971.1—2011 的 6.9 规定的方法测试 BUC 性能。
6.4.2.3 用 XF/T 971.1—2011 的 6.10 规定的方法测试 LNB 性能。

6.4.3 试验结果

判断试样是否符合 5.4 的要求。

6.5 基带传输设备性能试验

6.5.1 目的

检验基带传输设备的性能。

6.5.2 试验步骤

6.5.2.1 按试样功能实现的需要连接所配接的部件。接通电源,使试样处于正常工作状态。
6.5.2.2 用 XF/T 971.1—2011 的 6.11 规定的方法检验测试基带传输设备的配置及性能。

6.5.3 试验结果

判断试样是否符合 5.5 的要求。

6.6 业务终端设备试验

6.6.1 目的

检验音视频采集/显示/传输设备的性能。

6.6.2 试验步骤

6.6.2.1 按试样功能实现的需要连接所配接的部件。接通电源,使试样处于正常工作状态。
6.6.2.2 查看试样的摄像机、显示器、无线话筒、电话机、音箱等配置。
6.6.2.3 使试样与网管中心站的卫星链路,完成入网,并保持正常工作状态。
6.6.2.4 查看开通指挥视频会议、上传实时图像、指挥电话和数据业务接入等功能的实现和传输效果。

6.6.3 试验结果

判断试样结果是否符合 5.6 的要求。

6.7 电源设备试验

6.7.1 目的

检验电源设备的性能。

6.7.2 试验步骤

6.7.2.1 按试样功能实现的需要连接所配接的部件，接通电源，使试样处于正常工作状态。
6.7.2.2 用自带电源给便携式卫星站供电使其连续工作，并用时钟记录连续工作时间。
6.7.2.3 用市电或发电机提供的 220 V 交流电源给便携式卫星站供电，观察其工作情况。

6.7.3 试验结果

判断试样是否符合 5.7 的要求。

6.7.4 试验设备

时钟和 220 V、50 Hz 交流电源。

6.8 机箱试验

6.8.1 目的

检验机箱数量和防护性能。

6.8.2 试验步骤

6.8.2.1 查看便携式卫星站机箱总数、天线机箱数量、主机设备机箱数量和电源机箱数量。
6.8.2.2 由一个或两个人背负和手提所有机箱，体验其携带性能。
6.8.2.3 在便携式卫星站断电、机箱闭合的状态下，将便携式卫星站的机箱用 10 L/s 的水量淋水 15 min，从 1 m 高处落下，在震动台上震动 10 min，上面放置 100 kg 重物 10 min。

6.8.3 试验结果

试验后，试样应保持正常工作状态，判断结果是否符合 5.8 的要求。

6.8.4 试验设备

可控流量的水喷淋设备、试验震动台和砝码。

7 标志、贮存和产品说明书

7.1 标志

7.1.1 在机箱醒目位置，应设置产品铭牌，铭牌上标明产品型号、天线口径、室外单元功率、室内单元型号、设备重量、机箱个数等主要技术参数和生产日期、生产厂家名称和联系方式等信息。
7.1.2 机箱上要标明携带、存放方式，标明安全使用信息。

7.2 贮存

便携式卫星站的贮存应防水、防潮、防晒、防压。

7.3 产品说明书

产品说明书应符合 GB/T 9969 的要求，并与产品功能一致。说明书应详细提供便携式卫星站的组成、功能、性能指标、使用方法、适用范围、保养维护、故障排查以及厂家提供的售后维修、技术支持等内容。

ICS 13.220.10
C 81

中华人民共和国消防救援行业标准

XF 1086—2013

消防员单兵通信系统通用技术要求

General technical requirements for fireman's individual communication system

2013-08-22 发布 2013-09-01 实施

中华人民共和国应急管理部 公布

前言

根据公安部、应急管理部联合公告(2020年5月28日)和应急管理部2020年第5号公告(2020年8月25日),本标准归口管理自2020年5月28日起由公安部调整为应急管理部,标准编号自2020年8月25日起由GA 1086—2013调整为XF 1086—2013,标准内容保持不变。

本标准的第5章为强制性的,其余为推荐性的。

本标准按照GB/T 1.1—2009给出的规则起草。

本标准由公安部消防局提出。

本标准由全国消防标准化技术委员会消防通信分技术委员会(SAC/TC 113/SC 14)归口。

本标准负责起草单位:公安部沈阳消防研究所。

本标准参加起草单位:中国人民武装警察部队学院。

本标准主要起草人:吕欣驰、姜学赟、马曙光、张春华、张昊、林晓冬、朱毅华、屈天翊。

消防员单兵通信系统通用技术要求

1 范围

本标准规定了消防员单兵通信系统的术语和定义、构成和通用技术要求。

本标准适用于消防员单兵通信系统及系统中相关设备、模块的设计与配备。

2 规范性引用文件

下列文件对于本文件的应用是必不可少的。凡是注日期的引用文件，仅注日期的版本适用于本文件。凡是不注日期的引用文件，其最新版本（包括所有的修改单）适用于本文件。

GB 25113 移动消防指挥中心通用技术要求

GB 50313 消防通信指挥系统设计规范

GB 50401 消防通信指挥系统施工及验收规范

GJB 367A 军用通信设备通用规范

GJB 368B 装备维修性工作通用要求

GJB 4279 指挥自动化系统应用软件通用要求

3 术语和定义

下列术语和定义适用于本文件。

3.1

消防员单兵通信系统 fireman's individual communication system

应用在火灾及其他灾害事故现场，具有现场信息采集、信息回传、作战指令接收、通信组网等功能，为消防员个人、现场指挥员及消防信息化系统提供语音、图像及数据通信保障的设备。

3.2

单兵电台 individual radio

应用在火灾及其他灾害事故现场，由消防员个人携带的、具有语音通信和与其他设备接口功能的无线电台。

3.3

通信附件 communication system accessory

消防员单兵通信系统中的备用件及方便携带所需的挂钩、卡、带等附属部件。

4 构成

4.1 系统构成

消防员单兵通信系统（以下简称单兵系统）应由单兵通信平台和单兵通信终端构成。

4.2 单兵通信平台

用于单兵系统的用户管理、组网管理、入网设备管理、信息安全管理等，并可将语音、图像及数据分别接入消防信息化系统，包括计算机硬件、控制管理软件及相应接口。一般宜采用便携式计算机或可穿戴计算机，采用无线模式管理入网设备。

4.3 单兵通信终端

4.3.1 终端构成

单兵通信终端可由一种或多种设备、模块组合构成，主要包括：单兵电台、音视频及数据通信终端等设备以及参数测量、人员定位、直流电源、装备承载等模块。单兵通信终端一般以无线方式接入消防信息化系统。

4.3.2 单兵电台

用于完成火场或其他灾害事故现场语音信息的发送与接收，实现语音通信功能，主要由无线电台、可分离式PTT开关组件、无线PTT开关组件、轻型头戴式或骨导式耳机话筒、呼吸器语音适配器、携带袋等组成。

4.3.3 音视频及数据通信终端

用于实时采集并传输火场或其他灾害事故现场音视频图像信息，接收数据调度信息，主要由音视频采集、处理、显声、数据显示和传输设备等组成。

4.3.4 参数测量模块

用于测量、记录和上传火场或其他灾害事故现场环境参数(如：温度、湿度、有毒及可燃气体浓度等)、空气呼吸器气瓶压力参数和消防员基本体征数据，主要由传感器、数据处理单元、显示单元、传输单元等组成。

4.3.5 人员定位模块

用于确定并上传消防员所处位置信息，主要由内嵌式定位模块、位置数据后处理软件等组成。

4.3.6 直流电源模块

用于为单兵系统中各用电设备提供直流电源，由主电源、备用电源组成。

4.3.7 装备承载模块

用于承载单兵系统中的各种装备，方便消防员单兵佩戴和背负，主要由综合头盔、支撑框架、背具和轻便型内置空调设备等组成。

5 通用技术要求

5.1 总体要求

单兵系统应具有良好的稳定性、可靠性和抗毁性，具有较高的机动性、保密性，可以灵活组网，能满足火场及其他灾害事故现场消防员单兵作战的通信要求。

5.2 功能要求

5.2.1 现场语音通信功能要求如下：

a) 现场语音通信应符合GB 50313的规定；

b） 接收移动消防指挥中心(消防通信指挥中心)、指挥员的指挥调度指令；

c） 发送和接收撤退、遇险警告等紧急呼叫信号；

d） 与企事业单位专职消防队、义务消防队等多种形式消防队伍之间的协同语音通信；

e） 与灭火救援应急联动队伍之间的协同语音通信；

f） 与公用电话网(固定网、移动网)之间的语音通信；

g） 通过地下无线中继等方式，实现与地铁、隧道、地下室等地下空间内的语音通信；

h） 进行语音通信时，可以采用选呼、组呼、全呼等模式。

5.2.2 现场通信组网功能要求如下：

a） 现场通信组网应符合 GB 25113 的规定；

b） 具有自组网功能；

c） 支持点对点、一点对多点和节点中继等无线通信组网模式；

d） 具有规范的开放式信息接口，可与其他消防通信系统互联互通；

e） 信息传输支持常规无线电网络、公众移动网络、WiFi 网络等多种方式。

5.2.3 现场音视频信息采集与传输功能要求如下：

a） 现场音视频信息的实时采集、压缩存储功能；

b） 现场音视频信息的实时显示、查询和播放功能；

c） 将现场音视频信息以无线方式实时、定时或手动传输至移动消防指挥中心(消防通信指挥中心)；

d） 红外热成像视频显示功能。

5.2.4 参数测量与传输功能要求如下：

a） 实时测量现场温度、湿度、有毒及可燃气体浓度等环境参数；

b） 定时采集消防员基本体征数据；

c） 定时采集空气呼吸器气瓶压力数据；

d） 根据采集的消防员基本体征数据和空气呼吸器气瓶压力数据，实时计算、显示气瓶可供使用的时间；

e） 将现场环境参数、空气呼吸器气瓶压力参数以及消防员基本体征数据以无线方式实时或定时传输至移动消防指挥中心(消防通信指挥中心)；

f） 在现场环境参数、空气呼吸器气瓶压力参数达到危险警戒值时或消防员基本体征数据出现异常时自动发出告警信号，并将告警信号实时传至现场指挥部(指挥中心)。

5.2.5 人员定位功能要求如下：

a） 在 GIS 系统的支持下，定位火灾及其他灾害事故现场及消防员所在位置；

b） 在空间条件允许的情况下，利用内嵌式定位模块实时确定消防员所在位置；

c） 将消防员所在位置以无线方式实时或定时传输至现场指挥部(指挥中心)。

5.3 性能要求

5.3.1 通用性能要求如下：

a） 应符合国家有关电磁兼容技术规范标准，各种技术设备不得相互干扰；

b） 应采用一体化结构设计；

c） 功能按键、开关应设计合理，操作简单方便；

d） 支持功能配置与控制、设备运行状态查看；

e） 应采用模块化设计，具有规范的信息传输接口和良好的共享性及可扩展性。

5.3.2 通信性能要求如下：

a） 单兵电台工作信道、工作模式可调；

b) 在无障碍条件下，视频通信终端500 m～1 000 m范围内，图像传输应保证流畅清晰；

c) 现场组网时间应不大于3 min，脱网重连时间应不大于5 s；

d) 在无障碍条件下，单兵电台现场语音通信半径不小于5 km。

5.3.3 图像传输性能要求如下：

a) 图像可采用模拟或数字通信方式传输；

b) 支持PAL广播电视制式，支持CIF、4CIF、D1等多种图像分辨率格式；

c) 视频压缩编码格式符合H.264标准，音频压缩编码格式符合G.711或G.722标准；

d) 图像传输工作频段可调，具有不同发射频点及发射带宽的切换功能，且发射设备功率可调；

e) 图像传输速率应不小于2 Mbps，传输延时应小于1 s；

f) 视频传输帧率不小于10 fps，在不同的传输带宽下可以满帧流畅传输；

g) 在传输链路中断时，图像停留在最后一帧画面；链路恢复后，图像恢复时间不大于3 s，且图像恢复后质量良好，无拖尾、马赛克等现象。

5.3.4 硬件设备性能要求如下：

a) 计算机等信息技术设备应符合GB 50401的规定；

b) 语音、图像通信设备等产品应符合GB 50401的规定；

c) 开关、插座、电线、电缆等电器材料应采用符合国家有关标准的产品；

d) 各组件均应采用高等级的工业级器件，适应在高温、低温、强震动、易燃易爆等恶劣环境条件下使用。

5.3.5 软件性能要求如下：

a) 单兵系统软件的开发、验收、使用与维护应符合GJB 4279的规定；

b) 单兵系统软件应采用中文界面，具有良好的用户交互能力。

5.3.6 接口性能要求如下：

a) 具有语音、图像及数据采集、显示和传输接口；

b) 具有有线网络、无线网络接口；

c) 具有拨号、控制I/O接口；

d) 具有外接电源接口；

e) 外部接口采用性能良好的连接器，保证可靠连接；

f) 硬件采用规范的通用接口；

g) 软件具有开放式信息接口及规范。

5.3.7 安全性能要求如下：

a) 单兵系统中的计算机应具备相应的安全防护措施，并符合公安部安全防护规定；

b) 单兵系统中的计算机与因特网组网通信时，应配有防火墙、防病毒等安全软硬件，并及时更新；

c) 防水、防爆、防震、防静电、抗腐蚀性能应符合GJB 367A的要求。

5.3.8 移动性和可搬运性要求如下：

a) 单兵系统的设备应能在消防车辆、船艇等交通工具中使用；

b) 单兵系统的设备应便于携带和搬运，其中消防员个人负重设备总质量不大于5 kg；

c) 单兵系统的设备应采用模块化设计，便于单兵组合和拆卸，组合时间应不大于1 min。

5.3.9 可维修性要求如下：

a) 系统维修应简便，以便在灾害现场使用中出现故障时迅速排除，恢复功能；

b) 其他维修性要求应符合GJB 368B的相关要求。

5.4 通信附件要求

5.4.1 通信附件在单兵系统的物理结构中应互换通用，同类附件在同种设备上应通用，应使用统一规范的连接器、转换连接器和连接电缆。

5.4.2 通信附件应在电性能上通用。电极性、输入输出阻抗、电平等应符合相应的标准要求。

5.4.3 综合头盔、背装具等构件应轻便、坚固，设计符合人体工程学原理，并适合在佩戴空气呼吸器时携带。

5.5 供电要求

5.5.1 通信设备使用的直流电源电压标称值应为 5 V、12 V 或 24 V(负极接地)。

5.5.2 各设备电池应保证至少可连续工作 2 h，允许无线电发射机降低发射功率工作。

5.5.3 应能使用市电或车载电源供电，可用市电或车载电源给单兵系统电池充电。

5.5.4 各种电源应符合标准化、规格化和系列化的要求，具有高可靠性。

5.6 使用环境要求

单兵系统使用环境要求如下：

a) 工作温度：−25 ℃～60 ℃；

b) 保管温度：−55 ℃～70 ℃；

c) 工作湿度：0 RH～95% RH(非凝露)。

ICS 13.220.01
CCS C 80

中华人民共和国消防救援行业标准

XF/T 3014.1—2022

消防数据元　第1部分：基础业务信息

Data elements for fire service—Part 1: Basic service information

2022-01-01 发布　　2022-03-01 实施

中华人民共和国应急管理部　发布

前　言

本文件按照GB/T 1.1—2020《标准化工作导则　第1部分:标准化文件的结构和起草规则》的规定起草。

本文件是XF/T 3014《消防数据元》的第1部分。XF/T 3014已经发布了以下部分:

——第1部分:基础业务信息

请注意本文件的某些内容可能涉及专利。本文件的发布机构不承担识别专利的责任。

本文件由中华人民共和国应急管理部提出。

本文件由全国消防标准化技术委员会消防通信分技术委员会(SAC/TC 113/SC 14)归口。

本文件起草单位:应急管理部沈阳消防研究所、中国人民警察大学、应急管理部消防产品合格评定中心、湖南省消防救援总队、青海省消防救援总队、江苏省消防救援总队、广东省消防救援总队、上海市消防救援总队、山东省消防救援总队、黑龙江省消防救援总队、辽宁省沈阳市消防救援支队。

本文件主要起草人:张春华、应放、姜学赟、马青波、赵海荣、卢韶然、马曙光、刘程、幸雪初、裴建国、杜阳、张磊、杨树峰、安震鹏、范玉峰、陈泽宁、程骁丁、王国斌、杨扬、楼兰、李玉龙、林晓东、刘传军、朱红伟、柳力军、高松、许安麒、郑馨、王庆聪。

消防数据元　第1部分:基础业务信息

1　范围

本文件规定了消防数据元。

本文件适用于消防信息化建设、应用和管理。

2　规范性引用文件

下列文件中的内容通过文中的规范性引用而构成本文件必不可少的条款。其中,注日期的引用文件,仅该日期对应的版本适用于本文件;不注日期的引用文件,其最新版本(包括所有的修改单)适用于本文件。

GB/T 725　内燃机产品名称和型号编制规则

GB/T 2260　中华人民共和国行政区划代码

GB/T 2261.1　个人基本信息分类与代码　第1部分:人的性别代码

GB/T 2659　世界各国和地区名称代码

GB/T 7408　数据元和交换格式　信息交换 日期和时间表示法

GB/T 12403　干部职务名称代码

GB/T 13000　信息技术　通用多八位编码字符集(UCS)

GB/T 15421　国际贸易方式代码

GB/T 17295　国际贸易计量单位代码

GB 32100　法人和其他组织统一社会信用代码编码规则

QC/T 253　摩托车和轻便摩托车发动机型号编制方法

XF/T 3016.1　消防信息代码　第1部分:基础业务信息

3　术语和定义

本文件没有需要界定的术语和定义。

4　数据元编写规则

数据元编写规则应符合附录A的规定。

5　数据元

内部标识符:DE00001

中文名称:姓名

中文全拼:xing-ming

标识符:XM

版本:1.0
同义名称:
说明:人的中文姓名全称
对象类词:人
特性词:姓名
表示词:名称
数据类型:字符型
表示格式:c..50
值域:
关系:
计量单位:
状态:标准
备注:

内部标识符:DE00002
中文名称:曾用名
中文全拼:ceng-yong-ming
标识符:CYM
版本:1.0
同义名称:
说明:曾经在户籍管理部门正式登记注册、人事档案中正式记载的姓氏名称
对象类词:人
特性词:曾用名
表示词:名称
数据类型:字符型
表示格式:c..50
值域:
关系:
计量单位:
状态:标准
备注:

内部标识符:DE00003
中文名称:性别代码
中文全拼:xing-bie-dai-ma
标识符:XBDM
版本:1.0
同义名称:
说明:人的性别代码
对象类词:人
特性词:性别
表示词:代码
数据类型:字符型

表示格式:c1
值域:采用 GB/T 2261.1 中的人的性别代码
关系:
计量单位:
状态:标准
备注:

内部标识符:DE00004
中文名称:年龄
中文全拼:nian-ling
标识符:NL
版本:1.0
同义名称:
说明:人从出生时起到计算时止,生存的时间长度
对象类词:人
特性词:年龄
表示词:量
数据类型:数值型
表示格式:n..3
值域:
关系:
计量单位:年岁
状态:标准
备注:

内部标识符:DE00005
中文名称:常用证件类型代码
中文全拼:chang-yong-zheng-jian-lei-xing-dai-ma
标识符:CYZJLXDM
版本:1.0
同义名称:证件种类
说明:业务涉及的用于确定人的身份、职业、技能、行为允许以及物品的合法性证明的代码
对象类词:常用证件
特性词:类型
表示词:代码
数据类型:字符型
表示格式:c3
值域:采用 XF/T 3016.1 中的常用证件类型代码
关系:
计量单位:
状态:标准
备注:

内部标识符:DE00006
中文名称:证件号码
中文全拼:zheng-jian-hao-ma
标识符:ZJHM
版本:1.0
同义名称:
说明:常用证件的号码
对象类词:证件
特性词:号码
表示词:号码
数据类型:字符型
表示格式:c..30
值域:
关系:
计量单位:
状态:标准
备注:

内部标识符:DE00007
中文名称:干部职务类别代码
中文全拼:gan-bu-zhi-wu-lei-bie-dai-ma
标识符:GBZWLBDM
版本:1.0
同义名称:职务
说明:干部职务的类别代码
对象类词:干部职务
特性词:类别
表示词:代码
数据类型:字符型
表示格式:c4
值域:采用 GB/T 12403 中的干部职务名称代码
关系:
计量单位:
状态:标准
备注:

内部标识符:DE00008
中文名称:通用唯一识别码
中文全拼:tong-yong-wei-yi-shi-bie-ma
标识符:TYWYSBM
版本:1.0
同义名称:
说明:信息系统中表示某一实体的唯一辨识信息

对象类词:实体
特性词:通用唯一识别码
表示词:代码
数据类型:字符型
表示格式:c32
值域:32 个 16 进制数,所有开发语言均需依照原生 UUID 工具生成
关系:
计量单位:
状态:标准
备注:如 JAVA 语言 import java. util. UUID;UUID uuid=UUID. randomUUID()

内部标识符:DE00009
中文名称:名称
中文全拼:ming-cheng
标识符:MC
版本:1.0
同义名称:
说明:实体的名称
对象类词:实体
特性词:名称
表示词:描述
数据类型:字符型
表示格式:c..100
值域:
关系:
计量单位:
状态:标准
备注:

内部标识符:DE00010
中文名称:统一社会信用代码
中文全拼:tong-yi-she-hui-xin-yong-dai-ma
标识符:TYSHXYDM
版本:1.0
同义名称:
说明:法人和其他组织拥有的全国统一的唯一的"身份证号"
对象类词:法人和其他组织
特性词:统一社会信用
表示词:代码
数据类型:字符型
表示格式:c18
值域:采用 GB 32100 中的统一社会信用代码
关系:

计量单位：
状态：标准
备注：

内部标识符：DE00011
中文名称：单位名称
中文全拼：dan-wei-ming-cheng
标识符：DWMC
版本：1.0
同义名称：
说明：单位的名称
对象类词：单位
特性词：名称
表示词：名称
数据类型：字符型
表示格式：c..100
值域：
关系：
计量单位：
状态：标准
备注：

内部标识符：DE00012
中文名称：单位简称
中文全拼：dan-wei-jian-cheng
标识符：DWJC
版本：1.0
同义名称：
说明：描述单位的简要称谓
对象类词：单位
特性词：简称
表示词：名称
数据类型：字符型
表示格式：c..100
值域：
关系：
计量单位：
状态：标准
备注：

内部标识符：DE00013
中文名称：单位英文名称
中文全拼：dan-wei-ying-wen-ming-cheng

标识符:DWYWMC
版本:1.0
同义名称:
说明:单位的英文名称
对象类词:单位
特性词:英文名称
表示词:名称
数据类型:字符型
表示格式:c..100
值域:
关系:
计量单位:
状态:标准
备注:

内部标识符:DE00014
中文名称:地址名称
中文全拼:di-zhi-ming-cheng
标识符:DZMC
版本:1.0
同义名称:地址、详细地址(详址)、居住地址(住址)、单位地址
说明:人的居住地点或机构所在地的名称
对象类词:地址
特性词:名称
表示词:名称
数据类型:字符型
表示格式:c..100
值域:
关系:
计量单位:
状态:标准
备注:

内部标识符:DE00015
中文名称:地点名称
中文全拼:di-dian-ming-cheng
标识符:DDMC
版本:1.0
同义名称:详细地点
说明:地点名称的中文描述
对象类词:地点
特性词:名称
表示词:描述

数据类型:字符型
表示格式:c..100
值域:
关系:
计量单位:
状态:标准
备注:

内部标识符:DE00016
中文名称:电话号码
中文全拼:dian-hua-hao-ma
标识符:DHHM
版本:1.0
同义名称:电话,联系电话
说明:人员或机构的联系电话号码,包括固定电话号码和移动电话号码
对象类词:电话
特性词:号码
表示词:号码
数据类型:字符型
表示格式:c..18
值域:
关系:
计量单位:
状态:标准
备注:

内部标识符:DE00017
中文名称:电话机主名称
中文全拼:dian-hua-ji-zhu-ming-cheng
标识符:DHJZMC
版本:1.0
同义名称:机主名称
说明:使用固定电话报警时的电话用户的名称
对象类词:固定电话机主
特性词:名称
表示词:名称
数据类型:字符型
表示格式:c..100
值域:
关系:
计量单位:
状态:标准
备注:

内部标识符:DE00018
中文名称:传真号码
中文全拼:chuan-zhen-hao-ma
标识符:CZHM
版本:1.0
同义名称:传真
说明:人员或机构的传真号码
对象类词:传真
特性词:号码
表示词:号码
数据类型:字符型
表示格式:c..18
值域:
关系:
计量单位:
状态:标准
备注:完整的传真号码包括国际区号、国内长途区号、本地电话号和分机号,之间用“-”分割

内部标识符:DE00019
中文名称:通信地址
中文全拼:tong-xin-di-zhi
标识符:TXDZ
版本:1.0
同义名称:
说明:人员或机构的邮政通信地址
对象类词:人员或机构
特性词:通信地址
表示词:描述
数据类型:字符型
表示格式:c..100
值域:
关系:
计量单位:
状态:标准
备注:

内部标识符:DE00020
中文名称:邮政编码
中文全拼:you-zheng-bian-ma
标识符:YZBM
版本:1.0
同义名称:邮编
说明:中国各地区的邮政编码

对象类词:地址
特性词:邮政编码
表示词:代码
数据类型:字符型
表示格式:c6
值域:符合《中国地址邮政编码簿》
关系:
计量单位:
状态:标准
备注:

内部标识符:DE00021
中文名称:籍贯国家/地区代码
中文全拼:ji-guan-guo-jia-di-qu-dai-ma
标识符:JGGJDQDM
版本:1.0
同义名称:
说明:祖居地或原籍地国家或地区代码
对象类词:人
特性词:籍贯
表示词:代码
数据类型:字符型
表示格式:c3
值域:采用 GB/T 2659 中的 3 位字母代码
关系:
计量单位:
状态:标准
备注:

内部标识符:DE00022
中文名称:电子信箱
中文全拼:dian-zi-xin-xiang
标识符:DZXX
版本:1.0
同义名称:E-mail,电子邮件地址,电子邮箱
说明:人员或机构的电子邮件的收发地址
对象类词:联系方式
特性词:电子信箱
表示词:描述
数据类型:字符型
表示格式:c..50
值域:
关系:

计量单位：
状态：标准
备注：

内部标识符：DE00023
中文名称：网址
中文全拼：wang-zhi
标识符：WZ
版本：1.0
同义名称：
说明：机构的网络门户的访问地址
对象类词：网络门户
特性词：网址
表示词：描述
数据类型：字符型
表示格式：c..50
值域：
关系：
计量单位：
状态：标准
备注：

内部标识符：DE00024
中文名称：价格
中文全拼：jia-ge
标识符：JG
版本：1.0
同义名称：单价
说明：单一数量设备或物品的价格
对象类词：设备、物品
特性词：价格
表示词：量
数据类型：数值型
表示格式：n..10,2
值域：
关系：
计量单位：元、万元、美元、万美元
状态：标准
备注：

内部标识符：DE00025
中文名称：金额
中文全拼：jin-e

标识符:JE
版本:1.0
同义名称:
说明:货币的数额
对象类词:货币
特性词:金额
表示词:金额
数据类型:数值型
表示格式:n..17,2
值域:
关系:
计量单位:
状态:标准
备注:

内部标识符:DE00026
中文名称:日期
中文全拼:ri-qi
标识符:RQ
版本:1.0
同义名称:
说明:特定日历日的标识,由日历年、日历月、日历日等组合表示
对象类词:日期时间
特性词:日期
表示词:日期
数据类型:日期型
表示格式:d8(YYYYMMDD)
值域:
关系:
计量单位:
状态:标准
备注:

内部标识符:DE00027
中文名称:日期时间
中文全拼:ri-qi-shi-jian
标识符:RQSJ
版本:1.0
同义名称:
说明:
对象类词:日期时间
特性词:日期时间
表示词:日期时间

数据类型:日期时间型
表示格式:d14(YYYYMMDDhhmmss)
值域:
关系:
计量单位:
状态:标准
备注:

内部标识符:DE00028
中文名称:时长
中文全拼:shi-chang
标识符:SC
版本:1.0
同义名称:
说明:事件持续的时间长度
对象类词:时间
特性词:持续长度
表示词:量
数据类型:数值型
表示格式:n..8
值域:
关系:
计量单位:秒、分、时、日、月、季度、年等
状态:标准
备注:

内部标识符:DE00029
中文名称:年度
中文全拼:nian-du
标识符:ND
版本:1.0
同义名称:
说明:表示一周期,通常以日历年为单位
对象类词:时间
特性词:年度
表示词:日期
数据类型:日期型
表示格式:d4(YYYY)
值域:
关系:
计量单位:
状态:标准
备注:

内部标识符:DE00030
中文名称:开始时间
中文全拼:kai-shi-shi-jian
标识符:KSSJ
版本:1.0
同义名称:起始时间
说明:行为、进程开始的日期时间
对象类词:行为、进程
特性词:开始时间
表示词:日期时间
数据类型:日期时间型
表示格式:d14(YYYYMMDDhhmmss)
值域:
关系:由数据元 DE00027“日期时间”派生(Derive-from DE00027)
计量单位:
状态:标准
备注:

内部标识符:DE00031
中文名称:结束时间
中文全拼:jie-shu-shi-jian
标识符:JSSJ
版本:1.0
同义名称:截止时间、终止时间、完成时间
说明:行为、进程结束的日期时间
对象类词:行为、进程
特性词:结束时间
表示词:日期时间
数据类型:日期时间型
表示格式:d14(YYYYMMDDhhmmss)
值域:
关系:由数据元 DE00027“日期时间”派生(Derive-from DE00027)
计量单位:
状态:标准
备注:

内部标识符:DE00032
中文名称:人数
中文全拼:ren-shu
标识符:RS
版本:1.0
同义名称:
说明:人的数量

对象类词:人
特性词:数量
表示词:量
数据类型:数值型
表示格式:n..10
值域:
关系:
计量单位:
状态:标准
备注:

内部标识符:DE00033
中文名称:数量
中文全拼:shu-liang
标识符:SL
版本:1.0
同义名称:
说明:事物(事件与物品)的量
对象类词:事物
特性词:数量
表示词:量
数据类型:数值型
表示格式:n..15
值域:
关系:
计量单位:
状态:标准
备注:

内部标识符:DE00034
中文名称:数值
中文全拼:shu-zhi
标识符:SZ
版本:1.0
同义名称:
说明:用数目表示的量的值
对象类词:量
特性词:值
表示词:量
数据类型:数值型
表示格式:n..12,2
值域:
关系:

计量单位：
状态：标准
备注：

内部标识符：DE00035
中文名称：次数
中文全拼：ci-shu
标识符：CS
版本：1.0
同义名称：
说明：同一个动作或事件重复出现的回数
对象类词：动作、事件
特性词：出现次数
表示词：量
数据类型：数值型
表示格式：n..6
值域：
关系：
计量单位：次
状态：标准
备注：

内部标识符：DE00036
中文名称：标题
中文全拼：biao-ti
标识符：BT
版本：1.0
同义名称：
说明：标明文章、作品等内容的简短语句
对象类词：文章、作品等
特性词：标题
表示词：名称
数据类型：字符型
表示格式：c..200
值域：
关系：
计量单位：
状态：标准
备注：

内部标识符：DE00037
中文名称：文件内容
中文全拼：wen-jian-nei-rong

标识符:WJNR
版本:1.0
同义名称:
说明:文件全文
对象类词:文件
特性词:内容
表示词:描述
数据类型:字符型
表示格式:..ul
值域:
关系:
计量单位:
状态:标准
备注:

内部标识符:DE00038
中文名称:行政区划代码
中文全拼:xing-zheng-qu-hua-dai-ma
标识符:XZQHDM
版本:1.0
同义名称:行政区划代码(数字)
说明:县级及县级以上的各级地区代码
对象类词:地址
特性词:行政区划
表示词:代码
数据类型:字符型
表示格式:c6
值域:采用 GB/T 2260 中的全部数字代码
关系:
计量单位:
状态:标准
备注:

内部标识符:DE00039
中文名称:照片
中文全拼:zhao-pian
标识符:ZP
版本:1.0
同义名称:
说明:由相机拍摄所得,经过定影、显影而形成的事物的图片,图片的形式包括电子版本和实际冲洗印刷的照片
对象类词:事物
特性词:照片

表示词:图像
数据类型:二进制型
表示格式:bn(JPEG)
值域:
关系:
计量单位:
状态:标准
备注:

内部标识符:DE00040
中文名称:文书编号
中文全拼:wen-shu-bian-hao
标识符:WSBH
版本:1.0
同义名称:文号
说明:公文、法律文书等文书对应的编号
对象类词:文书
特性词:编号
表示词:描述
数据类型:字符型
表示格式:c..50
值域:
关系:
计量单位:
状态:标准
备注:

内部标识符:DE00041
中文名称:容积
中文全拼:rong-ji
标识符:RJ
版本:1.0
同义名称:
说明:容器所能容纳物体的体积
对象类词:容器
特性词:容积
表示词:量
数据类型:数值型
表示格式:n..8,2
值域:
关系:
计量单位:立方米(m^3)、升(L)等
状态:标准

备注：

内部标识符：DE00042
中文名称：电子文件名称
中文全拼：dian-zi-wen-jian-ming-cheng
标识符：DZWJMC
版本：1.0
同义名称：
说明：电子文件的名称
对象类词：电子文件
特性词：名称
表示词：名称
数据类型：字符型
表示格式：c..256
值域：
关系：
计量单位：
状态：标准
备注：

内部标识符：DE00043
中文名称：电子文件位置
中文全拼：dian-zi-wen-jian-wei-zhi
标识符：DZWJWZ
版本：1.0
同义名称：
说明：电子文件所在计算机物理存储空间的位置信息
对象类词：电子文件
特性词：位置
表示词：描述
数据类型：字符型
表示格式：c..1000
值域：
关系：
计量单位：
状态：标准
备注：

内部标识符：DE00044
中文名称：图片格式类型代码
中文全拼：tu-pian-ge-shi-lei-xing-dai-ma
标识符：TPGSLXDM
版本：1.0

同义名称:
说明:图片格式的类型代码
对象类词:图片格式
特性词:类型
表示词:代码
数据类型:字符型
表示格式:c2
值域:采用 XF/T 3016.1 中的图片格式类型代码
关系:
计量单位:
状态:标准
备注:

内部标识符:DE00045
中文名称:IP 地址
中文全拼:i-p-di-zhi
标识符:IPDZ
版本:1.0
同义名称:
说明:网际协议地址
对象类词:地址
特性词:IP 地址
表示词:描述
数据类型:字符型
表示格式:c..40
值域:
关系:
计量单位:
状态:标准
备注:

内部标识符:DE00046
中文名称:版本号
中文全拼:ban-ben-hao
标识符:BBH
版本:1.0
同义名称:
说明:信息系统或软件等的版本号
对象类词:信息系统
特性词:版本号
表示词:号码
数据类型:字符型
表示格式:c..20

值域：
关系：
计量单位：
状态：标准
备注：

内部标识符：DE00047
中文名称：MAC 地址
中文全拼：m-a-c-di-zhi
标识符：MACDZ
版本：1.0
同义名称：
说明：用来确认网络设备在网络层面被分配的位置，通常具有唯一性
对象类词：网络设备
特性词：MAC 地址
表示词：描述
数据类型：字符型
表示格式：c12
值域：
关系：
计量单位：
状态：标准
备注：

内部标识符：DE00048
中文名称：部署地点名称
中文全拼：bu-shu-di-dian-ming-cheng
标识符：BSDDMC
版本：1.0
同义名称：
说明：系统部署的地点名称
对象类词：部署地点
特性词：名称
表示词：名称
数据类型：字符型
表示格式：c..100
值域：
关系：
计量单位：
状态：标准
备注：

内部标识符：DE00049

中文名称:标准编号
中文全拼:biao-zhun-bian-hao
标识符:BZBH
版本:1.0
同义名称:
说明:由发布机构赋予标准的唯一编号,包含年代号
对象类词:标准
特性词:编号
表示词:描述
数据类型:字符型
表示格式:c..30
值域:
关系:
计量单位:
状态:标准
备注:

内部标识符:DE00050
中文名称:合同编号
中文全拼:he-tong-bian-hao
标识符:HTBH
版本:1.0
同义名称:
说明:合同的编号
对象类词:合同
特性词:编号
表示词:描述
数据类型:字符型
表示格式:c..50
值域:
关系:
计量单位:
状态:标准
备注:

内部标识符:DE00051
中文名称:档案号
中文全拼:dang-an-hao
标识符:DAH
版本:1.0
同义名称:档号、档案编号
说明:每一份档案的编号,是档案的唯一标识
对象类词:档案

特性词:号
表示词:描述
数据类型:字符型
表示格式:c..30
值域:
关系:
计量单位:
状态:标准
备注:

内部标识符:DE00052
中文名称:批次号
中文全拼:pi-ci-hao
标识符:PCH
版本:1.0
同义名称:
说明:用于识别“批”的一组数字或字母加数字,用于追溯和审查该批产品的生产历史
对象类词:产品
特性词:批次号
表示词:描述
数据类型:字符型
表示格式:c..100
值域:
关系:
计量单位:
状态:标准
备注:

内部标识符:DE00053
中文名称:高度
中文全拼:gao-du
标识符:GD
版本:1.0
同义名称:
说明:物理空间概念,是指从地面或基准面向上到某处的距离
对象类词:物品
特性词:高度
表示词:量
数据类型:数值型
表示格式:n..8,2
值域:
关系:
计量单位:毫米(mm)、厘米(cm)、米(m)、千米(km)等

状态:标准
备注:

内部标识符:DE00054
中文名称:长度
中文全拼:chang-du
标识符:CD
版本:1.0
同义名称:
说明:通常在二维空间中量度直线边长时,称长度数值较大的为长
对象类词:物品
特性词:长度
表示词:量
数据类型:数值型
表示格式:n..8,2
值域:
关系:
计量单位:毫米(mm)、厘米(cm)、米(m)、千米(km)等
状态:标准
备注:

内部标识符:DE00055
中文名称:宽度
中文全拼:kuan-du
标识符:KD
版本:1.0
同义名称:
说明:通常在二维空间中量度直线边长时,其值较小或者在“侧边”的为宽
对象类词:物品
特性词:宽度
表示词:量
数据类型:数值型
表示格式:n..8,2
值域:
关系:
计量单位:毫米(mm)、厘米(cm)、米(m)、千米(km)等
状态:标准
备注:

内部标识符:DE00056
中文名称:深度
中文全拼:shen-du
标识符:SD

版本:1.0
同义名称:
说明:物品向下或向里的距离
对象类词:物品
特性词:深度
表示词:量
数据类型:数值型
表示格式:n..8,2
值域:
关系:
计量单位:毫米(mm)、厘米(cm)、米(m)、千米(km)等
状态:标准
备注:

内部标识符:DE00057
中文名称:扬程
中文全拼:yang-cheng
标识符:YC
版本:1.0
同义名称:
说明:消防泵能够扬水的高度
对象类词:消防泵
特性词:扬程
表示词:量
数据类型:数值型
表示格式:n..4
值域:
关系:
计量单位:米(m)等
状态:标准
备注:

内部标识符:DE00058
中文名称:流量
中文全拼:liu-liang
标识符:LL
版本:1.0
同义名称:
说明:描述水泵、风机等加压设备输出的流体体积
对象类词:物品
特性词:流量
表示词:量
数据类型:数值型

表示格式:n..8
值域:
关系:
计量单位:立方米/时(m^3/h)等
状态:标准
备注:

内部标识符:DE00059
中文名称:备注
中文全拼:bei-zhu
标识符:BZ
版本:1.0
同义名称:
说明:用来进行其他相关说明的文字性描述
对象类词:事项
特性词:备注
表示词:描述
数据类型:字符型
表示格式:..ul
值域:
关系:
计量单位:
状态:标准
备注:

内部标识符:DE00060
中文名称:体积
中文全拼:ti-ji
标识符:TJ
版本:1.0
同义名称:
说明:物体占有多少空间的量
对象类词:物体
特性词:体积
表示词:量
数据类型:数值型
表示格式:n..14,2
值域:
关系:
计量单位:立方米(m^3)、升(L)等
状态:标准
备注:

内部标识符:DE00061
中文名称:地球经度
中文全拼:di-qiu-jing-du
标识符:DQJD
版本:1.0
同义名称:经度
说明:首子午面与通过给定点的子午线面间的夹角,向东为正,以十进制的度表达
对象类词:地理坐标
特性词:地球经度
表示词:量
数据类型:数值型
表示格式:n10,6
值域:－180°～180°
关系:
计量单位:度(十进制)(°)
状态:标准
备注:WGS84

内部标识符:DE00062
中文名称:质量
中文全拼:zhi-liang
标识符:ZL
版本:1.0
同义名称:
说明:物质的质量
对象类词:物质
特性词:质量
表示词:量
数据类型:数值型
表示格式:n..12,2
值域:
关系:
计量单位:千克(kg)、克(g)、吨(t)等
状态:标准
备注:

内部标识符:DE00063
中文名称:比重
中文全拼:bi-zhong
标识符:BIZ
版本:1.0
同义名称:
说明:物体的密度与某一标准物质密度的比值

对象类词:物体
特性词:比重
表示词:量
数据类型:数值型
表示格式:n..5,2
值域:
关系:
计量单位:
状态:标准
备注:

内部标识符:DE00064
中文名称:密度
中文全拼:mi-du
标识符:MD
版本:1.0
同义名称:
说明:单位体积(一般是1立方米)物质的质量
对象类词:物质
特性词:密度
表示词:量
数据类型:数值型
表示格式:n..5
值域:
关系:
计量单位:千克/立方米(kg/m^3)等
状态:标准
备注:

内部标识符:DE00065
中文名称:浓度
中文全拼:nong-du
标识符:NOD
版本:1.0
同义名称:
说明:液态化学品的质量百分浓度或气态化学品在空气中的体积百分浓度
对象类词:化学品等
特性词:浓度
表示词:量
数据类型:数值型
表示格式:n..4,1
值域:
关系:

计量单位:百分比(%)
状态:标准
备注:

内部标识符:DE00066
中文名称:压力
中文全拼:ya-li
标识符:YAL
版本:1.0
同义名称:
说明:实际指物理学中的术语"压强",射水器具或消防水源出口、压力容器中液体或气体物质对容器壁、口等处产生的压强
对象类词:物品
特性词:压力
表示词:量
数据类型:数值型
表示格式:n..8
值域:
关系:
计量单位:兆帕(MPa)、千帕(kPa)
状态:标准
备注:

内部标识符:DE00067
中文名称:速度
中文全拼:su-du
标识符:SUD
版本:1.0
同义名称:
说明:物体(人和车辆)运动的快慢程度
对象类词:物体
特性词:速度
表示词:量
数据类型:数值型
表示格式:n..5,2
值域:
关系:
计量单位:千米/时(km/h)等
状态:标准
备注:

内部标识符:DE00068
中文名称:温度

中文全拼:wen-du
标识符:WD
版本:1.0
同义名称:
说明:环境或物的温度
对象类词:环境、物
特性词:温度
表示词:量
数据类型:数值型
表示格式:n..5,1
值域:
关系:
计量单位:摄氏度(℃)等
状态:标准
备注:

内部标识符:DE00069
中文名称:相对湿度
中文全拼:xiang-dui-shi-du
标识符:XDSD
版本:1.0
同义名称:
说明:空气中水汽压与饱和水汽压的百分比
对象类词:环境
特性词:相对湿度
表示词:量
数据类型:数值型
表示格式:n..4,1
值域:
关系:
计量单位:百分比(%)
状态:标准
备注:

内部标识符:DE00070
中文名称:面积
中文全拼:mian-ji
标识符:MJ
版本:1.0
同义名称:
说明:物体的表面或封闭图形的大小
对象类词:物体
特性词:面积

表示词:量
数据类型:数值型
表示格式:n..8,2
值域:
关系:
计量单位:平方米(m^2)、平方千米(km^2)、公顷(hm^2)等
状态:标准
备注:

内部标识符:DE00071
中文名称:建筑面积
中文全拼:jian-zhu-mian-ji
标识符:JZMJ
版本:1.0
同义名称:
说明:建筑物各层水平面积的总和
对象类词:建筑物
特性词:建筑面积
表示词:量
数据类型:数值型
表示格式:n..8,2
值域:
关系:
计量单位:平方米(m^2)、平方千米(km^2)、公顷(hm^2)等
状态:标准
备注:

内部标识符:DE00072
中文名称:占地面积
中文全拼:zhan-di-mian-ji
标识符:ZDMJ
版本:1.0
同义名称:
说明:建筑物所占有或使用的土地水平投影面积
对象类词:建筑物
特性词:占地面积
表示词:量
数据类型:数值型
表示格式:n..8,2
值域:
关系:
计量单位:平方米(m^2)、平方千米(km^2)、公顷(hm^2)等
状态:标准

备注：

内部标识符：DE00073
中文名称：简要情况
中文全拼：jian-yao-qing-kuang
标识符：JYQK
版本：1.0
同义名称：
说明：对信息的简要描述
对象类词：信息
特性词：简要情况
表示词：描述
数据类型：字符型
表示格式：..ul
值域：
关系：
计量单位：
状态：标准
备注：

内部标识符：DE00074
中文名称：楼层
中文全拼：lou-ceng
标识符：LC
版本：1.0
同义名称：
说明：建筑物的楼层
对象类词：建筑物
特性词：楼层
表示词：量
数据类型：数值型
表示格式：n..3
值域：
关系：
计量单位：
状态：标准
备注：

内部标识符：DE00075
中文名称：建筑物层数
中文全拼：jian-zhu-wu-ceng-shu
标识符：JZWCS
版本：1.0

同义名称：
说明：建筑物的层数
对象类词：建筑物
特性词：层数
表示词：量
数据类型：数值型
表示格式：n..3
值域：
关系：
计量单位：
状态：标准
备注：

内部标识符：DE00076
中文名称：秘密等级代码
中文全拼：mi-mi-deng-ji-dai-ma
标识符：MMDJDM
版本：1.0
同义名称：密级代码
说明：某一事项的保密程度代码
对象类词：事项
特性词：秘密等级
表示词：代码
数据类型：字符型
表示格式：c1
值域：采用 XF/T 3016.1 中的秘密等级代码
关系：
计量单位：
状态：标准
备注：

内部标识符：DE00077
中文名称：判断标识
中文全拼：pan-duan-biao-zhi
标识符：PDBZ
版本：1.0
同义名称：
说明：事项是否符合所述条件的标识
对象类词：事项
特性词：判断标识
表示词：指示符
数据类型：布尔型
表示格式：bl

值域:1—是,0—否
关系:
计量单位:
状态:标准
备注:

内部标识符:DE00078
中文名称:天气状况分类与代码
中文全拼:tian-qi-zhuang-kuang-fen-lei-yu-dai-ma
标识符:TQZKFLYDM
版本:1.0
同义名称:
说明:天气状况的类别代码
对象类词:天气状况
特性词:分类
表示词:代码
数据类型:字符型
表示格式:c4
值域:采用 XF/T 3016.1 中的天气状况分类与代码
关系:
计量单位:
状态:标准
备注:

内部标识符:DE00079
中文名称:风向类别代码
中文全拼:feng-xiang-lei-bie-dai-ma
标识符:FXLBDM
版本:1.0
同义名称:
说明:风向的类别代码
对象类词:风向
特性词:类别
表示词:代码
数据类型:字符型
表示格式:c2
值域:采用 XF/T 3016.1 中的风向类别代码
关系:
计量单位:
状态:标准
备注:

内部标识符:DE00080

中文名称:风力等级代码
中文全拼:feng-li-deng-ji-dai-ma
标识符:FLDJDM
版本:1.0
同义名称:
说明:风的强度等级代码
对象类词:风力
特性词:等级
表示词:代码
数据类型:字符型
表示格式:c2
值域:采用 XF/T 3016.1 中的风力等级代码
关系:
计量单位:
状态:标准
备注:

内部标识符:DE00081
中文名称:化学品氧化性类别代码
中文全拼:hua-xue-pin-yang-hua-xing-lei-bie-dai-ma
标识符:HXPYHXLBDM
版本:1.0
同义名称:
说明:对化学品被氧化的难易程度的粗略描述
对象类词:化学品氧化性
特性词:类别
表示词:代码
数据类型:字符型
表示格式:c1
值域:采用 XF/T 3016.1 中的化学品氧化性类别代码
关系:
计量单位:
状态:标准
备注:

内部标识符:DE00082
中文名称:地球纬度
中文全拼:di-qiu-wei-du
标识符:DQWD
版本:1.0
同义名称:纬度
说明:从赤道平面与通过给定点的椭球法线间的夹角,向北为正,以十进制的度表达
对象类词:地理坐标

特性词:地球纬度
表示词:量
数据类型:数值型
表示格式:n10,6
值域:−90°～90°
关系:
计量单位:度(十进制)(°)
状态:标准
备注:WGS84

内部标识符:DE00083
中文名称:消防安全重点单位类别代码
中文全拼:xiao-fang-an-quan-zhong-dian-dan-wei-lei-bie-dai-ma
标识符:XFAQZDDWLBDM
版本:1.0
同义名称:重点单位类别
说明:消防安全重点单位的类别代码
对象类词:消防安全重点单位
特性词:类别
表示词:代码
数据类型:字符型
表示格式:c2
值域:采用 XF/T 3016.1 中的消防安全重点单位类别代码
关系:
计量单位:
状态:标准
备注:

内部标识符:DE00084
中文名称:消防训练考核成绩
中文全拼:xiao-fang-xun-lian-kao-he-cheng-ji
标识符:XFXLKHCJ
版本:1.0
同义名称:考核成绩
说明:消防救援队伍业务训练考核中用数值(计分、计数或计时)评定的成绩
对象类词:消防训练考核
特性词:成绩
表示词:量
数据类型:数值型
表示格式:n..8
值域:
关系:
计量单位:

状态:标准
备注:

内部标识符:DE00085
中文名称:消防训练考核评定等级分类与代码
中文全拼:xiao-fang-xun-lian-kao-he-ping-ding-deng-ji-fen-lei-yu-dai-ma
标识符:XFXLKHPDDJFLYDM
版本:1.0
同义名称:考核结果
说明:消防救援队伍业务训练考核中根据成绩给出的考核结果(评定等级)相应的代码
对象类词:消防训练考核评定等级
特性词:分类
表示词:代码
数据类型:字符型
表示格式:c2
值域:采用 XF/T 3016.1 中的消防训练考核评定等级分类与代码
关系:
计量单位:
状态:标准
备注:

内部标识符:DE00086
中文名称:消防训练考核名次
中文全拼:xiao-fang-xun-lian-kao-he-ming-ci
标识符:XFXLKHMC
版本:1.0
同义名称:考核名次、考核排名
说明:消防救援队伍业务训练考核中根据成绩优劣排列的名次
对象类词:消防训练考核
特性词:名次
表示词:量
数据类型:数值型
表示格式:n4
值域:
关系:
计量单位:
状态:标准
备注:

内部标识符:DE00087
中文名称:接警座席号
中文全拼:jie-jing-zuo-xi-hao
标识符:JJZXH

版本:1.0
同义名称:座席号
说明:消防救援机构所辖机构的接警台或指挥中心内的接警座席编号
对象类词:接警座席
特性词:号
表示词:号码
数据类型:字符型
表示格式:c..4
值域:
关系:
计量单位:
状态:标准
备注:

内部标识符:DE00088
中文名称:消防战评组织层次代码
中文全拼:xiao-fang-zhan-ping-zu-zhi-ceng-ci-dai-ma
标识符:XFZPZZCCDM
版本:1.0
同义名称:战评组织层次
说明:按照组织层次划分的五个等级对应的代码
对象类词:消防战评
特性词:组织层次
表示词:代码
数据类型:字符型
表示格式:c1
值域:采用 XF/T 3016.1 中的消防战评组织层次代码
关系:
计量单位:
状态:标准
备注:

内部标识符:DE00089
中文名称:报警阀类型代码
中文全拼:bao-jing-fa-lei-xing-dai-ma
标识符:BJFLXDM
版本:1.0
同义名称:
说明:描述报警阀种类的代码
对象类词:报警阀
特性词:类型
表示词:代码
数据类型:字符型

表示格式:c1
值域:采用 XF/T 3016.1 中的报警阀类型代码
关系:
计量单位:
状态:标准
备注:

内部标识符:DE00090
中文名称:化学品俗名
中文全拼:hua-xue-pin-su-ming
标识符:HXPSM
版本:1.0
同义名称:
说明:普通大众所公认、熟知、易辨的对化学品的通俗称谓
对象类词:化学品
特性词:俗名
表示词:名称
数据类型:字符型
表示格式:c..20
值域:
关系:
计量单位:
状态:标准
备注:

内部标识符:DE00091
中文名称:化学品溶解性类别代码
中文全拼:hua-xue-pin-rong-jie-xing-lei-bie-dai-ma
标识符:HXPRJXLBDM
版本:1.0
同义名称:
说明:对化学品溶于水的难易程度、溶于有机液体或其他情况的粗略描述
对象类词:化学品溶解性
特性词:类别
表示词:代码
数据类型:字符型
表示格式:c1
值域:采用 XF/T 3016.1 中的化学品溶解性类别代码
关系:
计量单位:
状态:标准
备注:

内部标识符:DE00092
中文名称:化学品腐蚀性类别代码
中文全拼:hua-xue-pin-fu-shi-xing-lei-bie-dai-ma
标识符:HXPFSXLBDM
版本:1.0
同义名称:腐蚀性
说明:对化学品腐蚀性强弱程度的粗略描述
对象类词:化学品腐蚀性
特性词:类别
表示词:代码
数据类型:字符型
表示格式:c1
值域:采用 XF/T 3016.1 中的化学品腐蚀性类别代码
关系:
计量单位:
状态:标准
备注:

内部标识符:DE00093
中文名称:建筑物火灾危险性类别代码
中文全拼:jian-zhu-wu-huo-zai-wei-xian-xing-lei-bie-dai-ma
标识符:JZWHZWXXLBDM
版本:1.0
同义名称:火灾危险性
说明:根据建筑物中生产、储存物品可能发生火灾的危险程度划分的火灾危险性类别
对象类词:建筑物火灾危险性
特性词:类别
表示词:代码
数据类型:字符型
表示格式:c1
值域:采用 XF/T 3016.1 中的建筑物火灾危险性类别代码
关系:
计量单位:
状态:标准
备注:

内部标识符:DE00094
中文名称:消防给水管网形式类型代码
中文全拼:xiao-fang-ji-shui-guan-wang-xing-shi-lei-xing-dai-ma
标识符:XFJSGWXSLXDM
版本:1.0
同义名称:
说明:消防给水管网结构形式类型的代码

对象类词:消防给水管网形式
特性词:类型
表示词:代码
数据类型:字符型
表示格式:c1
值域:采用 XF/T 3016.1 中的消防给水管网形式类型代码
关系:
计量单位:
状态:标准
备注:

内部标识符:DE00095
中文名称:灭火系统分类与代码
中文全拼:mie-huo-xi-tong-fen-lei-yu-dai-ma
标识符:MHXTFLYDM
版本:1.0
同义名称:
说明:灭火系统的类型代码
对象类词:灭火系统
特性词:分类
表示词:代码
数据类型:字符型
表示格式:c3
值域:采用 XF/T 3016.1 中的灭火系统分类与代码
关系:
计量单位:
状态:标准
备注:

内部标识符:DE00096
中文名称:火灾自动报警系统形式类别代码
中文全拼:huo-zai-zi-dong-bao-jing-xi-tong-xing-shi-lei-bie-dai-ma
标识符:HZZDBJXTXSLBDM
版本:1.0
同义名称:
说明:火灾自动报警系统形式的类别代码
对象类词:火灾自动报警系统形式
特性词:类别
表示词:代码
数据类型:字符型
表示格式:c1
值域:采用 XF/T 3016.1 中的火灾自动报警系统形式类别代码
关系:

计量单位：
状态：标准
备注：

内部标识符：DE00097
中文名称：火灾自动报警系统保护对象级别代码
中文全拼：huo-zai-zi-dong-bao-jing-xi-tong-bao-hu-dui-xiang-ji-bie-dai-ma
标识符：HZZDBJXTBHDXJBDM
版本：1.0
同义名称：
说明：火灾自动报警系统保护对象的级别代码
对象类词：火灾自动报警系统保护对象
特性词：级别
表示词：代码
数据类型：字符型
表示格式：c1
值域：采用 XF/T 3016.1 中的火灾自动报警系统保护对象级别代码
关系：
计量单位：
状态：标准
备注：

内部标识符：DE00098
中文名称：防排烟系统分类与代码
中文全拼：fang-pai-yan-xi-tong-fen-lei-yu-dai-ma
标识符：FPYXTFLYDM
版本：1.0
同义名称：
说明：消防业务中涉及的建筑防排烟系统类型代码
对象类词：防排烟系统
特性词：类型
表示词：代码
数据类型：字符型
表示格式：c2
值域：采用 XF/T 3016.1 中的防排烟系统分类与代码
关系：
计量单位：
状态：标准
备注：

内部标识符：DE00099
中文名称：消防水源分类与代码
中文全拼：xiao-fang-shui-yuan-fen-lei-yu-dai-ma
标识符：XFSYFLYDM

版本:1.0
同义名称:
说明:消防水源的分类与代码
对象类词:消防水源
特性词:分类
表示词:代码
数据类型:字符型
表示格式:c4
值域:采用 XF/T 3016.1 中的消防水源分类与代码
关系:
计量单位:
状态:标准
备注:

内部标识符:DE00100
中文名称:搜救犬品种代码
中文全拼:sou-jiu-quan-pin-zhong-dai-ma
标识符:SJQPZDM
版本:1.0
同义名称:搜救犬种类代码、搜救犬类别代码
说明:在执行人员搜救等任务时常用的搜救犬品种的代码
对象类词:搜救犬
特性词:品种
表示词:代码
数据类型:字符型
表示格式:c2
值域:采用 XF/T 3016.1 中的搜救犬品种代码
关系:
计量单位:
状态:标准
备注:

内部标识符:DE00101
中文名称:机动车发动机(电动机)功率
中文全拼:ji-dong-che-fa-dong-ji-(dian-dong-ji)-gong-lv
标识符:JDCFDJDDJGL
版本:1.0
同义名称:
说明:机动车发动机或电动机的功率
对象类词:机动车发动机(电动机)
特性词:功率
表示词:量
数据类型:数值型

表示格式:n..5,1

值域:

关系:

计量单位:千瓦(kW)

状态:标准

备注:

内部标识符:DE00102

中文名称:搜救犬性别代码

中文全拼:sou-jiu-quan-xing-bie-dai-ma

标识符:SJQXBDM

版本:1.0

同义名称:

说明:搜救犬的性别代码

对象类词:搜救犬

特性词:性别

表示词:代码

数据类型:字符型

表示格式:c1

值域:采用 XF/T 3016.1 中的搜救犬性别代码

关系:

计量单位:

状态:标准

备注:

内部标识符:DE00103

中文名称:化学品状态类别代码

中文全拼:hua-xue-pin-zhuang-tai-lei-bie-dai-ma

标识符:HXPZTLBDM

版本:1.0

同义名称:

说明:消防业务工作中涉及的化学品的状态代码

对象类词:化学品状态

特性词:类别

表示词:代码

数据类型:字符型

表示格式:c2

值域:采用 XF/T 3016.1 中的化学品状态类别代码

关系:

计量单位:

状态:标准

备注:

内部标识符:DE00104
中文名称:化学品危险性类别代码
中文全拼:hua-xue-pin-wei-xian-xing-lei-bie-dai-ma
标识符:HXPWXXLBDM
版本:1.0
同义名称:
说明:业务工作中涉及的化学品的危险性类别代码
对象类词:化学品危险性
特性词:类别
表示词:代码
数据类型:字符型
表示格式:c3
值域:采用 XF/T 3016.1 中的化学品危险性分类与代码
关系:
计量单位:
状态:标准
备注:

内部标识符:DE00105
中文名称:消防装备器材分类与代码
中文全拼:xiao-fang-zhuang-bei-qi-cai-fen-lei-yu-dai-ma
标识符:XFZBQCFLYDM
版本:1.0
同义名称:
说明:消防装备器材的分类与代码
对象类词:消防装备器材
特性词:分类
表示词:代码
数据类型:字符型
表示格式:c8
值域:采用 XF/T 3016.1 中的消防装备器材分类与代码
关系:
计量单位:
状态:标准
备注:

内部标识符:DE00106
中文名称:消防装备状态类别代码
中文全拼:xiao-fang-zhuang-bei-zhuang-tai-lei-bie-dai-ma
标识符:XFZBZTLBDM
版本:1.0
同义名称:
说明:消防装备及器材的状态类别代码

对象类词:消防装备状态
特性词:类别
表示词:代码
数据类型:字符型
表示格式:c2
值域:采用 XF/T 3016.1 中的消防装备状态类别代码
关系:
计量单位:
状态:标准
备注:

内部标识符:DE00107
中文名称:机动车底盘型号
中文全拼:ji-dong-che-di-pan-xing-hao
标识符:JDCDPXH
版本:1.0
同义名称:
说明:由机动车底盘制造厂家赋予的用于表明底盘的厂牌、类型和主要特征参数的字码
对象类词:机动车底盘
特性词:型号
表示词:代码
数据类型:字符型
表示格式:c..100
值域:
关系:
计量单位:
状态:标准
备注:

内部标识符:DE00108
中文名称:发动机类别
中文全拼:fa-dong-ji-lei-bie
标识符:FDJLB
版本:1.0
同义名称:
说明:发动机的类别
对象类词:发动机
特性词:类别
表示词:描述
数据类型:字符型
表示格式:c..100
值域:
关系:

计量单位：

状态：标准

备注：

内部标识符：DE00109

中文名称：机动车发动机(电动机)型号

中文全拼：ji-dong-che-fa-dong-ji-dian-dong-ji-xing-hao

标识符：JDCFDJDDJXH

版本：1.0

同义名称：

说明：机动车发动机或者电动机生产企业为某一批相同产品编制的识别代码，用以表示发动机或者电动机的生产企业、规格、性能、特征、工艺、用途和产品批次等相关信息

对象类词：机动车发动机(电动机)

特性词：型号

表示词：代码

数据类型：字符型

表示格式：c..20

值域：采用 GB/T 725 和 QC/T 253 中的编制规则

关系：

计量单位：

状态：标准

备注：

内部标识符：DE00110

中文名称：消防装备规划级别代码

中文全拼：xiao-fang-zhuang-bei-gui-hua-ji-bie-dai-ma

标识符：XFZBGHJBDM

版本：1.0

同义名称：

说明：消防装备规划的级别代码

对象类词：消防装备规划

特性词：级别

表示词：代码

数据类型：字符型

表示格式：c1

值域：采用 XF/T 3016.1 中的消防装备规划级别代码

关系：

计量单位：

状态：标准

备注：

内部标识符：DE00111

中文名称：验货方法类型代码

中文全拼:yan-huo-fang-fa-lei-xing-dai-ma
标识符:YHFFLXDM
版本:1.0
同义名称:
说明:消防装备验收货物的方法类型代码
对象类词:验货方法
特性词:类型
表示词:代码
数据类型:字符型
表示格式:c2
值域:采用 XF/T 3016.1 中的验货方法类型代码
关系:
计量单位:
状态:标准
备注:

内部标识符:DE00112
中文名称:质检结果类别代码
中文全拼:zhi-jian-jie-guo-lei-bie-dai-ma
标识符:ZJJGLBDM
版本:1.0
同义名称:
说明:消防装备质检结果的类别代码
对象类词:质检结果
特性词:类别
表示词:代码
数据类型:字符型
表示格式:c1
值域:采用 XF/T 3016.1 中的质检结果类别代码
关系:
计量单位:
状态:标准
备注:

内部标识符:DE00113
中文名称:装备来源手续类别代码
中文全拼:zhuang-bei-lai-yuan-shou-xu-lei-bie-dai-ma
标识符:ZBLYSXLBDM
版本:1.0
同义名称:
说明:装备来源手续的类别代码
对象类词:装备来源手续
特性词:类别

表示词:代码
数据类型:字符型
表示格式:c1
值域:采用 XF/T 3016.1 中的装备来源手续类别代码
关系:
计量单位:
状态:标准
备注:

内部标识符:DE00114
中文名称:贸易方式类型代码
中文全拼:mao-yi-fang-shi-lei-xing-dai-ma
标识符:MYFSLXDM
版本:1.0
同义名称:
说明:从事国际贸易和国际经济合作的贸易方式类型代码
对象类词:贸易方式
特性词:类型
表示词:代码
数据类型:字符型
表示格式:c2
值域:采用 GB/T 15421 中的国际贸易方式代码
关系:
计量单位:
状态:标准
备注:

内部标识符:DE00115
中文名称:消防水泵接合器安装形式类别代码
中文全拼:xiao-fang-shui-beng-jie-he-qi-an-zhuang-xing-shi-lei-bie-dai-ma
标识符:XFSBJHQAZXSLBDM
版本:1.0
同义名称:
说明:描述水泵接合器按照安装形式的类别代码
对象类词:消防水泵接合器安装形式
特性词:类别
表示词:代码
数据类型:字符型
表示格式:c1
值域:采用 XF/T 3016.1 中的消防水泵接合器安装形式类别代码
关系:
计量单位:
状态:标准

备注：

内部标识符:DE00116
中文名称:消防应急照明和疏散指示系统类型代码
中文全拼:xiao-fang-ying-ji-zhao-ming-he-shu-san-zhi-shi-xi-tong-lei-xing-dai-ma
标识符:XFYJZMHSSZSXTLXDM
版本:1.0
同义名称:
说明:描述消防应急照明和疏散指示系统按照其系统形式分类的代码
对象类词:消防应急照明和疏散指示系统
特性词:类型
表示词:代码
数据类型:字符型
表示格式:c1
值域:采用 XF/T 3016.1 中的消防应急照明和疏散指示系统类型代码
关系:
计量单位:
状态:标准
备注:

内部标识符:DE00117
中文名称:车辆监理情况类别代码
中文全拼:che-liang-jian-li-qing-kuang-lei-bie-dai-ma
标识符:CLJLQKLBDM
版本:1.0
同义名称:
说明:消防救援队伍对车辆监理情况的类别代码
对象类词:车辆监理情况
特性词:类别
表示词:代码
数据类型:字符型
表示格式:c1
值域:采用 XF/T 3016.1 中的车辆监理情况类别代码
关系:
计量单位:
状态:标准
备注:

内部标识符:DE00118
中文名称:装备事故等级代码
中文全拼:zhuang-bei-shi-gu-deng-ji-dai-ma
标识符:ZBSGDJDM
版本:1.0

同义名称：
说明：装备事故的等级代码
对象类词：装备事故
特性词：等级
表示词：代码
数据类型：字符型
表示格式：c1
值域：采用 XF/T 3016.1 中的装备事故等级代码
关系：
计量单位：
状态：标准
备注：

内部标识符：DE00119
中文名称：装备事故原因类别代码
中文全拼：zhuang-bei-shi-gu-yuan-yin-lei-bie-dai-ma
标识符：ZBSGYYLBDM
版本：1.0
同义名称：
说明：装备事故原因的类别代码
对象类词：装备事故原因
特性词：类别
表示词：代码
数据类型：字符型
表示格式：c1
值域：采用 XF/T 3016.1 中的装备事故原因类别代码
关系：
计量单位：
状态：标准
备注：

内部标识符：DE00120
中文名称：消防装备事故赔偿方式类别代码
中文全拼：xiao-fang-zhuang-bei-shi-gu-pei-chang-fang-shi-lei-bie-dai-ma
标识符：XFZBSGPCFSLBDM
版本：1.0
同义名称：
说明：消防装备事故赔偿方式的类别代码
对象类词：赔偿方式
特性词：类别
表示词：代码
数据类型：字符型
表示格式：c1

值域:采用 XF/T 3016.1 中的消防装备事故赔偿方式类别代码
关系:
计量单位:
状态:标准
备注:

内部标识符:DE00121
中文名称:举报投诉类型代码
中文全拼:ju-bao-tou-su-lei-xing-dai-ma
标识符:JBTSLXDM
版本:1.0
同义名称:
说明:举报投诉的类型代码
对象类词:举报投诉
特性词:类型
表示词:代码
数据类型:字符型
表示格式:c1
值域:采用 XF/T 3016.1 中的举报投诉类型代码
关系:
计量单位:
状态:标准
备注:

内部标识符:DE00122
中文名称:举报投诉受理类别代码
中文全拼:ju-bao-tou-su-shou-li-lei-bie-dai-ma
标识符:JBTSSLLBDM
版本:1.0
同义名称:
说明:投诉人进行投诉受理的类别代码
对象类词:举报投诉受理
特性词:类别
表示词:代码
数据类型:字符型
表示格式:c2
值域:采用 XF/T 3016.1 中的举报投诉受理类别代码
关系:
计量单位:
状态:标准
备注:

内部标识符:DE00123

中文名称:行政复议办结状况类别代码
中文全拼:xing-zheng-fu-yi-ban-jie-zhuang-kuang-lei-bie-dai-ma
标识符:XZFYBJZKLBDM
版本:1.0
同义名称:
说明:行政复议办结状况的类别代码
对象类词:行政复议办结状况
特性词:类别
表示词:代码
数据类型:字符型
表示格式:c2
值域:采用 XF/T 3016.1 中的行政复议办结状况类别代码
关系:
计量单位:
状态:标准
备注:

内部标识符:DE00124
中文名称:储罐设置型式类别代码
中文全拼:chu-guan-she-zhi-xing-shi-lei-bie-dai-ma
标识符:CGSZXSLBDM
版本:1.0
同义名称:
说明:描述易燃易爆液体储罐设置型式的类别代码
对象类词:储罐设置型式
特性词:类别
表示词:代码
数据类型:字符型
表示格式:c2
值域:采用 XF/T 3016.1 中的储罐设置型式类别代码
关系:
计量单位:
状态:标准
备注:

内部标识符:DE00125
中文名称:灭火剂种类代码
中文全拼:mie-huo-ji-zhong-lei-dai-ma
标识符:MHJZLDM
版本:1.0
同义名称:
说明:各类灭火系统中使用的灭火剂种类代码
对象类词:灭火剂

特性词:种类
表示词:代码
数据类型:字符型
表示格式:c3
值域:采用 XF/T 3016.1 中的灭火剂种类代码
关系:
计量单位:
状态:标准
备注:

内部标识符:DE00126
中文名称:火灾探测器类型代码
中文全拼:huo-zai-tan-ce-qi-lei-xing-dai-ma
标识符:HZTCQLXDM
版本:1.0
同义名称:
说明:火灾自动报警系统中火灾探测器的类型代码
对象类词:火灾探测器
特性词:类型
表示词:代码
数据类型:字符型
表示格式:c2
值域:采用 XF/T 3016.1 中的火灾探测器类型代码
关系:
计量单位:
状态:标准
备注:

内部标识符:DE00127
中文名称:灭火器类型代码
中文全拼:mie-huo-qi-lei-xing-dai-ma
标识符:MHQLXDM
版本:1.0
同义名称:
说明:灭火器按照使用形式和充装灭火剂的不同而分类的代码
对象类词:灭火器
特性词:类型
表示词:代码
数据类型:字符型
表示格式:c2
值域:采用 XF/T 3016.1 中的灭火器类型代码
关系:
计量单位:

状态:标准
备注:

内部标识符:DE00128
中文名称:喷头类型代码
中文全拼:pen-tou-lei-xing-dai-ma
标识符:PTLXDM
版本:1.0
同义名称:
说明:描述自动喷水灭火系统喷头类型的代码
对象类词:喷头
特性词:类型
表示词:代码
数据类型:字符型
表示格式:c2
值域:采用 XF/T 3016.1 中的喷头类型代码
关系:
计量单位:
状态:标准
备注:

内部标识符:DE00129
中文名称:消防认证产品分类与代码
中文全拼:xiao-fang-ren-zheng-chan-pin-fen-lei-yu-dai-ma
标识符:XFRZCPFLYDM
版本:1.0
同义名称:
说明:消防认证产品分类与代码,包括强制性认证、技术鉴定和自愿性认证
对象类词:消防认证产品
特性词:分类
表示词:代码
数据类型:字符型
表示格式:c8
值域:采用 XF/T 3016.1 中的消防认证产品分类与代码
关系:
计量单位:
状态:标准
备注:

内部标识符:DE00130
中文名称:消防产品认证证书状态类别代码
中文全拼:xiao-fang-chan-pin-ren-zheng-zheng-shu-zhuang-tai-lei-bie-dai-ma
标识符:XFCPRZZSZTLBDM

版本:1.0
同义名称:
说明:描述消防产品强制性认证、技术鉴定及自愿性认证等证书状态类别的代码
对象类词:消防产品认证证书状态
特性词:类别
表示词:代码
数据类型:字符型
表示格式:c1
值域:采用 XF/T 3016.1 中的消防产品认证证书状态类别代码
关系:
计量单位:
状态:标准
备注:

内部标识符:DE00131
中文名称:中国国家强制性产品认证证书编号
中文全拼:zhong-guo-guo-jia-qiang-zhi-xing-chan-pin-ren-zheng-zheng-shu-bian-hao
标识符:ZGGJQZXCPRZZSBH
版本:1.0
同义名称:
说明:中国国家强制性产品认证证书编号,证书编号唯一
对象类词:强制性产品认证
特性词:编号
表示词:描述
数据类型:字符型
表示格式:c16
值域:
关系:
计量单位:
状态:标准
备注:

内部标识符:DE00132
中文名称:消防产品技术鉴定证书编号
中文全拼:xiao-fang-chan-pin-ji-shu-jian-ding-zheng-shu-bian-hao
标识符:XFCPJSJDZSBH
版本:1.0
同义名称:
说明:消防产品技术鉴定证书编号,证书编号唯一
对象类词:消防产品技术鉴定证书
特性词:编号
表示词:描述
数据类型:字符型

表示格式:c..30
值域:
关系:
计量单位:
状态:标准
备注:

内部标识符:DE00133
中文名称:自愿性产品认证证书编号
中文全拼:zi-yuan-xing-chan-pin-ren-zheng-zheng-shu-bian-hao
标识符:ZYXCPRZZSBH
版本:1.0
同义名称:
说明:自愿性产品认证证书编号,证书编号唯一
对象类词:自愿性产品认证证书
特性词:编号
表示词:描述
数据类型:字符型
表示格式:c..30
值域:
关系:
计量单位:
状态:标准
备注:

内部标识符:DE00134
中文名称:检验报告编号
中文全拼:jian-yan-bao-gao-bian-hao
标识符:JYBGBH
版本:1.0
同义名称:
说明:产品型式检验等检验报告编号
对象类词:产品检验报告
特性词:编号
表示词:描述
数据类型:字符型
表示格式:c..20
值域:
关系:
计量单位:
状态:标准
备注:

内部标识符:DE00135
中文名称:消防产品检验类别代码
中文全拼:xiao-fang-chan-pin-jian-yan-lei-bie-dai-ma
标识符:XFCPJYLBDM
版本:1.0
同义名称:
说明:描述消防产品检验类别的代码
对象类词:消防产品检验
特性词:类别
表示词:代码
数据类型:字符型
表示格式:c2
值域:采用 XF/T 3016.1 中的消防产品检验类别代码
关系:
计量单位:
状态:标准
备注:

内部标识符:DE00136
中文名称:样品基数
中文全拼:yang-pin-ji-shu
标识符:YPJS
版本:1.0
同义名称:
说明:抽样、检查时供选样的最小产品数量
对象类词:样品
特性词:基数
表示词:量
数据类型:数值型
表示格式:n..6
值域:
关系:
计量单位:
状态:标准
备注:

内部标识符:DE00137
中文名称:消防产品监督抽查结果类别代码
中文全拼:xiao-fang-chan-pin-jian-du-chou-cha-jie-guo-lei-bie-dai-ma
标识符:XFCPJDCCJGLBDM
版本:1.0
同义名称:
说明:描述消防产品监督抽查结果类别的代码

对象类词:消防产品监督抽查结果
特性词:类别
表示词:代码
数据类型:字符型
表示格式:c1
值域:采用 XF/T 3016.1 中的消防产品监督抽查结果类别代码
关系:
计量单位:
状态:标准
备注:

内部标识符:DE00138
中文名称:消防产品监督抽查处理情况类别代码
中文全拼:xiao-fang-chan-pin-jian-du-chou-cha-chu-li-qing-kuang-lei-bie-dai-ma
标识符:XFCPJDCCCLQKLBDM
版本:1.0
同义名称:
说明:描述消防产品监督抽查处理情况类别的代码
对象类词:消防产品监督抽查处理情况
特性词:类别
表示词:代码
数据类型:字符型
表示格式:c1
值域:采用 XF/T 3016.1 中的消防产品监督抽查处理情况类别代码
关系:
计量单位:
状态:标准
备注:

内部标识符:DE00139
中文名称:消防产品监督检查形式类别代码
中文全拼:xiao-fang-chan-pin-jian-du-jian-cha-xing-shi-lei-bie-dai-ma
标识符:XFCPJDJCXSLBDM
版本:1.0
同义名称:
说明:描述消防产品监督检查形式类别的代码
对象类词:消防产品监督检查形式
特性词:类别
表示词:代码
数据类型:字符型
表示格式:c1
值域:采用 XF/T 3016.1 中的消防产品监督检查形式类别代码
关系:

计量单位：
状态：标准
备注：

内部标识符：DE00140
中文名称：消防监督检查形式类别代码
中文全拼：xiao-fang-jian-du-jian-cha-xing-shi-lei-bie-dai-ma
标识符：XFJDJCXSLBDM
版本：1.0
同义名称：
说明：描述消防监督检查形式类别的代码
对象类词：消防监督检查形式
特性词：类别
表示词：代码
数据类型：字符型
表示格式：c2
值域：采用 XF/T 3016.1 中的消防监督检查形式类别代码
关系：
计量单位：
状态：标准
备注：

内部标识符：DE00141
中文名称：公众聚集场所投入使用营业前消防安全检查类别代码
中文全拼：gong-zhong-ju-ji-chang-suo-tou-ru-shi-yong-ying-ye-qian-xiao-fang-an-quan-jian-cha-lei-bie-dai-ma
标识符：GZJJCSTRSYYYQXFAQJCLBDM
版本：1.0
同义名称：
说明：公众聚集场所投入使用营业前消防安全检查的类别代码
对象类词：公众聚集场所投入使用营业前消防安全检查
特性词：类别
表示词：代码
数据类型：字符型
表示格式：c1
值域：采用 XF/T 3016.1 中的公众聚集场所投入使用营业前消防安全检查类别代码
关系：
计量单位：
状态：标准
备注：

内部标识符：DE00142
中文名称：记录状态类别代码
中文全拼：ji-lu-zhuang-tai-lei-bie-dai-ma

标识符:JLZTLBDM
版本:1.0
同义名称:
说明:描述各类记录状态类别的代码
对象类词:记录状态
特性词:类别
表示词:代码
数据类型:字符型
表示格式:c1
值域:采用 XF/T 3016.1 中的记录状态类别代码
关系:
计量单位:
状态:标准
备注:

内部标识符:DE00143
中文名称:机动车核定载质量
中文全拼:ji-dong-che-he-ding-zai-zhi-liang
标识符:JDCHDZZL
版本:1.0
同义名称:
说明:机动车设计规定装载货物的标准质量
对象类词:机动车
特性词:核定载质量
表示词:量
数据类型:数值型
表示格式:n..12,2
值域:
关系:
计量单位:千克(kg)
状态:标准
备注:

内部标识符:DE00144
中文名称:消防安全违法行为类别代码
中文全拼:xiao-fang-an-quan-wei-fa-xing-wei-lei-bie-dai-ma
标识符:XFAQWFXWLBDM
版本:1.0
同义名称:
说明:描述消防安全违法行为类别的代码
对象类词:消防安全违法行为
特性词:类别
表示词:代码

数据类型:字符型
表示格式:c2
值域:采用 XF/T 3016.1 中的消防安全违法行为类别代码
关系:
计量单位:
状态:标准
备注:

内部标识符:DE00145
中文名称:应急通信任务来源类型代码
中文全拼:ying-ji-tong-xin-ren-wu-lai-yuan-lei-xing-dai-ma
标识符:YJTXRWLYLXDM
版本:1.0
同义名称:
说明:描述应急通信任务来源类型的代码
对象类词:应急通信任务来源
特性词:类型
表示词:代码
数据类型:字符型
表示格式:c1
值域:采用 XF/T 3016.1 中的应急通信任务来源类型代码
关系:
计量单位:
状态:标准
备注:

内部标识符:DE00146
中文名称:设备来源类别代码
中文全拼:she-bei-lai-yuan-lei-bie-dai-ma
标识符:SBLYLBDM
版本:1.0
同义名称:
说明:描述设备来源类别的代码
对象类词:设备来源
特性词:类别
表示词:代码
数据类型:字符型
表示格式:c2
值域:采用 XF/T 3016.1 中的设备来源类别代码
关系:
计量单位:
状态:标准
备注:

内部标识符:DE00147
中文名称:产品销售渠道类别代码
中文全拼:chan-pin-xiao-shou-qu-dao-lei-bie-dai-ma
标识符:CPXSQDLBDM
版本:1.0
同义名称:
说明:描述产品销售渠道类别的代码
对象类词:产品销售渠道
特性词:类别
表示词:代码
数据类型:字符型
表示格式:c1
值域:采用 XF/T 3016.1 中的产品销售渠道类别代码
关系:
计量单位:
状态:标准
备注:

内部标识符:DE00148
中文名称:信息系统巡检类型代码
中文全拼:xin-xi-xi-tong-xun-jian-lei-xing-dai-ma
标识符:XXXTXJLXDM
版本:1.0
同义名称:
说明:描述信息系统巡检类型的代码
对象类词:信息系统巡检
特性词:类型
表示词:代码
数据类型:字符型
表示格式:c1
值域:采用 XF/T 3016.1 中的信息系统巡检类型代码
关系:
计量单位:
状态:标准
备注:

内部标识符:DE00149
中文名称:信息系统巡检方法类型代码
中文全拼:xin-xi-xi-tong-xun-jian-fang-fa-lei-xing-dai-ma
标识符:XXXTXJFFLXDM
版本:1.0
同义名称:
说明:描述信息系统巡检方法类型的代码

对象类词:信息系统巡检方法
特性词:类型
表示词:代码
数据类型:字符型
表示格式:c1
值域:采用 XF/T 3016.1 中的信息系统巡检方法类型代码
关系:
计量单位:
状态:标准
备注:

内部标识符:DE00150
中文名称:计算机入网使用性质类别代码
中文全拼:ji-suan-ji-ru-wang-shi-yong-xing-zhi-lei-bie-dai-ma
标识符:JSJRWSYXZLBDM
版本:1.0
同义名称:
说明:描述计算机入网使用性质的代码
对象类词:计算机入网使用性质
特性词:类别
表示词:代码
数据类型:字符型
表示格式:c1
值域:采用 XF/T 3016.1 中的计算机入网使用性质类别代码
关系:
计量单位:
状态:标准
备注:

内部标识符:DE00151
中文名称:软件类型代码
中文全拼:ruan-jian-lei-xing-dai-ma
标识符:RJLXDM
版本:1.0
同义名称:
说明:描述软件类型的代码
对象类词:软件
特性词:类型
表示词:代码
数据类型:字符型
表示格式:c2
值域:采用 XF/T 3016.1 中的软件类型代码
关系:

计量单位：
状态：标准
备注：

内部标识符：DE00152
中文名称：卫星天线类型代码
中文全拼：wei-xing-tian-xian-lei-xing-dai-ma
标识符：WXTXLXDM
版本：1.0
同义名称：
说明：描述卫星天线类型的代码
对象类词：卫星天线
特性词：类型
表示词：代码
数据类型：字符型
表示格式：c1
值域：采用 XF/T 3016.1 中的卫星天线类型代码
关系：
计量单位：
状态：标准
备注：

内部标识符：DE00153
中文名称：固定电话呼出权限类型代码
中文全拼：gu-ding-dian-hua-hu-chu-quan-xian-lei-xing-dai-ma
标识符：GDDHHCQXLXDM
版本：1.0
同义名称：
说明：描述固定电话呼出权限类型的代码
对象类词：固定电话呼出权限
特性词：类型
表示词：代码
数据类型：字符型
表示格式：c1
值域：采用 XF/T 3016.1 中的固定电话呼出权限类型代码
关系：
计量单位：
状态：标准
备注：

内部标识符：DE00154
中文名称：消防应急通信保障预案类型代码
中文全拼：xiao-fang-ying-ji-tong-xin-bao-zhang-yu-an-lei-xing-dai-ma

标识符:XFYJTXBZYALXDM
版本:1.0
同义名称:
说明:描述消防应急通信保障预案类型的代码
对象类词:消防应急通信保障预案
特性词:类型
表示词:代码
数据类型:字符型
表示格式:c1
值域:采用 XF/T 3016.1 中的消防应急通信保障预案类型代码
关系:
计量单位:
状态:标准
备注:

内部标识符:DE00155
中文名称:机动车车身颜色类别代码
中文全拼:ji-dong-che-che-shen-yan-se-lei-bie-dai-ma
标识符:JDCCSYSLBDM
版本:1.0
同义名称:车身颜色代码
说明:机动车车身颜色的代码
对象类词:机动车车身颜色
特性词:类别
表示词:代码
数据类型:字符型
表示格式:c2
值域:采用 XF/T 3016.1 中的机动车车身颜色类别代码
关系:
计量单位:
状态:标准
备注:

内部标识符:DE00156
中文名称:机动车总质量
中文全拼:ji-dong-che-zong-zhi-liang
标识符:JDCZZL
版本:1.0
同义名称:
说明:机动车的总质量,其中载客类机动车总质量为整备质量和载客质量之和,载货类机动车总质量为整备质量、核定载质量、载客质量的总和
对象类词:机动车
特性词:总质量

表示词:量
数据类型:数值型
表示格式:n..12,2
值域:
关系:
计量单位:千克(kg)
状态:标准
备注:

内部标识符:DE00157
中文名称:机动车整备质量
中文全拼:ji-dong-che-zheng-bei-zhi-liang
标识符:JDCZBZL
版本:1.0
同义名称:
说明:机动车在正常条件下准备行驶时,尚未载人(包括驾驶员)、载物时的空车质量
对象类词:机动车
特性词:整备质量
表示词:量
数据类型:数值型
表示格式:n..12,2
值域:
关系:
计量单位:千克(kg)
状态:标准
备注:

内部标识符:DE00158
中文名称:机动车能源种类类别代码
中文全拼:ji-dong-che-neng-yuan-zhong-lei-lei-bie-dai-ma
标识符:JDCNYZLLBDM
版本:1.0
同义名称:机动车燃料(能源)种类代码
说明:机动车能源种类的代码
对象类词:机动车能源种类
特性词:类别
表示词:代码
数据类型:字符型
表示格式:c2
值域:采用 XF/T 3016.1 中的机动车能源种类类别代码
关系:
计量单位:
状态:标准

备注：

内部标识符：DE00159
中文名称：机动车号牌号码
中文全拼：ji-dong-che-hao-pai-hao-ma
标识符：JDCHPHM
版本：1.0
同义名称：车牌号
说明：各类机动车号牌编号
对象类词：机动车
特性词：号牌号码
表示词：号码
数据类型：字符型
表示格式：c..15
值域：
关系：
计量单位：
状态：标准
备注：

内部标识符：DE00160
中文名称：消防队站体制类别代码
中文全拼：xiao-fang-dui-zhan-ti-zhi-lei-bie-dai-ma
标识符：XFDZTZLBDM
版本：1.0
同义名称：消防队站类别代码
说明：消防队站所属体制的类别代码
对象类词：消防队站体制
特性词：类别
表示词：代码
数据类型：字符型
表示格式：c2
值域：采用 XF/T 3016.1 中的消防队站体制类别代码
关系：
计量单位：
状态：标准
备注：

内部标识符：DE00161
中文名称：消防队站类型代码
中文全拼：xiao-fang-dui-zhan-lei-xing-dai-ma
标识符：XFDZLXDM
版本：1.0

同义名称：
说明：消防队站的类型代码
对象类词：消防队站
特性词：类型
表示词：代码
数据类型：字符型
表示格式：c2
值域：采用 XF/T 3016.1 中的消防队站类型代码
关系：
计量单位：
状态：标准
备注：

内部标识符：DE00162
中文名称：灭火救援相关部门类别代码
中文全拼：mie-huo-jiu-yuan-xiang-guan-bu-men-lei-bie-dai-ma
标识符：MHJYXGBMLBDM
版本：1.0
同义名称：灭火救援联动单位类别代码
说明：消防部门在灭火救援活动中需要协助配合工作的相关部门或单位的类别代码
对象类词：灭火救援相关部门
特性词：类别
表示词：代码
数据类型：字符型
表示格式：c2
值域：采用 XF/T 3016.1 中的灭火救援相关部门类别代码
关系：
计量单位：
状态：标准
备注：

内部标识符：DE00163
中文名称：消防战勤保障社会机构类别代码
中文全拼：xiao-fang-zhan-qin-bao-zhang-she-hui-ji-gou-lei-bie-dai-ma
标识符：XFZQBZSHJGLBDM
版本：1.0
同义名称：
说明：灭火救援活动中进行战勤保障的相关社会机构类别代码
对象类词：消防战勤保障社会机构
特性词：类别
表示词：代码
数据类型：字符型
表示格式：c2

值域:采用 XF/T 3016.1 中的消防战勤保障社会机构类别代码
关系:
计量单位:
状态:标准
备注:

内部标识符:DE00164
中文名称:建筑物结构类型代码
中文全拼:jian-zhu-wu-jie-gou-lei-xing-dai-ma
标识符:JZWJGLXDM
版本:1.0
同义名称:
说明:消防业务工作中涉及的按主要承重结构材料划分的建筑物结构类型代码
对象类词:建筑物结构
特性词:类型
表示词:代码
数据类型:字符型
表示格式:c1
值域:采用 XF/T 3016.1 中的建筑物结构类型代码
关系:
计量单位:
状态:标准
备注:

内部标识符:DE00165
中文名称:消防值班类别代码
中文全拼:xiao-fang-zhi-ban-lei-bie-dai-ma
标识符:XFZBLBDM
版本:1.0
同义名称:
说明:消防救援机构(包括国家综合性消防救援队伍和其他多种形式消防力量)负有不同任务的值班类别的代码
对象类词:消防值班
特性词:类别
表示词:代码
数据类型:字符型
表示格式:c2
值域:采用 XF/T 3016.1 中的消防值班类别代码
关系:
计量单位:
状态:标准
备注:

内部标识符:DE00166
中文名称:消防战备级别代码
中文全拼:xiao-fang-zhan-bei-ji-bie-dai-ma
标识符:XFZBJBDM
版本:1.0
同义名称:
说明:根据规定的消防战备级别的代码
对象类词:消防战备
特性词:级别
表示词:代码
数据类型:字符型
表示格式:c1
值域:采用 XF/T 3016.1 中的消防战备级别代码
关系:
计量单位:
状态:标准
备注:

内部标识符:DE00167
中文名称:消防训练分类与代码
中文全拼:xiao-fang-xun-lian-fen-lei-yu-dai-ma
标识符:XFXLFLYDM
版本:1.0
同义名称:
说明:相关文件规定的和消防救援队伍实际开展的业务训练类别的代码
对象类词:消防训练
特性词:分类
表示词:代码
数据类型:字符型
表示格式:c6
值域:采用 XF/T 3016.1 中的消防训练分类与代码
关系:
计量单位:
状态:标准
备注:

内部标识符:DE00168
中文名称:消防训练课目分类与代码
中文全拼:xiao-fang-xun-lian-ke-mu-fen-lei-yu-dai-ma
标识符:XFXLKMFLYDM
版本:1.0
同义名称:消防训练课目代码
说明:相关文件规定的训练课目分类与代码

对象类词:消防训练课目
特性词:类别
表示词:代码
数据类型:字符型
表示格式:c4
值域:采用 XF/T 3016.1 中的消防训练课目分类与代码
关系:
计量单位:
状态:标准
备注:

内部标识符:DE00169
中文名称:消防训练考核分类与代码
中文全拼:xiao-fang-xun-lian-kao-he-fen-lei-yu-dai-ma
标识符:XFXLKHFLYDM
版本:1.0
同义名称:
说明:相关文件规定的消防业务训练考核的代码
对象类词:消防训练考核
特性词:分类
表示词:代码
数据类型:字符型
表示格式:c2
值域:采用 XF/T 3016.1 中的消防训练考核分类与代码
关系:
计量单位:
状态:标准
备注:

内部标识符:DE00170
中文名称:消防报警方式分类与代码
中文全拼:xiao-fang-bao-jing-fang-shi-fen-lei-yu-dai-ma
标识符:XFBJFSFLYDM
版本:1.0
同义名称:消防报警形式类别代码
说明:消防案件报警方式的代码
对象类词:报警方式
特性词:分类
表示词:代码
数据类型:字符型
表示格式:c4
值域:采用 XF/T 3016.1 中的消防报警方式分类与代码
关系:

计量单位：
状态：标准
备注：

内部标识符：DE00171
中文名称：消防处警结果类别代码
中文全拼：xiao-fang-chu-jing-jie-guo-lei-bie-dai-ma
标识符：XFCJJGLBDM
版本：1.0
同义名称：
说明：消防队伍接警后不同的处警结果的代码
对象类词：消防处警结果
特性词：类别
表示词：代码
数据类型：字符型
表示格式：c2
值域：采用 XF/T 3016.1 中的消防处警结果分类与代码
关系：
计量单位：
状态：标准
备注：

内部标识符：DE00172
中文名称：灾情分类与代码
中文全拼：zai-qing-fen-lei-yu-dai-ma
标识符：ZQFLYDM
版本：1.0
同义名称：
说明：灾害的代码
对象类词：灾情
特性词：分类
表示词：代码
数据类型：字符型
表示格式：c5
值域：采用 XF/T 3016.1 中的灾情分类与代码
关系：
计量单位：
状态：标准
备注：

内部标识符：DE00173
中文名称：灾情等级代码
中文全拼：zai-qing-deng-ji-dai-ma

标识符:ZQDJDM
版本:1.0
同义名称:
说明:
对象类词:灾害的等级代码
特性词:等级
表示词:代码
数据类型:字符型
表示格式:c1
值域:采用 XF/T 3016.1 中的灾情等级代码
关系:
计量单位:
状态:标准
备注:

内部标识符:DE00174
中文名称:灾情状态类别代码
中文全拼:zai-qing-zhuang-tai-lei-bie-dai-ma
标识符:ZQZTLBDM
版本:1.0
同义名称:
说明:灾情状态的类别代码
对象类词:灾害状态
特性词:类别
表示词:代码
数据类型:字符型
表示格式:c2
值域:采用 XF/T 3016.1 中的灾情状态类别代码
关系:
计量单位:
状态:标准
备注:

内部标识符:DE00175
中文名称:灾情对象类别代码
中文全拼:zai-qing-dui-xiang-lei-bie-dai-ma
标识符:ZQDXLBDM
版本:1.0
同义名称:
说明:灾情对象的类别代码
对象类词:灾情对象
特性词:类别
表示词:代码

数据类型:字符型
表示格式:c2
值域:采用 XF/T 3016.1 中的灾情对象类别代码
关系:
计量单位:
状态:标准
备注:

内部标识符:DE00176
中文名称:灾情标识类别代码
中文全拼:zai-qing-biao-shi-lei-bie-dai-ma
标识符:ZQBSLBDM
版本:1.0
同义名称:
说明:灾情标识的类别代码
对象类词:灾情标识
特性词:类别
表示词:代码
数据类型:字符型
表示格式:c1
值域:采用 XF/T 3016.1 中的灾情标识类别代码
关系:
计量单位:
状态:标准
备注:

内部标识符:DE00177
中文名称:消防岗位分类与代码
中文全拼:xiao-fang-gang-wei-fen-lei-yu-dai-ma
标识符:XFGWFLYDM
版本:1.0
同义名称:
说明:消防岗位的类别代码
对象类词:消防岗位
特性词:分类
表示词:代码
数据类型:字符型
表示格式:c4
值域:采用 XF/T 3016.1 中的消防岗位分类与代码
关系:
计量单位:
状态:标准
备注:

内部标识符:DE00178
中文名称:消防战评类别代码
中文全拼:xiao-fang-zhan-ping-lei-bie-dai-ma
标识符:XFZPLBDM
版本:1.0
同义名称:
说明:相关文件规定的灭火救援战评形式的代码
对象类词:消防战评
特性词:类别
表示词:代码
数据类型:字符型
表示格式:c1
值域:采用 XF/T 3016.1 中的消防战评类别代码
关系:
计量单位:
状态:标准
备注:

内部标识符:DE00179
中文名称:建筑属性分类与代码
中文全拼:jian-zhu-shu-xing-fen-lei-yu-dai-ma
标识符:JZSXFLYDM
版本:1.0
同义名称:
说明:建筑属性的类别代码
对象类词:建筑属性
特性词:分类
表示词:代码
数据类型:字符型
表示格式:c4
值域:采用 XF/T 3016.1 中的建筑属性分类与代码
关系:
计量单位:
状态:标准
备注:

内部标识符:DE00180
中文名称:建筑用途分类与代码
中文全拼:jian-zhu-yong-tu-fen-lei-yu-dai-ma
标识符:JZYTFLYDM
版本:1.0
同义名称:
说明:建筑用途的类型代码

对象类词:建筑用途
特性词:分类
表示词:代码
数据类型:字符型
表示格式:c8
值域:采用 XF/T 3016.1 中的建筑用途分类与代码
关系:
计量单位:
状态:标准
备注:

内部标识符:DE00181
中文名称:建筑物耐火等级分类与代码
中文全拼:jian-zhu-wu-nai-huo-deng-ji-fen-lei-yu-dai-ma
标识符:JZWNHDJFLYDM
版本:1.0
同义名称:
说明:建筑物耐火的等级代码
对象类词:建筑物耐火等级
特性词:分类
表示词:代码
数据类型:字符型
表示格式:c2
值域:采用 XF/T 3016.1 中的建筑物耐火等级分类与代码
关系:
计量单位:
状态:标准
备注:

内部标识符:DE00182
中文名称:建筑材料燃烧性能等级代码
中文全拼:jian-zhu-cai-liao-ran-shao-xing-neng-deng-ji-dai-ma
标识符:JZCLRSXNDJDM
版本:1.0
同义名称:
说明:建筑材料燃烧性能的等级代码
对象类词:建筑材料燃烧性能
特性词:等级
表示词:代码
数据类型:字符型
表示格式:c1
值域:采用 XF/T 3016.1 中的建筑材料燃烧性能等级代码
关系:

计量单位：
状态：标准
备注：

内部标识符：DE00183
中文名称：灭火救援类型预案分类与代码
中文全拼：mie-huo-jiu-yuan-lei-xing-yu-an-fen-lei-yu-dai-ma
标识符：MHJYLXYAFLYDM
版本：1.0
同义名称：
说明：灭火救援类型预案类别代码
对象类词：灭火救援类型预案
特性词：分类
表示词：代码
数据类型：字符型
表示格式：c6
值域：采用 XF/T 3016.1 中的灭火救援类型预案分类与代码
关系：
计量单位：
状态：标准
备注：

内部标识符：DE00184
中文名称：方向类型代码
中文全拼：fang-xiang-lei-xing-dai-ma
标识符：FXLXDM
版本：1.0
同义名称：
说明：方向的类型代码
对象类词：方向
特性词：类型
表示词：代码
数据类型：字符型
表示格式：c2
值域：采用 XF/T 3016.1 中的方向类型代码
关系：
计量单位：
状态：标准
备注：

内部标识符：DE00185
中文名称：消防监督管辖权级别代码
中文全拼：xiao-fang-jian-du-guan-xia-quan-ji-bie-dai-ma

标识符:XFJDGXQJBDM
版本:1.0
同义名称:消防监督管辖权级别
说明:社会单位消防监督管辖权级别的代码
对象类词:消防监督管辖权
特性词:级别
表示词:代码
数据类型:字符型
表示格式:c1
值域:采用 XF/T 3016.1 中的消防监督管辖权级别代码
关系:
计量单位:
状态:标准
备注:

内部标识符:DE00186
中文名称:消防安全重点部位火种状态类别代码
中文全拼:xiao-fang-an-quan-zhong-dian-bu-wei-huo-zhong-zhuang-tai-lei-bie-dai-ma
标识符:XFAQZDBWHZZTLBDM
版本:1.0
同义名称:
说明:消防安全重点部位火种状态的代码
对象类词:消防安全重点部位火种状态
特性词:类别
表示词:代码
数据类型:字符型
表示格式:c1
值域:采用 XF/T 3016.1 中的消防安全重点部位火种状态类别代码
关系:
计量单位:
状态:标准
备注:

内部标识符:DE00187
中文名称:消防安全重点部位防火标志设立情况代码
中文全拼:xiao-fang-an-quan-zhong-dian-bu-wei-fang-huo-biao-zhi-she-li-qing-kuang-dai-ma
标识符:XFAQZDBWFHBZSLQKDM
版本:1.0
同义名称:
说明:消防安全重点部位防火标志设立情况类别的代码
对象类词:消防安全重点部位
特性词:防火标志设立情况
表示词:代码

数据类型:字符型
表示格式:c2
值域:采用 XF/T 3016.1 中的消防安全重点部位防火标志设立情况分类与代码
关系:
计量单位:
状态:标准
备注:

内部标识符:DE00188
中文名称:消防设施类别代码
中文全拼:xiao-fang-she-shi-lei-bie-dai-ma
标识符:XFSSLBDM
版本:1.0
同义名称:
说明:消防设施的类别代码
对象类词:消防设施
特性词:类别
表示词:代码
数据类型:字符型
表示格式:c2
值域:采用 XF/T 3016.1 中的消防设施类别代码
关系:
计量单位:
状态:标准
备注:

内部标识符:DE00189
中文名称:消防设施状况分类与代码
中文全拼:xiao-fang-she-shi-zhuang-kuang-fen-lei-yu-dai-ma
标识符:XFSSZKFLYDM
版本:1.0
同义名称:
说明:消防监督工作中抽查到的消防设施状况的代码
对象类词:消防设施状况
特性词:分类
表示词:代码
数据类型:字符型
表示格式:c2
值域:采用 XF/T 3016.1 中的消防设施状况分类与代码
关系:
计量单位:
状态:标准
备注:

内部标识符:DE00190
中文名称:专业队级别代码
中文全拼:zhuan-ye-dui-ji-bie-dai-ma
标识符:ZYDJBDM
版本:1.0
同义名称:
说明:专业队的级别代码
对象类词:专业队
特性词:级别
表示词:代码
数据类型:字符型
表示格式:c1
值域:采用 XF/T 3016.1 中的专业队级别代码
关系:
计量单位:
状态:标准
备注:

内部标识符:DE00191
中文名称:消防水泵接合器类型代码
中文全拼:xiao-fang-shui-beng-jie-he-qi-lei-xing-dai-ma
标识符:XFSBJHQLXDM
版本:1.0
同义名称:
说明:描述水泵接合器的类型代码
对象类词:消防水泵接合器
特性词:类型
表示词:代码
数据类型:字符型
表示格式:c1
值域:采用 XF/T 3016.1 中的消防水泵接合器类型代码
关系:
计量单位:
状态:标准
备注:

内部标识符:DE00192
中文名称:规格型号
中文全拼:gui-ge-xing-hao
标识符:GGXH
版本:1.0
同义名称:
说明:物品的物理形态,包括体积、尺寸、形状、材质等

对象类词:物品
特性词:规格型号
表示词:描述
数据类型:字符型
表示格式:c..100
值域:
关系:
计量单位:
状态:标准
备注:

内部标识符:DE00193
中文名称:考核出勤类型代码
中文全拼:kao-he-chu-qin-lei-xing-dai-ma
标识符:KHCQLXDM
版本:1.0
同义名称:
说明:消防训练中考核出勤的类型代码
对象类词:考核出勤
特性词:类型
表示词:描述
数据类型:字符型
表示格式:c1
值域:采用 XF/T 3016.1 中的考核出勤类型代码
关系:
计量单位:
状态:标准
备注:

内部标识符:DE00194
中文名称:降雨量
中文全拼:jiang-yu-liang
标识符:JYL
版本:1.0
同义名称:
说明:降雨量是指在一定时间内降落到地面的水层深度,单位用毫米表示。
对象类词:降雨
特性词:量
表示词:量
数据类型:数值型
表示格式:n..7,1
值域:
关系:

计量单位:
状态:标准
备注:

内部标识符:DE00195
中文名称:到场时间
中文全拼:dao-chang-shi-jian
标识符:DCSJ
版本:1.0
同义名称:
说明:到达灾害现场的时间
对象类词:到场
特性词:到场时间
表示词:日期时间
数据类型:日期时间型
表示格式:d14(YYYYMMDDhhmmss)
值域:
关系:由数据元 DE00027“日期时间”派生(Derive-from DE00027)
计量单位:
状态:标准
备注:

内部标识符:DE00196
中文名称:离场时间
中文全拼:li-chang-shi-jian
标识符:LCSJ
版本:1.0
同义名称:
说明:离开灾害现场的时间
对象类词:离场
特性词:离场时间
表示词:日期时间
数据类型:日期时间型
表示格式:d14(YYYYMMDDhhmmss)
值域:
关系:由数据元 DE00027“日期时间”派生(Derive-from DE00027)
计量单位:
状态:标准
备注:

内部标识符:DE00197
中文名称:消防救援人员类别代码
中文全拼:xiao-fang-jiu-yuan-ren-yuan-lei-bie-dai-ma

标识符:XFJYRYLBDM
版本:1.0
同义名称:
说明:消防救援人员的类别代码
对象类词:消防救援人员
特性词:类别
表示词:代码
数据类型:字符型
表示格式:c4
值域:采用 XF/T 3016.1 中的消防救援人员类别代码
关系:
计量单位:
状态:标准
备注:

内部标识符:DE00198
中文名称:单位属性类别代码
中文全拼:dan-wei-shu-xing-lei-bie-dai-ma
标识符:DWSXLBDM
版本:1.0
同义名称:
说明:单位属性的类别代码
对象类词:单位属性
特性词:类别
表示词:代码
数据类型:字符型
表示格式:c5
值域:采用 XF/T 3016.1 中的单位属性类别代码
关系:
计量单位:
状态:标准
备注:

内部标识符:DE00199
中文名称:出生日期
中文全拼:chu-sheng-ri-qi
标识符:CSRQ
版本:1.0
同义名称:
说明:人(搜救犬)出生的日期
对象类词:人(搜救犬)
特性词:出生日期
表示词:日期

数据类型:日期型
表示格式:d8(YYYYMMDD)
值域:
关系:由数据元 DE00026“日期”派生(Derive-from DE00026)
计量单位:
状态:标准
备注:

内部标识符:DE00200
中文名称:服役时长
中文全拼:fu-yi-shi-chang
标识符:FYSC
版本:1.0
同义名称:
说明:人(搜救犬)在消防救援队伍服役的时间长度
对象类词:人(搜救犬)
特性词:服役时长
表示词:量
数据类型:数值型
表示格式:n..8
值域:
关系:
计量单位:日、月、季度、年等
状态:标准
备注:

附 录 A
（规范性）
数据元编写规则

A.1 数据元的表示规范

A.1.1 标识类属性

A.1.1.1 中文名称

中文名称属性描述如下。

a） 中文名称是赋予数据元的单个或多个中文字词的指称。

b） 中文名称的命名符合以下规则：

1） 在一定语境下数据元的名称应唯一；

2） 中文名称由一个对象类词、一个特性词和一个表示词组成，其顺序如下：
中文名称＝对象类词＋特性词＋表示词；

3） 中文名称中应有且只有一个对象类词、特性词和表示词；

4） 表示词尽量选用表 A.3 所列出的词语；

5） 当表示词与特性词有重复或部分重复时，可将名称中冗余词省略。

示例：数据元“消防装备状态类别代码”中，“消防装备状态”为对象类词，“类别”为特性词，“代码”为表示词。

A.1.1.2 中文全拼

数据元的中文全拼由其中文名称中的每一个汉字的拼音组成。拼音中间用连字符“-”连接，并全部使用小写。

A.1.1.3 标识符

标识符是数据元的唯一标识。标识符由该数据元中文名称中每个汉字的汉语拼音首字母（大写）组成。当不同数据元的标识符出现重复时，则依次采用每个汉字拼音的第 2 个字母对比，再相同时取每个汉字拼音的第 3 个字母对比，以此类推，在保留首字母的前提下，按标识符最短不重的原则处理。

示例：标识符首字母相重时的处理示例见表 A.1。

表 A.1 首字母相重时的处理

序号	数据元名称	中文全拼	汉语拼音首字母	标识符	说明
1	速度	su-du	SD	SD	第 1 次出现
2	深度	shen-du	SD	SHD	与速度首字母重复，故采用首字拼音的第 2 个字母
3	盛典	sheng-dian	SD	SDI	与速度和深度拼音首字母重复，采用深度首字拼音的第 2 个字母仍然重复，故采用第 2 个字拼音的第 2 个字母

A.1.1.4 内部标识符

内部标识符描述如下：

a） 内部标识符是在一个注册机构内由注册机构自行分配的，与语言无关的数据元的唯一标识符；

b） 内部标识符由两个大写英文字母“DE”和五位阿拉伯数字组成；

c） 内部标识符按照数据元第一次提交的时间顺序由小到大编号；

d） 内部标识符一旦赋予，不应复用。

示例：如数据元“长度”的内部标识符为“DE00054”。

A.1.1.5 版本

版本是在一个注册机构内的一系列逐渐完善的数据元规范中，某个数据元规范发布的标识。

版本是由阿拉伯数字字符和小数点字符组成的字符串。

消防数据元的版本号表示为 m.n，其中“m”“n”为阿拉伯数字字符，数据元的初始版本号为 1.0。版本号的赋予原则为：

a） 若数据元的必选属性发生变化时，无论非必选属性是否变化，则小数点字符前的数字字符加 1，小数点字符后的数字归 0；

b） 若数据元的必选属性不变而非必选属性发生变化时，则小数点字符前的数字字符不变，小数点字符后的数字加 1。

示例：某数据元的版本号为 1.0，当数据元第一次修订时，其必选属性发生变化而非必选属性不变，则该数据元的版本为 2.0；当该数据元第二次修订时，其必选属性不变而非必选属性发生变化，则该数据元的版本为 2.1；当数据元第三次修订时，其必选属性和非必选属性同时发生变化，则该数据元的版本为 3.0。

A.1.1.6 同义名称

同义名称是一个数据元在不同应用环境下的不同称谓。一个数据元可以有多个同义名称。

A.1.2 定义类属性

A.1.2.1 说明

说明是用描述性的短语或句子对一个数据元所作的解释。

A.1.2.2 对象类词

对象类词表示数据元所属的事物或概念的集合，表示某一语境下的一个活动或对象。

对象类词是数据元名称的成分之一并在数据元名称中占支配地位。

标识出数据元的对象类词有助于实现对数据元的规范化命名、分析、类比和查询。

A.1.2.3 特性词

特性词用于表达数据元所属的对象类的某个显著的、有区别的特征，是数据元名称的组成成分之一。

标识出数据元的特性词有助于对数据元的规范化命名、分析、类比和查询。

A.1.3 关系类属性

A.1.3.1 关系

关系用以描述当前数据元与其他相关数据元之间的关系。表 A.2 给出了数据元之间基本关系的表示格式。

为更加通俗准确表示数据元的基本关系，其关系表示格式采用中文描述和表 A.2 中的关系表示符共同表示。

示例：数据元“开始时间”由数据元 DE00027“日期时间”派生(Derive-from DE00027)。

表 A.2 数据元基本关系的表示格式

关系	关系表示符	关系描述
派生关系	Derive-from	描述了数据元之间的继承关系，一个较为专用的数据元是由一个较为通用的数据元加上某些限定词派生而来，例如“Derive-from B”(B是数据元的标识符，下同)，表明当前数据元由数据元B派生而来
组成关系	Compose-of	描述了整体和部分的关系，一个数据元由另外若干个数据元组成，例如，“Compose-of B,C,D”，表示当前数据元是由数据元B,C,D共同组成
替代关系	Replace-of	描述了数据元之间的替代关系，例如，“Replace-of B”表明当前数据元替代了数据元B
连用关系	Link-with	描述了一个数据元与另外若干数据元一起使用的情况，例如，“Link-with B,C,D”，表明当前数据元需要和数据元B,C,D一起使用

A.1.4 表示类属性

A.1.4.1 表示词

表示词用于描述数据元值域的表示形式，是数据元名称的组成成分之一。

标识出数据元的表示词有助于实现数据元的规范化命名、分析、类比和查询。

国际范围内认可的表示词见表 A.3。

表 A.3 国际范围内认可的表示词

表示词	含义
金额	货币单位的数量，通常与货币类型有关
日期	特定的年月日，格式参照 GB/T 7408
日期时间	特定的年月日中的特定时间点，格式参照 GB/T 7408
代码	表示一组值中的一个值的字符串(字母、数字、符号)
描述	表示一个人、客体、地点、事件或概念的一系列句子，既可用于定义(通常用一两个句子)，也可用于较长文本。在数据元的中文名称中通常使用“说明”“备注”“意见”等词
名称	表示一个人、客体、地点、事件或概念指定的一个词或短语。该词或短语是该人、客体、地点、事件或概念的称谓
号码	一个特定的值的数字表示，它通常暗示了顺序或一系列中的一个
百分比	具有相同计量单位的两个值之间的百分数形式的比率
量	非货币单位数量，通常与计量单位有关
比率	一个计量的量或金额与另一个计量的量或金额的比
指示符	两个且只有两个表明条件的值，如 on/off、true/false，又称标志

A.1.4.2 数据类型

数据类型指数据元的表示方法。数据类型的可能取值见表 A.4。

表 A.4 数据类型的取值

数据元值的类型	说明
字符型(string)	以字符包括字母、数字、汉字和其他字符形式表达的数据元值的类型
数值型(numeric)	用任意实数表达的数据元值的类型
日期型(date)	通过 YYYYMMDD 的形式表达的值的类型,符合 GB/T 7408
日期时间型(datetime)	通过 YYYYMMDDhhmmss 的形式表达的值的类型,符合 GB/T 7408
时间型(time)	通过 hhmmss 的形式表达的值的类型,符合 GB/T 7408
布尔型(boolean)	两个且只有两个表明条件的值,如 on/off、true/false
二进制型(binary)	上述无法表示的其他数据类型,比如图像、音频等
注:字符型采用 GB/T 13000 中规定的字符,其中每个汉字用 2 个字节表示,其余每个字符用 1 个字节表示。	

A.1.4.3 表示格式

A.1.4.3.1 表示格式指从业务视角规定的数据元值的表示方式(与使用的软件开发工具无关),包括所允许的最大和/或最小长度等。消防数据元推荐使用的表示格式如下:

a) 表示格式中使用的字符含义见表 A.5,各类表示格式中在各个数据库中建议使用的数据类型见表 A.6;

b) 用 c 或 n 后直接加自然数的方式表示定长,如 c4 表示 4 个字符定长(一个汉字相当于两个字符),n3 表示 3 位数字定长;

c) 用 d 后加 4、6、8、10 等分别表示不同表示格式的日期型数据元,如 d4 表示 YYYY 即只表示到年份,d6 表示 YYYYMM 即表示到月份,d8 表示 YYYYMMDD 即表示到日;

d) 用 t 后加 2、4、6 分别表示不同表示格式的时间型数据元,如 t2 表示 hh 即只表示到小时,t4 表示 hhmm 即表示到分钟,t6 表示 hhmmss 即表示到秒;

e) 如果数据类型是二进制,在表示格式中应标识出二进制的具体格式,如“JPEG”。

表 A.5 表示格式中使用的字符含义

字符	含义	说明
c	表示数据类型为字符型	见表 A.4
n	表示数据类型为数值型	见表 A.4
d	表示数据类型为日期型和日期时间型	见表 A.4
t	表示数据类型为时间型	见表 A.4
bl	表示数据类型为布尔型	见表 A.4
bn	表示数据类型为二进制型	见表 A.4
..ul	表示长度不确定的文本	
..	从最小长度到最大长度,前面附加最小长度,后面附加最大长度(也可以只附加最大长度)	如 c..6 表示最多 6 个字符,n2..7 表示最少 2 位数字最多 7 位数字
n..p,q (p、q 均代表一个自然数)	表示数据类型为数值型,最长 p 位,小数点后 q 位[小数点前为(p-q)位]	如 n..8,2 表示最多 8 位数字,小数点后 2 位
注:在系统建设中遇到表示格式为“..”时按最大值使用。		

A.1.4.3.2 标准定义的不同数据类型在 MySQL、SQL Server、Oracle 等结构化数据库建议使用数据类型见表 A.6，其他数据库参照执行。

表 A.6 建议使用数据类型

数据类型	表示格式	MySQL 数据库	SQL Server 数据库	Oracle 数据库	说明
字符型	c100， c..100	CHAR(100)， VARCHAR(100)	CHAR(100)， VARCHAR(100)， NCHAR(100)， NVARCHAR(100)	NCHAR(100)， CHAR(100)， NVARCHAR2(100)， VARCHAR(100)， VARCHAR2(100)	
	..ul	TEXT	TEXT， NTEXT	BLOB	
数值型	n3， n..3， n2..3	TINYINT， SMALLINT， MEDIUMINT， INT， BIGINT	TINYINT， SMALLINT， INT， BIGINT	INTEGER， NUMBER(3)	选用的数据类型必须能够表示 n 位数的范围，例如，用 mysql 的 SMALL-INT 表示 n..9 不符合要求
	n..8,2	FLOAT(8,2)， DOUBLE(8,2)， DECIMAL(8,2)， NUMERIC(8,2)	DECIMAL(8,2)， NUMERIC(8,2)	NUMBER(8,2)	
日期型	d4， d6， d8	DATE	DATE	DATE， TIMESTAMP， TIMESTAMP WITH TIME ZONE， TIMESTAMP WITH LOCAL TIME ZONE	
日期时间型	d10， d12， d14	DATETIME	DATETIME	DATE， TIMESTAMP， TIMESTAMP WITH TIME ZONE， TIMESTAMP WITH LOCAL TIME ZONE	
时间型	t2， t4， t6	TIME	TIME	DATE， TIMESTAMP， TIMESTAMP WITH TIME ZONE， TIMESTAMP WITH LOCAL TIME ZONE	
布尔型	bl	BIT， TINYINT(1)	BIT， TINYINT(1)	CHAR(1)， NUMBER(1)	

表 A.6（续）

数据类型	表示格式	MySQL 数据库	SQL Server 数据库	Oracle 数据库	说明
二进制型	bn	BLOB， MEDIUMBLOB， LONGBLOB	BINARY， VARBINARY， VARBINARY， IMAGE	CLOB， NCLOB， BLOB， BFILE， LONG RAW RAW	
注：针对标准定义的某一种数据类型，当表中存在 2 种以上建议数据类型可以使用时，数据库设计可以使用任意 1 种。如：c100 和 c..100，当使用 MySql 数据库时，使用 CHAR(100)或 VARCHAR(100)都符合标准。					

A.1.4.4 值域

值域是根据相应属性中规定的数据类型、表示格式而决定的数据元的允许值的集合。该集合可通过以下方式给出：

——通过名称给出，即直接指出值域的名称，比如数据元"籍贯国家/地区代码"的值域是 GB/T 2659 中的 3 位字母代码；

——通过一一列举的方式给出所有可能的取值以及每一个值对应的实例或含义；

——通过规则间接给出；

——无要求。

A.1.4.5 计量单位

计量单位为数值型数据元的一个属性。计量单位的名称应符合 GB/T 17295 中的计量单位名称。

A.1.5 管理类属性

状态指数据元在其注册的全生存期(即生命周期)内所处的状态。数据元在其注册的全部生存期内存在 7 种状态：

a) 原始——已经创建数据元并提交，提交新的数据需求和对现行数据元的修改建议都从本状态开始；

b) 草案——经过数据元注册机构形式审查后，等待技术审查；

c) 征求意见——经过技术初审后，正在征求意见中；

d) 报批——经过技术终审后，等待审批；

e) 标准——新增或变更的数据元，经过标准化过程的协调和审查，已得到数据元管理机构批准；

f) 未批准——在新增或变更数据元的流程中，在任何一个阶段未能通过审查或批准；

g) 废止——不再需要其支持信息需求，经数据元管理机构批准，该数据元的内容即将从标准中删去。

A.1.6 附加类属性

备注用以描述数据元的附加注释，即上述五类属性未能描述的其他注释。

A.2 数据元的使用

各相关业务部门开发应用系统时应依据数据元来开展信息系统数据库或信息交换格式的设计。

参 考 文 献

[1] GB/T 19488.1—2004 电子政务数据元 第1部分:设计和管理规范

ICS 13.220.01
CCS C 80

中华人民共和国消防救援行业标准

XF/T 3015.1—2022

消防数据元限定词
第1部分:基础业务信息

Qualifiers for data elements of fire service—Part 1:Basic service information

2022-01-01 发布 2022-03-01 实施

中华人民共和国应急管理部 发布

前言

本文件按照GB/T 1.1—2020《标准化工作导则　第1部分:标准化文件的结构和起草规则》的规定起草。

本文件是XF/T 3015《消防数据元限定词》的第1部分。XF/T 3015已经发布了以下部分:

——第1部分:基础业务信息。

请注意本文件的某些内容可能涉及专利。本文件的发布机构不承担识别专利的责任。

本文件由中华人民共和国应急管理部提出。

本文件由全国消防标准化技术委员会消防通信分技术委员会(SAC/TC 113/SC 14)归口。

本文件起草单位:应急管理部沈阳消防研究所、云南省昭通市消防救援支队、山东省威海市消防救援支队、辽宁省沈阳市消防救援支队。

本文件主要起草人:张春华、梁云杰、安震鹏、胡峻溯、杨树峰、邓新宁、刘原、高松。

消防数据元限定词　第1部分:基础业务信息

1　范围

本文件规定了消防数据元限定词。

本文件适用于消防信息化建设、应用和管理。

2　规范性引用文件

本文件没有规范性引用文件。

3　术语和定义

本文件没有需要界定的术语和定义。

4　数据元限定词的表述

数据元限定词的表示应符合附录A的规定。

5　消防数据元限定词表

消防数据元限定词见表1。

表1　消防数据元限定词表

内部标识符	名称	标识符	说明
DQ00001	消防救援机构	XFJYJG	
DQ00002	编制人员	BZRY	
DQ00003	实有人员	SYRY	
DQ00004	干部	GB	
DQ00005	消防员	XFY	
DQ00006	非编制人员	FBZRY	
DQ00007	战斗班	ZDB	
DQ00008	攻坚组	GJZ	
DQ00009	攻坚组成员	GJZCY	
DQ00010	执勤人员	ZQRY	
DQ00011	执勤车辆	ZQCL	
DQ00012	执勤车辆载灭火剂	ZQCLZMHJ	
DQ00013	灭火剂储备	MHJCB	

表 1（续）

内部标识符	名称	标识符	说明
DQ00014	辖区范围	XQFW	
DQ00015	消防辖区	XFXQ	
DQ00016	装备状况	ZBZK	
DQ00017	消防信息网	XFXXW	
DQ00018	设立	SL	
DQ00019	直接上级单位	ZJSJDW	
DQ00020	灭火救援有关单位	MHJYYGDW	
DQ00021	应急联动职责	YJLDZZ	
DQ00022	可调用人员	KDYRY	
DQ00023	可调用装备	KDYZB	
DQ00024	战勤保障职责	ZQBZZZ	
DQ00025	上级主管单位	SJZGDW	
DQ00026	重点单位	ZDDW	
DQ00027	消防安全责任人	XFAQZRR	
DQ00028	毗邻单位	PLDW	
DQ00029	生产储存物资	SCCCWZ	
DQ00030	重点部位	ZDBW	
DQ00031	建筑物	JZW	
DQ00032	专职消防队队员	ZZXFDDY	
DQ00033	专职消防队队长	ZZXFDDZ	
DQ00034	内部消防设施	NBXFSS	
DQ00035	外围消防设施	WWXFSS	
DQ00036	消防自救措施	XFZJCS	
DQ00037	历史灾情	LSZQ	
DQ00038	消防车通道	XFCTD	
DQ00039	消防水池	XFSC	
DQ00040	消防电梯	XFDT	
DQ00041	安全出口	AQCK	
DQ00042	消防控制室	XFKZS	
DQ00043	值班	ZB	
DQ00044	值班单位	ZBDW	
DQ00045	值班首长	ZBSZ	
DQ00046	值班人员	ZBRY	
DQ00047	信息登记	XXDJ	

表 1（续）

内部标识符	名称	标识符	说明
DQ00048	信息处理	XXCL	
DQ00049	信息传达	XXCD	
DQ00050	信息接收	XXJS	
DQ00051	信息来源单位	XXLYDW	
DQ00052	信息内容	XXNR	
DQ00053	平安	PA	
DQ00054	报送单位	BSDW	
DQ00055	接收单位	JSDW	
DQ00056	报送人	BSR	
DQ00057	接收人	JSR	
DQ00058	信息报送	XXBS	
DQ00059	火灾受伤	HZSS	
DQ00060	火灾死亡	HZSW	
DQ00061	灾害事故受伤	ZHSGSS	
DQ00062	灾害事故死亡	ZHSGSW	
DQ00063	疏散人员	SSRY	
DQ00064	救出人员	JCRY	
DQ00065	保护财产价值	BHCCJZ	
DQ00066	损失价值	SSJZ	
DQ00067	交接班	JJB	
DQ00068	交班人员	JBRY	
DQ00069	接班人员	JIBRY	
DQ00070	等级战备	DJZB	
DQ00071	发布人	FBR	
DQ00072	发布机构	FBJG	
DQ00073	发布	FB	
DQ00074	报送应急部门	BSYJBM	
DQ00075	训练	XL	
DQ00076	训练内容	XLNR	
DQ00077	参训单位	CXDW	
DQ00078	参训人员	CXRY	
DQ00079	参训人员范围	CXRYFW	
DQ00080	缺席人员	QXRY	
DQ00081	缺席原因	QXYY	

表 1（续）

内部标识符	名称	标识符	说明
DQ00082	训练组织单位	XLZZDW	
DQ00083	训练负责人	XLFZR	
DQ00084	考核	KH	
DQ00085	主考单位	ZKDW	
DQ00086	主考人	ZKR	
DQ00087	参考单位	CKDW	
DQ00088	参考人员范围	CKRYFW	
DQ00089	参考人	CKR	
DQ00090	缺考人	QKR	
DQ00091	缺考原因	QKYY	
DQ00092	报警	BJ	
DQ00093	报警人	BJR	
DQ00094	报警内容	BJNR	
DQ00095	接警	JJ	
DQ00096	接警单位	JJDW	
DQ00097	接警人	JJR	
DQ00098	下达指令	XDZL	
DQ00099	下达指令单位	XDZLDW	
DQ00100	出动单位	CDDW	
DQ00101	消防力量编成	XFLLBC	
DQ00102	出警电子地图	CJDZDT	
DQ00103	人工反馈	RGFK	
DQ00104	系统反馈	XTFK	
DQ00105	灾情	ZQ	
DQ00106	灾情状态变化	ZQZTBH	
DQ00107	灾情对象	ZQDX	
DQ00108	灾情概述	ZQGS	
DQ00109	立案	LA	
DQ00110	结案	JA	
DQ00111	接受命令	JSML	
DQ00112	出动力量	CDLL	
DQ00113	到达现场	DDXC	
DQ00114	战斗展开	ZDZK	
DQ00115	到场出水	DCCS	

表 1（续）

内部标识符	名称	标识符	说明
DQ00116	火势控制	HSKZ	
DQ00117	基本扑灭	JBPM	
DQ00118	力量归队	LLGD	
DQ00119	中途返回	ZTFH	
DQ00120	现场指挥人	XCZHR	
DQ00121	重大活动	ZDHD	
DQ00122	主办单位	ZHBDW	
DQ00123	承办单位	CBDW	
DQ00124	活动概况	HDGK	
DQ00125	勤务对象信息	QWDXXX	
DQ00126	勤务最高指挥员	QWZGZHY	
DQ00127	勤务方案内容	QWFANR	
DQ00128	勤务正常执行	QWZCZX	
DQ00129	相关单位信息	XGDWXX	
DQ00130	灾情现场气象	ZQXCQX	
DQ00131	风	F	
DQ00132	大气	DQ	
DQ00133	采集	CJ	
DQ00134	作战单位	ZZDW	
DQ00135	群众被困	QZBK	
DQ00136	群众受伤	QZSS	
DQ00137	群众死亡	QZSW	
DQ00138	群众失联	QZSL	
DQ00139	疏散	SS	
DQ00140	救出	JC	
DQ00141	队伍人员被困	DWRYBK	
DQ00142	队伍人员受伤	DWRYSS	
DQ00143	队伍人员死亡	DWRYSW	
DQ00144	队伍人员失联	DWRYSL	
DQ00145	伤亡原因	SWYY	
DQ00146	第一出动	DYCD	
DQ00147	第一到场	DYDC	
DQ00148	增援出动	ZYCD	
DQ00149	增援到场	ZYDC	

表 1（续）

内部标识符	名称	标识符	说明
DQ00150	出水	CS	
DQ00151	控制	KZ	
DQ00152	战斗结束	ZDJS	
DQ00153	现场总指挥	XCZZH	
DQ00154	现场其他主要指挥员	XCQTZYZHY	
DQ00155	消防救援站指挥员	XFJYZZHY	
DQ00156	119 调度员	119DDY	
DQ00157	现场通信员	XCTXY	
DQ00158	现场摄像员	XCSXY	
DQ00159	战斗基本情况	ZDJBQK	
DQ00160	灭火救援作战过程记录	MHJYZZGCJL	
DQ00161	参战消防救援站	CZXFJYZ	
DQ00162	出动	CD	
DQ00163	到场	DC	
DQ00164	消防救援站通信员	XFJYZTXY	
DQ00165	战斗经过描述	ZDJGMS	
DQ00166	使用水源情况	SYSYQK	
DQ00167	停水	TS	
DQ00168	使用灭火剂	SYMHJ	
DQ00169	使用器材	SYQC	
DQ00170	战评	ZP	
DQ00171	战评组织单位	ZPZZDW	
DQ00172	战评主持人	ZPZCR	
DQ00173	参加人员范围	CJRYFW	
DQ00174	战评报告内容	ZPBGNR	
DQ00175	预案对象	YADX	
DQ00176	责任消防救援站	ZRXFJYZ	
DQ00177	预案制定人	YAZDR	
DQ00178	预案制定	YAZD	
DQ00179	预案修订人	YAXDR	
DQ00180	修订	XD	
DQ00181	预案审核人	YASHR	
DQ00182	审核	SH	
DQ00183	批准	PZ	

表 1（续）

内部标识符	名称	标识符	说明
DQ00184	预案批准人	YAPZR	
DQ00185	实施	SHS	
DQ00186	预案文件	YAWJ	
DQ00187	搜救犬	SJQ	
DQ00188	搜救犬适用场合	SJQSYCH	
DQ00189	搜救犬训导员	SJQXDY	
DQ00190	搜救犬所属单位	SJQSSDW	
DQ00191	搜救犬战绩	SJQZJ	
DQ00192	搜救犬可用	SJQKY	
DQ00193	灭火剂	MHJ	
DQ00194	灭火剂成分	MHJCF	
DQ00195	灭火机理	MHJL	
DQ00196	应用方法	YYFF	
DQ00197	适用范围	SYFW	
DQ00198	生产	SC	
DQ00199	有效期截止	YXQJZ	
DQ00200	化学品	HXP	
DQ00201	用途	YT	
DQ00202	熔点	RD	
DQ00203	沸点	FD	
DQ00204	闪点	SD	
DQ00205	燃点	RAD	
DQ00206	爆燃点	BRD	
DQ00207	燃烧产物	RSCW	
DQ00208	爆炸上限	BZSX	
DQ00209	爆炸下限	BZXX	
DQ00210	临界温度	LJWD	
DQ00211	临界压力	LJYL	
DQ00212	饱和蒸气压	BHZQY	
DQ00213	致死中量	ZSZL	
DQ00214	致死中浓度	ZSZND	
DQ00215	扑救方法	PJFF	
DQ00216	存储方法	CCFF	
DQ00217	运输方法	YSFF	

表 1（续）

内部标识符	名称	标识符	说明
DQ00218	防护处理方法	FHCLFF	
DQ00219	泄漏处理方法	XLCLFF	
DQ00220	洗消注意事项	XXZYSX	
DQ00221	建筑	JZ	
DQ00222	竣工	JG	
DQ00223	地上建筑	DSJZ	
DQ00224	建筑承建商	JZCJS	
DQ00225	地下建筑	DXJZ	
DQ00226	是否设立消防控制室	SFSLXFKZS	
DQ00227	消防控制室联系人	XFKZSLXR	
DQ00228	裙楼	QL	
DQ00229	登高作业面	DGZYM	
DQ00230	图片	TP	
DQ00231	应急预案	YJYA	
DQ00232	周边毗邻	ZBPL	
DQ00233	周边毗邻情况概述	ZBPLQKGS	
DQ00234	实战演练	SZYL	
DQ00235	灭火演练概述	MHYLGS	
DQ00236	灭火逃生疏散预案	MHTSSSYA	
DQ00237	消防设施	XFSS	
DQ00238	消防设施概述	XFSSGS	
DQ00239	执法监督	ZFJD	
DQ00240	执法监督概述	ZFJDGS	
DQ00241	历史灾情概述	LSZQGS	
DQ00242	消防队站	XFDZ	
DQ00243	单位	DW	
DQ00244	建筑图纸	JZTZ	
DQ00245	认证委托人	RZWTR	
DQ00246	生产者	SCZ	
DQ00247	生产企业	SCQY	
DQ00248	产品	CP	
DQ00249	认证单元	RZDY	
DQ00250	产品认证实施规则	CPRZSSGZ	
DQ00251	产品认证实施细则	CPRZSSXZ	

表 1 (续)

内部标识符	名称	标识符	说明
DQ00252	产品认证基本模式	CPRZJBMS	
DQ00253	首次发证	SCFZ	
DQ00254	有效期起始	YXQQS	
DQ00255	证书处于非有效状态原因	ZSCYFYXZTYY	
DQ00256	发证机构	FZJG	
DQ00257	委托方	WTF	
DQ00258	制造商	ZZS	
DQ00259	生产厂	SCC	
DQ00260	规格型号	GGXH	
DQ00261	鉴定依据	JDYJ	
DQ00262	发证	FZ	
DQ00263	产品标准和技术要求	CPBZHJSYQ	
DQ00264	样品	YP	
DQ00265	样品状态	YPZT	
DQ00266	抽样	CY	
DQ00267	抽样人员	CYRY	
DQ00268	检验受理	JYSL	
DQ00269	检验依据	JYYJ	
DQ00270	检验项目	JYXM	
DQ00271	检验结论	JYJL	
DQ00272	产品检验结果汇总表	CPJYJGHZB	
DQ00273	检验设备布置图	JYSBBZT	
DQ00274	编制人	BZR	
DQ00275	审核人	SHR	
DQ00276	批准人	PZR	
DQ00277	签发	QF	
DQ00278	使用单位	SYDW	
DQ00279	联系人	LXR	
DQ00280	出厂	CC	
DQ00281	抽查计划	CCJH	
DQ00282	产品质量判定方法及依据	CPZLPDFFJYJ	
DQ00283	制定单位	ZHDDW	
DQ00284	抽查任务	CCRW	
DQ00285	产品使用场所	CPSYCS	

表 1（续）

内部标识符	名称	标识符	说明
DQ00286	抽查实施	CCSS	
DQ00287	监督抽查结果通报	JDCCJGTB	
DQ00288	消防安全不良信息公布	XFAQBLXXGB	
DQ00289	被举报投诉产品使用场所	BJBTSCPSYCS	
DQ00290	举报投诉人	JBTSR	
DQ00291	举报投诉内容	JBTSNR	
DQ00292	受理	SLI	
DQ00293	受理登记人	SLDJR	
DQ00294	受理意见	SLYJ	
DQ00295	核查	HC	
DQ00296	核查情况	HCQK	
DQ00297	告知情况	GZQK	
DQ00298	消防监督检查记录	XFJDJCJL	
DQ00299	被检查单位场所	BJCDWCS	
DQ00300	消防安全管理人	XFAQGLR	
DQ00301	消防安全重点单位	XFAQZDDW	
DQ00302	消防监督检查员	XFJDJCY	
DQ00303	判定方法	PDFF	
DQ00304	被查建筑物	BCJZW	
DQ00305	公众聚集场所	GZJJCS	
DQ00306	使用性质相符	SYXZXF	
DQ00307	消防安全制度	XFAQZD	
DQ00308	灭火和应急疏散预案	MHHYJSSYA	
DQ00309	员工消防安全培训	YGXFAQPX	
DQ00310	防火检查巡查	FHJCXC	
DQ00311	定期检验维修	DQJYWX	
DQ00312	消防演练	XFYL	
DQ00313	消防档案	XFDA	
DQ00314	消防重点部位确定	XFZDBWQD	
DQ00315	承担灭火和组织疏散任务人员	CDMHHZZSSRWRY	
DQ00316	易燃易爆危险品同一建筑物内	YRYBWXPTYJZWN	
DQ00317	其他物品同一建筑物内	QTWPTYJZWN	
DQ00318	障碍物	ZAW	
DQ00319	消防车通道畅通	XFCTDCT	

表 1（续）

内部标识符	名称	标识符	说明
DQ00320	消防车通道抽查部位	XFCTDCCBW	
DQ00321	防火间距占用	FHJJZY	
DQ00322	防火间距抽查部位	FHJJCCBW	
DQ00323	防火分区合格	FHFQHG	
DQ00324	防火分区抽查部位	FHFQCCBW	
DQ00325	人员密集场所装修装饰合格	RYMJCSZXZSHG	
DQ00326	人员密集场所装修装饰抽查部位	RYMJCSZXZSCCBW	
DQ00327	疏散通道合格	SSTDHG	
DQ00328	疏散通道抽查部位	SSTDCCBW	
DQ00329	安全出口抽查部位	AQCKCCBW	
DQ00330	消防应急照明灯具	XFYJZMDJ	
DQ00331	应急照明抽查部位	YJZMCCBW	
DQ00332	疏散指示标志	SSZSBZ	
DQ00333	疏散指示标志抽查部位	SSZSBZCCBW	
DQ00334	避难层	BNC	
DQ00335	避难层抽查部位	BNCCCBW	
DQ00336	应急广播	YJGB	
DQ00337	应急广播抽查部位	YJGBCCBW	
DQ00338	值班操作人员在岗人员	ZBCZRYZGRY	
DQ00339	值班记录	ZBJL	
DQ00340	消防联动控制设备运行	XFLDKZSBYX	
DQ00341	消防电话合格	XFDHHG	
DQ00342	消防电话抽查部位	XFDHCCBW	
DQ00343	火灾自动报警系统	HZZDBJXT	
DQ00344	探测器	TCQ	
DQ00345	手动火灾报警按钮	SDHZBJAN	
DQ00346	控制设备	KZSB	
DQ00347	消防给水设施	XFJSSS	
DQ00348	室外消防水池	SWXFSC	
DQ00349	消防水箱	XFSX	
DQ00350	消防泵	XFB	
DQ00351	室内消火栓	SNXHS	
DQ00352	室外消火栓	SWXHS	
DQ00353	消防水泵接合器	XFSBJHQ	

表 1（续）

内部标识符	名称	标识符	说明
DQ00354	稳压设施	WYSS	
DQ00355	自动喷水灭火系统	ZDPSMHXT	
DQ00356	报警阀	BJF	
DQ00357	末端试水装置	MDSSZZ	
DQ00358	其他自动灭火系统	QTZDMHXT	
DQ00359	防火门	FHM	
DQ00360	防火卷帘	FHJL	
DQ00361	防排烟设施	FPYSS	
DQ00362	灭火器	MHQ	
DQ00363	线路维护检测	XLWHJC	
DQ00364	管路维护检测	GLWHJC	
DQ00365	明火作业	MHZY	
DQ00366	违反消防安全规定	WFXFAQGD	
DQ00367	违反有关消防技术标准	WFYGXFJSBZ	
DQ00368	消防产品监督检查记录	XFCPJDJCJL	
DQ00369	消防机构	XFJG	
DQ00370	消防产品监督检查员	XFCPJDJCY	
DQ00371	消防产品监督检查	XFCPJDJC	
DQ00372	被检查单位随同人员	BJCDWSTRY	
DQ00373	被检查单位随同人员签名	BJCDWSTRYQM	
DQ00374	产品所在部位	CPSZBW	
DQ00375	检查	JIC	
DQ00376	市场准入检查情况	SCZRJCQK	
DQ00377	产品质量现场检查情况	CPZLXCJCQK	
DQ00378	消防产品现场检查判定不合格通知书	XFCPXCJCPDBHGTZS	
DQ00379	检查人	JCR	
DQ00380	不合格情况	BHGQK	
DQ00381	印章	YZ	
DQ00382	异议	YY	
DQ00383	异议理由	YYLY	
DQ00384	被检查单位签收	BJCDWQS	
DQ00385	被抽样单位场所	BCYDWCS	
DQ00386	法定代表人	FDDBR	
DQ00387	主要负责人	ZYFZR	

表 1(续)

内部标识符	名称	标识符	说明
DQ00388	被抽样建筑单位	BCYJZDW	
DQ00389	商标	SB	
DQ00390	进货或使用	JHHSY	
DQ00391	被抽样单位场所签名	BCYDWCSQM	
DQ00392	被抽样单位场所确认情况	BCYDWCSQRQK	
DQ00393	标称生产者签名	BCSCZQM	
DQ00394	标称生产者确认情况	BCSCZQRQK	
DQ00395	消防产品质量检验结果通知书	XFCPZLJYJGTZS	
DQ00396	被检验单位	BJYDW	
DQ00397	检验机构	JYJG	
DQ00398	检验结果	JIYJG	
DQ00399	监督抽查检验报告页数	JDCCJYBGYS	
DQ00400	申请单位	SQDW	
DQ00401	填表	TB	
DQ00402	首检检验机构	SJJYJG	
DQ00403	首检报告签发	SJBGQF	
DQ00404	首检报告收到	SJBGSD	
DQ00405	首检不合格项目	SJBHGXM	
DQ00406	申请复检项目	SQFJXM	
DQ00407	申请复检理由	SQFJLY	
DQ00408	消防产品复检受理凭证	XFCPFJSLPZ	
DQ00409	申请人签收	SQRQS	
DQ00410	消防产品质量复检结果通知书	XFCPZLFJJGTZS	
DQ00411	复验结果	FYJG	
DQ00412	涉嫌违法生产销售消防产品案件的函	SXWFSCXSXFCPAJDH	
DQ00413	质监或工商部门	ZJHGSBM	
DQ00414	涉嫌生产不合格消防产品的函	SXSCBHGXFCPDH	
DQ00415	鉴定认证机构	JDRZJG	
DQ00416	责令立即改正通知书	ZLLJGZTZS	
DQ00417	具体问题	JTWT	
DQ00418	被检查单位场所签收	BJCDWCSQS	
DQ00419	责令限期改正通知书	ZLXQGZTZS	
DQ00420	限期整改	XQZG	
DQ00421	经销商	JXS	

表 1（续）

内部标识符	名称	标识符	说明
DQ00422	工程	GC	
DQ00423	建设单位	JISDW	
DQ00424	结束号段	JSHD	
DQ00425	起始号段	QSHD	
DQ00426	产品流向	CPLX	
DQ00427	到达经销商	DDJXS	
DQ00428	生产厂家	SCCJ	
DQ00429	产品信息管理	CPXXGL	
DQ00430	到达用户单位	DDYHDW	
DQ00431	用户单位	YHDW	
DQ00432	印制单位	YZDW	
DQ00433	申领单位	SLDW	
DQ00434	标志使用比例	BZSYBL	
DQ00435	经销商上报比例	JXSSBBL	
DQ00436	申领	SHL	
DQ00437	标志明码	BZMM	
DQ00438	审批	SP	
DQ00439	作废申请	ZFSQ	
DQ00440	档案号	DAH	
DQ00441	销售	XS	
DQ00442	质检员	ZJY	
DQ00443	就业安置单位法人代表	JYAZDWFRDB	
DQ00444	装备	ZHB	
DQ00445	品牌型号	PPXH	
DQ00446	参考价	CKJ	
DQ00447	品牌	PP	
DQ00448	主要成分	ZYCF	
DQ00449	进口装备国内代理商	JKZBGNDLS	
DQ00450	售后服务单位	SHFWDW	
DQ00451	直接责任人	ZJZRR	
DQ00452	装备队伍	ZBEDW	
DQ00453	额定载人	EDZR	
DQ00454	固定座位	GDZW	
DQ00455	规划	GH	

表 1（续）

内部标识符	名称	标识符	说明
DQ00456	关键字	GUJZ	
DQ00457	参与人	CYR	
DQ00458	外部审批单位	WBSPDW	
DQ00459	审批环节	SPHJ	
DQ00460	主要内容	ZYNR	
DQ00461	参考文献	CKWX	
DQ00462	调研人	DYR	
DQ00463	调研	DY	
DQ00464	论证	LZ	
DQ00465	论证结论	LZJL	
DQ00466	专家	ZJ	
DQ00467	征求意见	ZQYJ	
DQ00468	启动	QD	
DQ00469	仓库	CK	
DQ00470	货位	HW	
DQ00471	库存物品	KCWP	
DQ00472	装载物品	ZZWP	
DQ00473	保养	BY	
DQ00474	保养人	BYR	
DQ00475	检查内容	JCNR	
DQ00476	检查结果	JCJG	
DQ00477	处理意见	CLYJ	
DQ00478	经办人	JBR	
DQ00479	验货	YH	
DQ00480	验货结果	YHJG	
DQ00481	退货原因	THYY	
DQ00482	退货处理结果	THCLJG	
DQ00483	接收方	JSF	
DQ00484	赠送方	ZSF	
DQ00485	赠送方负责人	ZSFFZR	
DQ00486	接收方负责人	JSFFZR	
DQ00487	承办人	CBR	
DQ00488	受赠	SZ	
DQ00489	交货	JH	

表 1（续）

内部标识符	名称	标识符	说明
DQ00490	申请机构	SQJG	
DQ00491	进口商	JKS	
DQ00492	原产地	YCD	
DQ00493	商品用途	SPYT	
DQ00494	改进项目	GJXM	
DQ00495	改进内容	GJNR	
DQ00496	改进建议	GJJY	
DQ00497	改进原因	GJYY	
DQ00498	改进要求	GJYQ	
DQ00499	外协厂家	WXCJ	
DQ00500	负责人	FZR	
DQ00501	完成	WC	
DQ00502	试用单位	SHYDW	
DQ00503	试用人员	SHYRY	
DQ00504	改进后装备	GJHZB	
DQ00505	检测单位	JCDW	
DQ00506	检测	JCE	
DQ00507	检测内容	JICNR	
DQ00508	检测依据	JCYJ	
DQ00509	检测结论	JCJL	
DQ00510	送检人	SJR	
DQ00511	复检	FJ	
DQ00512	维修	WX	
DQ00513	报废	BF	
DQ00514	费用	FY	
DQ00515	检验单位	JYDW	
DQ00516	检验设备	JYSB	
DQ00517	检验人	JYR	
DQ00518	使用项目	SYXM	
DQ00519	使用人	SYR	
DQ00520	开始	KS	
DQ00521	结束	JS	
DQ00522	使用描述	SYMS	
DQ00523	监理机构	JLJG	

表 1（续）

内部标识符	名称	标识符	说明
DQ00524	监理人	JLR	
DQ00525	被检查机构	BJCJG	
DQ00526	被检查人	BJCR	
DQ00527	监理	JL	
DQ00528	装备事故	ZBSG	
DQ00529	勘查记录	KCJL	
DQ00530	调查组长	DCZZ	
DQ00531	调查组员	DCZY	
DQ00532	调查结论	DCJL	
DQ00533	复查	FC	
DQ00534	索赔	SUP	
DQ00535	赔偿	PC	
DQ00536	赔偿情况	PCQK	
DQ00537	处理结果	CLJG	
DQ00538	询问笔录	XWBL	
DQ00539	注册	ZC	
DQ00540	附件	FUJ	
DQ00541	作者	ZZ	
DQ00542	编辑人	BIJR	
DQ00543	审批人	SPR	
DQ00544	投诉内容	TSNR	
DQ00545	投诉人	TSR	
DQ00546	专职消防队	ZZXFD	
DQ00547	避难层(间)	BNCJ	
DQ00548	疏散楼梯	SSLT	
DQ00549	储罐	CG	
DQ00550	储存物	CCW	
DQ00551	安全重点部位	AQZDBW	
DQ00552	消防安全重点部位责任人	XFAQZDBWZRR	
DQ00553	市政消火栓	SZXHS	
DQ00554	稳压泵	WYB	
DQ00555	气压罐	QYG	
DQ00556	喷头	PT	
DQ00557	喷淋泵	PLB	

表1（续）

内部标识符	名称	标识符	说明
DQ00558	气体灭火系统钢瓶	QTMHXTGP	
DQ00559	泡沫泵	PMB	
DQ00560	泡沫液罐	PMYG	
DQ00561	泡沫栓	PMS	
DQ00562	火灾报警控制器	HZBJKZQ	
DQ00563	火灾探测器	HZTCQ	
DQ00564	排烟风机	PYFJ	
DQ00565	送风机	SFJ	
DQ00566	排烟防火阀	PYFHF	
DQ00567	防火阀	FHF	
DQ00568	消防应急疏散指示标志	XFYJSSZSBZ	
DQ00569	设备	SHB	
DQ00570	参数	CAS	
DQ00571	物品购置	WPGZ	
DQ00572	供应商	GYS	
DQ00573	软件	RJ	
DQ00574	应用对象	YYDX	
DQ00575	部署模式	BSMS	
DQ00576	系统简介	XTJJ	
DQ00577	业务部门负责人	YWBMFZR	
DQ00578	系统管理员	XTGLY	
DQ00579	信通处负责人	XTCFZR	
DQ00580	对应项目	DYXM	
DQ00581	上线	SX	
DQ00582	试点	SHD	
DQ00583	试点单位	SDDW	
DQ00584	组织二次开发	ZZECKF	
DQ00585	制定运行机制	ZDYXJZ	
DQ00586	制定业务规则	ZDYWGZ	
DQ00587	一体化软件	YTHRJ	
DQ00588	研发平台	YFPT	
DQ00589	软件来源	RJLY	
DQ00590	授权	SQ	
DQ00591	配发下级单位	PFXJDW	

表 1（续）

内部标识符	名称	标识符	说明
DQ00592	管理员	GLY	
DQ00593	网络资源	WLZY	
DQ00594	服务商	FWS	
DQ00595	带宽	DK	
DQ00596	链路编码	LLBM	
DQ00597	起始地点	QSDD	
DQ00598	到达地点	DDDD	
DQ00599	链路资源	LLZY	
DQ00600	网站域名	WZYM	
DQ00601	负责单位	FZDW	
DQ00602	年度租费	NDZF	
DQ00603	巡检对象	XJDX	
DQ00604	巡检状态正常	XJZTZC	
DQ00605	巡检人	XJR	
DQ00606	巡检	XJ	
DQ00607	会议	HY	
DQ00608	主会场	ZHC	
DQ00609	分会场	FHC	
DQ00610	会前测试	HQCS	
DQ00611	申请	SHQ	
DQ00612	会议议程	HYYC	
DQ00613	有多媒体资料	YDMTZL	
DQ00614	分会场发言	FHCFY	
DQ00615	转发会议	ZFHY	
DQ00616	处室	CHS	
DQ00617	用户类型	YHLX	
DQ00618	入网性质	RWXZ	
DQ00619	安装性质	AZXZ	
DQ00620	所在房间号	SZFJH	
DQ00621	计算机	JSJ	
DQ00622	申请人	SQR	
DQ00623	分配人	FPR	
DQ00624	分配	FP	
DQ00625	变更使用人	BGSYR	

表 1（续）

内部标识符	名称	标识符	说明
DQ00626	启用	QY	
DQ00627	设备厂家	SBCJ	
DQ00628	功率	GL	
DQ00629	所属运营商	SSYYS	
DQ00630	入网号码	RWHM	
DQ00631	申请部门	SQBM	
DQ00632	电话类型	DHLX	
DQ00633	业务类型	YWLX	
DQ00634	IP 电话	IPDH	
DQ00635	领用	LY	
DQ00636	归还单据号	GHDJH	
DQ00637	归还人	GHR	
DQ00638	计划归还	JHGH	
DQ00639	实际归还	SJGH	
DQ00640	维护人所属科室	WHRSSKS	
DQ00641	故障描述	GZMS	
DQ00642	送修人	SXR	
DQ00643	申请报废	SQBF	
DQ00644	报废原因	BFYY	
DQ00645	应急保障分队	YJBZFD	
DQ00646	更新	GX	
DQ00647	预案	YA	
DQ00648	任务	RW	
DQ00649	灾情描述	ZQMS	
DQ00650	灾害	ZH	
DQ00651	累计保障	LJBZ	
DQ00652	战评总结	ZPZJ	
DQ00653	检验	JY	
DQ00654	专职消防员	ZZXFY	
DQ00655	灭火救援编队	MHJYBD	
DQ00656	战斗编成	ZDBC	
DQ00657	内部单位	NBDW	
DQ00658	微型消防站	WXXFZ	
DQ00659	管网直径	GWZJ	

表 1（续）

内部标识符	名称	标识符	说明
DQ00660	管网	GW	
DQ00661	训练成绩	XLCJ	
DQ00662	训练器材	XLQC	
DQ00663	训练设施	XLSS	
DQ00664	安全检查	AQJC	
DQ00665	安全员	AQY	
DQ00666	指挥员	ZHY	
DQ00667	应急逃生窗口	YJTSCK	
DQ00668	委托人	WTR	
DQ00669	非有效状态	FYXZT	
DQ00670	抽样方法	CYFF	
DQ00671	备样	BEY	
DQ00672	承办	CB	
DQ00673	核查结果属实	HCJGSS	
DQ00674	抽样送检	CYSJ	
DQ00675	抽样单	CYD	
DQ00676	质量监督抽查计划	ZLJDCCJH	
DQ00677	出动车辆	CDCL	
DQ00678	检验报告编号	JYBGBH	
DQ00679	警情处警	JQCJ	
DQ00680	消防安全隐患	XFAQYH	
DQ00681	容纳	RN	
DQ00682	防火分区	FHFQ	
DQ00683	入驻单位	RZDW	

附　录　A
（规范性）
数据元限定词的表述

A.1　数据元限定词的表述形式

数据元限定词的表述是通过对其内部标识符、中文名称、标识符和说明的描述来实现。表述形式见表A.1。

表 A.1　数据元限定词表述形式

内部标识符	中文名称	标识符	说明
…	…	…	…

A.2　内部标识符

内部标识符描述如下：

a）　内部标识符是在一个注册机构内由注册机构自行分配的，与语言无关的数据元限定词的唯一标识；

b）　内部标识符由两个大写英文字母“DQ”和五位阿拉伯数字组成；

c）　内部标识符按照限定词提交的时间顺序由小到大编号；

d）　内部标识符一旦赋予，不应复用。

A.3　中文名称

中文名称的命名应符合以下要求：

a）　名称唯一；

b）　概念明确。

A.4　标识符

标识符是限定词的唯一标识。标识符由该限定词中文名称中每个汉字的汉语拼音首字母（不区分大小写）组成。当不同限定词的标识符出现重复时，则依次采用每个汉字拼音的第2个字母对比，再相同时取每个汉字拼音的第3个字母对比，以此类推，在保留首字母的前提下，按标识符最短不重的原则处理。

示例：标识符首字母相重时的处理示例见表A.2。

表 A.2　首字母相重时的处理

序号	限定词名称	汉语全拼	汉语拼音首字母	标识符	说明
1	持证人	chi-zheng-ren	CZR	CZR	第1次出现
2	出租人	chu-zu-ren	CZR	CHZR	与持证人首字母重复，故采用首字拼音的第2个字母
3	承租人	cheng-zu-ren	CZR	CZUR	与持证人和出租人拼音首字母重复，采用出租人首字拼音的第2个字母仍然重复，故采用第2个字拼音的第2个字母

A.5　说明

说明中应列出需要说明的事项。

ICS 13.220.01
CCS C 80

中华人民共和国消防救援行业标准

XF/T 3016.1—2022

消防信息代码
第1部分：基础业务信息

Information codes for fire service—
Part 1:Basic service information

2022-01-01 发布　　2022-03-01 实施

中华人民共和国应急管理部　发布

前言

本文件按照GB/T 1.1—2020《标准化工作导则　第1部分：标准化文件的结构和起草规则》的规定起草。

本文件是XF/T 3016《消防信息代码》的第1部分。XF/T 3016已经发布了以下部分：

——第1部分：基础业务信息。

请注意本文件的某些内容可能涉及专利。本文件的发布机构不承担识别专利的责任。

本文件由中华人民共和国应急管理部提出。

本文件由全国消防标准化技术委员会消防通信分技术委员会(SAC/TC 113/SC 14)归口。

本文件起草单位：应急管理部沈阳消防研究所、应急管理部天津消防研究所、中国人民警察大学、应急管理部消防产品合格评定中心、湖南省消防救援总队、青海省消防救援总队、江苏省消防救援总队、广东省消防救援总队、上海市消防救援总队、山东省消防救援总队、辽宁省沈阳市消防救援支队。

本文件主要起草人：姜学赟、应放、安震鹏、张磊、郭歌、卢韶然、马曙光、杜阳、刘程、幸雪初、裴建国、杨树峰、范玉峰、程骁丁、王国斌、杨扬、楼兰、李玉龙、林晓东、刘传军、朱红伟、高松、郑馨、许安麒、王庆聪。

消防信息代码
第1部分:基础业务信息

1 范围

本文件规定了消防信息代码。

本文件适用于消防信息化建设、应用和管理。

2 规范性引用文件

下列文件中的内容通过文中的规范性引用而构成本文件必不可少的条款。其中,注日期的引用文件,仅该日期对应的版本适用于本文件;不注日期的引用文件,其最新版本(包括所有的修改单)适用于本文件。

GB/T 7027—2002 信息分类和编码的基本原则与方法

GB/T 35227—2017 地面气象观测规范 风向和风速

GB 50016—2014 建筑设计防火规范

3 术语和定义

本文件没有需要界定的术语和定义。

4 消防信息代码编写规则

消防信息代码编写规则应符合附录A的规定。

5 消防信息代码

5.1 储罐设置型式类别代码

储罐设置型式类别代码见表1。

表1 储罐设置型式类别代码表

代码	名称	说明
01	固定顶罐	
02	外浮顶罐	
03	内浮顶罐	
04	卧式罐	
05	气体球形罐	
06	液体球形罐	
07	干式可燃气体储罐	

表 1（续）

代码	名称	说明
08	湿式可燃气体储罐	
99	其他	

5.2 报警阀类型代码

报警阀类型代码见表 2。

表 2 报警阀类型代码表

代码	名称	说明
1	湿式阀	
2	干式阀	
3	雨淋阀	
4	预作用阀	
9	其他	

5.3 消防水泵接合器安装形式类别代码

消防水泵接合器安装形式类别代码见表 3。

表 3 消防水泵接合器安装形式类别代码表

代码	名称	说明
1	地下式	
2	地上式	
3	墙壁式	
9	其他	

5.4 喷头类型代码

喷头类型代码见表 4。

表 4 喷头类型代码表

代码	名称	说明
01	通用型	
02	直立型	
03	下垂型	
04	直立边墙型	
05	下垂边墙型	
06	通用边墙型	

表 4（续）

代码	名称	说明
07	水平边墙型	
08	齐平式	
09	嵌入式	
10	隐蔽式	
11	干式	
99	其他	

5.5 计算机入网使用性质类别代码

计算机入网使用性质类别代码见表 5。

表 5 计算机入网使用性质类别代码表

代码	名称	说明
1	临时办公	
2	日常办公	
9	其他	

5.6 消防应急照明和疏散指示系统类型代码

消防应急照明和疏散指示系统类型代码见表 6。

表 6 消防应急照明和疏散指示系统类型代码表

代码	名称	说明
1	集中电源非集中控制型系统	
2	集中电源集中控制型系统	
3	自带电源非集中控制型系统	
4	自带电源集中控制型系统	
9	其他	

5.7 消防认证产品分类与代码

消防认证产品分类与代码见表 7。

表 7 消防认证产品分类与代码表

代码	名称	说明
01000000	火灾防护产品	自愿性产品认证，除特别指定外包含其子类
01010000	防火材料产品	
01010100	防火封堵材料	

表 7（续）

代码	名称	说明
01010101	柔性有机堵料	
01010102	无机堵料	
01010103	阻火包	
01010104	阻火模块	
01010105	防火封堵板材	
01010106	泡沫封堵材料	
01010107	缝隙封堵材料	
01010108	防火密封胶	
01010109	阻火包带	
01010110	防火膨胀密封件	
01010199	其他	
01010200	防火涂料	
01010201	电缆防火涂料	
01010202	室内膨胀型钢结构防火涂料	
01010203	室内非膨胀型钢结构防火涂料	
01010204	室外膨胀型钢结构防火涂料	
01010205	室外非膨胀型钢结构防火涂料	
01010206	防火堤防火涂料	
01010207	隧道防火涂料	
01010208	饰面型防火涂料	
01010299	其他	
01019900	其他	
01020000	建筑耐火构件产品	
01020100	防火门	
01020101	防火门闭门器	
01020102	防火锁	
01020103	钢木质隔热防火门	
01020104	钢质隔热防火门	
01020105	木质隔热防火门	
01020106	其他材质隔热防火门	
01020199	其他	

表 7（续）

代码	名称	说明
01020200	防火卷帘	
01020201	防火卷帘用卷门机	
01020202	钢质防火、防烟卷帘	
01020203	钢质防火卷帘	
01020205	特级防火卷帘(钢质)	
01020206	特级防火卷帘(无机)	
01020299	其他	
01020300	防火玻璃	
01020301	防火玻璃非承重隔墙	
01020302	隔热型防火玻璃	
01020399	其他	
01020400	防火窗	
01020401	钢木复合隔热防火窗	
01020402	钢质隔热防火窗	
01020403	木质隔热防火窗	
01020404	其他材质隔热防火窗	
01020499	其他	
01029900	其他	
01030000	消防防烟排烟设备产品	
01030100	防火排烟阀门	
01030101	防火阀	
01030102	排烟阀	
01030103	排烟防火阀	
01030199	其他	
01030200	挡烟垂壁	
01030201	固定式刚性挡烟垂壁	
01030202	固定式柔性挡烟垂壁	
01030203	活动式刚性挡烟垂壁	
01030204	活动式柔性挡烟垂壁	
01030299	其他	
01030300	消防排烟风机	

表 7（续）

代码	名称	说明
01030301	离心式消防排烟风机	
01030302	轴流式消防排烟风机	
01030399	其他	
01039900	其他	
01040000	机动车火花熄灭器	
01990000	其他	
02000000	灭火设备产品	自愿性产品认证，除特别指定外包含其子类
02010000	干粉灭火设备产品	
02010100	悬挂式干粉灭火装置	
02010101	悬挂式干粉灭火装置	
02010199	其他	
02010200	干粉灭火设备	
02010101	干粉灭火设备	
02010199	其他	
02010300	柜式干粉灭火装置	
02010301	柜式干粉灭火装置	
02010399	其他	
02019900	其他	
02020000	灭火剂产品	
02020100	泡沫灭火剂	
02020101	A 类泡沫灭火剂	
02020102	泡沫灭火剂	
02020199	其他	
02020200	干粉灭火剂	
02020201	ABC 类超细干粉灭火剂	
02020202	ABC 类干粉灭火剂	
02020203	BC 类超细干粉灭火剂	
02020204	BC 类干粉灭火剂	
02020299	其他	
02020300	气体灭火剂	
02020301	二氧化碳灭火剂	

表 7（续）

代码	名称	说明
02020302	六氟丙烷(HFC236fa)灭火剂	
02020303	七氟丙烷(HFC227ea)灭火剂	
02020399	其他	
02020400	水系灭火剂	
02020401	水系灭火剂	
02020499	其他	
02029900	其他	
02030000	灭火器产品	强制性产品认证，除特别指定外包含其子类
02030100	推车式灭火器	
02030101	推车式二氧化碳灭火器	
02030102	推车式干粉灭火器	
02030103	推车式洁净气体灭火器	
02030104	推车式水基型灭火器	
02030199	其他	
02030200	手提式灭火器	
02030201	手提式二氧化碳灭火器	
02030202	手提式干粉灭火器	
02030203	手提式洁净气体灭火器	
02030204	手提式水基型灭火器	
02030299	其他	
02030300	简易式灭火器	
02030301	简易式干粉灭火器	
02030302	简易式氢氟烃类气体灭火器	
02030303	简易式水基型灭火器	
02030399	其他	
02039900	其他	
02040000	泡沫灭火设备产品	
02040100	泡沫喷射装置	
02040101	泡沫炮	
02040102	泡沫枪	
02040199	其他	

表 7（续）

代码	名称	说明
02040200	泡沫喷雾灭火装置	
02040201	泡沫喷雾灭火装置	
02040299	其他	
02040300	泡沫发生装置	
02040301	低倍数空气泡沫产生器	
02040302	高背压泡沫产生器	
02040303	高倍数泡沫产生器	
02040304	泡沫钩管	
02040305	泡沫喷头	
02040306	中倍数泡沫产生器	
02040399	其他	
02040400	厨房设备灭火装置	
02040401	厨房设备灭火装置	
02040499	其他	
02040500	半固定式(轻便式)泡沫灭火装置	
02040501	半固定式(轻便式)泡沫灭火装置	
02040599	其他	
02040600	比例混合装置	
02040601	管线式比例混合器	
02040602	环泵式比例混合器	
02040603	平衡式比例混合装置	
02040604	压力式比例混合装置	
02040699	其他	
02040700	闭式泡沫水喷淋装置	
02040701	闭式泡沫水喷淋装置	
02040799	其他	
02040800	泡沫消火栓箱	
02040801	泡沫消火栓箱	
02040899	其他	
02040900	专用阀门及附件	
02040901	连接软管	

表 7（续）

代码	名称	说明
02040902	泡沫消火栓	
02040999	其他	
02041000	泡沫泵	
02041001	泡沫泵	
02041099	其他	
02049900	其他	
02050000	喷水灭火设备产品	
02050100	自动跟踪定位射流灭火装置	
02050101	自动跟踪定位射流灭火装置	
02050199	其他	
02050200	雨淋报警阀	
02050201	雨淋报警阀	
02050299	其他	
02050300	预作用装置	
02050301	预作用装置	
02050399	其他	
02050400	早期抑制快速响应(ESFR)喷头	
02050401	早期抑制快速响应(ESFR)喷头	
02050499	其他	
02050500	压力开关	
02050501	压力开关	
02050599	其他	
02050600	消防通用阀门	
02050601	消防电磁阀	
02050602	消防蝶阀	
02050603	消防截止阀	
02050604	消防球阀	
02050605	消防信号蝶阀	
02050606	消防信号闸阀	
02050607	消防闸阀	
02050699	其他	

表 7（续）

代码	名称	说明
02050700	干式报警阀	
02050701	干式报警阀	
02050799	其他	
02050800	感温元件	
02050801	消防用易熔合金元件	
02050802	自动灭火系统用玻璃球	
02050899	其他	
02050900	加速器	
02050901	加速器	
02050999	其他	
02051000	末端试水装置	
02051001	末端试水装置	
02051099	其他	
02051100	扩大覆盖面积洒水喷头	
02051101	扩大覆盖面积洒水喷头	
02051199	其他	
02051200	管道及连接件	
02051201	沟槽式管接头	
02051202	沟槽式管件	
02051203	消防洒水软管	
02051299	其他	
02051300	家用喷头	
02051301	家用喷头	
02051399	其他	
02051400	减压阀	
02051401	减压阀	
02051499	其他	
02051500	水流指示器	
02051501	水流指示器	
02051599	其他	
02051600	水幕喷头	

表 7（续）

代码	名称	说明
02051601	水幕喷头	
02051699	其他	
02051700	水雾喷头	
02051701	水雾喷头	
02051799	其他	
02051800	洒水喷头	
02051801	洒水喷头	
02051899	其他	
02051900	湿式报警阀	
02051901	湿式报警阀	
02051999	其他	
02052000	细水雾灭火装置	
02052001	细水雾灭火装置	
02052099	其他	
02052100	自动寻的喷水灭火装置	
02052101	自动寻的喷水灭火装置	
02052199	其他	
02059900	其他	
02060000	气体灭火设备产品	
02060200	柜式气体灭火装置	
02060201	柜式 IG01 气体灭火装置	
02060202	柜式 IG100 气体灭火装置	
02060203	柜式七氟丙烷气体灭火装置	
02060204	柜式三氟甲烷气体灭火装置	
02060205	柜式二氧化碳灭火装置	
02060299	其他	
02060300	惰性气体灭火设备	
02060301	IG01 气体灭火设备	
02060302	IG100 气体灭火设备	
02060303	IG541 气体灭火设备	
02060304	IG55 气体灭火设备	

表 7（续）

代码	名称	说明
02060399	其他	
02060400	高压二氧化碳灭火设备	
02060401	高压二氧化碳灭火设备	
02060499	其他	
02060500	低压二氧化碳灭火设备	
02060501	低压二氧化碳灭火设备	
02060599	其他	
02060600	悬挂式气体灭火装置	
02060601	悬挂式六氟丙烷气体灭火装置	
02060602	悬挂式七氟丙烷气体灭火装置	
02060699	其他	
02060700	油浸变压器排油注氮灭火设备	
02060701	油浸变压器排油注氮灭火设备	
02060799	其他	
02060800	卤代烷烃灭火设备	
02060801	七氟丙烷灭火设备	
02060802	三氟甲烷灭火设备	
02060899	其他	
02060900	火灾触发器件	
02060901	火灾触发器件	
02060999	其他	
02061000	感温自启动灭火装置	
02061001	二氧化碳感温自启动灭火装置	
02061002	七氟丙烷感温自启动灭火装置	
02061099	其他	
02069900	其他	
02080000	消防给水设备产品	
02080100	消防水枪	
02080101	多用水枪	
02080102	喷雾水枪	
02080103	直流喷雾水枪	

表 7（续）

代码	名称	说明
02080104	直流水枪	
02080199	其他	
02080200	干粉枪	
02080201	干粉枪	
02080299	其他	
02080300	脉冲气压喷雾水枪	
02080301	脉冲气压喷雾水枪	
02080399	其他	
02080400	泡沫枪	
02080401	低倍数泡沫枪	
02080402	中倍数泡沫枪	
02080403	泡沫钩管	
02080404	低倍数中倍数联用泡沫枪	
02080499	其他	
02080500	消防炮	
02080501	固定式消防炮	
02080502	移动式消防炮	
02080503	远控消防炮	
02080599	其他	
02080600	消防泵组	
02080601	柴油机消防泵组	
02080602	电动机消防泵组	
02080603	供泡沫液消防泵组	
02080604	汽油机消防泵组	
02080605	燃气轮机消防泵组	
02080606	手抬机动消防泵组	
02080699	其他	
02080700	车用消防泵	
02080701	车用消防泵	
02080799	其他	
02080800	分水器	

表 7（续）

代码	名称	说明
02080801	二分水器	
02080802	三分水器	
02080803	四分水器	
02080899	其他	
02080900	集水器	
02080901	二集水器	
02080902	三集水器	
02080903	四集水器	
02080999	其他	
02081000	消防水泵接合器	
02081001	地上式消防水泵接合器	
02081002	地下式消防水泵接合器	
02081003	多用式消防水泵接合器	
02081004	墙壁式消防水泵接合器	
02081099	其他	
02081100	消防球阀	
02081101	消防球阀	
02081199	其他	
02081200	消防接口	
02081201	卡式接口	
02081202	螺纹式接口	
02081203	内扣式接口	
02081204	异型接口	
02081299	其他	
02081300	室内消火栓	
02081301	室内消火栓	
02081399	其他	
02081400	室外消火栓	
02081401	地上消火栓	
02081402	地下消火栓	
02081403	消防水鹤	

表 7（续）

代码	名称	说明
02081404	折叠式消火栓	
02081499	其他	
02089900	其他	
02090000	消防水带产品	
02090100	有衬里消防水带	
02090101	有衬里消防水带	
02090199	其他	
02090200	消防吸水胶管	
02090201	盘管式消防吸水胶管	
02090202	直管式消防吸水胶管	
02090299	其他	
02090300	消防软管卷盘	
02090301	消防软管卷盘	
02090399	其他	
02090400	消防湿水带	
02090401	消防湿水带	
02090499	其他	
02099900	其他	
02100100	机动车排气火花熄灭器	
02100101	机动车排气火花熄灭器	
02100199	其他	
02109900	其他	
02110000	微水雾滴灭火设备	
02110100	微水雾滴灭火设备	
02110101	泵组式微水雾滴灭火设备	
02110102	瓶组式微水雾滴灭火设备	
02110199	其他	
02990000	其他	
03000000	火灾报警产品	自愿性产品认证，除特别指定外包含其子类
03010000	火灾探测报警产品	
03010100	点型感温火灾探测器	强制性产品认证，除特别指定外包含其子类

表 7（续）

代码	名称	说明
03010101	点型感温火灾探测器	
03010102	无线点型感温火灾探测器	
03010199	其他	
03010200	点型感烟火灾探测器	强制性产品认证，除特别指定外包含其子类
03010201	点型感烟火灾探测器	
03010202	点型光电感烟火灾探测器	
03010203	点型离子感烟火灾探测器	
03010204	无线点型感烟火灾探测器	
03010299	其他	
03010300	点型紫外火焰探测器	强制性产品认证，除特别指定外包含其子类
03010301	点型紫外火焰探测器	
03010399	其他	
03010400	电气火灾监控系统	
03010401	测温式电气火灾监控探测器	
03010402	电气火灾监控设备	
03010403	剩余电流式电气火灾监控探测器	
03010404	组合式电气火灾监控探测器	
03010499	其他	
03010500	独立式感烟火灾探测报警器	强制性产品认证，除特别指定外包含其子类
03010501	独立式感烟火灾探测报警器	
03010502	独立式光电感烟火灾探测报警器	
03010503	独立式离子感烟火灾探测报警器	
03010599	其他	
03010600	防火卷帘控制器	
03010601	防火卷帘控制器	
03010699	其他	
03010700	城市消防远程监控产品	
03010701	用户信息传输装置	
03010799	其他	
03010800	火灾报警控制器	强制性产品认证，除特别指定外包含其子类
03010801	独立型火灾报警控制器	

表 7（续）

代码	名称	说明
03010802	火灾报警控制器	
03010803	火灾报警控制器(联动型)	
03010804	集中区域兼容型火灾报警控制器	
03010805	集中型火灾报警控制器	
03010806	区域型火灾报警控制器	
03010807	无线火灾报警控制器	
03010899	其他	
03010900	火灾声和/或光警报器	强制性产品认证,除特别指定外包含其子类
03010901	火灾光警报器	
03010902	火灾声光警报器	
03010903	火灾声警报器	
03010999	其他	
03011000	火灾显示盘	强制性产品认证,除特别指定外包含其子类
03011001	火灾显示盘	
03011099	其他	
03011100	家用火灾报警产品	强制性产品认证,除特别指定外包含其子类
03011101	点型家用感温火灾探测器	
03011102	点型家用感烟火灾探测器	
03011103	家用火灾报警控制器	
03011104	控制中心监控设备	
03011105	燃气管道专用电动阀	
03011106	手动报警开关	
03011199	其他	
03011200	可燃气体报警产品	
03011201	工业及商业用途点型可燃气体探测器	
03011202	家用可燃气体探测器	
03011203	工业及商业用途便携式可燃气体探测器	
03011204	工业及商业用途线型光束可燃气体探测器	
03011205	可燃气体报警控制器	
03011299	其他	
03011300	手动火灾报警按钮	强制性产品认证,除特别指定外包含其子类

表 7（续）

代码	名称	说明
03011301	手动火灾报警按钮	
03011399	其他	
03011400	特种火灾探测器	强制性产品认证，除特别指定外包含其子类
03011401	点型红外火焰探测器	
03011402	点型一氧化碳火灾探测器	
03011403	图像型火灾探测器	
03011404	吸气式感烟火灾探测器	
03011499	其他	
03011500	线型感温火灾探测器	
03011501	分布式光纤线型感温火灾探测器	
03011502	光纤光栅线型感温火灾探测器	
03011503	空气管式线型感温火灾探测器	
03011504	缆式线型感温火灾探测器	
03011505	线式多点型感温火灾探测器	
03011506	线型感温火灾探测器	
03011599	其他	
03011600	线型光束感烟火灾探测器	强制性产品认证，除特别指定外包含其子类
03011601	线型光束感烟火灾探测器	
03011699	其他	
03011700	消防联动控制系统设备	
03011701	传输设备	
03011702	气体灭火控制器	
03011703	输出模块	
03011704	输入/输出模块	
03011705	输入模块	
03011706	消防电动装置(消防电动开窗机)	
03011707	消防电动装置(消防电动开门机)	
03011708	消防电话	
03011709	消防电气控制装置(防排烟风机、双电源控制设备)	
03011710	消防电气控制装置(防排烟风机控制设备)	
03011711	消防电气控制装置(双电源控制设备)	

表 7（续）

代码	名称	说明
03011712	消防电气控制装置(消防泵、防排烟风机、双电源控制设备)	
03011713	消防电气控制装置(消防泵、防排烟风机控制设备)	
03011714	消防电气控制装置(消防泵、双电源控制设备)	
03011715	消防电气控制装置(消防泵控制设备)	
03011716	消防电气控制装置(消防泵自动巡检、防排烟风机、双电源控制设备)	
03011717	消防电气控制装置(消防泵自动巡检、双电源控制设备)	
03011718	消防电气控制装置(消防泵自动巡检、消防泵控制设备)	
03011719	消防电气控制装置(消防泵自动巡检控制设备)	
03011720	消防电气控制装置(消防电动开窗机控制设备)	
03011721	消防电气控制装置(消防电动开门机控制设备)	
03011722	消防控制室图形显示装置	
03011723	消防联动控制器	
03011724	消防设备应急电源	
03011725	消防应急广播设备	
03011726	消火栓按钮	
03011727	中继模块	
03011799	其他	
03011800	点型复合式感烟感温火灾探测器	技术鉴定,除特别指定外包含其子类
03011801	点型复合式感烟感温火灾探测器	
03011899	其他	
03019900	其他	
03020000	消防通信产品	
03020100	消防车辆动态信息管理系统	
03020101	车载信息采集与传输装置	
03020102	管理平台技术要求	
03020103	消防车水力系统控制装置	
03020199	其他	

表 7（续）

代码	名称	说明
03020200	火警受理设备	
03020201	火警调度机	
03020202	火警受理信息系统	
03020203	火警数字录音录时装置	
03020299	其他	
03020300	119 火灾报警装置	
03020301	119 火灾报警装置	
03020399	其他	
03029900	其他	
03030000	消防应急照明和疏散指示产品	强制性产品认证，除特别指定外包含其子类
03030100	消防安全标志	
03030101	常规消防安全标志	
03030102	逆向反射消防安全标志	
03030103	其他消防安全标志	
03030104	蓄光消防安全标志	
03030105	荧光消防安全标志	
03030199	其他	
03030200	消防应急照明和疏散指示产品	
03030201	集中电源集中控制型消防应急标志灯具	
03030202	集中电源集中控制型消防应急照明灯具	
03030203	集中电源型消防应急标志灯具	
03030204	集中电源型消防应急照明灯具	
03030205	集中控制型消防应急标志灯具	
03030206	集中控制型消防应急照明灯具	
03030207	消防应急标志灯具	
03030208	消防应急照明标志复合灯具	
03030209	消防应急照明灯具	
03030210	应急照明分配电装置	
03030211	应急照明集中电源（消防应急灯具专用应急电源）	
03030212	应急照明控制器	

表 7（续）

代码	名称	说明
03030213	应急照明配电箱	
03030299	其他	
03039900	其他	
03990000	其他	
04000000	消防装备产品	自愿性产品认证，除特别指定外包含其子类
04010000	抢险救援产品	
04010100	消防梯	
04010101	消防单杠梯	
04010103	消防挂钩梯	
04010105	消防拉梯	
04010199	其他	
04010200	消防救生气垫	
04010201	气柱型消防救生气垫	
04010202	普通型消防救生气垫	
04010299	其他	
04010300	消防救生照明线	
04010301	消防救生照明线	
04010399	其他	
04010400	消防斧	
04010401	消防尖斧	
04010402	消防平斧	
04010499	其他	
04010500	移动式消防排烟机	
04010501	移动式消防排烟机	
04010599	其他	
04010600	消防移动式照明装置	
04010601	消防移动式照明装置	
04010699	其他	
04019900	其他	
04020000	逃生和自救呼吸器产品	强制性产品认证，除特别指定外包含其子类

表 7（续）

代码	名称	说明
04020100	应急逃生器	
04020101	应急逃生器	
04020199	其他	
04020200	逃生滑道	
04020201	逃生滑道	
04020299	其他	
04020300	逃生缓降器	
04020301	逃生缓降器	
04020399	其他	
04020400	逃生绳	
04020401	逃生绳	
04020499	其他	
04020500	逃生梯	
04020501	固定式逃生梯	
04020502	悬挂式逃生梯	
04020599	其他	
04020600	消防过滤式自救呼吸器	
04020601	消防过滤式自救呼吸器	
04020699	其他	
04020700	化学氧消防自救呼吸器	
04020701	化学氧消防自救呼吸器	
04020799	其他	
04029900	其他	
04030000	消防摩托车产品	
04030100	消防摩托车	
04030101	二轮消防摩托车	
04030102	三轮消防摩托车	
04030199	其他	
04039900	其他	
04040000	消防员防护装备产品	

表 7（续）

代码	名称	说明
04040100	消防手套	
04040101	消防手套	
04040199	其他	
04040200	消防用防坠落设备	
04040201	消防安全腰带	
04040202	消防安全吊带	
04040203	轻型安全钩	
04040204	通用型安全钩	
04040205	轻型安全绳	
04040206	通用型安全绳	
04040207	轻型便携式固定装置	
04040208	通用型便携式固定装置	
04040209	滑轮装置	
04040210	上升器	
04040211	下降器	
04040212	抓绳器	
04040299	其他	
04040300	消防员隔热防护服	
04040301	消防员隔热防护服	
04040399	其他	
04040400	消防员呼救器	
04040401	消防员呼救器	
04040499	其他	
04040500	消防员化学防护服	
04040501	消防员化学防护服	
04040599	其他	
04040600	消防员灭火防护服	
04040601	消防员灭火防护服	
04040602	消防员灭火指挥服	
04040699	其他	
04040700	消防员灭火防护头套	

表 7（续）

代码	名称	说明
04040701	消防员灭火防护头套	
04040799	其他	
04040800	消防员灭火防护靴	
04040801	消防员灭火防护胶靴	
04040802	消防员灭火防护皮靴	
04040899	其他	
04040900	消防腰斧	
04040901	消防腰斧	
04040999	其他	
04041000	消防头盔	
04041001	消防头盔	
04041099	其他	
04041100	正压式消防空气呼吸器	
04041101	正压式消防空气呼吸器	
04041199	其他	
04041200	正压式消防氧气呼吸器	
04041201	正压式消防氧气呼吸器	
04041299	其他	
04041300	消防员照明灯具	
04041301	消防员照明灯具	
04041399	其他	
04041400	消防员送受话器	
04041401	消防员送受话器	
04041499	其他	
04049900	其他	
04990000	其他	
05000000	消防车	自愿性产品认证，除特别指定外包含其子类
05010000	消防车	
05010100	灭火消防车	
05010101	泵浦消防车	
05010102	水罐消防车	

表 7（续）

代码	名称	说明
05010103	泡沫消防车	
05010104	干粉消防车	
05010106	干粉泡沫联用消防车	
05010107	涡喷消防车	
05010108	干粉二氧化碳联用消防车	
05010110	干粉水联用消防车	
05010199	其他	
05010200	专勤消防车	
05010201	照明消防车	
05010202	抢险救援消防车	
05010203	通信指挥消防车	
05010204	排烟消防车	
05010205	勘察消防车	
05010206	宣传消防车	
05010299	其他	
05010300	举高消防车	
05010301	登高平台消防车	
05010302	举高喷射消防车	
05010303	云梯消防车	
05010399	其他	
05010400	后援消防车	
05010401	供水消防车	
05010402	供液消防车	
05010403	器材消防车	
05010404	机场消防车	
05010499	其他	
05010500	消防车用球阀	
05010501	消防车用球阀	
05010599	其他	
05019900	其他	
05990000	其他	

5.8 消防产品认证证书状态类别代码

消防产品认证证书状态类别代码见表8。

表8 消防产品认证证书状态类别代码表

代码	名称	说明
1	有效	
2	暂停	
3	注销	
4	撤销	
9	其他	

5.9 消防产品检验类别代码

消防产品检验类别代码见表9。

表9 消防产品检验类别代码表

代码	名称	说明
01	型式检验	
02	型式试验	
03	分型试验	
04	变更确认检验	
05	委托检验	
06	监督检验	
07	监督抽查检验	国家、地方
99	其他	

5.10 消防产品监督抽查结果类别代码

消防产品监督抽查结果类别代码见表10。

表10 消防产品监督抽查结果类别代码表

代码	名称	说明
1	未发现不合格现象	
2	未获得市场准入资格	
3	质量不合格	
4	属于国家明令淘汰的	
5	未抽到	
9	其他	

5.11 消防产品监督抽查处理情况类别代码

消防产品监督抽查处理情况类别代码见表11。

表11 消防产品监督抽查处理情况类别代码表

代码	名称	说明
1	责令改正	
2	行政处罚	
3	函告市场监督管理部门	
4	函告消防产品认证机构、技术鉴定机构	
9	其他	

5.12 消防产品监督检查形式类别代码

消防产品监督检查形式类别代码见表12。

表12 消防产品监督检查形式类别代码表

代码	名称	说明
1	日常监督检查	
2	专项监督抽查	
3	举报投诉核查	
4	复查	
9	其他	

5.13 公众聚集场所投入使用营业前消防安全检查类别代码

公众聚集场所投入使用营业前消防安全检查类别代码见表13。

表13 公众聚集场所投入使用营业前消防安全检查类别代码表

代码	名称	说明
1	通过	
2	未通过	
9	其他	

5.14 记录状态类别代码

记录状态类别代码见表14。

表 14 记录状态类别代码表

代码	名称	说明
1	有记录	
2	无记录	
3	有,但不符合规定	
9	其他	

5.15 消防安全违法行为类别代码

消防安全违法行为类别代码见表15。

表 15 消防安全违法行为类别代码表

代码	名称	说明
01	公众聚集场所未经消防救援机构许可,擅自投入使用、营业	
02	经核查发现场所使用、营业情况与承诺内容不符	
03	在高层民用建筑内进行电焊、气焊等明火作业,未履行动火审批手续、进行公告	
04	在高层民用建筑内进行电焊、气焊等明火作业,未落实消防现场监护措施	
05	高层民用建筑设置的户外广告牌、外装饰妨碍防烟排烟、逃生和灭火救援	
06	高层民用建筑设置的户外广告牌、外装饰改变、破坏建筑立面防火结构	
07	高层民用建筑未设置外墙外保温材料提示性和警示性标识	
08	高层民用建筑未及时修复破损、开裂和脱落的外墙外保温系统	
09	高层民用建筑未按照规定落实消防控制室值班制度	
10	高层民用建筑安排不具备相应条件的人员在消防控制室值班	
11	高层民用建筑未按照规定建立专职消防队、志愿消防队等消防组织	
12	高层民用建筑因维修等需要停用建筑消防设施未进行公告、未制定应急预案或者未落实防范措施	
13	在高层民用建筑的公共门厅、疏散走道、楼梯间、安全出口停放电动自行车或者为电动自行车充电,拒不改正	
14	消防技术服务机构不具备从业条件从事消防技术服务活动	
15	消防技术服务机构出具虚假文件	
16	消防技术服务机构不按照国家标准、行业标准开展消防技术服务活动	
17	消防技术服务机构出具失实文件	
18	消防技术服务机构冒用其他社会消防技术服务机构名义从事社会消防技术服务活动	
19	消防技术服务机构注册消防工程师兼职执业	
20	消防技术服务机构指派无资格人员从事社会消防技术服务活动	
21	消防技术服务机构转包、分包消防技术服务项目	
22	消防技术服务机构未设立技术负责人、未明确项目负责人	
23	消防技术服务机构出具的书面结论文件未签名、盖章	

表 15（续）

代码	名称	说明
24	消防技术服务机构未与委托人依法签订消防技术服务合同	
25	消防技术服务机构未建立或者保管消防技术服务档案	
26	消防技术服务机构未公示营业执照、工作程序、收费标准、从业守则、注册消防工程师注册证书、投诉电话等事项	
27	消防设施维护保养检测机构的项目负责人或者消防设施操作员未到现场实地开展工作	
28	消防设施维护保养检测机构未按规定公示消防技术服务信息	
99	其他	

5.16 设备来源类别代码

设备来源类别代码见表 16。

表 16 设备来源类别代码表

代码	名称	说明
01	自购	
02	配发	
03	借用	
04	领用	
05	捐赠	
06	调整	
99	其他	

5.17 应急通信任务来源类型代码

应急通信任务来源类型代码见表 17。

表 17 应急通信任务来源类型代码表

代码	名称	说明
1	灭火救援	
2	重大灾害事故	
3	重大活动	
4	拉动演练	
9	其他	

5.18 信息系统巡检类型代码

信息系统巡检类型代码见表 18。

表 18 信息系统巡检类型代码表

代码	名称	说明
1	日常巡检	
2	节假日巡检	
3	重要时段巡检	
4	重大活动巡检	
5	重大事件巡检	
9	其他	

5.19 软件类型代码

软件类型代码见表 19。

表 19 软件类型代码表

代码	名称	说明
01	操作系统	
02	数据库	
03	中间件	
04	业务软件	
05	安全软件	
06	工具软件	
07	办公软件	
99	其他	

5.20 固定电话呼出权限类型代码

固定电话呼出权限类型代码见表 20。

表 20 固定电话呼出权限类型代码表

代码	名称	说明
1	市话	本地
2	国内长话	
3	国际长话	
9	其他	

5.21 消防应急通信保障预案类型代码

消防应急通信保障预案类型代码见表 21。

表 21　消防应急通信保障预案类型代码表

代码	名称	说明
1	重大活动通信保障预案	
2	重大灾害事故通信保障预案	
3	拉动演练通信保障预案	
4	灭火救援通信保障预案	
9	其他	

5.22　消防队站体制类别代码

消防队站体制类别代码见表 22。

表 22　消防队站体制类别代码表

代码	名称	说明
10	专职消防队	
11	政府专职队	
12	企业专职队	
20	志愿消防队	
21	微型消防站	
99	其他	

5.23　消防队站类型代码

消防队站类型代码见表 23。

表 23　消防队站类型代码表

代码	名称	说明
01	石油化工专业队	
02	地震救援专业队	
03	高层专业队	
04	地下专业队	
05	大型综合体专业队	
06	核生化事故(件)先期处置专业队	
07	山岳救援专业队	
08	水域救援专业队	
99	其他	

5.24　灭火救援相关部门类别代码

灭火救援相关部门类别代码见表 24。

表 24 灭火救援相关部门类别代码表

代码	名称	说明
01	治安部门	
02	刑侦部门	
03	交管部门	
04	反恐部门	
05	应急部门	
06	住建部门	
07	供水部门	
08	供电部门	
09	供气部门	
10	供热部门	
11	通信部门	
12	医疗救护部门	
13	铁路部门	
14	公路部门	
15	民航部门	
16	生态环境部门	
17	气象部门	
18	海事部门	
19	地震部门	
20	水利部门	
21	林草部门	
22	新闻宣传部门	
23	武警部队	
24	防化部队	
25	工程兵部队	
26	陆航部队	
99	其他	

5.25 消防战勤保障社会机构类别代码

消防战勤保障社会机构类别代码见表 25。

表 25　消防战勤保障社会机构类别代码表

代码	名称	说明
01	餐饮保障	
02	住宿保障	
03	油料保障	
04	通信保障	
05	交通运输保障	
06	装备器材供应保障	
07	车辆修理保障	
08	器材修理保障	
09	医疗救护保障	
10	特种装备保障	
99	其他	

5.26　消防安全重点单位类别代码

消防安全重点单位类别代码见表 26。

表 26　消防安全重点单位类别代码表

代码	名称	说明
01	商场(市场)、宾馆(饭店)、体育场(馆)、会堂、公共娱乐场所等公众聚集场所	
02	医院、养老院和寄宿制的学校、托儿所、幼儿园	
03	国家机关	
04	广播电台、电视台和邮政、通信枢纽	
05	客运车站、码头、民用机场	
06	公共图书馆、展览馆、博物馆、档案馆以及具有火灾危险性的文物保护单位	
07	发电厂(站)和电网经营企业	
08	易燃易爆化学物品的生产、储存、使用、经营、运输、装卸单位	
09	服装、制鞋等劳动密集型生产、加工企业	
10	重要的科研单位	
99	其他	

5.27　建筑物结构类型代码

建筑物结构类型代码见表 27。

表 27 建筑物结构类型代码表

代码	名称	说明
1	木结构	承重结构全部为木材
2	砖木结构	以砖墙或砖柱、木屋架作为建筑物的主要承重结构
3	砖混结构	以砖墙或砖柱、钢筋混凝土楼板、屋面板作为承重结构的建筑
4	钢筋混凝土(砼)结构	主要承重构件全部采用钢筋混凝土制作
5	钢结构	主要承重构件全部采用钢材来制作
9	其他	

5.28 消防值班类别代码

消防值班类别代码见表 28。

表 28 消防值班类别代码表

代码	名称	说明
01	作战值班	
02	行政值班	
03	带班领导	
04	值班领导	
05	指挥长	
06	指挥中心值班	
07	战保值班	
08	宣传值班	
09	通信值班	
10	防火值班	
11	政工值班	
99	其他	

5.29 消防战备级别代码

消防战备级别代码见表 29。

表 29 消防战备级别代码表

代码	名称	说明
1	一级战备	
2	二级战备	
3	经常性战备	
9	其他	

5.30 消防训练分类与代码

消防训练分类与代码见表30。

表30 消防训练分类与代码表

代码	名称	说明
010000	新消防员训练	
010100	思想政治教育	
010200	条令教育	
010300	业务理论学习	
010400	队列训练	
010500	技能训练	
010600	体能训练	
019900	新消防员其他训练	
020000	消防救援站训练	
020100	消防员训练	
020101	共同训练	
020102	战斗员训练	
020103	驾驶员训练	
020104	通信员训练	
020105	供水员训练	
020106	班长训练	
020107	现场安全员训练	
020108	摄录像员训练	
020109	现场紧急救护员训练	
020110	现场文书训练	
020200	干部训练	
020201	共同训练	
020202	干部训练	
020300	合成训练	
020301	班组合成训练	
020302	救援站合成训练	
029900	其他训练	
030000	特勤救援站训练	
030100	消防员训练	
030101	共同训练	

表 30（续）

代码	名称	说明
030102	战斗员训练	
030103	驾驶员训练	
030104	通信员训练	
030105	供水员训练	
030106	班长训练	
030107	现场安全员训练	
030108	摄录像员训练	
030109	现场紧急救护员训练	
030110	现场文书训练	
030111	搜救犬训导员训练	
030112	船艇操控员训练	
030113	潜水员训练	
030114	消防机器人操控员训练	
030115	无人机操控员训练	
030200	干部训练	
030201	共同训练	
030202	干部训练	
030300	合成训练	
030301	班组合成训练	
030302	特勤救援站合成训练	
039900	其他训练	
990000	其他	

5.31 消防训练课目分类与代码

消防训练课目分类与代码见表 31。

表 31 消防训练课目分类与代码表

代码	名称	说明
0100	思想政治、法律及条令教育	
0101	宗旨与职业道德	
0102	法律常识与时事政治	
0103	法律法规	
0104	内务条令	

表 31（续）

代码	名称	说明
0105	队列条令	
0106	处分条令	
0107	执勤战斗条令	
0199	其他政治教育	
0200	体能训练	
0201	俯卧撑	
0202	仰卧起坐	
0203	立定跳远	
0204	单腿深蹲起立	
0205	双腿深蹲起立	
0206	立位体前屈	
0207	单杠引体向上	
0208	单杠卷身上	
0209	双杠杠端臂屈伸	
0210	折返跑(10 m×5)	
0211	搬运重物折返跑(30 kg、20 m×5)	
0212	100 m 跑	
0213	1500 m 跑	
0214	3000 m 跑	
0215	100 m 负重(2 盘 ϕ65 水带)跑	
0216	60 m 肩梯(6 m 拉梯)跑	
0217	沿楼梯负重(2 盘 ϕ65 水带)攀登 10 层楼(高度不低于 30 m)	
0218	爬绳上 4 楼	
0219	组合训练器材练习	
0220	跳绳	
0221	踢毽子	
0222	呼啦圈	
0223	游泳	
0224	爬山	
0225	球类项目	
0299	其他体能训练	
0300	业务理论学习与训练	
0301	燃烧常识	
0302	卫生常识	

表 31（续）

代码	名称	说明
0303	心理常识	含“心理疏导”“心理训练”
0304	器材装备常识	
0305	常规消防装备知识	
0306	特种消防装备知识	
0307	各类消防车、机动泵技术性能和参数	
0308	特种消防车辆车载固定设施操作技术	
0309	危险化学品知识	含“危险化学品常识”“危险化学品的分类与特征”“危险化学品理化特性及处置程序、措施”
0310	消防通信知识	含“消防通信管理知识”“通信装备的技术性能和维护保养常识”“无线通信现场组网知识”“简易通信联络方式（手语、旗语、哨声、灯语等）”
0311	安全防护	含“安全防护常识”“个人防护基本知识”“特种防护”
0312	现场救护	
0313	火灾扑救知识	含“常见火灾扑救”“各类火灾扑救措施”“各类火灾扑救的基本程序与对策”
0314	灾害事故处置知识	含“常见灾害事故特点与处置”“主要灾害事故处置”“各类灾害事故的基本处置措施”“各类灾害事故处置的基本程序与对策”
0315	火场供水基本知识	
0316	火场供水的原则、形式和方法	
0317	消防供水装备性能	
0318	消防车供水能力估算	
0319	消防车、水枪（炮）数量估算	
0320	灭火剂供给估算	
0321	灭火救援基础知识	
0322	灭火救援应用计算	
0323	灭火救援装备器材和消防设施	
0324	灭火救援组织指挥	
0325	建筑消防设施	含“建筑消防供水设施”“固定消防设施的使用方法”

表 31（续）

代码	名称	说明
0326	市政消防给水设施	
0327	计算机基础知识	
0328	灭火救援计算机软件应用	
0329	灭火救援业务训练的组织与实施	
0330	执勤业务规章制度	
0331	参谋业务技能	
0332	战术研究	
0333	初期火灾扑救和人员疏散方法	
0334	训练中的思想政治工作	
0335	灭火救援中的思想政治工作	
0336	训练保障	
0337	战勤保障	
0338	辖区情况熟悉	含“执勤实力、消防安全重点单位灭火设施及消防水源熟悉”
0339	辖区灾害事故的分类与特征	
0340	重大活动现场消防勤务	
0341	总(支)队指挥员学习与研究	
0342	总(支)队指挥员决策指挥	
0399	其他业务理论学习与训练	
0400	消防技能与战斗行动训练	
0401	单个人员队列动作	
0402	建制单位队列动作	
0403	装备器材的操作与使用	
0404	原地佩戴防护装备	
0405	水带铺设	
0406	射水	
0407	火场供水	
0408	攀登消防梯	
0410	通信联络	
0411	阵地设置	
0412	现场警戒	
0413	侦察检测	
0414	徒手救人	
0415	火场救人	

表 31（续）

代码	名称	说明
0416	起重	
0417	破拆	
0418	堵漏	
0419	排烟	
0420	照明	
0421	输转	
0422	洗消	
0423	排险	含“高空排险”
0424	潜水	
0425	现场安全员训练	
0426	摄录像员训练	
0427	现场文书训练	
0428	搜救犬训导	
0429	船艇操控	
0430	消防机器人操控	
0431	无人机操控	
0499	其他技能训练	
0500	单车展开操	
0501	水罐消防车操	
0502	泡沫消防车操	
0503	压缩空气泡沫消防车操	
0504	干粉泡沫联用消防车操	
0505	举高消防车操	
0506	排烟消防车操	
0507	干粉消防车操	
0508	二氧化碳消防车操	
0509	抢险救援车操	
0510	核生化侦检车操	
0511	消防机器人操	
0512	消防坦克操	
0513	直升机救人操	
0514	手台机动泵操	
0599	其他单车展开操	
0600	消防车辆编成训练	

表 31（续）

代码	名称	说明
0601	水罐消防车编成	
0602	水罐消防车与泡沫消防车编成	
0603	水罐消防车与举高消防车编成	
0604	手抬泵与水罐消防车编成	
0699	其他消防车辆编成训练	
0700	火灾扑救训练	
0701	建筑火灾扑救	
0702	高层建筑火灾扑救	
0703	地下建筑火灾扑救	
0704	人员密集场所火灾扑救	
0705	石油化工火灾扑救	
0706	工厂火灾扑救	
0707	交通工具火灾扑救	
0708	仓库火灾扑救	
0709	特殊情况下火灾扑救	
0799	其他火灾扑救训练	
0800	应急救援训练	
0801	危险化学品泄漏事故救援	
0802	道路交通事故救援	
0803	建(构)筑物倒塌事故救援	
0804	自然灾害救援	
0805	空难事故救援	
0806	特殊灾害事故救援	
0807	水域救人	
0808	井下救人	
0809	高空救人	
0810	电梯救人	
0811	山岳救人	
0812	孤岛救人	
0813	洞穴救人	
0814	沼气池救人	
0815	肢体被困救助	
0816	摘除蜂窝	
0817	住宅开门	

表 31（续）

代码	名称	说明
0899	其他事故救援训练	
0900	预案制作及演练	
0901	执勤战斗预案制作	
0902	灭火作战预案演练	
0903	应急救援预案演练	
0904	重大活动现场消防勤务预案演练	
0905	跨区域预案演练	
0906	处置突发事件预案演练	
0907	总(支)队机关演练	
0908	总(支)队队伍演练	
0999	其他演练	
9900	其他训练课目	

5.32 消防训练考核分类与代码

消防训练考核分类与代码见表 32。

表 32 消防训练考核分类与代码表

代码	名称	说明
10	理论考核	
20	操作考核	
21	场地训练考核	
22	辖区情况熟悉	
30	演练考核	
99	其他考核	

5.33 产品销售渠道类别代码

产品销售渠道类别代码见表 33。

表 33 产品销售渠道类别代码表

代码	名称	说明
1	生产企业	
2	销售商	
9	其他	

5.34 消防训练考核评定等级分类与代码

消防训练考核评定等级分类与代码见表34。

表34 消防训练考核评定等级分类与代码表

代码	名称	说明
20	两级制	
21	及格	
22	不及格	
40	四级制	
41	优秀	
42	良好	
43	及格	
44	不及格	
99	其他	

5.35 消防报警方式分类与代码

消防报警方式分类与代码见表35。

表35 消防报警方式分类与代码表

代码	名称	说明
0100	电话报警	
0101	固定电话报警	
0102	移动电话报警	
0200	短信报警	
0300	来人报警	
0400	自动报警	
0401	有线自动报警	
0402	无线自动报警	
0500	网络报警	
0600	城市消防远程监控中心报警	
0700	高空瞭望报警	
0800	定位报警	
0900	应急中心转来的报警	
9900	其他	

5.36 消防处警结果分类与代码

消防处警结果分类与代码见表36。

表 36 消防处警结果分类与代码表

代码	名称	说明
10	接警出动	
11	到场展开	
12	到场未展开	
13	中途返回	
20	接警未出动	
21	重复报警	
22	假警	
23	误报	
29	其他	
99	其他	

5.37 灾情分类与代码

灾情分类与代码见表 37。

表 37 灾情分类与代码表

代码	名称	说明
10000	火灾扑救	
11000	易燃易爆化学品类	
11100	爆炸物品	
11200	可燃气体	
11210	比空气重的	
11220	比空气轻的	
11300	易燃液体	
11310	闪点小于 28 ℃	
11311	溶剂类	
11312	非溶剂类	
11320	闪点不小于 28 ℃但小于 60 ℃	
11400	易燃固体、自燃物品和遇湿易燃物品	
11410	易燃固体	
11420	易于自燃物质	
11430	遇水放出易燃烧气体物质	
11500	氧化剂和有机过氧化物	
11510	氧化性物质	
11520	有机过氧化物	

表 37（续）

代码	名称	说明
11900	其他	
12000	建筑堆场类	
12100	高层建筑	
12110	高层商场	
12120	高层宾馆	
12130	高层医院	
12140	高层厂库房	
12150	高层住宅	
12160	高层商住楼	
12170	高层综合楼	
12190	其他	
12200	人员密集场所	
12210	公众聚集场所	
12220	医院门诊、住院楼	
12230	学校	
12240	养老院、福利院	
12250	文博馆	
12260	劳动密集型生产、加工企业	
12270	宿舍	
12280	旅游、宗教活动场所	
12290	其他	
12300	地下建筑、隧道	
12400	古建筑	
12500	可燃物品仓库	
12600	可燃物品堆场	
12700	粉尘生产或贮存场所	
12900	其他	
13000	交通运输类	
13100	机动车	
13200	列车	
13300	船舶	
13400	飞行器	
13500	城市轨道交通工具	
13900	其他	
14000	带电设备类	

表 37(续)

代码	名称	说明
14100	电线	
14200	电表	
14300	变压器	
14900	其他	
19000	其他	
20000	抢险救援	
21000	危险化学品泄漏事故	
21010	液化石油气	
21020	氯气	
21030	氨气	
21040	城市燃气	
21050	油气井喷	
21060	易燃可燃液体	
21070	放射性物质	
21080	沙林	
21990	其他	
22000	交通事故	
22010	公路	
22020	铁路	
22030	船舶	
22040	飞行器	
22050	公路、铁路隧道	
22060	地铁	
22990	其他	
23000	建筑物垮塌事故	
23010	地面建筑	
23020	地下建筑	
23030	施工中建筑	
23040	火灾情况下建筑倒塌	
23990	其他	
24000	自然灾害事故	
24010	洪涝	
24020	地震	
24030	台风	
24040	海啸	

表 37（续）

代码	名称	说明
24050	雪灾	
24060	地质灾害	
24990	其他	
25000	公共突发事件	
25010	恐怖袭击	
25020	群体性治安事件	
25030	重大环境污染	
25040	公共卫生事件	
25050	城市给水管网爆裂	
25990	其他	
26000	群众遇险事件	
26010	水域事故	
26020	井下事故	
26030	高空事故	
26040	电梯故障	
26050	沼气池事故	
26060	山地事故	
26070	孤岛遇险	
26990	其他	
29000	其他	
30000	反恐排爆	
40000	公务执勤	
41000	警卫活动	
42000	大型文体活动	
43000	大型展览会	
49000	其他	
50000	社会救助	
50100	居民家中取钥匙	
50200	摘除蜂窝	
50300	关闭居民水、气阀门	
50400	锅炉事故	
59900	其他	
60000	其他出动	
60100	虚假警	
69900	其他	

5.38 消防战评类别代码

消防战评类别代码见表38。

表38 消防战评类别代码表

代码	名称	说明
1	简要战评	
2	专题战评	
3	集中战评	
9	其他	

5.39 消防战评组织层次代码

消防战评组织层次代码见表39。

表39 消防战评组织层次代码表

代码	名称	说明
1	部局	
2	总队	
3	支队	
4	大队	
5	消防救援站	
9	其他	

5.40 搜救犬品种代码

搜救犬品种代码见表40。

表40 搜救犬品种代码表

代码	名称	说明
01	斯宾格犬	
02	拉布拉多犬	
03	纽芬兰犬	
04	金毛寻回猎犬	
05	英国可卡犬	
06	德国牧羊犬	
07	比利时牧羊犬	
08	边境牧羊犬	
09	昆明犬	
10	藏獒	

表 40（续）

代码	名称	说明
99	其他	

5.41 搜救犬性别代码

搜救犬性别代码见表 41。

表 41 搜救犬性别代码表

代码	名称	说明
1	公犬	
2	母犬	

5.42 灭火剂种类代码

灭火剂种类代码见表 42。

表 42 灭火剂种类代码表

代码	名称	说明
100	水系灭火剂	
101	水灭火剂	
199	其他	
200	泡沫灭火剂	
201	普通蛋白泡沫灭火剂	
202	氟蛋白泡沫灭火剂	
203	水成膜泡沫灭火剂(轻水泡沫灭火剂)	
204	成膜氟蛋白泡沫灭火剂	
205	抗溶性泡沫灭火剂	
206	高倍泡沫灭火剂	
207	中倍泡沫灭火剂	
208	低倍泡沫灭火剂	
209	A 类泡沫灭火剂	
299	其他	
300	干粉灭火剂	
301	BC 类干粉灭火剂	
302	ABC 类干粉灭火剂	
303	D 类干粉灭火剂	
304	BC 类超细干粉灭火剂	
305	ABC 类超细干粉灭火剂	

表 42（续）

代码	名称	说明
399	其他	
400	气体灭火剂	
401	卤代烷烃灭火剂	
402	二氧化碳灭火剂	
403	惰性气体灭火剂	
499	其他	
999	其他	

5.43 化学品状态类别代码

化学品状态类别代码见表 43。

表 43 化学品状态类别代码表

代码	名称	说明
01	固态	
02	液态	
03	气态	
04	固液混合态	固态化学品融化或溶解状态，固态、液态并存
05	固气混合态	挥发特性固态化学品的挥发状态，固态、气态并存
06	液气混合态	蒸发特性液态化学品的蒸发状态，液态、气态并存
99	其他状态	

5.44 化学品危险性分类与代码

化学品危险性分类与代码见表 44。

表 44 化学品危险性分类与代码表

代码	名称	说明
100	理化危险	
101	爆炸物	
102	易燃气体	
103	易燃气溶胶	
104	氧化性气体	
105	压力气体	
106	易燃液体	
107	易燃固体	
108	自反应物质或混合物	

表 44（续）

代码	名称	说明
109	自燃液体	
110	自燃固体	
111	自热物质和混合物	
112	遇水放出易燃气体的物质或混合物	
113	氧化性液体	
114	氧化性固体	
115	有机过氧化物	
116	金属腐蚀剂	
199	其他理化危险化学品	
200	健康危险	
201	急性毒性	
202	皮肤腐蚀/刺激	
203	严重眼损伤/刺激	
204	呼吸或皮肤过敏	
205	生殖细胞致突变性	
206	致癌性	
207	生殖毒性	
208	特异性靶器官系统毒性(一次接触)	
209	特异性靶器官系统毒性(反复接触)	
210	吸入危险	
299	其他健康危险化学品	
300	环境危险	
301	危害水生环境	
399	其他环境危险化学品	
999	其他	

5.45 化学品溶解性类别代码

化学品溶解性类别代码见表 45。

表 45 化学品溶解性类别代码表

代码	名称	说明
1	可溶于水	
2	难溶于水	指在常温常压条件下，化学品仅有极少量溶于水，也称微溶于水
3	不溶于水	

表 45（续）

代码	名称	说明
4	可溶于有机溶剂	指不溶于水但可溶于有机溶剂
9	其他	

5.46 化学品氧化性类别代码

化学品氧化性类别代码见表 46。

表 46 化学品氧化性类别代码表

代码	名称	说明
1	极易氧化	
2	易氧化	
3	不易氧化	
9	其他	

5.47 化学品腐蚀性类别代码

化学品腐蚀性类别代码见表 47。

表 47 化学品腐蚀性类别代码表

代码	名称	说明
1	极强腐蚀性	
2	强腐蚀性	
3	弱腐蚀性	
4	无腐蚀性	
9	其他	

5.48 消防装备器材分类与代码

消防装备器材分类与代码见表 48。

表 48 消防装备器材分类与代码表

代码	名称	说明
10000000	消防人员防护装备	
11000000	基本防护装备	
11010000	消防头盔	
11010100	全盔式消防头盔	
11010200	半盔式消防头盔	
11019900	其他消防头盔	
11020000	消防员灭火防护服	

表 48（续）

代码	名称	说明
11020100	消防员灭火防护服上衣	
11020200	消防员灭火防护服下裤	
11030000	消防手套	
11030100	1 类消防手套	
11030200	2 类消防手套	
11030300	3 类消防手套	
11039900	其他消防手套	
11040000	消防安全腰带	
11050000	消防员灭火防护靴	
11050100	灭火防护胶靴	
11050200	灭火防护皮靴	
11059900	其他灭火防护靴	
11060000	正压式消防空气呼吸器	
11070000	佩戴式防爆照明灯	
11080000	消防员呼救器	
11080100	充电式呼救器	
11080200	非充电式呼救器	
11089900	其他呼救器	
11090000	方位灯	
11100000	消防轻型安全绳	
11110000	消防腰斧	
11120000	安全钩	
11130000	备用气瓶	
11140000	消防指挥服	
11990000	其他基本防护装备	
12000000	特种防护装备	
12010000	防护头盔及头面部防护装具	
12010100	抢险救援头盔	
12010101	全盔式抢险救援头盔	
12010102	半盔式抢险救援头盔	
12010199	其他抢险救援头盔	
12010200	消防员灭火防护头套	
12010300	消防护目镜	
12019900	其他防护头盔及头面部防护装具	

表 48（续）

代码	名称	说明
12020000	消防员特种防护服	
12020100	消防员隔热防护服	
12020200	消防员避火防护服	
12020300	抢险救援服	
12020400	化学防护服	
12020401	特级化学防护服	
12020402	一级化学防护服	
12020403	二级化学防护服	
12020499	其他化学防护服	
12020500	防火防化服	
12029000	其他消防员特种防护服	
12029001	防核防化服	
12029002	防蜂服	
12029003	防爆服	
12029004	电绝缘装具	
12029005	防静电服	
12029006	防静电内衣	
12029007	消防专用救生衣	
12029008	消防阻燃毛衣	
12029009	消防员降温背心	
12029011	核沾染防护服	
12030000	消防员特种防护手套	
12030100	内置纯棉手套	
12030200	防高温手套	
12030300	防化手套	
12030301	PVC 厚手套	
12030302	天然橡胶手套	
12030303	氯丁橡胶手套	
12030304	聚氨酯手套	
12030305	丁腈橡胶手套	
12030306	氯磺化聚乙烯手套	
12030307	PVA 手套	
12030399	其他防化手套	
12030400	抢险救援手套	

表 48（续）

代码	名称	说明
12039900	其他特种防护手套	
12040000	消防员特种防护靴	
12040100	抢险救援靴	
12040200	化学防护靴	
12040300	防静电靴	
12049900	其他特种防护靴	
12050000	特种消防用防坠落装备	
12050100	消防通用安全绳	
12050200	消防安全吊带	
12050201	消防Ⅰ类安全吊带	
12050202	消防Ⅱ类安全吊带	
12050203	消防Ⅲ类安全吊带	
12050299	其他消防安全吊带	
12050300	消防防坠落辅助部件	
12059900	其他特种消防用防坠落装备	
12060000	消防员特种呼吸保护装具	
12060100	长管空气呼吸器(移动供气源)	
12060200	正压式消防氧气呼吸器	
12060300	强制送风呼吸器	
12060400	消防过滤式综合防毒面具	
12060500	移动供气源	
12069900	其他特种呼吸保护装具	
12070000	消防水下保护装具	
12070100	潜水装具	
12070200	潜水服	
12070201	干式潜水服	
12070202	湿式潜水服	
12070299	其他潜水服	
12070300	潜水头盔	
12070400	水下通信设备	
12070500	水下工具	
12070600	水下照明灯具	
12079900	其他消防水下保护装具	
12080000	特种防护装备及器具配件	

表 48（续）

代码	名称	说明
12080100	救援护膝护肘	
12080200	抢险救援腰带	
12990000	其他类特种防护装备及器具	
12990100	消防员特种照明灯具	
12990101	手提式强光照明灯	
12990102	消防用荧光棒	
12990199	其他特种照明灯具	
12990200	消防员特种通信装置	
12990201	消防员呼救器后场接收装置	
12990202	头骨振动式通信装置	
12990203	防爆手持电台	
12990204	消防员单兵定位装置	
12999900	其他特种防护装备及器具	
20000000	消防车、船(艇)、飞行器	
21000000	消防车辆装备	
21010000	消防车	
21010100	灭火类消防车	
21010101	水罐消防车(SG)	
21010102	泡沫消防车(PM)	
21010103	压缩空气泡沫消防车	
21010104	高倍泡沫消防车(GP)	
21010105	泵浦消防车(BP)	
21010106	干粉消防车(GF)	
21010107	干粉泡沫联用消防车(GP)	
21010108	干粉水联用消防车(GL)	
21010109	涡喷消防车(WP)	
21010110	二氧化碳消防车(EY)	
21010111	细水雾消防车	
21010112	泡沫水罐车	
21010113	干粉二氧化碳联用消防车	
21010199	其他灭火消防车	
21010200	举高类消防车	
21010201	登高平台消防车(DG)	
21010202	云梯消防车(YT)	

表 48（续）

代码	名称	说明
21010203	举高喷射消防车(JP)	
21010299	其他举高消防车	
21010300	专勤类消防车	
21010301	抢险救援消防车(JY)	
21010302	排烟消防车(PY)	
21010303	照明消防车(ZM)	
21010304	排烟照明消防车(PZ)	
21010305	高倍泡沫排烟消防车(PP)	
21010306	水带敷设消防车(DF)	
21010307	化学事故抢险救援消防车(HJ)	
21010308	化学洗消消防车(HX)	
21010309	核生化侦检消防车(ZJ)	
21010310	勘察消防车(KC)	
21010311	通信指挥消防车(TZ)	
21010312	宣传消防车(XC)	
21010399	其他专勤消防车	
21010400	战勤保障消防车	
21010401	器材消防车(QC)	
21010402	供水消防车(GS)	
21010403	供液消防车(GY)	
21010404	供气消防车(GQ)	
21010405	自卸式消防车(ZX)	
21010406	装备抢修车	
21010407	饮食保障车	
21010408	加油车	
21010409	运兵车	
21010410	宿营车	
21010411	卫勤保障车	
21010412	发电车	
21010413	淋浴车	
21010414	挖掘机	
21010415	装备拖车	
21010416	吊车	
21010499	其他后援消防车	

表 48（续）

代码	名称	说明
21010500	机场消防车(JX)	
21010501	机场快速调动消防车	
21010502	机场主力泡沫消防车	
21010599	其他机场消防车	
21010600	防爆消防车	
21010700	轨道消防车(GD)	
21019900	其他类消防车	
21020000	消防摩托车	
21020100	灭火消防摩托车	
21020200	抢险救援摩托车	
21029900	其他消防摩托车	
21990000	其他消防车辆	
22000000	消防船艇	
22010000	大型消防艇	
22020000	中型消防艇	
22030000	小型消防艇	
22040000	冲锋舟	
22050000	橡皮艇	
22990000	其他消防船艇	
23000000	消防飞行器	
23010000	固定翼飞机	
23020000	直升机	
23030000	飞艇	
23040000	无人飞行器	
23990000	其他消防飞行器	
30000000	灭火器材装备	
31000000	消防器具类	
31010000	输水器具	
31010100	吸水管	
31010101	胶管	
31010102	PVC 管	
31010199	其他材料吸水管	
31010200	吸水附属器具	
31010201	吸水管接口	

表 48（续）

代码	名称	说明
31010202	滤水器	
31010203	吸水管扳手	
31010204	排吸器	
31010299	其他吸水附属器具	
31010400	消防水带	
31010401	低压消防水带	
31010402	中压消防水带	
31010403	高压消防水带	
31010404	A类泡沫专用水带	
31010405	水幕水带	
31010499	其他水带	
31010500	分水器	
31010600	集水器	
31010800	水囊(槽)	
31010900	A类泡沫比例混合器	
31011000	B类泡沫比例混合器	
31011200	消防水带附属器具	
31011201	卡式水带接口	
31011202	内扣式水带接口	
31011203	螺纹式水带接口	
31011211	水带包布	
31011221	水带卷盘	
31011222	移动式水带卷盘	
31011231	水带护桥	
31011241	水带挂钩	
31019900	其他输水器具	
31020000	消防枪	
31020100	消防水枪	
31020101	直流水枪	
31020102	喷雾水枪	
31020103	直流喷雾水枪	
31020104	多功能消防水枪	
31020105	脉冲水枪	
31020106	开花水枪	

表 48（续）

代码	名称	说明
31020107	带架水枪	
31020199	其他水枪	
31020200	消防泡沫枪	
31020201	低倍数泡沫枪	
31020202	中倍数泡沫枪	
31020203	低倍数中倍数联用泡沫枪	
31020204	压缩空气泡沫系统专用枪	
31020299	其他泡沫枪	
31020300	泡沫钩管	
31020400	干粉枪	
31029900	其他消防枪	
31030000	移动消防炮	
31030100	消防水炮	
31030200	消防泡沫炮	
31030300	消防干粉炮	
31030400	大流量移动消防炮(拖车式)	
31030500	自摆式消防炮	
31030600	手动消防炮	
31030700	电动遥控炮	
31030800	电动泡沫遥控炮	
31039900	其他消防炮	
31040000	灭火器	
31040100	水基型灭火器	
31040101	水型灭火器	
31040102	泡沫灭火器	
31040103	D类火灾专用灭火器	
31040199	其他水基型	
31040200	干粉灭火器	
31040201	BC类干粉灭火器	
31040202	ABC类干粉灭火器	
31040203	D类火灾专用灭火器	
31040299	其他干粉灭火器	
31040300	二氧化碳灭火器	
31040400	清洁气体灭火器	

表 48（续）

代码	名称	说明
31040401	卤代烷烃类	
31040402	惰性气体	
31040499	其他清洁气体	
31040500	移动式细水雾灭火装置	
31040600	风力灭火机	
31049900	其他灭火器	
31990000	其他消防器具	
31990100	转换接口	
31990101	异径接口	
31990102	异形接口	
32000000	消防泵类	
32010000	低压消防泵	
32020000	中压消防泵	
32030000	中低压消防泵	
32040000	高压消防泵	
32050000	高低压消防泵	
32060000	超高压消防泵	
32990000	其他消防泵	
32990100	手抬机动泵	
32990200	浮艇泵	
32990300	泡沫泵	
39000000	其他灭火器材装备	
39010000	消防锹	
39020000	铁挺	
39030000	消防镐	
39040000	消防斧	
39050000	消防锤	
39060000	帆布水桶	
39070000	地下消火栓钥匙	
39080000	地上消火栓钥匙	
39090000	消防钩	
40000000	灭火剂	
41000000	水灭火剂	
42000000	泡沫灭火剂	

表 48（续）

代码	名称	说明
42010000	机械泡沫灭火剂	
42010100	蛋白泡沫灭火剂(P)	
42010200	氟蛋白泡沫灭火剂(FP)	
42010300	合成泡沫灭火剂(S)	
42010400	抗溶泡沫灭火剂(AR)	
42010500	水成膜泡沫灭火剂(AFFF)	
42010600	成膜氟蛋白泡沫灭火剂(FFFP)	
42019900	其他机械泡沫灭火剂	
42020000	压缩空气泡沫灭火剂	
42030000	化学泡沫灭火剂	
42040000	蛋白泡沫灭火剂(P)	
42050000	氟蛋白泡沫灭火剂(FP)	
42060000	抗溶性氟蛋白泡沫灭火剂(FP/AR)	
42070000	成膜氟蛋白泡沫灭火剂(FFFP)	
42080000	抗溶性成膜氟蛋白泡沫灭火剂(FFFP/AR)	
42090000	普通合成泡沫灭火剂(S)	
42100000	高倍数泡沫或高中低倍通用泡沫灭火剂	
42110000	合成型抗溶泡沫灭火剂(S/AR)	
42120000	水成膜泡沫灭火剂(AFFF)	
42130000	抗溶性水成膜泡沫灭火剂(AFFF/AR)	
42140000	A类泡沫灭火剂	
42990000	其他泡沫灭火剂	
43000000	干粉灭火剂	
43010000	普通干粉灭火剂	
43010100	BC类干粉灭火剂	
43010200	ABC类干粉灭火剂	
43019900	其他普通干粉灭火剂	
43020000	超细干粉灭火剂	
43020100	BC类超细干粉灭火剂	
43020200	ABC类超细干粉灭火剂	
43029900	其他超细干粉灭火剂	
43030000	金属火灾干粉灭火剂	
43030100	石墨类灭火剂	
43030200	氯化钠类灭火剂	

表 48（续）

代码	名称	说明
43030300	碳酸钠类灭火剂	
43039900	其他金属火灾干粉灭火剂	
43990000	其他干粉灭火剂	
44000000	气体灭火剂	
44010000	卤代烷烃灭火剂	
44010100	七氟丙烷灭火剂	
44010200	三氟丙烷灭火剂	
44010300	六氟丙烷灭火剂	
44010400	哈龙 1301 灭火剂	
44010500	哈龙 1211 灭火剂	
44019900	其他卤代烷烃灭火剂	
44020000	二氧化碳灭火剂	
44030000	惰性气体灭火剂	
44030100	IG01 惰性气体灭火剂	
44030200	IG100 惰性气体灭火剂	
44030300	IG55 惰性气体灭火剂	
44030400	IG541 惰性气体灭火剂	
44039900	其他惰性气体灭火剂	
44990000	其他气体灭火剂	
49000000	其他灭火剂	
50000000	抢险救援器材	
51000000	侦检器材	
51010000	有毒气体探测仪	
51020000	军事毒剂侦检仪	
51030000	可燃气体检测器	
51040000	水质分析仪	
51050000	电子气象仪	
51080000	生命探测仪	
51080100	音频生命探测仪	
51080200	视频生命探测仪	
51080300	雷达生命探测仪	
51090000	消防用红外热像仪	
51100000	漏电探测仪	
51110000	核放射探测仪	

表 48（续）

代码	名称	说明
51120000	电子酸碱测试仪	
51130000	移动式生物快速侦检仪	
51140000	水深探测仪	
51150000	无线复合气体探测仪	
51160000	测温仪	
51170000	激光测距仪	
51180000	便携危险化学品检测片	
51190000	金属探测仪	
51990000	其他侦检器材	
52000000	警戒器材	
52010000	警戒标志杆	
52020000	锥型事故标志柱	
52030000	隔离警示带	
52040000	出入口标志牌	
52050000	危险警示牌	
52050100	有毒标志	
52050200	易燃标志	
52050300	泄漏标志	
52050400	爆炸标志	
52050500	放射标志	
52060000	闪光警示灯	
52070000	手持扩音器	
52990000	其他警戒器材	
53000000	消防梯及救生器材	
53010000	消防梯	
53010100	单杠梯	
53010200	挂钩梯	
53010300	拉梯	
53010301	二节拉梯	
53010302	三节拉梯	
53010399	其他拉梯	
53010400	折叠式救援梯	
53010500	救生软梯	
53019900	其他消防梯	

表 48（续）

代码	名称	说明
53020000	救生器材	
53020100	躯体固定气囊	
53020200	肢体固定气囊	
53020300	婴儿呼吸袋	
53020400	逃生面罩	
53020500	救生照明线	
53020600	折叠式担架	
53020700	伤员固定抬板	
53020800	多功能担架	
53020900	消防救生气垫	
53021000	救生缓降器	
53021100	灭火毯	
53021200	医药急救箱	
53021300	医用简易呼吸器	
53021400	气动起重气垫	
53021500	救援支架	
53021600	救生抛投器	
53021700	水面漂浮救生绳	
53021800	机动橡皮舟	
53021900	尸体袋	
53022000	消防过滤式自救呼吸器	
53022100	自喷荧光漆	
53022200	通信救生安全绳	
53022300	打捞网	
53022400	救生杆	
53022500	水面救援装具	
53029900	其他救生器材	
53990000	其他消防梯及救生器材	
54000000	破拆器材	
54010000	电动剪扩钳	
54020000	液压剪切钳	
54030000	液压万向剪切钳	
54040000	液压多功能钳	
54050000	双轮异向切割锯	

表 48（续）

代码	名称	说明
54060000	机动链锯	
54070000	无齿锯	
54080000	等离子切割器	
54090000	气动切割刀	
54100000	液压扩张器	
54110000	液压救援顶杆	
54120000	重型支撑套具	
54120100	液压式重型支撑套具	
54120200	气压式重型支撑套具	
54120300	机械手动式重型支撑套具	
54130000	液压机动泵	
54130100	内燃式液压机动泵	
54130200	电池液压机动泵	
54140000	手动液压泵	
54150000	开门器	
54160000	冲击钻	
54170000	凿岩机	
54180000	玻璃破碎器	
54190000	手持式钢筋速断器	
54200000	液压破拆工具组	
54210000	手动破拆工具组	
54220000	混凝土液压破拆工具组	
54230000	便携式防盗门破拆工具组	
54240000	便携式汽油金属切割器	
54250000	液压千斤顶	
54260000	多功能刀具	
54270000	绝缘剪断钳	
54280000	毁锁器	
54290000	多功能挠钩	
54310000	便携式手动液压剪扩钳	
54320000	封管器	
54990000	其他破拆器材	
55000000	堵漏器材	
55010000	内封式堵漏袋	

表 48（续）

代码	名称	说明
55010100	直径 10/20 mm 堵漏袋	
55010200	直径 20/40 mm 堵漏袋	
55010300	直径 30/60 mm 堵漏袋	
55010400	直径 50/100 mm 堵漏袋	
55020000	外封式堵漏袋	
55030000	捆绑式堵漏袋	
55030100	5/20 mm 堵漏袋	
55030200	20/48 mm 堵漏袋	
55040000	下水道阻流袋	
55050000	金属堵漏套管	
55060000	堵漏枪	
55060100	圆锥堵漏枪	
55060200	楔型堵漏枪	
55060201	1 型堵漏枪	
55060202	2 型堵漏枪	
55060203	3 型堵漏枪	
55070000	阀门堵漏套具	
55080000	注入式堵漏工具	
55090000	粘贴式堵漏工具	
55100000	电磁式堵漏工具	
55110000	木制堵漏楔	
55120000	气动吸盘式堵漏器	
55130000	管道粘结剂	
55140000	无火花工具	
55150000	强磁堵漏工具	
55990000	其他堵漏器材	
56000000	输转器材	
56010000	手动隔膜抽吸泵	
56020000	防爆输转泵	
56030000	黏稠液体抽吸泵	
56040000	排污泵	
56050000	有毒物质密封桶	
56060000	围油栏	
56070000	吸附垫	

表 48（续）

代码	名称	说明
56080000	集污袋	
56990000	其他输转器材	
57000000	消防洗消装备	
57010000	洗消剂	
57010100	强酸、碱清洗剂	
57010200	洗消粉	
57010201	三合一强氧化洗消粉	
57010299	其他洗消粉	
57010300	三合二洗消剂	
57010400	有机磷降解酶	
57010500	消毒粉	
57019900	其他洗消剂	
57020000	洗消装置	
57020100	强酸、碱洗消器	
57020200	生化洗消装置	
57020300	简易洗消喷淋器	
57020400	消防面罩超声波清洗机	
57020500	洗消净水池	
57020600	洗消污水池	
57020700	洗眼器	
57029900	其他洗消装置	
57030000	洗消站	
57030100	单人洗消帐篷	
57030200	公众洗消站	
57039900	其他洗消站	
57990000	其他消防洗消装备	
58000000	照明、排烟器材	
58010000	移动式排烟机	
58020000	坑道小型空气输送机	
58030000	移动照明灯组	
58040000	移动发电机	
58050000	水驱动排烟机	
58990000	其他照明、排烟器材	
59000000	其他类器材	

表 48（续）

代码	名称	说明
59010000	空气充填泵	
59020000	防化服清洗烘干器	
59030000	消防移动储水装置	
59040000	高倍数泡沫发生器	
59050000	电源逆变器	
59060000	液压动力站	
59070000	液压胶管	
59080000	装备技师工具箱	
59990000	其他特勤器材	
59990100	野外炊事保障单元	
60000000	消防通信指挥装备	
61000000	计算机通信网设备	
61010000	路由器	
61020000	交换机	
61090000	其他计算机通信网设备	
62000000	有线通信网设备	
62010000	程控交换机	
62020000	光电传输设备	
62030000	复用设备	
62040000	电信终端设备	
62050000	VoIP 网关	
62060000	附加设备	
62090000	其他有线通信网设备	
63000000	无线通信网设备	
63010000	无线常规网	
63010100	一级网通信基站	
63010200	一级网移动通信基站	
63010300	一级网固定电台	
63010400	一级网车载电台	
63010500	二级网手持电台	
63010600	三级网手持电台	
63010700	无线地下中继设备	
63010800	无线数据网设备	
63019900	其他无线常规网设备	

表 48（续）

代码	名称	说明
63020000	无线集群网	
63020100	分调度台设备	
63020200	移动通信基站	
63020300	车载电台	
63020400	手持电台	
63020500	编程器	
63029900	其他无线集群网设备	
64000000	卫星通信网设备	
64010000	卫星固定站	
64020000	卫星移动站	
64020100	车载站	
64020200	便携站	
64030000	卫星电话终端	
64990000	其他卫星通信网设备	
65000000	信息中心设备	
65010000	服务器	
65020000	存储设备	
65030000	安全保障设备	
65030100	网络安全设备	
65030101	防火墙	
65030102	入侵检测系统(IDS)	
65030103	入侵防御系统(IPS)	
65030104	隔离网闸	
65030105	统一威胁管理系统(UTM)	
65030106	抗分布式拒绝服务攻击网关(DD0S)	
65030107	防病毒网关	
65030108	站防护系统(Web 应用防火墙)	
65030109	漏洞扫描系统	
65030110	网络安全管理平台(SQC)	
65030199	其他信息中心设备	
65030200	公钥基础设施(PKI)	
65030201	地注册代理(LRA)	
65030202	PKI 目录系统	
65030203	集中认证网关	

表 48（续）

代码	名称	说明
65030204	审计查询系统(AQS)	
65030299	其他公钥基础设施	
65030300	安全接入系统设备	
65030301	VPN 安全网关	
65030302	短信安全网关	
65030303	AAA 认证服务器	
65030304	集成 CA&LDAP&RA 服务器	
65030305	终端安全加固系统	
65030306	应用代理和终端安全管理服务器	
65030307	安全接入管理平台	
65030399	其他安全接入系统设备	
65039900	其他安全保障设备	
65040000	电源设备	
65040100	交流电源	
65040200	UPS 电源	
65990000	其他电源设备	
66000000	指挥中心设备	
66010000	通信指挥中心设备	
66010100	接警调度终端	
66010200	指挥调度终端	
66010300	综合信息管理终端	
66010400	电话机	
66010500	打印、传真机	
66010600	大屏幕显示设备	
66010601	DLP 显示设备	
66010602	投影显示设备	
66010603	液晶显示设备	
66010604	LED 显示设备	
66010699	其他显示设备	
66010700	指挥大厅音响设备	
66010701	调音台	
66010702	功放机	
66010703	音箱	
66010799	其他	

表 48（续）

代码	名称	说明
66010800	火警广播设备	
66010801	话筒	
66010802	功放机	
66010803	扬声器	
66010899	其他火警广播设备	
66010900	指挥会议设备	
66010901	视频会议终端	
66010902	数字会议设备	
66010903	音响设备	
66010904	交互电子白板	
66010999	其他指挥会议设备	
66011000	视频设备	
66011001	视频会议多点控制单元(MCU)	
66011002	视频解码器	
66011003	分配器	
66011004	切换矩阵	
66011005	录像机	
66011099	其他视频设备	
66011100	综合图像管理平台	
66011200	综合语音管理平台	
66011300	集中控制设备	
66011301	控制主机	
66011302	无线触摸屏	
66011303	灯光控制器	
66011304	以太网控制卡	
66011305	视音频切换设备	
66011399	其他集中控制设备	
66011400	录音录时设备	
66019900	其他通信指挥中心设备	
66020000	消防站设备	
66020100	消防站火警终端	
66020200	电话机	
66020300	打印、传真机	
66020400	紧急信号接收机	

表 48（续）

代码	名称	说明
66020500	火警广播设备	
66020600	录音录时设备	
66020700	联动控制设备	
66020800	视频监控设备	
66020900	指挥会议设备	
66021000	网络设备	
66021100	UPS 电源	
66029900	其他消防站设备	
66030000	移动指挥中心设备	
66030100	电话交换设备	
66030200	电话机	
66030300	车外广播扩音设备	
66030400	无线视频传输系统	
66030500	短波电台	
66030501	短波固定电台	
66030502	短波背负电台	
66030600	网络交换机	
66030700	紧急信号发送设备	
66030800	通信组网管理设备	
66030900	车载计算机	
66031000	便携式计算机	
66031100	便携式作战指挥平台	
66031200	视音频会议系统终端	
66031300	打印、复印、传真机	
66031400	现场图像采集设备	
66031500	气象采集设备	
66031600	标准时钟	
66031700	综合显示屏及附件	
66031800	显示控制设备	
66031900	音视频存储设备	
66032000	定制车厢	
66032100	会议桌、椅	
66032200	指挥通信终端、机柜等	
66032300	储物柜	

表 48（续）

代码	名称	说明
66032400	外接口面板仓和接口	
66032500	升降杆	
66032600	电缆盘、盘架、线缆	
66032700	综合布线	
66032800	行车设备	
66032900	警示设备	
66033000	供电设备	
66033100	配电盘柜	
66033200	隔离变压器	
66033300	UPS 电源	
66033400	驻车空调	
66033500	车内照明	
66033600	车外照明	
66033700	卫生间设备	
66033800	饮用水设备	
66033900	食品加热设备	
66034000	食品冷藏设备	
66034100	车内音响系统	
66034200	灭火救援指挥箱	
66039900	其他移动指挥中心设备	
66990000	其他指挥中心设备	
69000000	其他消防通信指挥装备	
69010000	水下通信设备	
70000000	特种消防装备	
71000000	消防灭火机器人	
71010000	灭火机器人	
71020000	侦察机器人	
71030000	救援机器人	
71040000	消防排烟机器人	
71050000	反恐排爆机器人	
71060000	潜水救助机器人	
71070000	消防破拆机器人	
71990000	其他消防机器人	
72000000	消防坦克	

表 48（续）

代码	名称	说明
73000000	消防装甲车	
74000000	全地形消防车	
75000000	水陆两用消防车	
76000000	远程供水系统	
77000000	工程器械	
77110000	装载机	
77130000	挖掘机	
77150000	推土机	
77170000	起重机	
77190000	拆楼机	
77210000	板车	
77230000	铲车	
77250000	吊车	
77270000	叉车	
77290000	拖车	
77310000	破拆车	
77330000	运输车	
77350000	自卸车	
79000000	其他特种消防装备	
80000000	防火检查与火灾调查装备	
81000000	建筑消防设施现场检测装备	
81010000	点型感烟火灾探测器功能试验器	
81020000	点型感温火灾探测器功能试验器	
81030000	线型光束感烟火灾探测器功能试验器	
81040000	火焰探测器功能试验器	
81050000	数字照度计	
81060000	数字声级计	
81070000	数字测距仪	
81080000	数字风速计	
81090000	数字微压计	
81100000	消火栓测压装置	
81110000	喷淋末端试水接头	
81120000	超声波流量计	
81130000	防火涂料测厚仪	

表 48（续）

代码	名称	说明
81140000	接地电阻测量仪	
81150000	绝缘电阻测量仪	
81160000	数字万用表	
81170000	泡沫称重电子秤	
81990000	其他建筑消防设施现场检测装备	
82000000	防火检查装备	
82010000	红外测温仪	
82020000	红外热像仪或红外热电视	
82030000	超声波探测仪	
82040000	普通钳形表	
82050000	谐波分析仪	
82060000	漏电电流测试仪	
82070000	绝缘电阻测试仪	
82080000	钳式接地电阻测试仪	
82090000	低欧姆表	
82100000	静电电压表	
82110000	可燃(毒性)气体检测仪	
82990000	其他防火检查装备	
83000000	火灾调查装备	
83010000	望远镜	
83020000	金属硬度检验仪	
83030000	回弹仪	
83040000	特斯拉计(剩磁测试仪)	
83050000	笔式数字多用表	
83060000	炭化深度测试仪	
83070000	万用表	
83080000	接地电阻测量仪	
83090000	绝缘电阻测试仪	
83100000	静电电压表	
83110000	数字测温表	
83120000	小型 X 光检测仪	
83130000	金属探测器	
83140000	体视显微镜	
83150000	便携式金相显微镜	

表 48（续）

代码	名称	说明
83160000	便携式气相色谱仪	
83170000	便携式红外光谱仪	
83180000	易燃液体探测仪	
83190000	可燃气体探测仪	
83200000	可燃气体检测管	
83210000	薄层色谱分析仪	
83220000	现场勘查灯	
83230000	碘钨灯	
83240000	(数码)照相机	
83250000	数码摄像机	
83260000	现场勘查工具	
83270000	电子测距仪	
83280000	尸体袋	
83290000	物证保存袋	
83300000	火灾调查车	
83990000	其他火灾调查装备	
84000000	火灾物证鉴定设备	
84010000	薄层色谱分析装置	
84020000	紫外光谱仪	
84030000	红外光谱仪	
84040000	高效液相色谱仪	
84050000	气相色谱仪	
84060000	气相色谱/质谱联用仪	
84070000	金相显微镜	
84080000	扫描电子显微镜	
84090000	X射线能谱仪	
84100000	X射线衍射仪	
84110000	电子探针	
84120000	俄歇电子谱仪	
84130000	差热热重联用分析仪	
84140000	差式扫描量热仪	
84990000	其他火灾物证鉴定设备	
89000000	其他防火检查与火灾调查装备	
90000000	其他类消防装备器材	

5.49 消防装备状态类别代码

消防装备状态类别代码见表49。

表49 消防装备状态类别代码表

代码	名称	说明
1	新品	
2	堪用	非新品,但可正常使用的装备
3	待修	
4	报废	已退役,但不具备教学展示等用途,必须进行销毁等处理
9	其他	

5.50 机动车车身颜色类别代码

机动车车身颜色类别代码见表50。

表50 机动车车身颜色类别代码表

代码	名称	说明
01	白	
02	灰	
03	黄	
04	粉	
05	红	
06	紫	
07	绿	
08	蓝	
09	棕	
10	黑	
99	其他	

5.51 机动车能源种类类别代码

机动车能源种类类别代码见表51。

表51 机动车能源种类类别代码表

代码	名称	说明
01	汽油	
02	柴油	
03	电	以电能驱动的机动车
04	混合油	

表 51（续）

代码	名称	说明
05	天然气	
06	液化石油气	
07	甲醇	
08	乙醇	
09	太阳能	
10	混合动力	电动机作为辅助驱动的机动车
11	氢	
12	生物燃料	
13	二甲醚	
14	无	仅限全挂车等无动力的
99	其他	

5.52 消防装备规划级别代码

消防装备规划级别代码见表 52。

表 52 消防装备规划级别代码表

代码	名称	说明
1	国家级	
2	区域级	
3	省级	
4	地市级	
9	其他	

5.53 秘密等级代码

秘密等级代码见表 53。

表 53 秘密等级代码表

代码	名称	说明
1	绝密	
2	机密	
3	秘密	
4	内部	
9	其他	

5.54 验货方法类型代码

验货方法类型代码见表54。

表54 验货方法类型代码表

代码	名称	说明
01	清点数量并抽样检测	
02	清点数量并逐个功能测试	
03	清点数量并逐个特性测试	
04	清点数量并抽样功能测试	
05	清点数量并目测检查	
06	仅清点数量	
99	其他	

5.55 装备来源手续类别代码

装备来源手续类别代码见表55。

表55 装备来源手续类别代码表

代码	名称	说明
1	原始发票手续	
2	进口手续	
3	罚没手续	
4	法院拍卖手续	
9	其他	

5.56 车辆监理情况类别代码

车辆监理情况类别代码见表56。

表56 车辆监理情况类别代码表

代码	名称	说明
1	合格	
2	假车牌	
3	假证	驾驶证、行驶证
4	证照不全	驾驶证、行驶证
5	牌证超出有效期	
9	其他	

5.57 装备事故等级代码

装备事故等级代码见表57。

表 57 装备事故等级代码表

代码	名称	说明
1	一般事故	直接经济损失 1000 万元以下
2	较大事故	直接经济损失 1000 万元(不含)以上 5000 万元以下
3	重大事故	直接经济损失 5000 万元(不含)以上 1 亿元以下
4	特别重大事故	直接经济损失 1 亿元(不含)以上

5.58 装备事故原因类别代码

装备事故原因类别代码见表 58。

表 58 装备事故原因类别代码表

代码	名称	说明
1	装备质量	
2	设备老化	
3	人为因素	
4	外部因素	
9	其他	

5.59 消防装备事故赔偿方式类别代码

消防装备事故赔偿方式类别代码见表 59。

表 59 消防装备事故赔偿方式类别代码表

代码	名称	说明
1	分期付款	
2	一次付款	
3	以资偿付	
9	其他	

5.60 性别代码

性别代码见表 60。

表 60 性别代码表

代码	名称	说明
1	男性	
2	女性	

5.61 常用证件类型代码

常用证件类型代码见表 61。

表 61 常用证件类型代码表

代码	名称	说明
111	居民身份证	
112	临时居民身份证	
113	户口簿	
114	中国人民解放军军官证	
115	中国人民武装警察部队警官证	
116	暂住证	
117	出生医学证明	
118	中国人民解放军士兵证	
119	中国人民武装警察部队士兵证	
121	法官证	
123	人民警察证	
125	检察官证	
127	律师证	
129	记者证	
131	工作证	
133	学生证	
335	机动车驾驶证	
336	机动车临时驾驶许可证	
345	飞机驾驶证	
347	船舶驾驶证	
349	船舶行驶证	
411	外交护照	
412	公务护照	
413	公务普通护照	
414	普通护照	
415	旅行证	
416	出入境通行证	
417	外国人出入境通行证	
418	外国人旅行证	
419	海员证	

表 61（续）

代码	名称	说明
420	香港特别行政区护照	
421	澳门特别行政区护照	
511	台湾居民来往大陆通行证(多次有效)	
512	台湾居民来往大陆通行证(一次有效)	
513	往来港澳通行证	
515	前往港澳通行证	
516	港澳居民来往内地通行证	
517	往来台湾通行证	
518	因公往来香港澳门特别行政区通行证	
552	台湾居民定居证	
553	外国人永久居留证	
554	外国人居留证或居留许可	
555	外国人临时居留证	
556	入籍证书	
557	退籍证书	
558	复籍证书	
771	铁路员工证	
781	机组人员证	
791	外交人员身份证明	
792	境外人员身份证明	
811	统一社会信用代码证书	
812	单位注销证明	
813	驻华机构证明	
821	营业执照(正本)	
822	营业执照(副本)	
823	行政执法证	
824	国家职业资格证书	
830	国家综合性消防救援队伍干部证	
831	国家综合性消防救援队伍消防员证	
832	国家综合性消防救援队伍学员证	
833	国家综合性消防救援队伍退休证	
990	其他	

5.62 举报投诉类型代码

举报投诉类型代码见表 62。

表 62 举报投诉类型代码表

代码	名称	说明
1	首次举报	
2	不服下级处理越级举报	
3	本级多次重复举报	
9	其他	

5.63 举报投诉受理类别代码

举报投诉受理类别代码见表 63。

表 63 举报投诉受理类别代码表

代码	名称	说明
01	网络	
02	电话	
03	短信	
04	传真	
05	信件	
06	来访	
07	上级转办	
08	下级上报	
09	政府转办	
10	部门转办	
99	其他	

5.64 消防监督管辖权级别代码

消防监督管辖权级别代码见表 64。

表 64 消防监督管辖权级别代码表

代码	名称	说明
1	市级(包括直辖市)消防救援机构	
2	县(市)、区级消防救援机构	
3	公安派出所	
9	其他	

5.65 建筑物火灾危险性类别代码

建筑物火灾危险性类别代码见表 65。

表 65 建筑物火灾危险性类别代码表

代码	名称	说明
1	甲类	按 GB 50016—2014 中 3.1.2、3.1.4 和 3.1.5 的规定划分相应类别
2	乙类	
3	丙类	
4	丁类	
5	戊类	

5.66 建筑物耐火等级分类与代码

建筑物耐火等级分类与代码见表 66。

表 66 建筑物耐火等级分类与代码表

代码	名称	说明
10	厂房、仓库耐火等级	进行生产和储存物品的建筑，设计规范参见 GB 50016—2014 第 3 章
11	一级	
12	二级	
13	三级	
14	四级	
19	未确定等级	建筑物的耐火等级不能确定
20	民用建筑耐火等级	供人们居住和进行公共活动的建筑，设计规范参见 GB 50016—2014 第 5 章
21	一级	
22	二级	
23	三级	
24	四级	
29	未确定等级	建筑物的耐火等级不能确定
99	其他	

5.67 消防安全重点部位防火标志设立情况分类与代码

消防安全重点部位防火标志设立情况分类与代码见表 67。

表 67 消防安全重点部位防火标志设立情况分类与代码表

代码	名称	说明
10	已设立	

表 67（续）

代码	名称	说明
11	明显	
12	不明显	
20	未设立	
99	其他	

5.68 消防设施类别代码

消防设施类别代码见表 68。

表 68 消防设施类别代码表

代码	名称	说明
01	火灾自动报警系统	
04	室内消火栓系统	
05	室外消火栓系统	
08	自动喷水灭火系统	
09	泡沫灭火系统	包含自动喷水泡沫联用系统
10	气体灭火系统	
11	干粉灭火系统	
13	灭火器	
15	建筑防排烟系统	
18	消防电梯	
21	疏散指示标志	
23	消防应急照明	
26	消防应急广播系统	
29	防火分隔	
31	消防电源	
99	其他消防设施	

5.69 消防设施状况分类与代码

消防设施状况分类与代码见表 69。

表 69 消防设施状况分类与代码表

代码	名称	说明
10	无	
20	有	
21	无故障运行	

表 69（续）

代码	名称	说明
22	有故障运行	
23	有故障停用	
24	无故障停用	
29	其他	
99	其他	

5.70 消防水源分类与代码

消防水源分类与代码见表 70。

表 70 消防水源分类与代码表

代码	名称	说明
1000	人工水源	
1100	消火栓	
1110	市政消火栓	
1111	道路消火栓	
1112	小区消火栓	
1120	单位消火栓	
1121	室外消火栓	
1122	室内消火栓	
1200	消防水鹤	
1300	消防水池	
1900	其他人工水源	
2000	天然水源	
2100	消防取水码头	
2900	其他天然水源	
9000	其他水源	

5.71 灭火系统分类与代码

灭火系统分类与代码见表 71。

表 71 灭火系统分类与代码表

代码	名称	说明
100	自动喷水灭火系统	
110	闭式灭火系统	
111	湿式灭火系统	

表 71（续）

代码	名称	说明
112	干式灭火系统	
113	预作用灭火系统	
114	重复启闭预作用灭火系统	
119	其他闭式灭火系统	
120	开式灭火系统	
121	雨淋灭火系统	
122	水幕灭火系统	
129	其他开式灭火系统	
180	自动喷水泡沫联用灭火系统	
190	其他自动喷水灭火系统	
200	气体灭火系统	
210	全淹没式灭火系统	
211	二氧化碳灭火系统	
212	七氟丙烷灭火系统	
213	IG541 灭火系统	
214	热气溶胶灭火系统	
219	其他气体灭火系统	
220	局部应用式灭火系统	
221	二氧化碳灭火系统	
222	七氟丙烷灭火系统	
223	IG541 灭火系统	
224	热气溶胶灭火系统	
229	其他气体灭火系统	
230	手持软管灭火系统	
240	竖管灭火系统	
290	其他气体灭火系统	
300	泡沫灭火系统	
310	低倍数泡沫灭火系统	
311	固定式灭火系统	
312	半固定式灭火系统	
313	移动式灭火系统	
319	其他低倍数泡沫灭火系统	
320	中倍数泡沫灭火系统	
321	全淹没灭火系统	

表 71（续）

代码	名称	说明
322	局部应用灭火系统	
323	移动式灭火系统	
329	其他中倍数泡沫灭火系统	
330	高倍数泡沫灭火系统	
331	全淹没灭火系统	
332	局部应用灭火系统	
333	移动式灭火系统	
339	其他高倍数泡沫灭火系统	
380	泡沫喷雾灭火系统	
390	其他泡沫灭火系统	
400	干粉灭火系统	
410	全淹没式灭火系统	
411	BC 类干粉灭火系统	
412	ABC 类干粉灭火系统	
413	D 类干粉灭火系统	
419	其他干粉灭火系统	
420	局部应用式灭火系统	
421	BC 类干粉灭火系统	
422	ABC 类干粉灭火系统	
423	D 类干粉灭火系统	
429	其他干粉灭火系统	
999	其他灭火系统	

5.72 火灾自动报警系统形式类别代码

火灾自动报警系统形式类别代码见表 72。

表 72 火灾自动报警系统形式类别代码表

代码	名称	说明
1	区域报警系统	
2	集中报警系统	
3	控制中心报警系统	
9	其他报警系统	

5.73 火灾自动报警系统保护对象级别代码

火灾自动报警系统保护对象级别代码见表73。

表73 火灾自动报警系统保护对象级别代码表

代码	名称	说明
1	特级	
2	一级	
3	二级	
9	其他系统	

5.74 火灾探测器类型代码

火灾探测器类型代码见表74。

表74 火灾探测器类型代码表

代码	名称	说明
01	点型感烟火灾探测器	
02	点型感温火灾探测器	
03	点型复合式感烟感温火灾探测器	
04	点型一氧化碳火灾探测器	
05	点型红外火焰探测器	
06	点型紫外火焰探测器	
07	点型复合式红外紫外火焰探测器	
08	吸气式感烟火灾探测器	
09	图像型火灾探测器	
10	独立式感烟火灾探测报警器	
11	线型感温火灾探测器	
12	线型光纤感温火灾探测器	
13	线型光束感烟火灾探测器	
99	其他火灾探测器	

5.75 防排烟系统分类与代码

防排烟系统分类与代码见表75。

表75 防排烟系统分类与代码表

代码	名称	说明
10	自然排烟系统	
11	可开启外窗自然排烟	

表 75（续）

代码	名称	说明
20	机械防排烟系统	
21	机械加压送风防烟	
22	机械排烟	
90	其他防排烟系统	

5.76 灭火器类型代码

灭火器类型代码见表 76。

表 76 灭火器类型代码表

代码	名称	说明
10	手提式灭火器	
11	手提式水基型灭火器	
12	手提式干粉灭火器	
13	手提式二氧化碳灭火器	
14	手提式洁净气体灭火器	
19	其他	
20	推车式灭火器	
21	推车式水基型灭火器	
22	推车式干粉灭火器	
23	推车式二氧化碳灭火器	
24	推车式洁净气体灭火器	
29	其他	
30	简易式灭火器	
31	简易式水基型灭火器	
32	简易式干粉灭火器	
33	简易式氢氟烃类气体灭火器	
39	其他	
99	其他	

5.77 行政复议办结状况类别代码

行政复议办结状况类别代码见表 77。

表 77 行政复议办结状况类别代码表

代码	名称	说明
01	纠正原有结论	
02	撤销原有决定	
03	依法赔偿损失	
04	依法追究责任	
05	采纳意见建议	
06	调解解决	
07	通过政府救济,社会援助解决实际困难	
08	移送有关主管部门处理	
09	维持原处罚决定或结论	
99	其他	

5.78 消防监督检查形式类别代码

消防监督检查形式类别代码见表 78。

表 78 消防监督检查形式类别代码表

代码	名称	说明
01	消防监督抽查	
02	公众聚集场所投入使用、营业前消防安全检查	
03	对举报投诉的消防安全违法行为的检查	
04	责令限期改正复查	
05	申请恢复使用、生产、经营的检查	
06	申请解除临时查封的检查	
99	其他检查	

5.79 质检结果类别代码

质检结果类别代码见表 79。

表 79 质检结果类别代码表

代码	名称	说明
1	合格	
2	不合格	
3	无法判定	
9	其他	

5.80 灾情等级代码

灾情等级代码见表80。

表80 灾情等级代码表

代码	名称	说明
1	一级	
2	二级	
3	三级	
4	四级	
5	五级	

5.81 灾情状态类别代码

灾情状态类别代码见表81。

表81 灾情状态类别代码表

代码	名称	说明
01	接警	
02	下达	
03	出动	
04	到场	
05	展开	
06	出水	
07	控制	
08	熄灭	
09	清理现场	
10	返回	
11	归队	
12	结案	
99	其他	

5.82 灾情对象类别代码

灾情对象类别代码见表82。

表82 灾情对象类别代码表

代码	名称	说明
01	重点单位(防火)	
02	重点单位(灭火)	

表 82（续）

代码	名称	说明
03	建筑信息	
04	油气管线	
05	公路隧道	
06	石油化工企业	
07	核电站	
08	水电站(水库)	
99	其他	

5.83 灾情标识类别代码

灾情标识类别代码见表 83。

表 83 灾情标识类别代码表

代码	名称	说明
1	假警	
2	真警	
3	错位接警	
4	关联警情	
9	其他	

5.84 消防岗位分类与代码

消防岗位分类与代码见表 84。

表 84 消防岗位分类与代码表

代码	名称	说明
0100	灭火救援类	
0101	灭火救援员	
0102	消防车驾驶员	
0103	消防船艇驾驶员	
0104	潜水员	
0105	搜救犬训导员	
0106	灭火救援班班长	
0107	灭火救援班副班长	
0108	特勤班班长	
0109	特勤班副班长	
0110	分队长	

表 84（续）

代码	名称	说明
0111	站长助理	
0199	其他	
0200	通信类	
0201	消防通信员	
0203	计算机系统管理员	
0203	无人机操作员	
0204	通信班班长	
0205	通信班副班长	
0299	其他	
0300	战勤保障类	
0301	营房维修工	
0302	炊事员	
0303	采样兼化验员	
0304	装备物资保管员	
0305	卫生员	
0306	司务长	
0307	宣传报道员	
0308	装备维修员	
0309	教学训练助教	
0310	保障班班长	
0311	保障班副班长	
0399	其他	
0400	航空类	
0401	空勤保障员	
0402	地勤保障员	
0403	空勤保障班班长	
0404	空勤保障班副班长	
0405	地勤保障班班长	
0406	地勤保障班副班长	
0499	其他	
0500	调度指挥类	
0501	接警员	
0502	调度员	

表 84（续）

代码	名称	说明
0503	话务员	
0504	信息员	
0505	综合协调员	
0506	情报分析员	
0507	统计研判员	
0508	舆情监控员	
0509	电台调度员	
0510	预案管理员	
0511	平台值守员	
0512	态势标绘员	
0513	接警班班长	
0514	调度班班长	
0515	值班班长	
0599	其他	
0600	其他类消防员岗位	
0601	勤务员	
0602	驾驶员	
0603	保密员	
0604	消防员档案管理员	
0605	公勤班班长	
0606	公勤班副班长	
0699	其他	
1500	干部岗位	
1501	战训	
1502	队务	
1503	政工	
1504	后勤装备	
1505	财务	
1506	审计	
1507	防火监督	
1508	科技	
1509	新闻宣传	
1510	文秘	

表 84（续）

代码	名称	说明
1511	纪检	
1512	卫生	
1599	其他	
9900	其他	

5.85 天气状况分类与代码

天气状况分类与代码见表 85。

表 85 天气状况分类与代码表

代码	名称	说明
1000	天空状况	
1100	云量	天空中云遮蔽的量
1101	晴(天)	天空无云，或有零星云层，天空云量小于天空面积的 1/10
1103	多云	天空有 4 成～7 成的中、低云或 6 成～10 成的高云
1106	阴天	天空阴暗，密布云层或天空虽有云隙而仍感到阴暗(总云量 8 成以上)，偶尔从云缝中可见到微弱阳光
2000	降水现象	
2100	雨	
2101	小雨	日降雨量不足 10 mm
2102	中雨	日降雨总量为 10.0 mm～24.9 mm
2103	大雨	日降雨总量为 25.0 mm～49.9 mm
2104	暴雨	日降雨总量在 50.0 mm 以上
2111	阵雨	开始和停止都比较突然、强度变化大的液态降水
2121	雷阵雨	开始和停止都比较突然、强度变化大的液态降水，并伴有雷暴或闪电现象
2131	冻雨	由过冷水滴组成的，与温度低于 0 ℃的物体碰撞立即冻结的降水
2200	雪	
2201	小雪	降雪融化成水相当 0.1 mm～2.4 mm 降水量
2202	中雪	降雪融化成水相当 2.5 mm～4.9 mm 降水量
2203	大雪	降雪融化成水相当 5.0 mm～9.9 mm 降水量
2204	暴雪	降雪融化成水相当 10 mm 降水量以上
2211	雨夹雪	半融化的雪(湿雪)或雨和雪同时下降
2300	冰雹	坚硬的球状、锥状或形状不规则的固态降水
2900	其他降水现象	

表 85（续）

代码	名称	说明
3000	水汽凝结现象	云除外
3100	露	空气中水汽在地面及近地面物体上凝结而成的水珠
3200	霜冻	空气中水汽在地面和近地面物体上凝华而成的白色松脆的冰晶；或由露冻结而成的冰珠
3900	其他水汽凝结现象	
4000	视程障碍现象	
4100	雾(天)	悬浮在贴近地面的大气中的大量微细水滴(或冰晶)的可见集合体
4101	轻雾	能见度在 1 km～10 km，又称霭
4102	大雾	能见度在 1 km 以下
4103	浓雾	能见度在 500 m 以下
4200	霾	空气中的灰尘、硫酸、硝酸、有机碳氢化合物等粒子非水成物组成的气溶胶系统造成的视程障碍，如果水平能见度小于 10 km 时称为霾(Haze)或灰霾(Dust-haze)
4300	沙尘(天气)	
4301	浮尘	尘沙浮游在空中，使水平能见度小于 10km
4302	扬沙	风将地面尘、沙吹起，使空气相当混浊，水平能见度在 1km～10km
4303	沙尘暴	强风将地面尘、沙吹起，使空气很混浊，水平能见度小于 1km
4304	强沙尘暴	大风将地面尘、沙吹起，使空气非常混浊，水平能见度小于 500m
4305	特强沙尘暴	狂风将地面尘、沙吹起，使空气特别混浊，水平能见度小于 50m
4900	其他视程障碍现象	
5000	雷电现象	
5100	雷电	
5101	雷暴	积雨云云中、云间或云地之间产生的放电现象。表现为闪电兼有雷声，有时亦可只闻雷声而不见闪电
5105	闪电	积雨云云中、云间或云地之间产生放电时伴随的电光。但不闻雷声
5900	其他雷电现象	
9000	其他天气现象	

5.86 风向类别代码

风向类别代码应符合 GB/T 35227—2017 中的 5.2.1，风向类别代码见表 86。

表 86 风向类别代码表

代码	名称	说明
36	北	
02	北东北	

表 86（续）

代码	名称	说明
04	东北	
07	东东北	
09	东	
11	东东南	
14	东南	
16	南东南	
18	南	
20	南西南	
22	西南	
25	西西南	
27	西	
29	西西北	
32	西北	
34	北西北	
00	静风	

5.87 风力等级代码

风力等级代码应符合 GB/T 35227—2017 中的 7.2,风力等级代码见表 87。

表 87 风力等级代码表

代码	名称	说明
01	0	静风,风速范围:0 m/s～0.2 m/s
02	1	软风,风速范围:0.3 m/s～1.5 m/s
03	2	轻风,风速范围:1.6 m/s～3.3 m/s
04	3	微风,风速范围:3.4 m/s～5.4 m/s
05	4	和风,风速范围:5.5 m/s～7.9 m/s
06	5	清劲风,风速范围:8.0 m/s～10.7 m/s
07	6	强风,风速范围:10.8 m/s～13.8 m/s
08	7	疾风,风速范围:13.9 m/s～17.1 m/s
09	8	大风,风速范围:17.2 m/s～20.7 m/s
10	9	烈风,风速范围:20.8 m/s～24.4 m/s
11	10	狂风,风速范围:24.5 m/s～28.4 m/s
12	11	暴风,风速范围:28.5 m/s～32.6 m/s
13	12	飓风,风速范围:32.7 m/s～36.9 m/s

表 87（续）

代码	名称	说明
14	13	风速范围:37.0 m/s～41.4 m/s
15	14	风速范围:41.5 m/s～46.1 m/s
16	15	风速范围:46.2 m/s～50.9 m/s
17	16	风速范围:51.0 m/s～56.0 m/s
18	17	风速范围:56.1 m/s～61.2 m/s
19	18	风速范围:≥61.3 m/s

5.88 建筑属性分类与代码

建筑属性分类与代码见表 88。

表 88 建筑属性分类与代码表

代码	名称	说明
1000	单、多层建筑	
1010	公共建筑	
1020	住宅建筑	
1030	工业建筑	
1040	农业建筑	
1090	其他	
1100	高层建筑	
1110	百米以上高层建筑	
1111	公共建筑	
1112	住宅建筑	
1113	工业建筑	
1119	其他	
1120	百米以下高层建筑	
1121	公共建筑	
1122	住宅建筑	
1123	工业建筑	
1129	其他	
1199	其他	
1200	地下建筑	
1210	公共娱乐场所	
1220	商场市场	
1230	宾馆饭店	

表 88（续）

代码	名称	说明
1240	城市地铁	
1250	城市隧道	
1299	其他	
9900	其他建筑	

5.89 建筑用途分类与代码

建筑用途分类与代码见表 89。

表 89 建筑用途分类与代码表

代码	名称	说明
01000000	公共娱乐场所	
02000000	宾馆、饭店	
03000000	商场、市场	
04000000	体育场馆、会堂	
05000000	展览馆、博物馆	
06000000	民用机场航站楼，客运车站候车室、码头候船厅	
07000000	医院、疗养院	
08000000	养老院、福利院	
09000000	学校	
09010000	大、中专院校	
09020000	中、小学校	
09030000	托儿所、幼儿园	
10000000	易燃易爆危险物品场所	
10010000	加油站	
10010100	一级加油站	
10010200	二级加油站	
10010300	三级加油站	
10020000	液化石油气加气站	
10020100	一级液化石油气加气站	
10020200	二级液化石油气加气站	
10020300	三级液化石油气加气站	
10030000	压缩天然气加气站	
10030100	一级压缩天然气加气站	
10030200	二级压缩天然气加气站	

表 89（续）

代码	名称	说明
10030300	三级压缩天然气加气站	
10040000	加油和压缩天然气合建站	
10040100	一级加油和压缩天然气合建站	
10040200	二级加油和压缩天然气合建站	
10050000	液化石油气供气站	
10050100	5 000 m^3 以上液化石油气供气站	
10050200	500 m^3～5 000 m^3 液化石油气供气站	
10050300	500 m^3 以下液化石油气供气站	
10060000	煤气储配站	
10060100	20 000 m^3 以上煤气储配站	
10060200	10 000 m^3～20 000 m^3 煤气储配站	
10060300	10 000 m^3 以下煤气储配站	
10070000	其他易燃易爆气体、液体充装站	
10080000	其他易燃易爆气体、液体供应站	
10090000	其他易燃易爆气体、液体调压站	
10100000	装卸易燃易爆危险物品专用车站、码头	
10110000	生产易燃易爆危险物品厂房	
10120000	储存易燃易爆危险物品库房	
10120100	石油库	
10120101	一级石油库	
10120102	二级石油库	
10120103	三级石油库	
10120104	四级石油库	
10120105	五级石油库	
10129900	其他	
11000000	非生产易燃易爆危险物品厂房	
12000000	非储存易燃易爆危险物品库房	
13000000	城市轨道交通、隧道工程	
14000000	发电、变配电工程	
15000000	国家机关办公楼、电力调度楼、电信楼、邮政楼、防灾指挥调度楼、广播电视楼、档案楼	
99000000	其他	

5.90 建筑材料燃烧性能等级代码

建筑材料燃烧性能等级代码见表90。

表90 建筑材料燃烧性能等级代码表

代码	名称	说明
1	A级	不燃性建筑材料:几乎不发生燃烧的材料
2	B1级	难燃性建筑材料:难燃类材料有较好的阻燃作用。其在空气中遇明火或在高温作用下难起火,不易很快发生蔓延,且当火源移开后燃烧立即停止
3	B2级	可燃性建筑材料:可燃类材料有一定的阻燃作用。在空气中遇明火或在高温作用下会立即起火燃烧,易导致火灾的蔓延
4	B3级	易燃性建筑材料:无任何阻燃效果,极易燃烧,火灾危险性很大

5.91 图片格式类型代码

图片格式类型代码见表91。

表91 图片格式类型代码表

代码	名称	说明
01	WebP	
02	BMP	
03	PCX	
04	TIF	
05	GIF	
06	JPEG	
07	TGA	
08	EXIF	
09	FPX	
10	SVG	
11	PSD	
12	CDR	
13	PCD	
14	DXF	
15	UFO	
16	EPS	
17	AI	
18	PNG	
19	HDRI	
20	RAW	

表 91（续）

代码	名称	说明
21	WMF	
22	FLIC	
23	EMF	
24	ICO	
99	其他	

5.92 灭火救援类型预案分类与代码

灭火救援类型预案分类与代码见表 92。

表 92 灭火救援类型预案分类与代码表

代码	名称	说明
010000	危险化学品火灾爆炸	
011000	爆炸	
012000	可燃气体爆炸	
013000	易燃液体爆炸	
014000	易燃固体、自燃物品和遇湿易燃物品爆炸	
015000	氧化剂和有机过氧化物爆炸	
020000	建筑堆场类事故	
021000	高层建筑事故	
022000	人员密集场所事故	
023000	地下建筑、隧道事故	
024000	古建筑事故	
025000	堆垛仓库事故	
030000	交通运输类事故	
031000	机动车事故	
032000	列车事故	
033000	船舶事故	
034000	飞行器事故	
035000	城市轨道交通工具事故	
040000	危险化学品泄漏事故	
050000	交通事故	
060000	建筑物垮塌事故	
070000	自然灾害事故	

表 92（续）

代码	名称	说明
071000	洪涝	
072000	地震	
073000	台风	
074000	海啸	
075000	雪灾	
076000	地质灾害	
080000	公共突发事件	
081000	恐怖袭击事件	
082000	群体性治安事件	
083000	重大环境污染事件	
084000	公共卫生事件	
085000	城市给水管网爆裂事件	
090000	群众遇险事件	
100000	群众求助救援事件	
990000	其他	

5.93 方向类型代码

方向类型代码见表 93。

表 93 方向类型代码表

代码	名称	说明
01	东	
02	南	
03	西	
04	北	
05	东南	
06	东北	
07	西南	
08	西北	
09	全向	

5.94 单位属性类别代码

单位属性类别代码见表 94。

表 94　单位属性类别代码表

代码	名称	说明
01000	人员密集场所	
01100	公众聚集场所	
01110	宾馆	
01111	饭店	
01120	商场	
01130	集贸市场	
01140	客运站	
01141	客运码头	
01142	民用机场	
01150	体育场馆	
01160	会堂	
01170	公共娱乐场所	
01171	影剧院、录像厅、礼堂等演出、放映场所	
01172	游艺、游乐场所	
01173	歌舞厅、卡拉 OK 厅等歌舞娱乐场所	
01174	具有娱乐功能的夜总会、音乐茶座、酒吧、餐饮场所	
01175	保龄球馆、旱冰场、桑拿等娱乐、健身、休闲场所	
01176	互联网上网服务营业场所	
01179	其他	
01190	其他	
01200	医院	
01300	学校	
01400	养老院、福利院	
01401	养老院	
01402	福利院	
01500	文博馆	
01600	劳动密集型生产、加工企业	
01700	旅游场所	
01800	宗教活动场所	
01900	其他	
02000	国家机关	
02100	中央级	
02200	省级	
02300	市级	

表 94（续）

代码	名称	说明
02400	县级	
02900	其他	
03000	广播电台、电视台和邮政、通信枢纽	
03100	广播电台、电视台	
03200	邮政、通信枢纽	
03900	其他	
04000	文保单位	
04100	档案馆	
04200	文物保护单位	
04900	其他	
05000	发电厂(站)和电网经营企业	
06000	易燃易爆化学物品的生产、储存、使用、经营、运输、装卸单位	
06100	生产单位	
06200	储存单位	
06300	使用单位	
06400	经营单位	
06500	运输单位	
06600	装卸单位	
06900	其他	
07000	重要的科研单位	
07100	国家级	
07200	省级	
07900	其他	
09000	城市地下铁道、地下隧道等地下建筑	
09100	地下铁道	
09200	地下隧道	
09900	其他地下建筑	
10000	粮、棉、木材、百货等物资仓库和堆场	
10100	粮食	
10200	棉花	
10300	木材	
10400	百货	
10900	其他	

表 94（续）

代码	名称	说明
11000	国家和省级重点工程的施工现场	
11100	国家级	
11200	省级	
11900	其他	

5.95 消防安全重点部位火种状态类别代码

消防安全重点部位火种状态类别代码见表 95。

表 95 消防安全重点部位火种状态类别代码表

代码	名称	说明
1	有明火	
2	无明火	
9	其他	

5.96 消防给水管网形式类型代码

消防给水管网形式类型代码见表 96。

表 96 消防给水管网形式类型代码表

代码	名称	说明
1	环状	
2	枝状	
9	其他	

5.97 卫星天线类型代码

卫星天线类型代码见表 97。

表 97 卫星天线类型代码表

代码	名称	说明
1	抛物线	
2	平板	
9	其他	

5.98 信息系统巡检方法类型代码

信息系统巡检方法类型代码见表 98。

表 98 信息系统巡检方法类型代码表

代码	名称	说明
1	现场	
2	远程	
9	其他	

5.99 专业队级别代码

专业队级别代码见表 99。

表 99 专业队级别代码表

代码	名称	说明
1	国家级	
2	省级	
3	市级	
4	县级	
9	其他	

5.100 消防水泵接合器类型代码

消防水泵接合器类型代码见表 100。

表 100 消防水泵接合器类型代码表

代码	名称	说明
1	高区水泵接合器	
2	低区水泵接合器	
3	室内消火栓水泵接合器	
4	喷淋系统水泵接合器	
9	其他	

5.101 考核出勤类型代码

考核出勤类型代码见表 101。

表 101 考核出勤类型代码表

代码	名称	说明
1	参考	
2	缺考	
3	补考	
9	其他	

5.102 消防救援人员类别代码

消防救援人员类别代码见表102。

表102 消防救援人员类别代码表

代码	名称	说明
1000	消防救援人员	
1100	管理指挥干部	
1200	专业技术干部	
1300	消防员	
1400	学员	
2000	政府专职消防员	
2100	政府专职消防队员	
2200	消防文员	
3000	企业专职消防队员	
4000	志愿消防队员	
9000	其他消防救援人员	

附 录 A
（规范性）
消防信息代码编写规则

A.1 消防信息代码

消防信息代码是将事物或概念（编码对象）赋予具有一定规律、易于计算机和人识别处理的符号，即编码对象的代码值。

消防信息代码的主要作用：标识、分类、参照。

标识的作用是把编码对象彼此区分开，在编码对象的集合范围内，编码对象的代码值是唯一标志；分类的作用实质上是对类进行标识；参照的作用体现在编码对象的代码值可作为不同应用系统或领域之间发生关联的关键字。

A.2 消防信息代码编码基本原则

A.2.1 唯一性

在一个分类编码标准中，每一个编码对象仅应有一个代码，一个代码只唯一表示一个编码对象。

A.2.2 合理性

代码结构应与分类体系相适应。

A.2.3 可扩充性

代码应留有适当的后备容量，以便适应不断扩充需要。

A.2.4 简明性

代码结构应尽量简单，长度尽量短，以便节省机器存储空间、减少代码差错率和提高代码的运行效率。

A.2.5 适应性

代码应尽可能反映编码对象的特点，适用于不同的相关应用领域，支持系统集成。

A.2.6 规范性

在一个信息分类编码标准中，代码的类型、结构和编写格式应当统一。

A.3 消防信息代码编码基本方法

A.3.1 通则

编码应符合 GB/T 7027—2002 中第 8 章的规定，结合消防信息和消防信息化工作的实际情况，主要采用顺序码和层次码。

A.3.2 顺序码

从一个有序的字符集合中顺序地取出字符分配给各个编码对象，这些字符是自然数。

注：代码项小于等于5个，采用1位数字编码；代码项大于5个而小于等于50个，采用2位数字编码；数据项更多的，如此类推。

示例：在3位数字编码中，数字1编码为001，而数字18编码为018。

A.3.3 层次码

层次码以编码对象集合中的层级分类为基础，将编码对象编码成为连续且递增的组。

位于较高层级上的每一个组都包含并且只能包含它下面较低层级全部的组。这种代码类型以每个层级上的编码对象特征之间的差异为编码基础。

细分至较低层级的层次码实际上是较高层级代码段和较低层级代码段的复合代码。

示例：消防装备器材类别代码采用层次码进行编码(见表A.1)。

表 A.1 ×××代码表

代码	名称	层级
10000000	消防人员防护装备	第一层代码
11000000	基本防护装备	第二层代码
11010000	消防头盔	第三层代码
11010100	全盔式消防头盔	第四层代码

参 考 文 献

[1] GB 13690—2009 化学品分类和危险性公示 通则

ICS 13.220.01
CCS C 80

中华人民共和国消防救援行业标准

XF/T 3017.1—2022

消防业务信息数据项 第1部分:灭火救援指挥基本信息

Data items of fire service information—
Part 1:General information of fire fighting and rescue

2022-01-01 发布　　2022-03-01 实施

中华人民共和国应急管理部　发布

前　言

本文件按照GB/T 1.1—2020《标准化工作导则　第1部分：标准化文件的结构和起草规则》的规定起草。

本文件是XF/T 3017《消防业务信息数据项》的第1部分。XF/T 3017已经发布了以下部分：

——第1部分：灭火救援指挥基本信息；

——第2部分：消防产品质量监督管理基本信息；

——第3部分：消防装备基本信息；

——第4部分：消防信息通信管理基本信息；

——第5部分：消防安全重点单位与建筑物基本信息。

请注意本文件的某些内容可能涉及专利。本文件的发布机构不承担识别专利的责任。

本文件由中华人民共和国应急管理部提出。

本文件由全国消防标准化技术委员会消防通信分技术委员会(SAC/TC 113/SC 14)归口。

本文件起草单位：应急管理部沈阳消防研究所、中国人民警察大学、辽宁省抚顺市消防救援支队、湖南省消防救援总队、山东省消防救援总队。

本文件主要起草人：马青波、张昊、张磊、马曙光、严恩泽、幸雪初、刘传军、朱红伟。

消防业务信息数据项
第1部分:灭火救援指挥基本信息

1 范围

本文件规定了消防灭火救援指挥信息的基本数据项。

本文件适用于消防灭火救援指挥管理业务信息系统的开发工作。

2 规范性引用文件

本文件没有规范性引用文件。

3 术语和定义

本文件没有需要界定的术语和定义。

4 数据项编写要求

数据项编写要求应符合附录A的规定。

5 灭火救援指挥基本信息数据项

5.1 消防救援机构执勤实力信息基本数据项

消防救援机构执勤实力信息基本数据项见表1。

表1 消防救援机构执勤实力信息基本数据项

序号	数据项名称	数据项标识符	表示格式	说明
1	消防救援机构_通用唯一识别码	XFJYJG_TYWYSBM	c32	
2	单位名称	DWMC	c..100	
3	消防队站体制类别代码	XFDZTZLBDM	c2	
4	消防队站类型代码	XFDZLXDM	c2	
5	编制人员_人数	BZRY_RS	n..10	
6	实有人员_人数	SYRY_RS	n..10	
7	干部_人数	GB_RS	n..10	
8	消防员_人数	XFY_RS	n..10	

表 1（续）

序号	数据项名称	数据项标识符	表示格式	说明
9	灭火救援编队	MHJYBD		关联项
9.1	数量	MHJYBD_SL	n..15	
9.2	名称	MHJYBD_MC	c..100	
10	战斗编成	ZDBC		关联项
10.1	数量	ZDBC_SL	n..15	
10.2	名称	ZDBC_MC	c..100	
11	非编制人员_人数	FBZRY_RS	n..10	
12	战斗班_数量	ZDB_SL	n..15	
13	攻坚组_数量	GJZ_SL	n..15	
14	攻坚组成员_人数	GJZCY_RS	n..10	
15	执勤人员_人数	ZQRY_RS	n..10	
16	执勤车辆_数量	ZQCL_SL	n..15	
17	执勤车辆载灭火剂_简要情况	ZQCLZMHJ_JYQK	..ul	
18	灭火剂储备_简要情况	MHJCB_JYQK	..ul	
19	辖区范围_简要情况	XQFW_JYQK	..ul	
20	消防辖区_面积	XFXQ_MJ	n..8,2	
21	装备状况_简要情况	ZBZK_JYQK	..ul	
22	通信地址	TXDZ	c..100	
23	邮政编码	YZBM	c6	
24	电话号码	DHHM	c..18	
25	传真号码	CZHM	c..18	
26	电子信箱	DZXX	c..50	
27	消防信息网_网址	XFXXW_WZ	c..50	
28	设立_日期	SL_RQ	d8(YYYYMMDD)	
29	直接上级单位_单位名称	ZJSJDW_DWMC	c..100	
30	专业队级别代码	ZYDJBDM	c1	
31	专职消防员_人数	ZZXFY_RS	n..10	

5.2 灭火救援有关单位信息基本数据项

灭火救援有关单位信息基本数据项见表 2。

表 2 灭火救援有关单位信息基本数据项

序号	数据项名称	数据项标识符	表示格式	说明
1	灭火救援有关单位_通用唯一识别码	MHJYYGDW_TYWYSBM	c32	
2	单位名称	DWMC	c..100	
3	灭火救援相关部门类别代码	MHJYXGBMLBDM	c2	
4	统一社会信用代码	TYSHXYDM	c18	
5	电话号码	DHHM	c..18	
6	应急联动职责_简要情况	YJLDZZ_JYQK	..ul	
7	可调用人员_人数	KDYRY_RS	n..10	
8	可调用装备_简要情况	KDYZB_JYQK	..ul	
9	消防战勤保障社会机构类别代码	XFZQBZSHJGLBDM	c2	
10	战勤保障职责_简要情况	ZQBZZZ_JYQK	..ul	
11	上级主管单位_通用唯一识别码	SJZGDW_TYWYSBM	c32	
12	上级主管单位_单位名称	SJZGDW_DWMC	c..100	
13	内部单位_判断标识	NBDW_PDBZ	bl	

5.3 消防安全重点单位信息基本数据项

消防安全重点单位信息基本数据项见表 3。

表 3 消防安全重点单位信息基本数据项

序号	数据项名称	数据项标识符	表示格式	说明
1	重点单位_通用唯一识别码	ZDDW_TYWYSBM	c32	
2	单位名称	DWMC	c..100	
3	地址名称	DZMC	c..100	
4	统一社会信用代码	TYSHXYDM	c18	
5	消防安全重点单位类别代码	XFAQZDDWLBDM	c2	
6	消防安全责任人	XFAQZRR		
6.1	姓名	XFAQZRR_XM	c..50	
6.2	电话号码	XFAQZRR_DHHM	c..18	
7	建筑面积	JZMJ	n..8,2	
8	占地面积	ZDMJ	n..8,2	
9	毗邻单位_单位名称	PLDW_DWMC	c..100	关联项
10	生产储存物资_简要情况	SCCCWZ_JYQK	..ul	
11	重点部位_名称	ZDBW_MC	c..100	
12	建筑物结构类型代码	JZWJGLXDM	c1	
13	建筑物_高度	JZW_GD	n..8,2	

表 3（续）

序号	数据项名称	数据项标识符	表示格式	说明
14	专职消防队队员_人数	ZZXFDDY_RS	n..10	
15	专职消防队队长_姓名	ZZXFDDZ_XM	c..50	
16	内部消防设施_简要情况	NBXFSS_JYQK	..ul	
17	外围消防设施_简要情况	WWXFSS_JYQK	..ul	
18	消防自救措施_简要情况	XFZJCS_JYQK	..ul	
19	历史灾情_简要情况	LSZQ_JYQK	..ul	
20	消防车通道_数量	XFCTD_SL	n..15	
21	消防车通道	XFCTD		
21.1	通用唯一识别码	XFCTD_TYWYSBM	c32	
21.2	名称	XFCTD_MC	c..100	
21.3	地点名称	XFCTD_DDMC	c..100	
21.4	简要情况	XFCTD_JYQK	..ul	
22	消防水池_数量	XFSC_SL	n..15	
23	消防水池	XFSC		
23.1	通用唯一识别码	XFSC_TYWYSBM	c32	
23.2	名称	XFSC_MC	c..100	
23.3	地点名称	XFSC_DDMC	c..100	
23.4	简要情况	XFSC_JYQK	..ul	
24	消防电梯_数量	XFDT_SL	n..15	
25	消防电梯	XFDT		
25.1	通用唯一识别码	XFDT_TYWYSBM	c32	
25.2	名称	XFDT_MC	c..100	
25.3	地点名称	XFDT_DDMC	c..100	
25.4	简要情况	XFDT_JYQK	..ul	
26	安全出口_数量	AQCK_SL	n..15	
27	安全出口	AQCK		
27.1	通用唯一识别码	AQCK_TYWYSBM	c32	
27.2	名称	AQCK_MC	c..100	
27.3	地点名称	AQCK_DDMC	c..100	
27.4	简要情况	AQCK_JYQK	..ul	
28	消防控制室_地点名称	XFKZS_DDMC	c..100	
29	消防救援机构_通用唯一识别码	XFJYJG_TYWYSBM	c32	
30	微型消防站_单位名称	WXXFZ_DWMC	c..100	
31	消防给水管网形式类型代码	XFJSGWXSLXDM	c1	

表 3（续）

序号	数据项名称	数据项标识符	表示格式	说明
32	管网直径_宽度	GWZJ_KD	n..8,2	
33	管网_压力	GW_YAL	n..8	
34	消防泵_流量	XFB_LL	n..8	
35	消防泵_数量	XFB_SL	n..15	
36	消防水泵接合器_数量	XFSBJHQ_SL	n..15	
37	消防水泵接合器类型代码	XFSBJHQLXDM	c1	

5.4 消防战备值班信息基本数据项

消防战备值班信息基本数据项见表 4。

表 4 消防战备值班信息基本数据项

序号	数据项名称	数据项标识符	表示格式	说明
1	值班_日期	ZB_RQ	d8(YYYYMMDD)	
2	值班单位_单位名称	ZBDW_DWMC	c..100	
3	消防值班类别代码	XFZBLBDM	c2	
4	值班首长_姓名	ZBSZ_XM	c..50	
5	值班人员	ZBRY		关联项
5.1	电话号码	ZBRY_DHHM	c..18	
5.2	姓名	ZBRY_XM	c..50	
6	信息登记_日期时间	XXDJ_RQSJ	d14(YYYYMMDDhhmmss)	
7	信息处理_简要情况	XXCL_JYQK	..ul	
8	信息传达_简要情况	XXCD_JYQK	..ul	
9	信息接收	XXJS		
9.1	简要情况	XXJS_JYQK	..ul	
9.2	日期时间	XXJS_RQSJ	d14(YYYYMMDDhhmmss)	
10	信息来源单位_单位名称	XXLYDW_DWMC	c..100	
11	信息内容_简要情况	XXNR_JYQK	..ul	
12	平安_判断标识	PA_PDBZ	bl	
13	报送单位_单位名称	BSDW_DWMC	c..100	
14	接收单位_单位名称	JSDW_DWMC	c..100	
15	报送人_姓名	BSR_XM	c..50	
16	接收人_姓名	JSR_XM	c..50	
17	信息报送_日期时间	XXBS_RQSJ	d14(YYYYMMDDhhmmss)	
18	火灾受伤_人数	HZSS_RS	n..10	

表 4（续）

序号	数据项名称	数据项标识符	表示格式	说明
19	火灾死亡_人数	HZSW_RS	n..10	
20	灾害事故受伤_人数	ZHSGSS_RS	n..10	
21	灾害事故死亡_人数	ZHSGSW_RS	n..10	
22	疏散人员_人数	SSRY_RS	n..10	
23	救出人员_人数	JCRY_RS	n..10	
24	保护财产价值_金额	BHCCJZ_JE	n..17,2	
25	损失价值_金额	SSJZ_JE	n..17,2	
26	交接班_日期时间	JJB_RQSJ	d14(YYYYMMDDhhmmss)	
27	交班人员_姓名	JBRY_XM	c..50	
28	接班人员_姓名	JIBRY_XM	c..50	

5.5 消防战备命令信息基本数据项

消防战备命令信息基本数据项见表 5。

表 5 消防战备命令信息基本数据项

序号	数据项名称	数据项标识符	表示格式	说明
1	文书编号	WSBH	c..50	
2	标题	BT	c..200	
3	文件内容	WJNR	..ul	
4	消防战备级别代码	XFZBJBDM	c1	
5	等级战备	DJZB		
5.1	开始时间	DJZB_KSSJ	d14(YYYYMMDDhhmmss)	
5.2	结束时间	DJZB_JSSJ	d14(YYYYMMDDhhmmss)	
6	发布人	FBR		
6.1	姓名	FBR_XM	c..50	
6.2	干部职务类别代码	FBR_GBZWLBDM	c4	
7	发布机构_单位名称	FBJG_DWMC	c..100	
8	发布_日期	FB_RQ	d8(YYYYMMDD)	
9	报送应急部门_判断标识	BSYJBM_PDBZ	bl	
10	发布机构_通用唯一识别码	FBJG_TYWYSBM	c32	

5.6 训练信息基本数据项

训练信息基本数据项见表 6。

表 6 训练信息基本数据项

序号	数据项名称	数据项标识符	表示格式	说明
1	训练	XL		
1.1	通用唯一识别码	XL_TYWYSBM	c32	
1.2	日期	XL_RQ	d8(YYYYMMDD)	
1.3	地点名称	XL_DDMC	c..100	
2	消防训练分类与代码	XFXLFLYDM	c6	
3	消防训练课目分类与代码	XFXLKMFLYDM	c4	
4	训练内容_简要情况	XLNR_JYQK	..ul	
5	参训单位_单位名称	CXDW_DWMC	c..100	
6	参训人员_姓名	CXRY_XM	c..50	关联项
7	参训人员_人数	CXRY_RS	n..10	
8	参训人员范围_简要情况	CXRYFW_JYQK	..ul	
9	缺席人员_姓名	QXRY_XM	c..50	关联项
10	缺席原因_简要情况	QXYY_JYQK	..ul	
11	训练组织单位_单位名称	XLZZDW_DWMC	c..100	
12	训练负责人_姓名	XLFZR_XM	c..50	
13	训练成绩_简要情况	XLCJ_JYQK	..ul	
14	训练器材_简要情况	XLQC_JYQK	..ul	
15	训练设施_简要情况	XLSS_JYQK	..ul	
16	安全检查_简要情况	AQJC_JYQK	..ul	
17	安全员_姓名	AQY_XM	c..50	

5.7 考核信息基本数据项

考核信息基本数据项见表 7。

表 7 考核信息基本数据项

序号	数据项名称	数据项标识符	表示格式	说明
1	考核	KH		
1.1	日期	KH_RQ	d8(YYYYMMDD)	
1.2	地点名称	KH_DDMC	c..100	
2	消防训练考核分类与代码	XFXLKHFLYDM	c2	
3	消防训练考核评定等级分类与代码	XFXLKHPDDJFLYDM	c2	
4	主考单位_单位名称	ZKDW_DWMC	c..100	
5	主考人	ZKR		
5.1	姓名	ZKR_XM	c..50	

表 7（续）

序号	数据项名称	数据项标识符	表示格式	说明
5.2	干部职务类别代码	ZKR_GBZWLBDM	c4	
6	参考单位_单位名称	CKDW_DWMC	c..100	
7	参考人员范围_简要情况	CKRYFW_JYQK	..ul	
8	参考人_人数	CKR_RS	n..10	
9	参考人	CKR		
9.1	姓名	CKR_XM	c..50	关联项
9.2	性别代码	CKR_XBDM	c1	
9.3	证件号码	CKR_ZJHM	c..30	
9.4	干部职务类别代码	CKR_GBZWLBDM	c4	
9.5	年龄	CKR_NL	n..3	
9.6	常用证件类型代码	CKR_CYZJLXDM	c3	
9.7	考核出勤类型代码	CKR_KHCQLXDM	c1	
10	缺考人	QKR		关联项
10.1	姓名	QKR_XM	c..50	
10.2	性别代码	QKR_XBDM	c1	
10.3	证件号码	QKR_ZJHM	c..30	
10.4	干部职务类别代码	QKR_GBZWLBDM	c4	
10.5	年龄	QKR_NL	n..3	
10.6	常用证件类型代码	QKR_CYZJLXDM	c3	
10.7	考核出勤类型代码	QKR_KHCQLXDM	c1	
11	缺考人_人数	QKR_RS	n..10	
12	缺考原因_简要情况	QKYY_JYQK	..ul	
13	消防训练课目分类与代码	XFXLKMFLYDM	c4	
14	消防训练考核名次	XFXLKHMC	n4	
15	消防训练考核成绩	XFXLKHCJ	n..8	

5.8 消防报警信息基本数据项

消防报警信息基本数据项见表 8。

表 8 消防报警信息基本数据项

序号	数据项名称	数据项标识符	表示格式	说明
1	报警	BJ		
1.1	通用唯一识别码	BJ_TYWYSBM	c32	
1.2	日期时间	BJ_RQSJ	d14(YYYYMMDDhhmmss)	

表 8（续）

序号	数据项名称	数据项标识符	表示格式	说明
1.3	电话号码	BJ_DHHM	c..18	
1.4	电话机主名称	BJ_DHJZMC	c..100	
2	消防报警方式分类与代码	XFBJFSFLYDM	c4	
3	报警人	BJR		
3.1	姓名	BJR_XM	c..50	
3.2	电话号码	BJR_DHHM	c..18	
3.3	单位名称	BJR_DWMC	c..100	
4	报警内容_简要情况	BJNR_JYQK	..ul	

5.9 消防接处警信息基本数据项

消防接处警信息基本数据项见表 9。

表 9 消防接处警信息基本数据项

序号	数据项名称	数据项标识符	表示格式	说明
1	接警_日期时间	JJ_RQSJ	d14(YYYYMMDDhhmmss)	
2	接警单位_单位名称	JJDW_DWMC	c..100	
3	接警人_姓名	JJR_XM	c..50	
4	接警座席号	JJZXH	c..4	
5	消防处警结果类别代码	XFCJJGLBDM	c2	
6	下达指令_日期时间	XDZL_RQSJ	d14(YYYYMMDDhhmmss)	
7	下达指令单位_单位名称	XDZLDW_DWMC	c..100	
8	出动单位_单位名称	CDDW_DWMC	c..100	
9	灾情分类与代码	ZQFLYDM	c5	
10	消防力量编成_简要情况	XFLLBC_JYQK	..ul	
11	出警电子地图	CJDZDT		
11.1	电子文件名称	CJDZDT_DZWJMC	c..256	
11.2	电子文件位置	CJDZDT_DZWJWZ	c..1000	
12	人工反馈_日期时间	RGFK_RQSJ	d14(YYYYMMDDhhmmss)	
13	系统反馈_日期时间	XTFK_RQSJ	d14(YYYYMMDDhhmmss)	
14	报警_通用唯一识别码	BJ_TYWYSBM	c32	
15	警情处警_通用唯一识别码	JQCJ_TYWYSBM	c32	

5.10 灾情信息基本数据项

灾情信息基本数据项见表 10。

表 10　灾情信息基本数据项

序号	数据项名称	数据项标识符	表示格式	说明
1	灾情_通用唯一识别码	ZQ_TYWYSBM	c32	
2	名称	MC	c..100	
3	地点名称	DDMC	c..100	
4	灾情分类与代码	ZQFLYDM	c5	
5	灾情等级代码	ZQDJDM	c1	
6	灾情状态类别代码	ZQZTLBDM	c2	关联项
7	灾情状态变化_日期时间	ZQZTBH_RQSJ	d14(YYYYMMDDhhmmss)	
8	灾情对象	ZQDX		
8.1	灾情对象类别代码	ZQDX_ZQDXLBDM	c2	
8.2	通用唯一识别码	ZQDX_TYWYSBM	c32	
8.3	简要情况	ZQDX_JYQK	..ul	
8.4	名称	ZQDX_MC	c..100	
9	灾情概述_简要情况	ZQGS_JYQK	..ul	
10	灾情标识类别代码	ZQBSLBDM	c1	
11	楼层	LC	n..3	
12	地球经度	DQJD	n10,6	
13	地球纬度	DQWD	n10,6	
14	报警人_姓名	BJR_XM	c..50	
15	报警_电话号码	BJ_DHHM	c..18	
16	消防报警方式分类与代码	XFBJFSFLYDM	c4	
17	报警_日期时间	BJ_RQSJ	d14(YYYYMMDDhhmmss)	
18	立案_日期时间	LA_RQSJ	d14(YYYYMMDDhhmmss)	
19	结案_日期时间	JA_RQSJ	d14(YYYYMMDDhhmmss)	
20	接受命令_日期时间	JSML_RQSJ	d14(YYYYMMDDhhmmss)	
21	出动力量_日期时间	CDLL_RQSJ	d14(YYYYMMDDhhmmss)	
22	到达现场_日期时间	DDXC_RQSJ	d14(YYYYMMDDhhmmss)	
23	战斗展开_日期时间	ZDZK_RQSJ	d14(YYYYMMDDhhmmss)	
24	到场出水_日期时间	DCCS_RQSJ	d14(YYYYMMDDhhmmss)	
25	火势控制_日期时间	HSKZ_RQSJ	d14(YYYYMMDDhhmmss)	
26	基本扑灭_日期时间	JBPM_RQSJ	d14(YYYYMMDDhhmmss)	
27	力量归队_日期时间	LLGD_RQSJ	d14(YYYYMMDDhhmmss)	
28	中途返回_日期时间	ZTFH_RQSJ	d14(YYYYMMDDhhmmss)	
29	现场指挥人	XCZHR		
29.1	姓名	XCZHR_XM	c..50	

表 10（续）

序号	数据项名称	数据项标识符	表示格式	说明
29.2	电话号码	XCZHR_DHHM	c..18	
29.3	消防岗位分类与代码	XCZHR_XFGWFLYDM	c4	
30	消防救援机构_通用唯一识别码	XFJYJG_TYWYSBM	c32	
31	行政区划代码	XZQHDM	c6	
32	报警_通用唯一识别码	BJ_TYWYSBM	c32	
33	警情处警_通用唯一识别码	JQCJ_TYWYSBM	c32	

5.11 重大活动现场勤务信息基本数据项

重大活动现场勤务信息基本数据项见表 11。

表 11 重大活动现场勤务信息基本数据项

序号	数据项名称	数据项标识符	表示格式	说明
1	重大活动	ZDHD		
1.1	名称	ZDHD_MC	c..100	
1.2	地点名称	ZDHD_DDMC	c..100	
2	主办单位_单位名称	ZHBDW_DWMC	c..100	关联项
3	承办单位_单位名称	CBDW_DWMC	c..100	关联项
4	活动概况_简要情况	HDGK_JYQK	..ul	
5	开始时间	KSSJ	d14(YYYYMMDDhhmmss)	
6	结束时间	JSSJ	d14(YYYYMMDDhhmmss)	
7	勤务对象信息_简要情况	QWDXXX_JYQK	..ul	
8	勤务最高指挥员_姓名	QWZGZHY_XM	c..50	
9	勤务方案内容_简要情况	QWFANR_JYQK	..ul	
10	勤务正常执行_判断标识	QWZCZX_PDBZ	bl	
11	相关单位信息_简要情况	XGDWXX_JYQK	..ul	

5.12 灾情现场气象动态信息基本数据项

灾情现场气象动态信息基本数据项见表 12。

表 12 灾情现场气象动态信息基本数据项

序号	数据项名称	数据项标识符	表示格式	说明
1	灾情现场气象_通用唯一识别码	ZQXCQX_TYWYSBM	c32	
2	天气状况分类与代码	TQZKFLYDM	c4	
3	温度	WD	n..5,1	
4	风向类别代码	FXLBDM	c2	

表 12（续）

序号	数据项名称	数据项标识符	表示格式	说明
5	风_速度	F_SUD	n..5,2	
6	风力等级代码	FLDJDM	c2	
7	大气_压力	DQ_YAL	n..8	
8	相对湿度	XDSD	n..4,1	
9	降雨量	JYL	n..7,1	
10	采集_日期时间	CJ_RQSJ	d14(YYYYMMDDhhmmss)	
11	灾情_通用唯一识别码	ZQ_TYWYSBM	c32	

5.13 灭火救援作战记录信息基本数据项

灭火救援作战记录信息基本数据项见表 13。

表 13 灭火救援作战记录信息基本数据项

序号	数据项名称	数据项标识符	表示格式	说明
1	作战单位_单位名称	ZZDW_DWMC	c..100	
2	报警人_姓名	BJR_XM	c..50	
3	地址名称	DZMC	c..100	
4	灾情分类与代码	ZQFLYDM	c5	
5	灾情等级代码	ZQDJDM	c1	
6	群众被困_人数	QZBK_RS	n..10	
7	群众受伤_人数	QZSS_RS	n..10	
8	群众死亡_人数	QZSW_RS	n..10	
9	群众失联_人数	QZSL_RS	n..10	
10	疏散_人数	SS_RS	n..10	
11	救出_人数	JC_RS	n..10	
12	队伍人员被困_人数	DWRYBK_RS	n..10	
13	队伍人员受伤_人数	DWRYSS_RS	n..10	
14	队伍人员死亡_人数	DWRYSW_RS	n..10	
15	队伍人员失联_人数	DWRYSL_RS	n..10	
16	伤亡原因_简要情况	SWYY_JYQK	..ul	
17	第一出动_日期时间	DYCD_RQSJ	d14(YYYYMMDDhhmmss)	
18	第一到场_日期时间	DYDC_RQSJ	d14(YYYYMMDDhhmmss)	
19	增援出动_日期时间	ZYCD_RQSJ	d14(YYYYMMDDhhmmss)	
20	增援到场_日期时间	ZYDC_RQSJ	d14(YYYYMMDDhhmmss)	
21	出水_日期时间	CS_RQSJ	d14(YYYYMMDDhhmmss)	

表 13（续）

序号	数据项名称	数据项标识符	表示格式	说明
22	控制_日期时间	KZ_RQSJ	d14(YYYYMMDDhhmmss)	
23	战斗结束_日期时间	ZDJS_RQSJ	d14(YYYYMMDDhhmmss)	
24	现场总指挥_姓名	XCZZH_XM	c..50	
25	现场其他主要指挥员_姓名	XCQTZYZHY_XM	c..50	关联项
26	消防救援站指挥员_姓名	XFJYZZHY_XM	c..50	关联项
27	119 调度员_姓名	119DDY_XM	c..50	关联项
28	现场通信员_姓名	XCTXY_XM	c..50	关联项
29	现场摄像员_姓名	XCSXY_XM	c..50	关联项
30	战斗基本情况_简要情况	ZDJBQK_JYQK	..ul	
31	灭火救援作战过程记录	MHJYZZGCJL		
31.1	电子文件位置	MHJYZZGCJL_DZWJWZ	c..1000	
31.2	电子文件名称	MHJYZZGCJL_DZWJMC	c..256	
32	灾情_通用唯一识别码	ZQ_TYWYSBM	c32	

5.14 参战消防救援站基本情况信息基本数据项

参战消防救援站基本情况信息基本数据项见表 14。

表 14 参战消防救援站基本情况信息基本数据项

序号	数据项名称	数据项标识符	表示格式	说明
1	参战消防救援站_单位名称	CZXFJYZ_DWMC	c..100	
2	出动	CD		
2.1	日期时间	CD_RQSJ	d14(YYYYMMDDhhmmss)	
2.2	人数	CD_RS	n..10	
3	首战力量_到场时间	SZLL_DCSJ	d14(YYYYMMDDhhmmss)	
4	消防员_人数	XFY_RS	n..10	
5	指挥员_人数	ZHY_RS	n..10	
6	出动车辆_数量	CDCL_SL	n..15	
7	消防救援站指挥员	XFJYZZHY		
7.1	姓名	XFJYZZHY_XM	c..50	
7.2	干部职务类别代码	XFJYZZHY_GBZWLBDM	c4	
8	消防救援站通信员_姓名	XFJYZTXY_XM	c..50	
9	队伍人员受伤_人数	DWRYSS_RS	n..10	
10	队伍人员死亡_人数	DWRYSW_RS	n..10	
11	伤亡原因_简要情况	SWYY_JYQK	..ul	

表 14（续）

序号	数据项名称	数据项标识符	表示格式	说明
12	战斗经过描述_简要情况	ZDJGMS_JYQK	..ul	
13	使用水源情况_简要情况	SYSYQK_JYQK	..ul	
14	出水_日期时间	CS_RQSJ	d14(YYYYMMDDhhmmss)	
15	停水_日期时间	TS_RQSJ	d14(YYYYMMDDhhmmss)	
16	使用灭火剂_简要情况	SYMHJ_JYQK	..ul	
17	使用器材_简要情况	SYQC_JYQK	..ul	
18	消防救援机构_通用唯一识别码	XFJYJG_TYWYSBM	c32	
19	消防员	XFY		关联项
19.1	通用唯一识别码	XFY_TYWYSBM	c32	
19.2	到场时间	XFY_DCSJ	d14(YYYYMMDDhhmmss)	
19.3	离场时间	XFY_LCSJ	d14(YYYYMMDDhhmmss)	
19.4	消防救援人员类别代码	XFY_XFJYRYLBDM	c4	
20	出动车辆	CDCL		关联项
20.1	通用唯一识别码	CDCL_TYWYSBM	c32	
20.2	到场时间	CDCL_DCSJ	d14(YYYYMMDDhhmmss)	
20.3	离场时间	CDCL_LCSJ	d14(YYYYMMDDhhmmss)	

5.15 灭火救援战评信息基本数据项

灭火救援战评信息基本数据项见表 15。

表 15 灭火救援战评信息基本数据项

序号	数据项名称	数据项标识符	表示格式	说明
1	战评_日期	ZP_RQ	d8(YYYYMMDD)	
2	消防战评类别代码	XFZPLBDM	c1	
3	消防战评组织层次代码	XFZPZZCCDM	c1	
4	战评组织单位_单位名称	ZPZZDW_DWMC	c..100	
5	战评主持人	ZPZCR		
5.1	姓名	ZPZCR_XM	c..50	
5.2	干部职务类别代码	ZPZCR_GBZWLBDM	c4	
6	战评报告内容_简要情况	ZPBGNR_JYQK	..ul	
7	参加人员范围_简要情况	CJRYFW_JYQK	..ul	

5.16 灭火救援预案信息基本数据项

灭火救援预案信息基本数据项见表 16。

表 16 灭火救援预案信息基本数据项

序号	数据项名称	数据项标识符	表示格式	说明
1	预案对象_名称	YADX_MC	c..100	
2	责任消防救援站_单位名称	ZRXFJYZ_DWMC	c..100	
3	预案制定人_姓名	YAZDR_XM	c..50	
4	预案制定_日期	YAZD_RQ	d8(YYYYMMDD)	
5	预案修订人_姓名	YAXDR_XM	c..50	
6	修订_日期	XD_RQ	d8(YYYYMMDD)	
7	预案审核人_姓名	YASHR_XM	c..50	
8	审核_日期	SH_RQ	d8(YYYYMMDD)	
9	预案批准人_姓名	YAPZR_XM	c..50	
10	批准_日期	PZ_RQ	d8(YYYYMMDD)	
11	实施_日期	SHS_RQ	d8(YYYYMMDD)	
12	预案文件	YAWJ		
12.1	电子文件名称	YAWJ_DZWJMC	c..256	
12.2	电子文件位置	YAWJ_DZWJWZ	c..1000	

5.17 搜救犬信息基本数据项

搜救犬信息基本数据项见表 17。

表 17 搜救犬信息基本数据项

序号	数据项名称	数据项标识符	表示格式	说明
1	搜救犬品种代码	SJQPZDM	c2	
2	搜救犬性别代码	SJQXBDM	c1	
3	搜救犬	SJQ		
3.1	通用唯一识别码	SJQ_TYWYSBM	c32	
3.2	名称	SJQ_MC	c..100	
3.3	年龄	SJQ_NL	n..3	单位:岁
3.4	高度	SJQ_GD	n..8,2	单位:厘米(cm)
3.5	质量	SJQ_ZL	n..12,2	单位:千克(kg)
3.6	照片	SJQ_ZP	bn(JPEG)	
3.7	长度	SJQ_CD	n..8,2	单位:厘米(cm)
3.8	出生日期	SJQ_CSRQ	d8(YYYYMMDD)	
3.9	服役时长	SJQ_FYSC	n..8	
4	搜救犬适用场合_简要情况	SJQSYCH_JYQK	..ul	
5	搜救犬训导员_姓名	SJQXDY_XM	c..50	

表 17（续）

序号	数据项名称	数据项标识符	表示格式	说明
6	搜救犬所属单位_单位名称	SJQSSDW_DWMC	c..100	
7	搜救犬战绩_简要情况	SJQZJ_JYQK	..ul	
8	搜救犬可用_判断标识	SJQKY_PDBZ	bl	

5.18 灭火剂信息基本数据项

灭火剂信息基本数据项见表18。

表 18 灭火剂信息基本数据项

序号	数据项名称	数据项标识符	表示格式	说明
1	灭火剂_名称	MHJ_MC	c..100	
2	灭火剂种类代码	MHJZLDM	c3	
3	灭火剂成分_简要情况	MHJCF_JYQK	..ul	
4	灭火机理_简要情况	MHJL_JYQK	..ul	
5	应用方法_简要情况	YYFF_JYQK	..ul	
6	适用范围_简要情况	SYFW_JYQK	..ul	
7	生产_日期	SC_RQ	d8(YYYYMMDD)	
8	有效期截止_日期	YXQJZ_RQ	d8(YYYYMMDD)	

5.19 危险化学品信息基本数据项

危险化学品信息基本数据项见表19。

表 19 危险化学品信息基本数据项

序号	数据项名称	数据项标识符	表示格式	说明
1	化学品_名称	HXP_MC	c..100	
2	化学品俗名	HXPSM	c..20	
3	化学品状态类别代码	HXPZTLBDM	c2	
4	化学品危险性类别代码	HXPWXXLBDM	c3	
5	用途_简要情况	YT_JYQK	..ul	
6	密度	MD	n..5	
7	熔点_温度	RD_WD	n..5,1	单位:摄氏度(℃)
8	沸点_温度	FD_WD	n..5,1	单位:摄氏度(℃)
9	闪点_温度	SD_WD	n..5,1	单位:摄氏度(℃)
10	燃点_温度	RAD_WD	n..5,1	单位:摄氏度(℃)
11	爆燃点_温度	BRD_WD	n..5,1	单位:摄氏度(℃)
12	化学品溶解性类别代码	HXPRJXLBDM	c1	

表 19（续）

序号	数据项名称	数据项标识符	表示格式	说明
13	化学品氧化性类别代码	HXPYHXLBDM	c1	
14	化学品腐蚀性类别代码	HXPFSXLBDM	c1	
15	燃烧产物_简要情况	RSCW_JYQK	..ul	
16	爆炸上限_浓度	BZSX_NOD	n..4,1	单位：%
17	爆炸下限_浓度	BZXX_NOD	n..4,1	单位：%
18	临界温度_温度	LJWD_WD	n..5,1	单位：摄氏度(℃)
19	临界压力_压力	LJYL_YAL	n..8	单位：兆帕(MPa)
20	饱和蒸气压_压力	BHZQY_YAL	n..8	单位：兆帕(MPa)
21	致死中量_数量	ZSZL_SL	n..15	单位：克(g)
22	致死中浓度_浓度	ZSZND_NOD	n..4,1	单位：%
23	扑救方法_简要情况	PJFF_JYQK	..ul	
24	存储方法_简要情况	CCFF_JYQK	..ul	
25	运输方法_简要情况	YSFF_JYQK	..ul	
26	防护处理方法_简要情况	FHCLFF_JYQK	..ul	
27	泄漏处理方法_简要情况	XLCLFF_JYQK	..ul	
28	洗消注意事项_简要情况	XXZYSX_JYQK	..ul	
29	主要成分_简要情况	ZYCF_JYQK	..ul	

5.20 建筑信息基本数据项

建筑信息基本数据项见表 20。

表 20 建筑信息基本数据项

序号	数据项名称	数据项标识符	表示格式	说明
1	建筑	JZ		
1.1	通用唯一识别码	JZ_TYWYSBM	c32	
1.2	名称	JZ_MC	c..100	
2	地址名称	DZMC	c..100	
3	简要情况	JYQK	..ul	
4	竣工_日期时间	JG_RQSJ	d14(YYYYMMDDhhmmss)	
5	高度	GD	n..8,2	单位：米(m)
6	占地面积	ZDMJ	n..8,2	单位：平方米(m^2)
7	建筑面积	JZMJ	n..8,2	单位：平方米(m^2)
8	建筑承建商_单位名称	JZCJS_DWMC	c..100	
9	地上建筑	DSJZ		

表 20（续）

序号	数据项名称	数据项标识符	表示格式	说明
9.1	高度	DSJZ_GD	n..8,2	单位:米(m)
9.2	建筑物层数	DSJZ_JZWCS	n..3	
10	地下建筑	DXJZ		
10.1	深度	DXJZ_SD	n..8,2	单位:米(m)
10.2	建筑物层数	DXJZ_JZWCS	n..3	
11	建筑物结构类型代码	JZWJGLXDM	c1	
12	建筑属性分类与代码	JZSXFLYDM	c4	
13	建筑用途分类与代码	JZYTFLYDM	c8	
14	建筑物耐火等级分类与代码	JZWNHDJFLYDM	c2	
15	地球经度	DQJD	n10,6	
16	地球纬度	DQWD	n10,6	
17	是否设立消防控制室_判断标识	SFSLXFKZS_PDBZ	bl	
18	消防控制室	XFKZS		
18.1	通用唯一识别码	XFKZS_TYWYSBM	c32	
18.2	地点名称	XFKZS_DDMC	c..100	
18.3	电话号码	XFKZS_DHHM	c..18	
19	消防控制室联系人	XFKZSLXR		
19.1	姓名	XFKZSLXR_XM	c..50	
19.2	电话号码	XFKZSLXR_DHHM	c..18	
20	裙楼_建筑物层数	QL_JZWCS	n..3	
21	建筑材料燃烧性能等级代码	JZCLRSXNDJDM	c1	
22	登高作业面_简要情况	DGZYM_JYQK	..ul	
23	行政区划代码	XZQHDM	c6	
24	图片	TP		关联项
24.1	通用唯一识别码	TP_TYWYSBM	c32	
24.2	名称	TP_MC	c..100	
24.3	电子文件位置	TP_DZWJWZ	c..1000	
24.4	图片格式类型代码	TP_TPGSLXDM	c2	
24.5	简要情况	TP_JYQK	..ul	
25	应急预案	YJYA		关联项
25.1	通用唯一识别码	YJYA_TYWYSBM	c32	
25.2	名称	YJYA_MC	c..100	
25.3	灭火救援类型预案分类与代码	YJYA_MHJYLXYAFLYDM	c6	

表 20（续）

序号	数据项名称	数据项标识符	表示格式	说明
26	周边毗邻	ZBPL		关联项
26.1	通用唯一识别码	ZBPL_TYWYSBM	c32	
26.2	简要情况	ZBPL_JYQK	..ul	
26.3	方向类型代码	ZBPL_FXLXDM	c2	
27	周边毗邻情况概述_简要情况	ZBPLQKGS_JYQK	..ul	
28	实战演练	SZYL		关联项
28.1	通用唯一识别码	SZYL_TYWYSBM	c32	
28.2	地点名称	SZYL_DDMC	c..100	
28.3	开始时间	SZYL_KSSJ	d14(YYYYMMDDhhmmss)	
28.4	结束时间	SZYL_JSSJ	d14(YYYYMMDDhhmmss)	
28.5	简要情况	SZYL_JYQK	..ul	
29	灭火演练概述_简要情况	MHYLGS_JYQK	..ul	
30	灭火逃生疏散预案	MHTSSSYA		关联项
30.1	通用唯一识别码	MHTSSSYA_TYWYSBM	c32	
30.2	名称	MHTSSSYA_MC	c..100	
30.3	电子文件位置	MHTSSSYA_DZWJWZ	c..1000	
30.4	简要情况	MHTSSSYA_JYQK	..ul	
31	消防设施	XFSS		关联项
31.1	通用唯一识别码	XFSS_TYWYSBM	c32	
31.2	名称	XFSS_MC	c..100	
31.3	数量	XFSS_SL	n..15	
31.4	简要情况	XFSS_JYQK	..ul	
31.5	地址名称	XFSS_DZMC	c..100	
32	消防设施概述_简要情况	XFSSGS_JYQK	..ul	
33	执法监督	ZFJD		关联项
33.1	通用唯一识别码	ZFJD_TYWYSBM	c32	
33.2	日期时间	ZFJD_RQSJ	d14(YYYYMMDDhhmmss)	
33.3	电子文件位置	ZFJD_DZWJWZ	c..1000	
33.4	简要情况	ZFJD_JYQK	..ul	
34	执法监督概述_简要情况	ZFJDGS_JYQK	..ul	
35	历史灾情	LSZQ		关联项
35.1	通用唯一识别码	LSZQ_TYWYSBM	c32	
35.2	日期时间	LSZQ_RQSJ	d14(YYYYMMDDhhmmss)	
35.3	简要情况	LSZQ_JYQK	..ul	

表 20（续）

序号	数据项名称	数据项标识符	表示格式	说明
36	历史灾情概述_简要情况	LSZQGS_JYQK	..ul	
37	消防队站	XFDZ		
37.1	通用唯一识别码	XFDZ_TYWYSBM	c32	
37.2	单位名称	XFDZ_DWMC	c..100	
37.3	消防队站类型代码	XFDZ_XFDZLXDM	c2	
37.4	单位简称	XFDZ_DWJC	c..100	
38	消防救援机构	XFJYJG		
38.1	通用唯一识别码	XFJYJG_TYWYSBM	c32	
38.2	单位名称	XFJYJG_DWMC	c..100	
38.3	单位简称	XFJYJG_DWJC	c..100	
39	单位	DW		关联项
39.1	通用唯一识别码	DW_TYWYSBM	c32	
39.2	单位名称	DW_DWMC	c..100	
40	建筑图纸	JZTZ		关联项
40.1	通用唯一识别码	JZTZ_TYWYSBM	c32	
40.2	电子文件位置	JZTZ_DZWJWZ	c..1000	
41	应急逃生窗口_简要情况	YJTSCK_JYQK	..ul	
42	避难层_简要情况	BNC_JYQK	..ul	

附 录 A
（规范性）
数据项编写规则

A.1 数据项表示

数据项的表示有以下两种：

a） 用数据元表示；

b） 用数据元限定词与数据元共同表示。

A.2 数据项表要求

A.2.1 数据项表

数据项表要求见表 A.1。

表 A.1 ×××数据项

序号	数据项名称	数据项标识符	表示格式	说明
1	……	…	…	……
2	姓名	XM	c..50	
3	单位名称	DWMC	c..100	
4	单位地址	DWDZ	c..100	
5	数量	SL	n..15	单位:个
6	出租人	CZR		
6.1	公民身份号码	CZR_GMSFHM	c18	
6.2	姓名	CZR_XM	c..50	
7	受理人_姓名	SLR_XM	c..50	关联项
…	……	…	…	……

A.2.2 名称

数据项表的名称应表述为“×××数据项”。

A.2.3 要素

数据项表的要素为序号、数据项名称、数据项标识符、表示格式及说明。数据项表的要素通过数据项表的表头栏目体现，见表 A.1 的表头。

A.2.4 要素说明

A.2.4.1 序号

A.2.4.1.1 不带限定词或只限定单个数据元的数据项序号由阿拉伯数字 1 起始，按照数据项顺序依次递增编号，见表 A.1 序号栏中的 1～5。

A.2.4.1.2 带限定词且限定两个以上数据元的数据项序号采用分层编号，第一层限定词独立占行，其

序号按数据项依次顺序递增编号。第二层的序号由阿拉伯数字和小数点“.”组成，小数点前的阿拉伯数字为限定词的序号，小数点后的阿拉伯数字按照所表示数据项的顺序从1起始依次递增编号，见表A.1序号栏中的第6项。

A.2.4.2 数据项名称

A.2.4.2.1 不带限定词的数据项名称应与数据元名称或数据元同义名称完全一致。

A.2.4.2.2 带限定词的数据项名称在符合A.2.4.2.1的基础上还应符合以下要求：

a） 当限定词限定多个数据元时，采用分层表示，在限定词下依次列出所限定的数据元名称，编排时左起空一个汉字，见表A.1序号栏中的第6项；

b） 当限定词只限定单个数据元时，将限定词名称置于数据元名称之前，用下划线“_”连接。如受理人姓名的数据项名称表述为“受理人_姓名”，见表A.1序号栏中的第7项。

A.2.4.2.3 在同一数据项标准中，相同含义的数据项名称应保持一致。

A.2.4.3 数据项标识符

数据项标识符的表示如下：

a） 不带限定词的数据项标识符采用与数据元名称对应的标识符表示；

b） 带限定词的数据项标识符由限定词标识符与数据元标识符共同组成，其间用下划线“_”连接；

c） 当数据项名称栏只有限定词时，此栏为限定词标识符。

示例：数据项标识符的表示见表A.1。

A.2.4.4 表示格式

采用数据元的表示格式。

A.2.4.5 说明

说明栏中应列出需要明确但数据项要素尚未提及的事项、数据项的应用约束和注意事项等，见表A.1。

关联项说明该数据项与本表在逻辑上存在一对多或者多对多的关系，在物理表中应以分表的形式存在。

参 考 文 献

[1] XF/T 3014.1—2022 消防数据元 第1部分:基础业务信息
[2] XF/T 3015.1—2022 消防数据元限定词 第1部分:基础业务信息

ICS 13.220.01
CCS C 80

中华人民共和国消防救援行业标准

XF/T 3017.2—2022

消防业务信息数据项　第2部分：消防产品质量监督管理基本信息

Data items of fire service information—Part 2: General information of quality supervision and control for fire products

2022-01-01发布　　2022-03-01实施

中华人民共和国应急管理部　发布

前 言

本文件按照GB/T 1.1—2020《标准化工作导则　第1部分:标准化文件的结构和起草规则》的规定起草。

本文件是XF/T 3017《消防业务信息数据项》的第2部分。XF/T 3017已经发布了以下部分:

——第1部分:灭火救援指挥基本信息;

——第2部分:消防产品质量监督管理基本信息;

——第3部分:消防装备基本信息;

——第4部分:消防信息通信管理基本信息;

——第5部分:消防安全重点单位与建筑物基本信息。

请注意本文件的某些内容可能涉及专利。本文件的发布机构不承担识别专利的责任。

本文件由中华人民共和国应急管理部提出。

本文件由全国消防标准化技术委员会消防通信分技术委员会(SAC/TC 113/SC 14)归口。

本文件起草单位:应急管理部沈阳消防研究所、应急管理部消防产品合格评定中心、黑龙江省消防救援总队、广东省消防救援总队、辽宁省沈阳市消防救援支队。

本文件主要起草人:张春华、张昊、余威、刘程、柳力军、卢韶然、李玉龙、王庆聪。

消防业务信息数据项　第2部分：消防产品质量监督管理基本信息

1　范围

本文件规定了消防产品质量监督管理基本信息数据项。

本文件适用于消防产品质量监督管理业务信息系统的开发工作。

2　规范性引用文件

本文件没有规范性引用文件。

3　术语和定义

本文件没有需要界定的术语和定义。

4　数据项编写要求

数据项编写要求应符合附录A的规定。

5　消防产品质量监督管理基本信息数据项

5.1　消防产品强制性认证证书信息基本数据项

消防产品强制性认证证书信息基本数据项见表1。

表1　消防产品强制性认证证书信息基本数据项

序号	数据项名称	数据项标识符	表示格式	说明
1	中国国家强制性产品认证证书编号	ZGGJQZXCPRZZSBH	c16	
2	认证委托人	RZWTR		
2.1	单位名称	RZWTR_DWMC	c..100	
2.2	地址名称	RZWTR_DZMC	c..100	
3	生产者	SCZ		
3.1	单位名称	SCZ_DWMC	c..100	
3.2	地址名称	SCZ_DZMC	c..100	
4	生产企业	SCQY		
4.1	单位名称	SCQY_DWMC	c..100	

表 1（续）

序号	数据项名称	数据项标识符	表示格式	说明
4.2	地址名称	SCQY_DZMC	c..100	
5	产品_名称	CP_MC	c..100	
6	消防认证产品分类与代码	XFRZCPFLYDM	c8	
7	认证单元_简要情况	RZDY_JYQK	..ul	
8	产品认证实施规则_简要情况	CPRZSSGZ_JYQK	..ul	
9	产品认证实施细则_简要情况	CPRZSSXZ_JYQK	..ul	
10	产品认证基本模式_简要情况	CPRZJBMS_JYQK	..ul	
11	标准编号	BZBH	c..30	含年代号
12	首次发证_日期	SCFZ_RQ	d8(YYYYMMDD)	关联项
13	有效期起始_日期	YXQQS_RQ	d8(YYYYMMDD)	
14	有效期截止_日期	YXQJZ_RQ	d8(YYYYMMDD)	
15	消防产品认证证书状态类别代码	XFCPRZZSZTLBDM	c1	
16	证书处于非有效状态原因_简要情况	ZSCYFYXZTYY_JYQK	..ul	
17	发证机构	FZJG		
17.1	单位名称	FZJG_DWMC	c..100	
17.2	地址名称	FZJG_DZMC	c..100	
17.3	网址	FZJG_WZ	c..50	
17.4	邮政编码	FZJG_YZBM	c6	
18	非有效状态_日期	FYXZT_RQ	d8(YYYYMMDD)	

5.2 消防产品技术鉴定证书信息基本数据项

消防产品技术鉴定证书信息基本数据项见表 2。

表 2 消防产品技术鉴定证书信息基本数据项

序号	数据项名称	数据项标识符	表示格式	说明
1	消防产品技术鉴定证书编号	XFCPJSJDZSBH	c..30	
2	委托方	WTF		
2.1	单位名称	WTF_DWMC	c..100	
2.2	地址名称	WTF_DZMC	c..100	
2.3	邮政编码	WTF_YZBM	c6	
3	制造商	ZZS		
3.1	单位名称	ZZS_DWMC	c..100	

表 2（续）

序号	数据项名称	数据项标识符	表示格式	说明
3.2	地址名称	ZZS_DZMC	c..100	
3.3	邮政编码	ZZS_YZBM	c6	
4	生产厂	SCC		
4.1	单位名称	SCC_DWMC	c..100	
4.2	地址名称	SCC_DZMC	c..100	
4.3	邮政编码	SCC_YZBM	c6	
5	产品_名称	CP_MC	c..100	
6	消防认证产品分类与代码	XFRZCPFLYDM	c8	
7	规格型号	GGXH	c..100	
8	鉴定依据_简要情况	JDYJ_JYQK	..ul	
9	标准编号	BZBH	c..30	含年代号
10	首次发证_日期	SCFZ_RQ	d8(YYYYMMDD)	
11	有效期起始_日期	YXQQS_RQ	d8(YYYYMMDD)	
12	有效期截止_日期	YXQJZ_RQ	d8(YYYYMMDD)	
13	消防产品认证证书状态类别代码	XFCPRZZSZTLBDM	c1	
14	证书处于非有效状态原因_简要情况	ZSCYFYXZTYY_JYQK	..ul	
15	发证机构	FZJG		
15.1	单位名称	FZJG_DWMC	c..100	
15.2	地址名称	FZJG_DZMC	c..100	
15.3	网址	FZJG_WZ	c..50	
15.4	邮政编码	FZJG_YZBM	c6	
16	非有效状态_日期	FYXZT_RQ	d8(YYYYMMDD)	

5.3 消防产品自愿性认证证书信息基本数据项

消防产品自愿性认证证书信息基本数据项见表 3。

表 3 消防产品自愿性认证证书信息基本数据项

序号	数据项名称	数据项标识符	表示格式	说明
1	自愿性产品认证证书编号	ZYXCPRZZSBH	c..30	
2	委托人	WTR		
2.1	单位名称	WTR_DWMC	c..100	
2.2	地址名称	WTR_DZMC	c..100	
3	生产者	SCZ		
3.1	单位名称	SCZ_DWMC	c..100	

表 3（续）

序号	数据项名称	数据项标识符	表示格式	说明
3.2	地址名称	SCZ_DZMC	c..100	
4	生产企业	SCQY		
4.1	单位名称	SCQY_DWMC	c..100	
4.2	地址名称	SCQY_DZMC	c..100	
5	消防认证产品分类与代码	XFRZCPFLYDM	c8	
6	认证单元_简要情况	RZDY_JYQK	..ul	
7	产品认证实施规则_简要情况	CPRZSSGZ_JYQK	..ul	
8	产品认证基本模式_简要情况	CPRZJBMS_JYQK	..ul	
9	产品标准和技术要求_简要情况	CPBZHJSYQ_JYQK	..ul	
10	首次发证_日期	SCFZ_RQ	d8(YYYYMMDD)	
11	有效期起始_日期	YXQQS_RQ	d8(YYYYMMDD)	
12	有效期截止_日期	YXQJZ_RQ	d8(YYYYMMDD)	
13	消防产品认证证书状态类别代码	XFCPRZZSZTLBDM	c1	
14	证书处于非有效状态原因_简要情况	ZSCYFYXZTYY_JYQK	..ul	
15	发证机构	FZJG		
15.1	单位名称	FZJG_DWMC	c..100	
15.2	地址名称	FZJG_DZMC	c..100	
15.3	网址	FZJG_WZ	c..50	
15.4	邮政编码	FZJG_YZBM	c6	
16	非有效状态_日期	FYXZT_RQ	d8(YYYYMMDD)	
17	产品_名称	CP_MC	c..100	

5.4 检验报告信息基本数据项

检验报告信息基本数据项见表 4。

表 4 检验报告信息基本数据项

序号	数据项名称	数据项标识符	表示格式	说明
1	检验报告编号	JYBGBH	c..20	
2	委托人_单位名称	WTR_DWMC	c..100	
3	生产者_单位名称	SCZ_DWMC	c..100	
4	生产企业_单位名称	SCQY_DWMC	c..100	
5	消防产品检验类别代码	XFCPJYLBDM	c2	
6	产品	CP		
6.1	名称	CP_MC	c..100	

表 4（续）

序号	数据项名称	数据项标识符	表示格式	说明
6.2	照片	CP_ZP	bn(JPEG)	
6.3	简要情况	CP_JYQK	..ul	
7	规格型号	GGXH	c..100	
8	样品_数量	YP_SL	n..15	样品的数量
9	生产_日期	SC_RQ	d8(YYYYMMDD)	
10	样品状态_简要情况	YPZT_JYQK	..ul	
11	抽样	CY		
11.1	样品基数	CY_YPJS	n..6	
11.2	地址名称	CY_DZMC	c..100	
11.3	简要情况	CY_JYQK	..ul	抽样信息的简要情况
11.4	日期	CY_RQ	d8(YYYYMMDD)	
12	抽样人员_姓名	CYRY_XM	c..50	
13	检验受理_日期	JYSL_RQ	d8(YYYYMMDD)	
14	检验依据_简要情况	JYYJ_JYQK	..ul	
15	检验项目_简要情况	JYXM_JYQK	..ul	
16	检验结论_简要情况	JYJL_JYQK	..ul	
17	产品检验结果汇总表_电子文件名称	CPJYJGHZB_DZWJMC	c..256	
18	检验设备布置图_电子文件名称	JYSBBZT_DZWJMC	c..256	
19	编制人_姓名	BZR_XM	c..50	
20	审核人_姓名	SHR_XM	c..50	
21	批准人_姓名	PZR_XM	c..50	
22	签发_日期	QF_RQ	d8(YYYYMMDD)	
23	备注	BZ	..ul	
24	有效期截止_日期	YXQJZ_RQ	d8(YYYYMMDD)	

5.5 单位使用消防产品信息基本数据项

单位使用消防产品信息基本数据项见表 5。

表 5 单位使用消防产品信息基本数据项

序号	数据项名称	数据项标识符	表示格式	说明
1	使用单位	SYDW		
1.1	单位名称	SYDW_DWMC	c..100	
1.2	地址名称	SYDW_DZMC	c..100	
2	联系人_姓名	LXR_XM	c..50	

表 5（续）

序号	数据项名称	数据项标识符	表示格式	说明
3	产品_名称	CP_MC	c..100	
4	消防认证产品分类与代码	XFRZCPFLYDM	c8	
5	规格型号	GGXH	c..100	
6	数量	SL	n..15	
7	中国国家强制性产品认证证书编号	ZGGJQZXCPRZZSBH	c16	
8	消防产品技术鉴定证书编号	XFCPJSJDZSBH	c..30	
9	自愿性产品认证证书编号	ZYXCPRZZSBH	c..30	
10	检验报告编号	JYBGBH	c..20	
11	生产者_单位名称	SCZ_DWMC	c..100	
12	生产_日期	SC_RQ	d8(YYYYMMDD)	
13	出厂_日期	CC_RQ	d8(YYYYMMDD)	
14	统一社会信用代码	TYSHXYDM	c18	

5.6 消防产品质量监督抽查信息基本数据项

消防产品质量监督抽查信息基本数据项见表 6。

表 6 消防产品质量监督抽查基本数据项

序号	数据项名称	数据项标识符	表示格式	说明
1	抽查计划	CCJH		
1.1	名称	CCJH_MC	c..100	
1.2	电子文件名称	CCJH_DZWJMC	c..256	
2	产品质量判定方法及依据_简要情况	CPZLPDFFJYJ_JYQK	..ul	
3	制定单位_单位名称	ZHDDW_DWMC	c..100	
4	抽查任务	CCRW		
4.1	开始时间	CCRW_KSSJ	d14(YYYYMMDDhhmmss)	
4.2	结束时间	CCRW_JSSJ	d14(YYYYMMDDhhmmss)	
5	产品_名称	CP_MC	c..100	
6	规格型号	GGXH	c..100	
7	生产者_单位名称	SCZ_DWMC	c..100	
8	产品使用场所	CPSYCS		
8.1	单位名称	CPSYCS_DWMC	c..100	
8.2	地址名称	CPSYCS_DZMC	c..100	
9	抽查实施	CCSS		

表 6（续）

序号	数据项名称	数据项标识符	表示格式	说明
9.1	单位名称	CCSS_DWMC	c..100	
9.2	开始时间	CCSS_KSSJ	d14(YYYYMMDDhhmmss)	
9.3	结束时间	CCSS_JSSJ	d14(YYYYMMDDhhmmss)	
10	消防产品监督抽查结果类别代码	XFCPJDCCJGLBDM	c1	
11	消防产品监督抽查处理情况类别代码	XFCPJDCCCLQKLBDM	c1	
12	监督抽查结果通报_电子文件名称	JDCCJGTB_DZWJMC	c..256	
13	消防安全领域失信行为信息公布_电子文件名称	XFAQLYSXXWXXGB_DZWJMC	c..256	
14	产品销售渠道类别代码	CPXSQDLBDM	c1	
15	检验项目_名称	JYXM_MC	c..100	
16	判定方法_简要情况	PDFF_JYQK	..ul	
17	抽样方法_简要情况	CYFF_JYQK	..ul	
18	抽样_数量	CY_SL	n..15	
19	备样_数量	BEY_SL	n..15	

5.7 举报投诉信息基本数据项

举报投诉信息基本数据项见表 7。

表 7 举报投诉信息基本数据项

序号	数据项名称	数据项标识符	表示格式	说明
1	被举报投诉产品使用场所_单位名称	BJBTSCPSYCS_DWMC	c..100	
2	举报投诉人	JBTSR		
2.1	姓名	JBTSR_XM	c..50	
2.2	电话号码	JBTSR_DHHM	c..18	
3	举报投诉受理类别代码	JBTSSLLBDM	c2	
4	举报投诉内容_简要情况	JBTSNR_JYQK	..ul	
5	受理_日期时间	SLI_RQSJ	d14(YYYYMMDDhhmmss)	
6	受理登记人_姓名	SLDJR_XM	c..50	
7	受理意见_简要情况	SLYJ_JYQK	..ul	
8	核查_日期	HC_RQ	d8(YYYYMMDD)	

表 7（续）

序号	数据项名称	数据项标识符	表示格式	说明
9	核查情况_简要情况	HCQK_JYQK	..ul	
10	告知情况_简要情况	GZQK_JYQK	..ul	
11	行政复议办结状况类别代码	XZFYBJZKLBDM	c2	
12	被举报投诉产品使用场所_统一社会信用代码	BJBTSCPSYCS_TYSHXYDM	c18	
13	举报投诉类型代码	JBTSLXDM	c1	
14	承办_单位名称	CB_DWMC	c..100	
15	承办人_姓名	CBR_XM	c..50	
16	核查结果属实_判断标识	HCJGSS_PDBZ	bl	

5.8 消防监督检查记录信息基本数据项

消防监督检查记录信息基本数据项见表 8。

表 8 消防监督检查记录信息基本数据项

序号	数据项名称	数据项标识符	表示格式	说明
1	消防监督检查记录_文书编号	XFJDJCJL_WSBH	c..50	
2	消防监督检查形式类别代码	XFJDJCXSLBDM	c2	
3	被检查单位场所	BJCDWCS		
3.1	单位名称	BJCDWCS_DWMC	c..100	
3.2	地址名称	BJCDWCS_DZMC	c..100	
4	消防安全责任人	XFAQZRR		
4.1	姓名	XFAQZRR_XM	c..50	
4.2	电话号码	XFAQZRR_DHHM	c..18	
5	消防安全管理人	XFAQGLR		
5.1	姓名	XFAQGLR_XM	c..50	
5.2	电话号码	XFAQGLR_DHHM	c..18	
5.3	判断标识	XFAQGLR_PDBZ	bl	
6	联系人	LXR		
6.1	姓名	LXR_XM	c..50	
6.2	电话号码	LXR_DHHM	c..18	
7	消防安全重点单位_判断标识	XFAQZDDW_PDBZ	bl	

表 8（续）

序号	数据项名称	数据项标识符	表示格式	说明
8	消防监督检查员_姓名	XFJDJCY_XM	c..50	
9	日期时间	RQSJ	d14(YYYYMMDDhhmmss)	
10	被检查单位随同人员_姓名	BJCDWSTRY_XM	c..50	
11	被查建筑物_名称	BCJZW_MC	c..100	
12	公众聚集场所投入使用营业前消防安全检查类别代码	GZJJCSTRSYYYQXFAQTCLBDM	c1	
13	公众聚集场所_判断标识	GZJJCS_PDBZ	bl	
14	使用性质相符_判断标识	SYXZXF_PDBZ	bl	与验收或备案使用性质相符
15	消防安全制度_判断标识	XFAQZD_PDBZ	bl	
16	灭火和应急疏散预案_判断标识	MHHYJSSYA_PDBZ	bl	
17	员工消防安全培训_记录状态类别代码	YGXFAQPX_JLZTLBDM	c1	
18	防火检查巡查_记录状态类别代码	FHJCXC_JLZTLBDM	c1	
19	定期检验维修_判断标识	DQJYWX_PDBZ	bl	消防设施、器材、消防安全标志定期检验、维修
20	消防演练_记录状态类别代码	XFYL_JLZTLBDM	c1	
21	消防档案_记录状态类别代码	XFDA_JLZTLBDM	c1	
22	消防重点部位确定_判断标识	XFZDBWQD_PDBZ	bl	
23	承担灭火和组织疏散任务人员_判断标识	CDMHHZZSSRWRY_PDBZ	bl	
24	易燃易爆危险品同一建筑物内_判断标识	YRYBWXPTYJZWN_PDBZ	bl	生产、储存、经营易燃易爆危险品的场所与居住场所设置在同一建筑物内

表 8（续）

序号	数据项名称	数据项标识符	表示格式	说明
25	其他物品同一建筑物内_判断标识	QTWPTYJZWN_PDBZ	bl	生产、储存、经营其他物品的场所与居住场所设置在同一建筑物内
26	障碍物_判断标识	ZAW_PDBZ	bl	人员密集场所外墙门窗上设置影响逃生、灭火救援的障碍物
27	消防车通道畅通_判断标识	XFCTDCT_PDBZ	bl	
28	消防车通道抽查部位_简要情况	XFCTDCCBW_JYQK	..ul	
29	防火间距占用_判断标识	FHJJZY_PDBZ	bl	
30	防火间距抽查部位_简要情况	FHJJCCBW_JYQK	..ul	
31	防火分区合格_判断标识	FHFQHG_PDBZ	bl	
32	防火分区抽查部位_简要情况	FHFQCCBW_JYQK	..ul	
33	人员密集场所装修装饰合格_判断标识	RYMJCSZXZSHG_PDBZ	bl	
34	人员密集场所装修装饰抽查部位_简要情况	RYMJCSZXZSCCBW_JYQK	..ul	
35	疏散通道合格_判断标识	SSTDHG_PDBZ	bl	
36	疏散通道抽查部位_简要情况	SSTDCCBW_JYQK	..ul	
37	安全出口_判断标识	AQCK_PDBZ	bl	
38	安全出口抽查部位_简要情况	AQCKCCBW_JYQK	..ul	
39	消防应急照明灯具_判断标识	XFYJZMDJ_PDBZ	bl	
40	应急照明抽查部位_简要情况	YJZMCCBW_JYQK	..ul	
41	疏散指示标志_判断标识	SSZSBZ_PDBZ	bl	
42	疏散指示标志抽查部位_简要情况	SSZSBZCCBW_JYQK	..ul	

表 8（续）

序号	数据项名称	数据项标识符	表示格式	说明
43	避难层_判断标识	BNC_PDBZ	bl	
44	避难层抽查部位_简要情况	BNCCCBW_JYQK	..ul	
45	应急广播_判断标识	YJGB_PDBZ	bl	
46	应急广播抽查部位_简要情况	YJGBCCBW_JYQK	..ul	
47	消防控制室_判断标识	XFKZS_PDBZ	bl	
48	值班操作人员在岗人员_人数	ZBCZRYZGRY_RS	n..10	
49	值班记录_判断标识	ZBJL_PDBZ	bl	
50	消防联动控制设备运行_判断标识	XFLDKZSBYX_PDBZ	bl	
51	消防电话合格_判断标识	XFDHHG_PDBZ	bl	
52	消防电话抽查部位_简要情况	XFDHCCBW_JYQK	..ul	
53	火灾自动报警系统_判断标识	HZZDBJXT_PDBZ	bl	
54	探测器	TCQ		
54.1	判断标识	TCQ_PDBZ	bl	
54.2	数量	TCQ_SL	n..15	
54.3	简要情况	TCQ_JYQK	..ul	抽查信息的简要情况
55	手动火灾报警按钮	SDHZBJAN		
55.1	判断标识	SDHZBJAN_PDBZ	bl	
55.2	简要情况	SDHZBJAN_JYQK	..ul	抽查部位的简要情况
56	控制设备	KZSB		
56.1	判断标识	KZSB_PDBZ	bl	
56.2	简要情况	KZSB_JYQK	..ul	抽查部位的简要情况
57	消防给水设施_判断标识	XFJSSS_PDBZ	bl	
58	室外消防水池	SWXFSC		
58.1	判断标识	SWXFSC_PDBZ	bl	

表 8（续）

序号	数据项名称	数据项标识符	表示格式	说明
58.2	简要情况	SWXFSC_JYQK	..ul	抽查部位的简要情况
59	消防水箱	XFSX		
59.1	判断标识	XFSX_PDBZ	bl	
59.2	简要情况	XFSX_JYQK	..ul	抽查部位的简要情况
60	消防泵	XFB		
60.1	判断标识	XFB_PDBZ	bl	
60.2	简要情况	XFB_JYQK	..ul	抽查部位的简要情况
61	室内消火栓	SNXHS		
61.1	判断标识	SNXHS_PDBZ	bl	
61.2	简要情况	SNXHS_JYQK	..ul	抽查部位的简要情况
62	室外消火栓	SWXHS		
62.1	判断标识	SWXHS_PDBZ	bl	
62.2	简要情况	SWXHS_JYQK	..ul	抽查部位的简要情况
63	消防水泵接合器	XFSBJHQ		
63.1	判断标识	XFSBJHQ_PDBZ	bl	
63.2	简要情况	XFSBJHQ_JYQK	..ul	抽查部位的简要情况
64	稳压设施	WYSS		
64.1	判断标识	WYSS_PDBZ	bl	
64.2	简要情况	WYSS_JYQK	..ul	抽查部位的简要情况
65	自动喷水灭火系统_判断标识	ZDPSMHXT_PDBZ	bl	
66	报警阀	BJF		
66.1	判断标识	BJF_PDBZ	bl	
66.2	简要情况	BJF_JYQK	..ul	抽查部位的简要情况
67	末端试水装置	MDSSZZ		

表 8（续）

序号	数据项名称	数据项标识符	表示格式	说明
67.1	简要情况	MDSSZZ_JYQK	..ul	抽查部位的简要情况
67.2	数值	MDSSZZ_SZ	n..12,2	压力值
68	其他自动灭火系统	QTZDMHXT		
68.1	判断标识	QTZDMHXT_PDBZ	bl	
68.2	灭火系统分类与代码	QTZDMHXT_MHXTFLYDM	c3	
68.3	简要情况	QTZDMHXT_JYQK	..ul	抽查部位的简要情况
69	防火门	FHM		
69.1	判断标识	FHM_PDBZ	bl	
69.2	简要情况	FHM_JYQK	..ul	抽查部位的简要情况
70	防火卷帘	FHJL		
70.1	判断标识	FHJL_PDBZ	bl	
70.2	简要情况	FHJL_JYQK	..ul	抽查部位的简要情况
71	防排烟设施	FPYSS		
71.1	判断标识	FPYSS_PDBZ	bl	
71.2	简要情况	FPYSS_JYQK	..ul	抽查部位的简要情况
72	灭火器	MHQ		
72.1	判断标识	MHQ_PDBZ	bl	
72.2	简要情况	MHQ_JYQK	..ul	抽查部位的简要情况
72.3	数量	MHQ_SL	n..15	抽查数量
73	线路维护检测_判断标识	XLWHJC_PDBZ	bl	电器产品的线路定期维护、检测
74	管路维护检测_判断标识	GLWHJC_PDBZ	bl	燃气用具的管路定期维护、检测
75	明火作业_判断标识	MHZY_PDBZ	bl	违反规定使用明火作业或在具有火灾、爆炸危险的场所吸烟、使用明火

表 8（续）

序号	数据项名称	数据项标识符	表示格式	说明
76	违反消防安全规定_判断标识	WFXFAQGD_PDBZ	bl	违反消防安全规定进入生产、储存易燃易爆危险品场所
77	违反有关消防技术标准_判断标识	WFYGXFJSBZ_PDBZ	bl	违反有关消防技术标准和管理规定生产、储存、运输、销售、使用、销毁易燃易爆危险品

5.9 消防产品监督检查记录信息基本数据项

消防产品监督检查记录信息基本数据项见表 9。

表 9　消防产品监督检查记录信息基本数据项

序号	数据项名称	数据项标识符	表示格式	说明
1	消防产品监督检查记录_文书编号	XFCPJDJCJL_WSBH	c..50	
2	消防救援机构_单位名称	XFJYJG_DWMC	c..100	
3	消防产品监督检查形式类别代码	XFCPJDJCXSLBDM	c1	
4	被检查单位场所	BJCDWCS		
4.1	单位名称	BJCDWCS_DWMC	c..100	
4.2	地址名称	BJCDWCS_DZMC	c..100	
5	消防安全重点单位_判断标识	XFAQZDDW_PDBZ	bl	
6	消防安全责任人_姓名	XFAQZRR_XM	c..50	
7	消防安全管理人_姓名	XFAQGLR_XM	c..50	
8	联系人	LXR		
8.1	姓名	LXR_XM	c..50	
8.2	电话号码	LXR_DHHM	c..18	
9	消防产品监督检查员_姓名	XFCPJDJCY_XM	c..50	
10	消防产品监督检查_日期	XFCPJDJC_RQ	d8(YYYYMMDD)	
11	被检查单位随同人员_姓名	BJCDWSTRY_XM	c..50	
12	被检查单位随同人员签名_日期	BJCDWSTRYQM_RQ	d8(YYYYMMDD)	
13	产品_名称	CP_MC	c..100	
14	规格型号	GGXH	c..100	
15	生产者_单位名称	SCZ_DWMC	c..100	
16	产品所在部位_简要情况	CPSZBW_JYQK	..ul	

表 9（续）

序号	数据项名称	数据项标识符	表示格式	说明
17	检查	JIC		
17.1	样品基数	JIC_YPJS	n..6	
17.2	数量	JIC_SL	n..15	
18	市场准入检查情况_简要情况	SCZRJCQK_JYQK	..ul	
19	产品质量现场检查情况_简要情况	CPZLXCJCQK_JYQK	..ul	
20	抽样送检_判断标识	CYSJ_PDBZ	bl	
21	抽样单_文书编号	CYD_WSBH	c..50	

5.10 消防产品现场检查判定不合格通知书信息基本数据项

消防产品现场检查判定不合格通知书信息基本数据项见表 10。

表 10　消防产品现场检查判定不合格通知书信息基本数据项

序号	数据项名称	数据项标识符	表示格式	说明
1	消防产品现场检查判定不合格通知书_文书编号	XFCPXCJCPDBHGTZS_WSBH	c..50	
2	被检查单位场所_单位名称	BJCDWCS_DWMC	c..100	
3	产品_名称	CP_MC	c..100	
4	检查_日期	JIC_RQ	d8(YYYYMMDD)	
5	检查人_姓名	JCR_XM	c..50	
6	不合格情况_简要情况	BHGQK_JYQK	..ul	
7	消防救援机构_单位名称	XFJYJG_DWMC	c..100	
8	印章_日期	YZ_RQ	d8(YYYYMMDD)	
9	异议_判断标识	YY_PDBZ	bl	
10	异议理由_简要情况	YYLY_JYQK	..ul	
11	被检查单位签收_日期	BJCDWQS_RQ	d8(YYYYMMDD)	

5.11 消防产品质量监督抽查抽样信息基本数据项

消防产品质量监督抽查抽样信息基本数据项见表 11。

表 11　消防产品质量监督抽查抽样信息基本数据项

序号	数据项名称	数据项标识符	表示格式	说明
1	消防救援机构_单位名称	XFJYJG_DWMC	c..100	
2	被抽样单位场所	BCYDWCS		
2.1	单位名称	BCYDWCS_DWMC	c..100	
2.2	地址名称	BCYDWCS_DZMC	c..100	

表 11（续）

序号	数据项名称	数据项标识符	表示格式	说明
2.3	邮政编码	BCYDWCS_YZBM	c6	
3	法定代表人_姓名	FDDBR_XM	c..50	
4	主要负责人_姓名	ZYFZR_XM	c..50	
5	被抽样建筑单位_单位名称	BCYJZDW_DWMC	c..100	
6	电话号码	DHHM	c..18	
7	样品_名称	YP_MC	c..100	
8	规格型号	GGXH	c..100	
9	生产者_单位名称	SCZ_DWMC	c..100	
10	商标_名称	SB_MC	c..100	
11	中国国家强制性产品认证证书编号	ZGGJQZXCPRZZSBH	c16	
12	消防产品技术鉴定证书编号	XFCPJSJDZSBH	c..30	
13	自愿性产品认证证书编号	ZYXCPRZZSBH	c..30	
14	检验报告编号	JYBGBH	c..20	
15	出厂_日期	CC_RQ	d8(YYYYMMDD)	
16	进货或使用_日期	JHHSY_RQ	d8(YYYYMMDD)	
17	抽样	CY		
17.1	日期	CY_RQ	d8(YYYYMMDD)	
17.2	数量	CY_SL	n..15	
17.3	样品基数	CY_YPJS	n..6	
17.4	地点名称	CY_DDMC	c..100	
18	被抽样单位场所签名_日期	BCYDWCSQM_RQ	d8(YYYYMMDD)	
19	被抽样单位场所确认情况_简要情况	BCYDWCSQRQK_JYQK	..ul	
20	标称生产者签名_日期	BCSCZQM_RQ	d8(YYYYMMDD)	
21	标称生产者确认情况_简要情况	BCSCZQRQK_JYQK	..ul	
22	抽样人员	CYRY		
22.1	姓名	CYRY_XM	c..50	
22.2	电话号码	CYRY_DHHM	c..18	
22.3	日期	CYRY_RQ	d8(YYYYMMDD)	
23	备注	BZ	..ul	
24	质量监督抽查计划_名称	ZLJDCCJH_MC	c..100	
25	抽样单_文书编号	CYD_WSBH	c..50	

5.12 消防产品质量检验结果通知书信息基本数据项

消防产品质量检验结果通知书信息基本数据项见表 12。

表 12　消防产品质量检验结果通知书信息基本数据项

序号	数据项名称	数据项标识符	表示格式	说明
1	消防产品质量检验结果通知书_文书编号	XFCPZLJYJGTZS_WSBH	c..50	
2	消防救援机构_单位名称	XFJYJG_DWMC	c..100	
3	被检验单位_单位名称	BJYDW_DWMC	c..100	
4	产品_名称	CP_MC	c..100	
5	检验机构_单位名称	JYJG_DWMC	c..100	
6	检验结果_判断标识	JIYJG_PDBZ	bl	
7	检验报告编号	JYBGBH	c..20	
8	监督抽查检验报告页数_数量	JDCCJYBGYS_SL	n..15	
9	印章_日期	YZ_RQ	d8(YYYYMMDD)	
10	被检查单位签收_日期	BJCDWQS_RQ	d8(YYYYMMDD)	
11	质量监督抽查计划_名称	ZLJDCCJH_MC	c..100	
12	抽样单_文书编号	CYD_WSBH	c..50	

5.13　消防产品复检申请信息基本数据项

消防产品复检申请信息基本数据项见表 13。

表 13　消防产品复检申请信息基本数据项

序号	数据项名称	数据项标识符	表示格式	说明
1	申请单位	SQDW		
1.1	单位名称	SQDW_DWMC	c..100	
1.2	地址名称	SQDW_DZMC	c..100	
2	填表_日期	TB_RQ	d8(YYYYMMDD)	
3	法定代表人_姓名	FDDBR_XM	c..50	
4	主要负责人_姓名	ZYFZR_XM	c..50	
5	电话号码	DHHM	c..18	
6	联系人_姓名	LXR_XM	c..50	
7	产品_名称	CP_MC	c..100	
8	规格型号	GGXH	c..100	
9	生产者_单位名称	SCZ_DWMC	c..100	
10	首检检验机构_单位名称	SJJYJG_DWMC	c..100	
11	检验报告编号	JYBGBH	c..20	
12	首检报告签发_日期	SJBGQF_RQ	d8(YYYYMMDD)	
13	首检报告收到_日期	SJBGSD_RQ	d8(YYYYMMDD)	

表 13（续）

序号	数据项名称	数据项标识符	表示格式	说明
14	首检不合格项目_简要情况	SJBHGXM_JYQK	..ul	
15	申请复检项目_简要情况	SQFJXM_JYQK	..ul	
16	申请复检理由_简要情况	SQFJLY_JYQK	..ul	
17	备注	BZ	..ul	

5.14 消防产品复检受理凭证信息基本数据项

消防产品复检受理凭证信息基本数据项见表 14。

表 14 消防产品复检受理凭证信息基本数据项

序号	数据项名称	数据项标识符	表示格式	说明
1	消防产品复检受理凭证_文书编号	XFCPFJSLPZ_WSBH	c..50	
2	消防救援机构_单位名称	XFJYJG_DWMC	c..100	
3	申请单位_单位名称	SQDW_DWMC	c..100	
4	产品_名称	CP_MC	c..100	
5	检验报告编号	JYBGBH	c..20	
6	印章_日期	YZ_RQ	d8(YYYYMMDD)	
7	申请人签收_日期	SQRQS_RQ	d8(YYYYMMDD)	

5.15 消防产品质量复检结果通知书信息基本数据项

消防产品质量复检结果通知书信息基本数据项见表 15。

表 15 消防产品质量复检结果通知书信息基本数据项

序号	数据项名称	数据项标识符	表示格式	说明
1	消防产品质量复检结果通知书_文书编号	XFCPZLFJJGTZS_WSBH	c..50	
2	消防救援机构_单位名称	XFJYJG_DWMC	c..100	
3	申请单位_单位名称	SQDW_DWMC	c..100	
4	产品_名称	CP_MC	c..100	
5	检验机构_单位名称	JYJG_DWMC	c..100	
6	复验结果_判断标识	FYJG_PDBZ	bl	
7	检验报告编号	JYBGBH	c..20	
8	印章_日期	YZ_RQ	d8(YYYYMMDD)	
9	被检查单位签收_日期	BJCDWQS_RQ	d8(YYYYMMDD)	

5.16 通报涉嫌违法生产/销售消防产品案件的函信息基本数据项

通报涉嫌违法生产/销售消防产品案件的函信息基本数据项见表 16。

表 16　通报涉嫌违法生产/销售消防产品案件的函信息基本数据项

序号	数据项名称	数据项标识符	表示格式	说明
1	涉嫌违法生产销售消防产品案件的函_文书编号	SXWFSCXSXFCPAJDH_WSBH	c..50	
2	消防救援机构_单位名称	XFJYJG_DWMC	c..100	
3	质监或工商部门_单位名称	ZJHGSBM_DWMC	c..100	
4	检查_日期	JIC_RQ	d8(YYYYMMDD)	
5	被检查单位场所_单位名称	BJCDWCS_DWMC	c..100	
6	产品_名称	CP_MC	c..100	
7	消防产品监督抽查结果类别代码	XFCPJDCCJGLBDM	c1	
8	印章_日期	YZ_RQ	d8(YYYYMMDD)	
9	电子文件名称	DZWJMC	c..256	
10	检验报告编号	JYBGBH	c..20	

5.17　通报涉嫌生产不合格消防产品的函信息基本数据项

通报涉嫌生产不合格消防产品的函信息基本数据项见表 17。

表 17　通报涉嫌生产不合格消防产品的函信息基本数据项

序号	数据项名称	数据项标识符	表示格式	说明
1	涉嫌生产不合格消防产品的函_文书编号	SXSCBHGXFCPDH_WSBH	c..50	
2	消防救援机构_单位名称	XFJYJG_DWMC	c..100	
3	鉴定认证机构_单位名称	JDRZJG_DWMC	c..100	
4	检查_日期	JIC_RQ	d8(YYYYMMDD)	
5	生产者_单位名称	SCZ_DWMC	c..100	
6	被检查单位场所_单位名称	BJCDWCS_DWMC	c..100	
7	产品_名称	CP_MC	c..100	
8	规格型号	GGXH	c..100	
9	中国国家强制性产品认证证书编号	ZGGJQZXCPRZZSBH	c16	
10	消防产品技术鉴定证书编号	XFCPJSJDZSBH	c..30	
11	自愿性产品认证证书编号	ZYXCPRZZSBH	c..30	
12	印章_日期	YZ_RQ	d8(YYYYMMDD)	
13	电子文件名称	DZWJMC	c..256	
14	检验报告编号	JYBGBH	c..20	

5.18　责令限期改正通知书信息基本数据项

责令限期改正通知书信息基本数据项见表 18。

表 18　责令限期改正通知书信息基本数据项

序号	数据项名称	数据项标识符	表示格式	说明
1	责令限期改正通知书_文书编号	ZLXQGZTZS_WSBH	c..50	
2	消防救援机构_单位名称	XFJYJG_DWMC	c..100	
3	被检查单位场所_单位名称	BJCDWCS_DWMC	c..100	
4	检查_日期	JIC_RQ	d8(YYYYMMDD)	
5	消防安全违法行为类别代码	XFAQWFXWLBDM	c2	
6	具体问题_简要情况	JTWT_JYQK	..ul	
7	限期整改_日期	XQZG_RQ	d8(YYYYMMDD)	
8	印章_日期	YZ_RQ	d8(YYYYMMDD)	
9	被检查单位场所签收_日期	BJCDWCSQS_RQ	d8(YYYYMMDD)	

5.19　消防产品身份信息基本数据项

消防产品身份信息基本数据项见表 19。

表 19　消防产品身份信息基本数据项

序号	数据项名称	数据项标识符	表示格式	说明
1	经销商	JXS		
1.1	单位名称	JXS_DWMC	c..100	
1.2	地址名称	JXS_DZMC	c..100	
1.3	电话号码	JXS_DHHM	c..18	
1.4	行政区划代码	JXS_XZQHDM	c6	
2	工程	GC		
2.1	名称	GC_MC	c..100	
2.2	曾用名	GC_CYM	c..50	
2.3	地址名称	GC_DZMC	c..100	
3	建设单位	JISDW		
3.1	单位名称	JISDW_DWMC	c..100	
3.2	行政区划代码	JISDW_XZQHDM	c6	
3.3	电话号码	JISDW_DHHM	c..18	
4	起始号段_数值	QSHD_SZ	n..12,2	
5	结束号段_数值	JSHD_SZ	n..12,2	
6	产品流向	CPLX		
6.1	数量	CPLX_SL	n..15	
6.2	行政区划代码	CPLX_XZQHDM	c6	
6.3	单位名称	CPLX_DWMC	c..100	

表 19（续）

序号	数据项名称	数据项标识符	表示格式	说明
7	产品_名称	CP_MC	c..100	
8	到达经销商_日期	DDJXS_RQ	d8(YYYYMMDD)	
9	生产厂家_单位名称	SCCJ_DWMC	c..100	
10	产品信息管理_备注	CPXXGL_BZ	..ul	
11	到达用户单位_日期	DDYHDW_RQ	d8(YYYYMMDD)	
12	用户单位_单位名称	YHDW_DWMC	c..100	
13	印制单位_单位名称	YZDW_DWMC	c..100	
14	申领单位_单位名称	SLDW_DWMC	c..100	
15	标志使用比例_数值	BZSYBL_SZ	n..12,2	
16	经销商上报比例_数值	JXSSBBL_SZ	n..12,2	
17	申领	SHL		
17.1	数量	SHL_SL	n..15	
17.2	姓名	SHL_XM	c..50	
17.3	简要情况	SHL_JYQK	..ul	
17.4	日期	SHL_RQ	d8(YYYYMMDD)	
18	联系人	LXR		
18.1	姓名	LXR_XM	c..50	
18.2	电话号码	LXR_DHHM	c..18	
18.3	地址名称	LXR_DZMC	c..100	
18.4	邮政编码	LXR_YZBM	c6	
19	标志明码_数值	BZMM_SZ	n..12,2	
20	审批	SP		
20.1	判断标识	SP_PDBZ	bl	结果代码
20.2	日期	SP_RQ	d8(YYYYMMDD)	
20.3	简要情况	SP_JYQK	..ul	
21	作废申请	ZFSQ		
21.1	单位名称	ZFSQ_DWMC	c..100	
21.2	姓名	ZFSQ_XM	c..50	
21.3	简要情况	ZFSQ_JYQK	..ul	
21.4	日期	ZFSQ_RQ	d8(YYYYMMDD)	
22	档案号	DAH	c..30	
23	规格型号	GGXH	c..100	
24	销售_行政区划代码	XS_XZQHDM	c6	
25	批次号	PCH	c..100	

表 19（续）

序号	数据项名称	数据项标识符	表示格式	说明
26	生产_日期	SC_RQ	d8(YYYYMMDD)	
27	合同编号	HTBH	c..50	
28	质检员_姓名	ZJY_XM	c..50	
29	检验报告编号	JYBGBH	c..20	

5.20 生产单位信息基本数据项

生产单位信息基本数据项见表 20。

表 20 生产单位信息基本数据项

序号	数据项名称	数据项标识符	表示格式	说明
1	生产企业	SCQY		
1.1	单位名称	SCQY_DWMC	c..100	
1.2	单位英文名称	SCQY_DWYWMC	c..100	
1.3	行政区划代码	SCQY_XZQHDM	c6	
1.4	地址名称	SCQY_DZMC	c..100	
1.5	邮政编码	SCQY_YZBM	c6	
1.6	电话号码	SCQY_DHHM	c..18	
1.7	传真号码	SCQY_CZHM	c..18	
1.8	电子信箱	SCQY_DZXX	c..50	
1.9	统一社会信用代码	SCQY_TYSHXYDM	c18	
2	就业安置单位法人代表	JYAZDWFRDB		
2.1	姓名	JYAZDWFRDB_XM	c..50	
2.2	电话号码	JYAZDWFRDB_DHHM	c..18	
3	联系人_电话号码	LXR_DHHM	c..18	

附 录 A
（规范性）
数据项编写要求

A.1 数据项表示

数据项的表示有以下两种：

a） 用数据元表示；

b） 用数据元限定词与数据元共同表示。

A.2 数据项表要求

A.2.1 数据项表

数据项表要求见表A.1。

表A.1 ×××数据项

序号	数据项名称	数据项标识符	表示格式	说明
1	……	…	…	……
2	姓名	XM	c..50	
3	单位名称	DWMC	c..100	
4	单位地址	DWDZ	c..100	
5	数量	SL	n..15	单位:个
6	出租人	CZR		
6.1	公民身份号码	CZR_GMSFHM	c18	
6.2	姓名	CZR_XM	c..50	
7	受理人_姓名	SLR_XM	c..50	关联项
…	……	…	…	……

A.2.2 名称

数据项表的名称应表述为“×××数据项”。

A.2.3 要素

数据项表的要素为序号、数据项名称、数据项标识符、表示格式及说明。数据项表的要素通过数据项表的表头栏目体现，见表A.1的表头。

A.2.4 要素说明

A.2.4.1 序号

A.2.4.1.1 不带限定词或只限定单个数据元的数据项序号由阿拉伯数字1起始，按照数据项顺序依次递增编号，见表A.1序号栏中的1～5。

A.2.4.1.2 带限定词且限定两个以上数据元的数据项序号采用分层编号，第一层限定词独立占行，其序号按数据项依次顺序递增编号。第二层的序号由阿拉伯数字和小数点“.”组成，小数点前的阿拉伯数字为限定词的序号，小数点后的阿拉伯数字按照所表示数据项的顺序从1起始依次递增编号，见表A.1序号栏中的第6项。

A.2.4.2 数据项名称

A.2.4.2.1 不带限定词的数据项名称应与数据元名称或数据元同义名称完全一致。

A.2.4.2.2 带限定词的数据项名称在符合A.2.4.2.1的基础上还应符合以下要求：

a) 当限定词限定多个数据元时，采用分层表示，在限定词下依次列出所限定的数据元名称，编排时左起空一个汉字，见表A.1序号栏中的第6项；

b) 当限定词只限定单个数据元时，将限定词名称置于数据元名称之前，用下划线“_”连接。如受理人姓名的数据项名称表述为“受理人_姓名”，见表A.1序号栏中的第7项。

A.2.4.2.3 在同一数据项标准中，相同含义的数据项名称应保持一致。

A.2.4.3 数据项标识符

数据项标识符的表示如下：

a) 不带限定词的数据项标识符采用与数据元名称对应的标识符表示；

b) 带限定词的数据项标识符由限定词标识符与数据元标识符共同组成，其间用下划线“_”连接；

c) 当数据项名称栏只有限定词时，此栏为限定词标识符。

示例：数据项标识符的表示见表A.1。

A.2.4.4 表示格式

采用数据元的表示格式。

A.2.4.5 说明

说明栏中应列出需要明确但数据项要素尚未提及的事项、数据项的应用约束和注意事项等，见表A.1。

关联项说明该数据项与本表在逻辑上存在一对多或者多对多的关系，在物理表中应以分表的形式存在。

参　考　文　献

［1］ XF/T 3014.1—2022　消防数据元　第1部分：基础业务信息
［2］ XF/T 3015.1—2022　消防数据元限定词　第1部分：基础业务信息

ICS 13.220.01
CCS C 80

中华人民共和国消防救援行业标准

XF/T 3017.3—2022

消防业务信息数据项 第3部分:消防装备基本信息

Data items of fire service information—
Part 3:General information of fire equipment

2022-01-01 发布　　2022-03-01 实施

中华人民共和国应急管理部　发布

前言

本文件按照GB/T 1.1—2020《标准化工作导则　第1部分:标准化文件的结构和起草规则》的规定起草。

本文件是XF/T 3017《消防业务信息数据项》的第3部分。XF/T 3017已经发布了以下部分：

——第1部分:灭火救援指挥基本信息；

——第2部分:消防产品质量监督管理基本信息；

——第3部分:消防装备基本信息；

——第4部分:消防信息通信管理基本信息；

——第5部分:消防安全重点单位与建筑物基本信息。

请注意本文件的某些内容可能涉及专利。本文件的发布机构不承担识别专利的责任。

本文件由中华人民共和国应急管理部提出。

本文件由全国消防标准化技术委员会消防通信分技术委员会(SAC/TC 113/SC 14)归口。

本文件起草单位:应急管理部沈阳消防研究所、中国人民警察大学、江苏省消防救援总队、上海市消防救援总队。

本文件主要起草人:赵海荣、毕赢、杜阳、陈泽宁、裴建国、邹方勇、杨扬、林晓东。

消防业务信息数据项
第3部分：消防装备基本信息

1 范围

本文件规定了消防装备基本信息的数据项。
本文件适用于消防装备业务信息系统的开发工作。

2 规范性引用文件

本文件没有规范性引用文件。

3 术语和定义

本文件没有需要界定的术语和定义。

4 数据项编写要求

数据项编写要求应符合附录A的规定。

5 消防装备基本信息数据项

5.1 消防装备信息基本数据项

消防装备信息基本数据项见表1。

表1 消防装备信息基本数据项

序号	数据项名称	数据项标识符	表示格式	说明
1	装备	ZHB		
1.1	通用唯一识别码	ZHB_TYWYSBM	c32	
1.2	名称	ZHB_MC	c..100	
2	消防装备器材分类与代码	XFZBQCFLYDM	c8	
3	生产厂家_单位名称	SCCJ_DWMC	c..100	
4	品牌型号_名称	PPXH_MC	c..100	
5	参考价_金额	CKJ_JE	n..17,2	
6	质量	ZL	n..12,2	
7	体积	TJ	n..14,2	

表 1（续）

序号	数据项名称	数据项标识符	表示格式	说明
8	籍贯国家/地区代码	JGGJDQDM	c3	
9	品牌_名称	PP_MC	c..100	
10	比重	BIZ	n..5,2	
11	主要成分_简要情况	ZYCF_JYQK	..ul	
12	适用范围_简要情况	SYFW_JYQK	..ul	
13	进口装备国内代理商_单位名称	JKZBGNDLS_DWMC	c..100	
14	售后服务单位_单位名称	SHFWDW_DWMC	c..100	
15	直接责任人_姓名	ZJZRR_XM	c..50	
16	出厂_日期	CC_RQ	d8(YYYYMMDD)	
17	装备队伍_日期	ZBEDW_RQ	d8(YYYYMMDD)	
18	简要情况	JYQK	..ul	对装备其他信息的简要说明
19	照片	ZP	bn(JPEG)	
20	消防装备状态类别代码	XFZBZTLBDM	c2	

5.2 车辆信息基本数据项

车辆信息基本数据项见表 2。

表 2 车辆信息基本数据项

序号	数据项名称	数据项标识符	表示格式	说明
1	装备	ZHB		
1.1	通用唯一识别码	ZHB_TYWYSBM	c32	
1.2	名称	ZHB_MC	c..100	
2	消防装备器材分类与代码	XFZBQCFLYDM	c8	
3	机动车底盘型号	JDCDPXH	c..100	
4	长度	CD	n..8,2	
5	宽度	KD	n..8,2	
6	高度	GD	n..8,2	
7	机动车车身颜色类别代码	JDCCSYSLBDM	c2	
8	发动机类别	FDJLB	c..100	
9	机动车发动机(电动机)型号	JDCFDJDDJXH	c..20	
10	机动车发动机(电动机)功率	JDCFDJDDJGL	n..5,1	
11	简要情况	JYQK	..ul	

表 2（续）

序号	数据项名称	数据项标识符	表示格式	说明
12	机动车总质量	JDCZZL	n..12,2	
13	机动车整备质量	JDCZBZL	n..12,2	
14	机动车核定载质量	JDCHDZZL	n..12,2	
15	额定载人_人数	EDZR_RS	n..10	
16	固定座位_数量	GDZW_SL	n..15	
17	机动车能源种类类别代码	JDCNYZLLBDM	c2	

5.3 消防装备规划信息基本数据项

消防装备规划信息基本数据项见表 3。

表 3 消防装备规划信息基本数据项

序号	数据项名称	数据项标识符	表示格式	说明
1	规划_名称	GH_MC	c..100	
2	关键字_名称	GUJZ_MC	c..100	
3	年度	ND	d4(YYYY)	
4	单位名称	DWMC	c..100	
5	消防装备规划级别代码	XFZBGHJBDM	c1	
6	秘密等级代码	MMDJDM	c1	
7	参与人_姓名	CYR_XM	c..50	关联项
8	编制人_姓名	BZR_XM	c..50	关联项
9	外部审批单位_单位名称	WBSPDW_DWMC	c..100	
10	审批环节_简要情况	SPHJ_JYQK	..ul	
11	主要内容_简要情况	ZYNR_JYQK	..ul	
12	参考文献_简要情况	CKWX_JYQK	..ul	
13	主要负责人_姓名	ZYFZR_XM	c..50	指导规划起草工作的总负责人
14	调研人_姓名	DYR_XM	c..50	指制定规划过程中参考的调研报告的编撰人员
15	调研	DY		
15.1	单位名称	DY_DWMC	c..100	
15.2	简要情况	DY_JYQK	..ul	
15.3	日期	DY_RQ	d8(YYYYMMDD)	
16	论证_日期	LZ_RQ	d8(YYYYMMDD)	
17	论证结论_简要情况	LZJL_JYQK	..ul	
18	专家_姓名	ZJ_XM	c..50	

表 3（续）

序号	数据项名称	数据项标识符	表示格式	说明
19	征求意见	ZQYJ		
19.1	日期	ZQYJ_RQ	d8(YYYYMMDD)	
19.2	简要情况	ZQYJ_JYQK	..ul	
20	启动_日期	QD_RQ	d8(YYYYMMDD)	
21	发布_日期	FB_RQ	d8(YYYYMMDD)	

5.4 库存台账信息基本数据项

库存台账信息基本数据项见表 4。

表 4 库存台账信息基本数据项

序号	数据项名称	数据项标识符	表示格式	说明
1	仓库_名称	CK_MC	c..100	
2	货位_名称	HW_MC	c..100	
3	装备	ZHB		关联项
3.1	通用唯一识别码	ZHB_TYWYSBM	c32	
3.2	名称	ZHB_MC	c..100	
4	有效期截止_日期	YXQJZ_RQ	d8(YYYYMMDD)	
5	库存物品_数量	KCWP_SL	n..15	
6	装载物品_数量	ZZWP_SL	n..15	
7	价格	JG	n..10,2	
8	金额	JE	n..17,2	

5.5 库存装备定期保养信息基本数据项

库存装备定期保养信息基本数据项见表 5。

表 5 库存装备定期保养信息基本数据项

序号	数据项名称	数据项标识符	表示格式	说明
1	仓库_名称	CK_MC	c..100	
2	装备	ZHB		关联项
2.1	通用唯一识别码	ZHB_TYWYSBM	c32	
2.2	名称	ZHB_MC	c..100	
3	保养	BY		
3.1	简要情况	BY_JYQK	..ul	
3.2	日期	BY_RQ	d8(YYYYMMDD)	
3.3	时长	BY_SC	n..8	

表 5（续）

序号	数据项名称	数据项标识符	表示格式	说明
4	保养人_姓名	BYR_XM	c..50	

5.6 库存装备定期检查信息基本数据项

库存装备定期检查信息基本数据项见表 6。

表 6　库存装备定期检查信息基本数据项

序号	数据项名称	数据项标识符	表示格式	说明
1	仓库_名称	CK_MC	c..100	
2	装备	ZHB		关联项
2.1	通用唯一识别码	ZHB_TYWYSBM	c32	
2.2	名称	ZHB_MC	c..100	
3	检查内容_简要情况	JCNR_JYQK	..ul	
4	检查结果_简要情况	JCJG_JYQK	..ul	
5	检查人_姓名	JCR_XM	c..50	
6	处理意见_简要情况	CLYJ_JYQK	..ul	

5.7 交货验收信息基本数据项

交货验收信息基本数据项见表 7。

表 7　交货验收信息基本数据项

序号	数据项名称	数据项标识符	表示格式	说明
1	装备	ZHB		
1.1	通用唯一识别码	ZHB_TYWYSBM	c32	
1.2	名称	ZHB_MC	c..100	
2	年度	ND	d4(YYYY)	
3	经办人	JBR		
3.1	姓名	JBR_XM	c..50	
3.2	电话号码	JBR_DHHM	c..18	
4	验货方法类型代码	YHFFLXDM	c2	
5	验货_日期	YH_RQ	d8(YYYYMMDD)	
6	验货结果_简要情况	YHJG_JYQK	..ul	
7	退货原因_简要情况	THYY_JYQK	..ul	
8	退货处理结果_简要情况	THCLJG_JYQK	..ul	
9	质检结果类别代码	ZJJGLBDM	c1	

5.8 消防装备受赠记录信息基本数据项

消防装备受赠记录信息基本数据项见表8。

表8 消防装备受赠记录信息基本数据项

序号	数据项名称	数据项标识符	表示格式	说明
1	装备	ZHB		
1.1	名称	ZHB_MC	c..100	
1.2	通用唯一识别码	ZHB_TYWYSBM	c32	
2	接收方_单位名称	JSF_DWMC	c..100	
3	赠送方_单位名称	ZSF_DWMC	c..100	
4	赠送方负责人_姓名	ZSFFZR_XM	c..50	
5	接收方负责人_姓名	JSFFZR_XM	c..50	
6	承办人_姓名	CBR_XM	c..50	
7	籍贯国家/地区代码	JGGJDQDM	c3	赠送方
8	装备来源手续类别代码	ZBLYSXLBDM	c1	
9	受赠_日期	SZ_RQ	d8(YYYYMMDD)	
10	交货_日期	JH_RQ	d8(YYYYMMDD)	
11	验货结果_简要情况	YHJG_JYQK	..ul	
12	数量	SL	n..15	
13	价格	JG	n..10,2	
14	金额	JE	n..17,2	
15	生产厂家_单位名称	SCCJ_DWMC	c..100	

5.9 消防进口装备登记信息基本数据项

消防进口装备登记信息基本数据项见表9。

表9 消防进口装备登记信息基本数据项

序号	数据项名称	数据项标识符	表示格式	说明
1	装备	ZHB		
1.1	名称	ZHB_MC	c..100	
1.2	通用唯一识别码	ZHB_TYWYSBM	c32	
2	申请机构	SQJG		
2.1	单位名称	SQJG_DWMC	c..100	
2.2	通信地址	SQJG_TXDZ	c..100	
3	贸易方式类型代码	MYFSLXDM	c2	
4	籍贯国家/地区代码	JGGJDQDM	c3	
5	原产地_籍贯国家/地区代码	YCD_JGGJDQDM	c3	

表 9（续）

序号	数据项名称	数据项标识符	表示格式	说明
6	进口商_单位名称	JKS_DWMC	c..100	
7	经办人_姓名	JBR_XM	c..50	
8	商品用途_简要情况	SPYT_JYQK	..ul	
9	数量	SL	n..15	
10	金额	JE	n..17,2	

5.10 消防装备改进信息基本数据项

消防装备改进信息基本数据项见表 10。

表 10 消防装备改进信息基本数据项

序号	数据项名称	数据项标识符	表示格式	说明
1	改进项目_名称	GJXM_MC	c..100	
2	装备	ZHB		
2.1	名称	ZHB_MC	c..100	
2.2	通用唯一识别码	ZHB_TYWYSBM	c32	
3	数量	SL	n..15	
4	改进内容_简要情况	GJNR_JYQK	..ul	
5	改进建议_简要情况	GJJY_JYQK	..ul	
6	改进原因_简要情况	GJYY_JYQK	..ul	
7	改进要求_简要情况	GJYQ_JYQK	..ul	
8	外协厂家_单位名称	WXCJ_DWMC	c..100	
9	专家_姓名	ZJ_XM	c..50	关联项
10	负责人_姓名	FZR_XM	c..50	
11	完成_日期	WC_RQ	d8(YYYYMMDD)	
12	试用单位_单位名称	SHYDW_DWMC	c..100	关联项
13	试用人员_姓名	SHYRY_XM	c..50	关联项
14	改进后装备_名称	GJHZB_MC	c..100	

5.11 消防装备检测信息基本数据项

消防装备检测信息基本数据项见表 11。

表 11 消防装备检测信息基本数据项

序号	数据项名称	数据项标识符	表示格式	说明
1	装备	ZHB		
1.1	名称	ZHB_MC	c..100	

表 11（续）

序号	数据项名称	数据项标识符	表示格式	说明
1.2	通用唯一识别码	ZHB_TYWYSBM	c32	
2	年度	ND	d4(YYYY)	
3	检测单位_单位名称	JCDW_DWMC	c..100	
4	检测_日期	JCE_RQ	d8(YYYYMMDD)	
5	检测内容_简要情况	JICNR_JYQK	..ul	
6	检测依据_简要情况	JCYJ_JYQK	..ul	
7	检测结论_简要情况	JCJL_JYQK	..ul	
8	送检人_姓名	SJR_XM	c..50	
9	复检_判断标识	FJ_PDBZ	bl	
10	维修_判断标识	WX_PDBZ	bl	
11	报废_判断标识	BF_PDBZ	bl	
12	费用_金额	FY_JE	n..17,2	

5.12 消防装备检验信息基本数据项

消防装备检验信息基本数据项见表 12。

表 12 消防装备检验信息基本数据项

序号	数据项名称	数据项标识符	表示格式	说明
1	装备	ZHB		
1.1	名称	ZHB_MC	c..100	
1.2	通用唯一识别码	ZHB_TYWYSBM	c32	
2	检验_日期	JY_RQ	d8(YYYYMMDD)	
3	检验单位_单位名称	JYDW_DWMC	c..100	
4	检验项目_简要情况	JYXM_JYQK	..ul	
5	检验设备_简要情况	JYSB_JYQK	..ul	
6	检验结论_简要情况	JYJL_JYQK	..ul	
7	检验人_姓名	JYR_XM	c..50	

5.13 消防装备使用信息基本数据项

消防装备使用信息基本数据项见表 13。

表 13 消防装备使用信息基本数据项

序号	数据项名称	数据项标识符	表示格式	说明
1	使用项目_名称	SYXM_MC	c..100	
2	装备	ZHB		

表 13（续）

序号	数据项名称	数据项标识符	表示格式	说明
2.1	名称	ZHB_MC	c..100	
2.2	通用唯一识别码	ZHB_TYWYSBM	c32	
3	年度	ND	d4(YYYY)	
4	使用人_姓名	SYR_XM	c..50	
5	开始_日期	KS_RQ	d8(YYYYMMDD)	
6	结束_日期	JS_RQ	d8(YYYYMMDD)	
7	使用描述_简要情况	SYMS_JYQK	..ul	
8	次数	CS	n..6	
9	时长	SC	n..8	单位:月
10	数量	SL	n..15	

5.14 车辆监理信息基本数据项

车辆监理信息基本数据项见表 14。

表 14 车辆监理信息基本数据项

序号	数据项名称	数据项标识符	表示格式	说明
1	监理机构_单位名称	JLJG_DWMC	c..100	
2	监理人_姓名	JLR_XM	c..50	
3	被检查机构_单位名称	BJCJG_DWMC	c..100	
4	被检查人_姓名	BJCR_XM	c..50	
5	机动车号牌号码	JDCHPHM	c..15	
6	监理	JL		
6.1	日期	JL_RQ	d8(YYYYMMDD)	
6.2	地点名称	JL_DDMC	c..100	
7	车辆监理情况类别代码	CLJLQKLBDM	c1	

5.15 消防装备事故调查处理信息基本数据项

消防装备事故调查处理信息基本数据项见表 15。

表 15 消防装备事故调查处理信息基本数据项

序号	数据项名称	数据项标识符	表示格式	说明
1	装备事故	ZBSG		
1.1	名称	ZBSG_MC	c..100	
1.2	简要情况	ZBSG_JYQK	..ul	
2	单位名称	DWMC	c..100	

表 15（续）

序号	数据项名称	数据项标识符	表示格式	说明
3	装备事故等级代码	ZBSGDJDM	c1	
4	地点名称	DDMC	c..100	
5	装备事故原因类别代码	ZBSGYYLBDM	c1	
6	日期	RQ	d8(YYYYMMDD)	
7	装备	ZHB		
7.1	名称	ZHB_MC	c..100	
7.2	通用唯一识别码	ZHB_TYWYSBM	c32	
8	直接责任人_姓名	ZJZRR_XM	c..50	
9	经办人_姓名	JBR_XM	c..50	
10	勘查记录_简要情况	KCJL_JYQK	..ul	
11	调查组长_姓名	DCZZ_XM	c..50	
12	调查组员_姓名	DCZY_XM	c..50	关联项
13	调查结论_简要情况	DCJL_JYQK	..ul	
14	损失价值_金额	SSJZ_JE	n..17,2	
15	复查_判断标识	FC_PDBZ	bl	
16	索赔_判断标识	SUP_PDBZ	bl	
17	赔偿	PC		
17.1	消防装备事故赔偿方式类别代码	PC_XFZBSGPCFSLBDM	c1	
17.2	金额	PC_JE	n..17,2	
17.3	日期	PC_RQ	d8(YYYYMMDD)	
18	赔偿情况_简要情况	PCQK_JYQK	..ul	
19	处理结果_简要情况	CLJG_JYQK	..ul	
20	询问笔录_简要情况	XWBL_JYQK	..ul	

附　录　A
（规范性）
数据项编写规则

A.1　数据项表示

数据项的表示有以下两种：

a）　用数据元表示；

b）　用数据元限定词与数据元共同表示。

A.2　数据项表要求

A.2.1　数据项表

数据项表要求见表 A.1。

表 A.1　×××数据项

序号	数据项名称	数据项标识符	表示格式	说明
1	……	…	…	……
2	姓名	XM	c..50	
3	单位名称	DWMC	c..100	
4	单位地址	DWDZ	c..100	
5	数量	SL	n..15	单位:个
6	出租人	CZR		
6.1	公民身份号码	CZR_GMSFHM	c18	
6.2	姓名	CZR_XM	c..50	
7	受理人_姓名	SLR_XM	c..50	关联项
…	……	…	…	……

A.2.2　名称

数据项表的名称应表述为“×××数据项”。

A.2.3　要素

数据项表的要素为序号、数据项名称、数据项标识符表示格式及说明。数据项表的要素通过数据项表的表头栏目体现，见表 A.1 的表头。

A.2.4　要素说明

A.2.4.1　序号

A.2.4.1.1　不带限定词或只限定单个数据元的数据项序号由阿拉伯数字 1 起始，按照数据项顺序依次递增编号，见表 1 序号栏中的 1～5 所示。

A.2.4.1.2　带限定词且限定两个以上数据元的数据项序号采用分层编号，第一层限定词独立占行，其

序号按数据项依次顺序递增编号。第二层的序号由阿拉伯数字和小数点“.”组成，小数点前的阿拉伯数字为限定词的序号，小数点后的阿拉伯数字按照所表示数据项的顺序从1起始依次递增编号，见表A.1序号栏中的第6项。

A.2.4.2 数据项名称

A.2.4.2.1 不带限定词的数据项名称应与数据元名称或数据元同义名称完全一致。

A.2.4.2.2 带限定词的数据项名称在符合A.2.4.2.1的基础上还应符合以下要求：

a） 当限定词限定多个数据元时，采用分层表示，在限定词下依次列出所限定的数据元名称，编排时左起空一个汉字，见表A.1序号栏中的第6项；

b） 当限定词只限定单个数据元时，将限定词名称置于数据元名称之前，用下划线“_”连接。如：受理人姓名的数据项名称表述为“受理人_姓名”，见表A.1序号栏中的第7项。

A.2.4.2.3 在同一数据项标准中，相同含义的数据项名称应保持一致。

A.2.4.3 数据项标识符

数据项标识符的表示如下：

a） 不带限定词的数据项标识符采用与数据元名称对应的标识符表示；

b） 带限定词的数据项标识符由限定词标识符与数据元标识符共同组成，其间用下划线“_”连接；

c） 当数据项名称栏只有限定词时，此栏为限定词标识符。

示例：数据项标识符的表示见表A.1。

A.2.4.4 表示格式

采用数据元的表示格式。

A.2.4.5 说明

说明栏中应列出需要明确但数据项要素尚未提及的事项、数据项的应用约束和注意事项等，见表A.1。

关联项说明该数据项与本表在逻辑上存在一对多或者多对多的关系，在物理表中应以分表的形式存在。

参 考 文 献

[1] XF/T 3014.1—2022 消防数据元 第1部分:基础业务信息
[2] XF/T 3015.1—2022 消防数据元限定词 第1部分:基础业务信息

ICS 13.220.011
CCS C 80

中华人民共和国消防救援行业标准

XF/T 3017.4—2022

消防业务信息数据项 第4部分:消防信息通信管理基本信息

Data items of fire service information— Part 4:General information of fire communication management

2022-01-01 发布　　2022-03-01 实施

中华人民共和国应急管理部　发布

前　言

本文件按照 GB/T 1.1—2020《标准化工作导则　第1部分：标准化文件的结构和起草规则》的规定起草。

本文件是 XF/T 3017《消防业务信息数据项》的第4部分。XF/T 3017 已经发布了以下部分：

——第1部分：灭火救援指挥基本信息；

——第2部分：消防产品质量监督管理基本信息；

——第3部分：消防装备基本信息；

——第4部分：消防信息通信管理基本信息；

——第5部分：消防安全重点单位与建筑物基本信息。

请注意本文件的某些内容可能涉及专利。本文件的发布机构不承担识别专利的责任。

本文件由中华人民共和国应急管理部提出。

本文件由全国消防标准化技术委员会消防通信分技术委员会(SAC/TC 113/SC 14)归口。

本文件起草单位：应急管理部沈阳消防研究所、广东省消防救援总队、黑龙江省消防救援总队、辽宁省沈阳市消防救援支队。

本文件主要起草人：张春华、李振宇、王军、杜阳、刘海霞、楼兰、孟宪赫、高松。

消防业务信息数据项
第4部分：消防信息通信管理基本信息

1 范围

本文件规定了消防信息通信管理基本信息的数据项。
本文件适用于消防信息通信管理业务信息系统的开发工作。

2 规范性引用文件

本文件没有规范性引用文件。

3 术语和定义

本文件没有需要界定的术语和定义。

4 数据项编写要求

数据项编写要求应符合附录A的规定。

5 消防信息通信业务管理基本信息数据项

5.1 资源维护信息基本数据项

5.1.1 硬件设备信息基本数据项

硬件设备信息基本数据项见表1。

表1 硬件设备信息基本数据项

序号	数据项名称	数据项标识符	表示格式	说明
1	设备	SHB		
1.1	名称	SHB_MC	c..100	
1.2	通用唯一识别码	SHB_TYWYSBM	c32	
2	设备来源类别代码	SBLYLBDM	c2	
3	品牌型号_名称	PPXH_MC	c..100	
4	规格型号_名称	GGXH_MC	c..100	
5	参数	CAS		
5.1	通用唯一识别码	CAS_TYWYSBM	c32	

表 1（续）

序号	数据项名称	数据项标识符	表示格式	说明
5.2	名称	CAS_MC	c..100	
5.3	数值	CAS_SZ	n..12,2	
6	合同编号	HTBH	c..50	
7	物品购置_日期	WPGZ_RQ	d8(YYYYMMDD)	
8	供应商	GYS		
8.1	单位名称	GYS_DWMC	c..100	
8.2	姓名	GYS_XM	c..50	
8.3	电话号码	GYS_DHHM	c..18	
9	价格	JG	n..10,2	
10	有效期截止_日期	YXQJZ_RQ	d8(YYYYMMDD)	
11	备注	BZ	..ul	

5.1.2 研发软件信息基本数据项

5.1.2.1 研发软件信息基本数据项见表 2。

表 2 研发软件信息基本数据项

序号	数据项名称	数据项标识符	表示格式	说明
1	软件	RJ		
1.1	名称	RJ_MC	c..100	
1.2	通用唯一识别码	RJ_TYWYSBM	c32	
2	合同编号	HTBH	c..50	
3	物品购置_日期	WPGZ_RQ	d8(YYYYMMDD)	
4	软件类型代码	RJLXDM	c2	
5	应用对象_简要情况	YYDX_JYQK	..ul	
6	部署模式_简要情况	BSMS_JYQK	..ul	
7	系统简介_简要情况	XTJJ_JYQK	..ul	
8	供应商	GYS		
8.1	单位名称	GYS_DWMC	c..100	
8.2	姓名	GYS_XM	c..50	
8.3	电话号码	GYS_DHHM	c..18	
9	业务部门负责人_姓名	YWBMFZR_XM	c..50	

表 2（续）

序号	数据项名称	数据项标识符	表示格式	说明
10	系统管理员_姓名	XTGLY_XM	c..50	
11	信通处负责人_姓名	XTCFZR_XM	c..50	
12	对应项目_简要情况	DYXM_JYQK	..ul	
13	上线_日期	SX_RQ	d8(YYYYMMDD)	
14	试点_日期	SHD_RQ	d8(YYYYMMDD)	
15	IP 地址	IPDZ	c..40	
16	版本号	BBH	c..20	
17	试点单位_单位名称	SDDW_DWMC	c..100	
18	组织二次开发_判断标识	ZZECKF_PDBZ	bl	
19	制定运行机制_判断标识	ZDYXJZ_PDBZ	bl	
20	制定业务规则_判断标识	ZDYWGZ_PDBZ	bl	
21	一体化软件_判断标识	YTHRJ_PDBZ	bl	
22	研发平台_简要情况	YFPT_JYQK	..ul	

5.1.2.2 商用软件信息基本数据项见表 3。

表 3 商用软件信息基本数据项

序号	数据项名称	数据项标识符	表示格式	说明
1	软件	RJ		
1.1	名称	RJ_MC	c..100	
1.2	通用唯一识别码	RJ_TYWYSBM	c32	
2	软件类型代码	RJLXDM	c2	
3	版本号	BBH	c..20	
4	软件来源_简要情况	RJLY_JYQK	..ul	
5	供应商	GYS		
5.1	单位名称	GYS_DWMC	c..100	
5.2	姓名	GYS_XM	c..50	
5.3	电话号码	GYS_DHHM	c..18	
6	物品购置_日期	WPGZ_RQ	d8(YYYYMMDD)	
7	有效期截止_日期	YXQJZ_RQ	d8(YYYYMMDD)	
8	授权_数量	SQ_SL	n..15	
9	配发下级单位_判断标识	PFXJDW_PDBZ	bl	
10	管理员_姓名	GLY_XM	c..50	

5.1.3 网络信息基本数据项

网络信息基本数据项见表 4。

表 4 网络信息基本数据项

序号	数据项名称	数据项标识符	表示格式	说明
1	网络资源_名称	WLZY_MC	c..100	
2	主要负责人_姓名	ZYFZR_XM	c..50	
3	服务商_单位名称	FWS_DWMC	c..100	
4	联系人_电话号码	LXR_DHHM	c..18	
5	带宽_简要情况	DK_JYQK	..ul	
6	链路编码_简要情况	LLBM_JYQK	..ul	
7	起始地点_地址名称	QSDD_DZMC	c..100	
8	到达地点_地址名称	DDDD_DZMC	c..100	
9	链路资源_名称	LLZY_MC	c..100	
10	网站域名	WZYM		
10.1	名称	WZYM_MC	c..100	
10.2	IP 地址	WZYM_IPDZ	c..40	
10.3	部署地点名称	WZYM_BSDDMC	c..100	
11	使用单位_单位名称	SYDW_DWMC	c..100	
12	负责单位_单位名称	FZDW_DWMC	c..100	
13	有效期起始_日期	YXQQS_RQ	d8(YYYYMMDD)	
14	有效期截止_日期	YXQJZ_RQ	d8(YYYYMMDD)	
15	年度租费_金额	NDZF_JE	n..17,2	

5.2 日常工作信息基本数据项

5.2.1 日常巡检信息基本数据项

日常巡检信息基本数据项见表 5。

表 5 日常巡检信息基本数据项

序号	数据项名称	数据项标识符	表示格式	说明
1	信息系统巡检类型代码	XXXTXJLXDM	c1	
2	巡检对象	XJDX		
2.1	名称	XJDX_MC	c..100	
2.2	通用唯一识别码	XJDX_TYWYSBM	c32	
3	信息系统巡检方法类型代码	XXXTXJFFLXDM	c1	
4	巡检状态正常_判断标识	XJZTZC_PDBZ	bl	

表 5（续）

序号	数据项名称	数据项标识符	表示格式	说明
5	巡检人_姓名	XJR_XM	c..50	
6	巡检_日期	XJ_RQ	d8(YYYYMMDD)	
7	备注	BZ	..ul	

5.2.2 电视电话会议室审批信息基本数据项

电视电话会议室审批信息基本数据项见表 6。

表 6 电视电话会议室审批信息基本数据项

序号	数据项名称	数据项标识符	表示格式	说明
1	会议	HY		
1.1	名称	HY_MC	c..100	
1.2	开始时间	HY_KSSJ	d14(YYYYMMDDhhmmss)	
1.3	通用唯一识别码	HY_TYWYSBM	c32	
1.4	结束时间	HY_JSSJ	d14(YYYYMMDDhhmmss)	
2	主办单位_单位名称	ZHBDW_DWMC	c..100	
3	主会场_简要情况	ZHC_JYQK	..ul	
4	分会场_简要情况	FHC_JYQK	..ul	
5	承办人_姓名	CBR_XM	c..50	
6	时长	SC	n..8	
7	会前测试_日期时间	HQCS_RQSJ	d14(YYYYMMDDhhmmss)	
8	申请_日期	SHQ_RQ	d8(YYYYMMDD)	
9	会议议程_简要情况	HYYC_JYQK	..ul	
10	有多媒体资料_判断标识	YDMTZL_PDBZ	bl	
11	分会场发言_判断标识	FHCFY_PDBZ	bl	
12	转发会议_判断标识	ZFHY_PDBZ	bl	

5.2.3 计算机入网申请信息基本数据项

计算机入网申请信息基本数据项见表 7。

表 7 计算机入网申请信息基本数据项

序号	数据项名称	数据项标识符	表示格式	说明
1	处室_名称	CHS_MC	c..100	
2	干部职务类别代码	GBZWLBDM	c4	
3	计算机入网使用性质类别代码	JSJRWSYXZLBDM	c1	
4	用户类型_简要情况	YHLX_JYQK	..ul	

表 7（续）

序号	数据项名称	数据项标识符	表示格式	说明
5	入网性质_简要情况	RWXZ_JYQK	..ul	
6	安装性质_简要情况	AZXZ_JYQK	..ul	
7	所在房间号_简要情况	SZFJH_JYQK	..ul	
8	计算机	JSJ		
8.1	名称	JSJ_MC	c..100	
8.2	MAC 地址	JSJ_MACDZ	c12	
8.3	通用唯一识别码	JSJ_TYWYSBM	c32	
8.4	IP 地址	JSJ_IPDZ	c..40	
9	电话号码	DHHM	c..18	
10	申请人_姓名	SQR_XM	c..50	
11	申请	SHQ		
11.1	日期	SHQ_RQ	d8(YYYYMMDD)	
11.2	简要情况	SHQ_JYQK	..ul	理由
12	分配人_姓名	FPR_XM	c..50	
13	分配_日期	FP_RQ	d8(YYYYMMDD)	
14	使用人_姓名	SYR_XM	c..50	
15	变更使用人_姓名	BGSYR_XM	c..50	
16	备注	BZ	..ul	

5.2.4 卫星入网申请信息基本数据项

卫星入网申请信息基本数据项见表 8。

表 8 卫星入网申请信息基本数据项

序号	数据项名称	数据项标识符	表示格式	说明
1	申请单位_单位名称	SQDW_DWMC	c..100	
2	申请人	SQR		
2.1	姓名	SQR_XM	c..50	
2.2	电话号码	SQR_DHHM	c..18	
3	申请	SHQ		
3.1	日期	SHQ_RQ	d8(YYYYMMDD)	
3.2	简要情况	SHQ_JYQK	..ul	理由
4	启用_日期	QY_RQ	d8(YYYYMMDD)	
5	开始时间	KSSJ	d14(YYYYMMDDhhmmss)	
6	结束时间	JSSJ	d14(YYYYMMDDhhmmss)	

表 8（续）

序号	数据项名称	数据项标识符	表示格式	说明
7	分配人_姓名	FPR_XM	c..50	
8	分配_日期	FP_RQ	d8(YYYYMMDD)	
9	设备	SHB		
9.1	名称	SHB_MC	c..100	
9.2	通用唯一识别码	SHB_TYWYSBM	c32	
10	卫星天线类型代码	WXTXLXDM	c1	
11	设备厂家_单位名称	SBCJ_DWMC	c..100	
12	功率_数值	GL_SZ	n..12,2	
13	IP 地址	IPDZ	c..40	
14	备注	BZ	..ul	

5.2.5 无线设备入网申请信息基本数据项

无线设备入网申请信息基本数据项见表 9。

表 9 无线设备入网申请信息基本数据项

序号	数据项名称	数据项标识符	表示格式	说明
1	申请单位_单位名称	SQDW_DWMC	c..100	
2	申请人	SQR		
2.1	姓名	SQR_XM	c..50	
2.2	电话号码	SQR_DHHM	c..18	
3	申请	SHQ		
3.1	日期	SHQ_RQ	d8(YYYYMMDD)	
3.2	简要情况	SHQ_JYQK	..ul	理由
4	启用_日期	QY_RQ	d8(YYYYMMDD)	
5	设备	SHB		
5.1	名称	SHB_MC	c..100	
5.2	通用唯一识别码	SHB_TYWYSBM	c32	
6	品牌型号_名称	PPXH_MC	c..100	
7	所属运营商_单位名称	SSYYS_DWMC	c..100	
8	入网号码_简要情况	RWHM_JYQK	..ul	

5.2.6 电话入网申请信息基本数据项

电话入网申请信息基本数据项见表 10。

表 10 电话入网申请信息基本数据项

序号	数据项名称	数据项标识符	表示格式	说明
1	申请部门_名称	SQBM_MC	c..100	
2	申请人	SQR		
2.1	姓名	SQR_XM	c..50	
2.2	电话号码	SQR_DHHM	c..18	
3	申请	SHQ		
3.1	日期	SHQ_RQ	d8(YYYYMMDD)	
3.2	简要情况	SHQ_JYQK	..ul	
4	分配人_姓名	FPR_XM	c..50	
5	分配_日期	FP_RQ	d8(YYYYMMDD)	
6	干部职务类别代码	GBZWLBDM	c4	
7	用户类型_简要情况	YHLX_JYQK	..ul	
8	电话类型_简要情况	DHLX_JYQK	..ul	
9	业务类型_简要情况	YWLX_JYQK	..ul	
10	固定电话呼出权限类型代码	GDDHHCQXLXDM	c1	
11	所在房间号_简要情况	SZFJH_JYQK	..ul	
12	IP 电话_IP 地址	IPDH_IPDZ	c..40	
13	变更使用人_姓名	BGSYR_XM	c..50	
14	备注	BZ	..ul	

5.2.7 信通设备领用信息基本数据项

信通设备领用信息基本数据项见表 11。

表 11 信通设备领用信息基本数据项

序号	数据项名称	数据项标识符	表示格式	说明
1	领用	LY		
1.1	日期时间	LY_RQSJ	d14(YYYYMMDDhhmmss)	
1.2	单位名称	LY_DWMC	c..100	
1.3	简要情况	LY_JYQK	..ul	用途
1.4	数量	LY_SL	n..15	
2	设备	SHB		
2.1	名称	SHB_MC	c..100	
2.2	通用唯一识别码	SHB_TYWYSBM	c32	
3	归还单据号_简要情况	GHDJH_JYQK	..ul	
4	归还人_姓名	GHR_XM	c..50	

表 11（续）

序号	数据项名称	数据项标识符	表示格式	说明
5	计划归还_日期	JHGH_RQ	d8(YYYYMMDD)	
6	实际归还_日期	SJGH_RQ	d8(YYYYMMDD)	
7	承办人_姓名	CBR_XM	c..50	
8	维护人所属科室_名称	WHRSSKS_MC	c..100	
9	备注	BZ	..ul	

5.2.8 信通设备维修信息基本数据项

信通设备维修信息基本数据项见表 12。

表 12 信通设备维修信息基本数据项

序号	数据项名称	数据项标识符	表示格式	说明
1	设备	SHB		
1.1	名称	SHB_MC	c..100	
1.2	通用唯一识别码	SHB_TYWYSBM	c32	
2	维修	WX		
2.1	日期	WX_RQ	d8(YYYYMMDD)	
2.2	简要情况	WX_JYQK	..ul	
3	故障描述_简要情况	GZMS_JYQK	..ul	
4	送修人	SXR		
4.1	姓名	SXR_XM	c..50	
4.2	电话号码	SXR_DHHM	c..18	
5	接收人	JSR		
5.1	姓名	JSR_XM	c..50	
5.2	电话号码	JSR_DHHM	c..18	
6	备注	BZ	..ul	

5.2.9 信通设备报废信息基本数据项

信通设备报废信息基本数据项见表 13。

表 13 信通设备报废信息基本数据项

序号	数据项名称	数据项标识符	表示格式	说明
1	设备	SHB		
1.1	名称	SHB_MC	c..100	
1.2	通用唯一识别码	SHB_TYWYSBM	c32	
2	申请人	SQR		

表 13（续）

序号	数据项名称	数据项标识符	表示格式	说明
2.1	姓名	SQR_XM	c..50	
2.2	电话号码	SQR_DHHM	c..18	
3	申请单位_单位名称	SQDW_DWMC	c..100	
4	申请报废_日期	SQBF_RQ	d8(YYYYMMDD)	
5	报废原因_简要情况	BFYY_JYQK	..ul	
6	备注	BZ	..ul	

5.3 应急通信保障信息基本数据项

5.3.1 应急通信保障力量信息基本数据项

应急通信保障力量基本数据项见表14。

表 14 应急通信保障力量信息基本数据项

序号	数据项名称	数据项标识符	表示格式	说明
1	应急保障分队_名称	YJBZFD_MC	c..100	
2	更新_日期时间	GX_RQSJ	d14(YYYYMMDDhhmmss)	
3	负责人	FZR		
3.1	姓名	FZR_XM	c..50	
3.2	干部职务类别代码	FZR_GBZWLBDM	c4	
3.3	电话号码	FZR_DHHM	c..18	
4	人数	RS	n..10	
5	设备_数量	SHB_SL	n..15	
6	备注	BZ	..ul	

5.3.2 应急通信预案信息基本数据项

应急通信预案信息基本数据项见表15。

表 15 应急通信预案信息基本数据项

序号	数据项名称	数据项标识符	表示格式	说明
1	预案	YA		
1.1	名称	YA_MC	c..100	
1.2	消防应急通信保障预案类型代码	YA_XFYJTXBZYALXDM	c1	
1.3	电子文件位置	YA_DZWJWZ	c..1000	
1.4	电子文件名称	YA_DZWJMC	c..256	
2	更新_日期时间	GX_RQSJ	d14(YYYYMMDDhhmmss)	

5.3.3 应急通信任务信息基本数据项

应急通信任务信息基本数据项见表16。

表16 应急通信任务信息基本数据项

序号	数据项名称	数据项标识符	表示格式	说明
1	任务	RW		
1.1	名称	RW_MC	c..100	
1.2	应急通信任务来源类型代码	RW_YJTXRWLYLXDM	c1	
2	接警_日期时间	JJ_RQSJ	d14(YYYYMMDDhhmmss)	
3	灾情描述_简要情况	ZQMS_JYQK	..ul	
4	灾害_地址名称	ZH_DZMC	c..100	
5	累计保障_时长	LJBZ_SC	n..8	
6	战评总结_简要情况	ZPZJ_JYQK	..ul	

附 录 A
（规范性）
数据项编写要求

A.1 数据项表示

数据项的表示有以下两种：

a） 用数据元表示；

b） 用数据元限定词与数据元共同表示。

A.2 数据项表

A.2.1 数据项表要求

数据项表要求见表 A.1。

表 A.1 ×××数据项

序号	数据项名称	数据项标识符	表示格式	说明
1	……	…	…	……
2	姓名	XM	c..50	
3	单位名称	DWMC	c..100	
4	单位地址	DWDZ	c..100	
5	数量	SL	n..15	单位:个
6	出租人	CZR		
6.1	公民身份号码	CZR_GMSFHM	c18	
6.2	姓名	CZR_XM	c..50	
7	受理人_姓名	SLR_XM	c..50	关联项
…	……	…	…	……

A.2.2 名称

数据项表的名称应表述为“×××数据项”。

A.2.3 要素

数据项表的要素为序号、数据项名称、数据项标识符、表示格式及说明。数据项表的要素通过数据项表的表头栏目体现，见表 A.1 的表头。

A.2.4 要素说明

A.2.4.1 序号

A.2.4.1.1 不带限定词或只限定单个数据元的数据项序号由阿拉伯数字 1 起始，按照数据项顺序依次递增编号，见表 A.1 序号栏中的 1～5。

A.2.4.1.2 带限定词且限定两个以上数据元的数据项序号采用分层编号，第一层限定词独立占行，其

序号按数据项依次顺序递增编号;第二层的序号由阿拉伯数字和小数点“.”组成,小数点前的阿拉伯数字为限定词的序号,小数点后的阿拉伯数字按照所表示数据项的顺序从1起始依次递增编号,见表A.1序号栏中的第6项。

A.2.4.2 数据项名称

A.2.4.2.1 不带限定词的数据项名称应与数据元名称或数据元同义名称完全一致。

A.2.4.2.2 带限定词的数据项名称在符合A.2.4.2.1的基础上,还应符合以下要求:

a) 当限定词限定多个数据元时,采用分层表示,在限定词下依次列出所限定的数据元名称,编排时左起空一个汉字,见表A.1序号栏中的第6项;
b) 当限定词只限定单个数据元时,将限定词名称置于数据元名称之前,用下划线“_”连接,如受理人姓名的数据项名称表述为“受理人_姓名”,见表A.1序号栏中的第7项。

A.2.4.2.3 在同一数据项标准中,相同含义的数据项名称应保持一致。

A.2.4.3 数据项标识符

数据项标识符的表示如下:

a) 不带限定词的数据项标识符采用与数据元名称对应的标识符表示;
b) 带限定词的数据项标识符由限定词标识符与数据元标识符共同组成,其间用下划线“_”连接;
c) 当数据项名称栏只有限定词时,此栏为限定词标识符。

示例:数据项标识符的表示见表A.1。

A.2.4.4 表示格式

采用数据元的表示格式。

A.2.4.5 说明

说明栏中应列出需要明确但数据项要素尚未提及的事项、数据项的应用约束和注意事项等,见表A.1。

关联项说明该数据项与本表在逻辑上存在一对多或者多对多的关系,在物理表中应以分表的形式存在。

参 考 文 献

［1］ XF/T 3014.1—2022 消防数据元 第1部分:基础业务信息

［2］ XF/T 3015.1—2022 消防数据元限定词 第1部分:基础业务信息

ICS 13.220.01
CCS C 80

中华人民共和国消防救援行业标准

XF/T 3017.5—2022

消防业务信息数据项　第5部分：消防安全重点单位与建筑物基本信息

**Data items of fire service information—
Part 5: General information of key fire safety units and buildings**

2022-01-01 发布　　2022-03-01 实施

中华人民共和国应急管理部　发布

前 言

本文件按照GB/T 1.1—2020《标准化工作导则 第1部分:标准化文件的结构和起草规则》的规定起草。

本文件是XF/T 3017《消防业务信息数据项》的第5部分。XF/T 3017已经发布了以下部分:

——第1部分:灭火救援指挥基本信息;

——第2部分:消防产品质量监督管理基本信息;

——第3部分:消防装备基本信息;

——第4部分:消防信息通信管理基本信息;

——第5部分:消防安全重点单位与建筑物基本信息。

请注意本文件的某些内容可能涉及专利。本文件的发布机构不承担识别专利的责任。

本文件由中华人民共和国应急管理部提出。

本文件由全国消防标准化技术委员会消防通信分技术委员会(SAC/TC 113/SC 14)归口。

本文件起草单位:应急管理部沈阳消防研究所、湖北省黄冈市消防救援支队、应急管理部消防产品合格评定中心、河南省消防救援总队、辽宁省沈阳市消防救援支队。

本文件主要起草人:赵海荣、宁江、蒋乐涵、张磊、刘程、焦科龙、郑馨、张迪。

消防业务信息数据项 第5部分：消防安全重点单位与建筑物基本信息

1 范围

本文件规定了消防安全重点单位与建筑物基本信息的数据项。

本文件适用于消防安全重点单位与建筑物管理业务信息系统的开发工作。

2 规范性引用文件

本文件没有规范性引用文件。

3 术语和定义

本文件没有需要界定的术语和定义。

4 数据项编写要求

数据项编写要求应符合附录A的规定。

5 消防安全重点单位与建筑物基本信息数据项

5.1 消防安全重点单位信息基本数据项

消防安全重点单位信息基本数据项见表1。

表1 消防安全重点单位信息基本数据项

序号	数据项名称	数据项标识符	表示格式	说明
1	行政区划代码	XZQHDM	c6	
2	单位名称	DWMC	c..100	
3	单位地址	DZMC	c..100	
4	电话号码	DHHM	c..18	
5	邮政编码	YZBM	c6	
6	消防安全重点单位_通用唯一识别码	XFAQZDDW_TYWYSBM	c32	
7	消防安全重点单位类别代码	XFAQZDDWLBDM	c2	
8	单位属性类别代码	DWSXLBDM	c5	
9	建筑用途分类与代码	JZYTFLYDM	c8	

表 1（续）

序号	数据项名称	数据项标识符	表示格式	说明
10	消防安全责任人	XFAQZRR		
10.1	姓名	XFAQZRR_XM	c..50	
10.2	电话号码	XFAQZRR_DHHM	c..18	
11	消防安全管理人	XFAQGLR		
11.1	姓名	XFAQGLR_XM	c..50	
11.2	电话号码	XFAQGLR_DHHM	c..18	
12	专职消防队_电话号码	ZZXFD_DHHM	c..18	
13	专职消防队队员_人数	ZZXFDDY_RS	n..10	
14	专职消防队队长	ZZXFDDZ		
14.1	姓名	ZZXFDDZ_XM	c..50	
14.2	电话号码	ZZXFDDZ_DHHM	c..18	
15	消防监督管辖权级别代码	XFJDGXQJBDM	c1	
16	消防监督检查记录_简要情况	XFJDJCJL_JYQK	..ul	
17	消防安全隐患_简要情况	XFAQYH_JYQK	..ul	

5.2 建筑物概况信息基本数据项

建筑物概况信息基本数据项见表 2。

表 2 建筑物概况信息基本数据项

序号	数据项名称	数据项标识符	表示格式	说明
1	单位名称	DWMC	c..100	
2	建筑物	JZW		
2.1	名称	JZW_MC	c..100	
2.2	通用唯一识别码	JZW_TYWYSBM	c32	
3	建筑物火灾危险性类别代码	JZWHZWXXLBDM	c1	
4	建筑物耐火等级分类与代码	JZWNHDJFLYDM	c2	
5	建筑物结构类型代码	JZWJGLXDM	c1	
6	单位属性类别代码	DWSXLBDM	c5	
7	建筑用途分类与代码	JZYTFLYDM	c8	
8	高度	GD	n..8,2	
9	地址名称	DZMC	c..100	
10	地球经度	DQJD	n10,6	

表 2（续）

序号	数据项名称	数据项标识符	表示格式	说明
11	地球纬度	DQWD	n10,6	
12	建筑面积	JZMJ	n..8,2	
13	容纳_人数	RN_RS	n..10	
14	消防救援机构_通用唯一识别码	XFJYJG_TYWYSBM	c32	
15	地上建筑	DSJZ		
15.1	建筑物层数	DSJZ_JZWCS	n..3	
15.2	建筑面积	DSJZ_JZMJ	n..8,2	
16	地下建筑	DXJZ		
16.1	建筑物层数	DXJZ_JZWCS	n..3	
16.2	建筑面积	DXJZ_JZMJ	n..8,2	
17	防火卷帘_数量	FHJL_SL	n..15	
18	防火门_数量	FHM_SL	n..15	
19	避难层(间)_地点名称	BNCJ_DDMC	c..100	
20	疏散楼梯_数量	SSLT_SL	n..15	
21	消防电梯_数量	XFDT_SL	n..15	
22	消防控制室_简要情况	XFKZS_JYQK	..ul	
23	消防设施_简要情况	XFSS_JYQK	..ul	
24	防火分区_简要情况	FHFQ_JYQK	..ul	
25	入驻单位_单位名称	RZDW_DWMC	c..100	关联项

5.3 储罐信息基本数据项

储罐信息基本数据项见表 3。

表 3 储罐信息基本数据项

序号	数据项名称	数据项标识符	表示格式	说明
1	储罐	CG		
1.1	容积	CG_RJ	n..8,2	
1.2	储罐设置型式类别代码	CG_CGSZXSLBDM	c2	
1.3	通用唯一识别码	CG_TYWYSBM	c32	
2	储存物	CCW		
2.1	名称	CCW_MC	c..100	
2.2	建筑物火灾危险性类别代码	CCW_JZWHZWXXLBDM	c1	

5.4 消防安全重点部位信息基本数据项

消防安全重点部位信息基本数据项见表 4。

表 4　消防安全重点部位信息基本数据项

序号	数据项名称	数据项标识符	表示格式	说明
1	安全重点部位	AQZDBW		
1.1	名称	AQZDBW_MC	c..100	
1.2	通用唯一识别码	AQZDBW_TYWYSBM	c32	
2	消防安全重点部位责任人	XFAQZDBWZRR		
2.1	姓名	XFAQZDBWZRR_XM	c..50	
2.2	电话号码	XFAQZDBWZRR_DHHM	c..18	
3	消防安全重点部位火种状态类别代码	XFAQZDBWHZZTLBDM	c1	
4	消防安全重点部位防火标志设立情况代码	XFAQZDBWFHBZSLQKDM	c2	

5.5　室外消防给水设施信息基本数据项

室外消防给水设施信息基本数据项见表 5。

表 5　室外消防给水设施信息基本数据项

序号	数据项名称	数据项标识符	表示格式	说明
1	消防设施类别代码	XFSSLBDM	c2	
2	消防设施状况分类与代码	XFSSZKFLYDM	c2	
3	消防水源分类与代码	XFSYFLYDM	c4	
4	消防给水管网形式类型代码	XFJSGWXSLXDM	c1	
5	市政消火栓_通用唯一识别码	SZXHS_TYWYSBM	c32	
6	消防水池_容积	XFSC_RJ	n..8,2	
7	消防泵	XFB		
7.1	通用唯一识别码	XFB_TYWYSBM	c32	
7.2	地点名称	XFB_DDMC	c..100	
7.3	扬程	XFB_YC	n..4	
7.4	流量	XFB_LL	n..8	

5.6　室内消火栓系统信息基本数据项

室内消火栓系统信息基本数据项见表 6。

表 6　室内消火栓系统信息基本数据项

序号	数据项名称	数据项标识符	表示格式	说明
1	消防设施类别代码	XFSSLBDM	c2	
2	消防设施状况分类与代码	XFSSZKFLYDM	c2	
3	室内消火栓_数量	SNXHS_SL	n..15	
4	消防泵	XFB		

表 6（续）

序号	数据项名称	数据项标识符	表示格式	说明
4.1	通用唯一识别码	XFB_TYWYSBM	c32	
4.2	流量	XFB_LL	n..8	
4.3	扬程	XFB_YC	n..4	
5	消防水泵接合器	XFSBJHQ		
5.1	通用唯一识别码	XFSBJHQ_TYWYSBM	c32	
5.2	消防水泵接合器安装形式类别代码	XFSBJHQ_XFSBJHQAZXSLBDM	c1	
6	稳压泵	WYB		
6.1	通用唯一识别码	WYB_TYWYSBM	c32	
6.2	流量	WYB_LL	n..8	
6.3	扬程	WYB_YC	n..4	
7	气压罐	QYG		
7.1	通用唯一识别码	QYG_TYWYSBM	c32	
7.2	容积	QYG_RJ	n..8,2	
8	消防水池_容积	XFSC_RJ	n..8,2	

5.7 自动喷水灭火系统信息基本数据项

自动喷水灭火系统信息基本数据项见表 7。

表 7 自动喷水灭火系统信息基本数据项

序号	数据项名称	数据项标识符	表示格式	说明
1	消防设施类别代码	XFSSLBDM	c2	
2	消防设施状况分类与代码	XFSSZKFLYDM	c2	
3	灭火系统分类与代码	MHXTFLYDM	c3	
4	报警阀	BJF		
4.1	通用唯一识别码	BJF_TYWYSBM	c32	
4.2	报警阀类型代码	BJF_BJFLXDM	c1	
5	喷头	PT		
5.1	通用唯一识别码	PT_TYWYSBM	c32	
5.2	喷头类型代码	PT_PTLXDM	c2	
5.3	数量	PT_SL	n..15	
6	喷淋泵	PLB		
6.1	通用唯一识别码	PLB_TYWYSBM	c32	
6.2	流量	PLB_LL	n..8	
6.3	扬程	PLB_YC	n..4	

表 7（续）

序号	数据项名称	数据项标识符	表示格式	说明
7	消防水泵接合器	XFSBJHQ		
7.1	通用唯一识别码	XFSBJHQ_TYWYSBM	c32	
7.2	消防水泵接合器安装形式类别代码	XFSBJHQ_XFSBJHQAZXSLBDM	c1	
8	稳压泵	WYB		
8.1	通用唯一识别码	WYB_TYWYSBM	c32	
8.2	流量	WYB_LL	n..8	
8.3	扬程	WYB_YC	n..4	
9	气压罐	QYG		
9.1	通用唯一识别码	QYG_TYWYSBM	c32	
9.2	容积	QYG_RJ	n..8,2	
10	消防水池_容积	XFSC_RJ	n..8,2	

5.8 气体灭火系统基本数据项

气体灭火系统信息基本数据项见表 8。

表 8 气体灭火系统信息基本数据项

序号	数据项名称	数据项标识符	表示格式	说明
1	消防设施类别代码	XFSSLBDM	c2	
2	消防设施状况分类与代码	XFSSZKFLYDM	c2	
3	灭火系统分类与代码	MHXTFLYDM	c3	
4	灭火剂种类代码	MHJZLDM	c3	
5	气体灭火系统钢瓶	QTMHXTGP		
5.1	通用唯一识别码	QTMHXTGP_TYWYSBM	c32	
5.2	数量	QTMHXTGP_SL	n..15	
5.3	质量	QTMHXTGP_ZL	n..12,2	
5.4	容积	QTMHXTGP_RJ	n..8,2	

5.9 泡沫灭火系统信息基本数据项

泡沫灭火系统信息基本数据项见表 9。

表 9 泡沫灭火系统信息基本数据项

序号	数据项名称	数据项标识符	表示格式	说明
1	消防设施类别代码	XFSSLBDM	c2	
2	消防设施状况分类与代码	XFSSZKFLYDM	c2	
3	灭火剂种类代码	MHJZLDM	c3	

表 9（续）

序号	数据项名称	数据项标识符	表示格式	说明
4	灭火系统分类与代码	MHXTFLYDM	c3	
5	泡沫泵	PMB		
5.1	通用唯一识别码	PMB_TYWYSBM	c32	
5.2	流量	PMB_LL	n..8	
5.3	扬程	PMB_YC	n..4	
6	泡沫液罐	PMYG		
6.1	通用唯一识别码	PMYG_TYWYSBM	c32	
6.2	容积	PMYG_RJ	n..8,2	
7	泡沫栓	PMS		
7.1	通用唯一识别码	PMS_TYWYSBM	c32	
7.2	数量	PMS_SL	n..15	

5.10 火灾自动报警系统信息基本数据项

火灾自动报警系统信息基本数据项见表 10。

表 10 火灾自动报警系统信息基本数据项

序号	数据项名称	数据项标识符	表示格式	说明
1	消防设施类别代码	XFSSLBDM	c2	
2	消防设施状况分类与代码	XFSSZKFLYDM	c2	
3	火灾自动报警系统形式类别代码	HZZDBJXTXSLBDM	c1	
4	火灾自动报警系统保护对象级别代码	HZZDBJXTBHDXJBDM	c1	
5	火灾报警控制器_通用唯一识别码	HZBJKZQ_TYWYSBM	c32	
6	手动火灾报警按钮_数量	SDHZBJAN_SL	n..15	
7	火灾探测器	HZTCQ		
7.1	火灾探测器类型代码	HZTCQ_HZTCQLXDM	c2	
7.2	数量	HZTCQ_SL	n..15	
7.3	通用唯一识别码	HZTCQ_TYWYSBM	c32	

5.11 防排烟系统信息基本数据项

防排烟系统信息基本数据项见表 11。

表 11 防排烟系统信息基本数据项

序号	数据项名称	数据项标识符	表示格式	说明
1	消防设施类别代码	XFSSLBDM	c2	
2	消防设施状况分类与代码	XFSSZKFLYDM	c2	

表 11（续）

序号	数据项名称	数据项标识符	表示格式	说明
3	防排烟系统分类与代码	FPYXTFLYDM	c2	
4	排烟风机	PYFJ		
4.1	通用唯一识别码	PYFJ_TYWYSBM	c32	
4.2	流量	PYFJ_LL	n..8	
5	送风机	SFJ		
5.1	通用唯一识别码	SFJ_TYWYSBM	c32	
5.2	流量	SFJ_LL	n..8	
6	排烟防火阀_数量	PYFHF_SL	n..15	
7	防火阀_数量	FHF_SL	n..15	

5.12 消防应急照明灯具及疏散指示标志信息基本数据项

消防应急照明灯具及疏散指示标志信息基本数据项见表 12。

表 12 消防应急照明灯具及疏散指示标志信息基本数据项

序号	数据项名称	数据项标识符	表示格式	说明
1	消防设施类别代码	XFSSLBDM	c2	
2	消防设施状况分类与代码	XFSSZKFLYDM	c2	
3	消防应急照明和疏散指示系统类型代码	XFYJZMHSSZSXTLXDM	c1	
4	消防应急照明灯具_数量	XFYJZMDJ_SL	n..15	
5	消防应急照明灯具_通用唯一识别码	XFYJZMDJ_TYWYSBM	c32	
6	疏散指示标志_数量	SSZSBZ_SL	n..15	
7	消防应急疏散指示标志_通用唯一识别码	XFYJSSZSBZ_TYWYSBM	c32	

5.13 灭火器信息基本数据项

灭火器信息基本数据项见表 13。

表 13 灭火器信息基本数据项

序号	数据项名称	数据项标识符	表示格式	说明
1	灭火器类型代码	MHQLXDM	c2	
2	灭火剂种类代码	MHJZLDM	c3	
3	数量	SL	n..15	
4	灭火器_通用唯一识别码	MHQ_TYWYSBM	c32	
5	消防设施状况分类与代码	XFSSZKFLYDM	c2	

附　录　A
（规范性）
数据项编写要求

A.1　数据项表示

数据项的表示有以下两种：

a）　用数据元表示；

b）　用数据元限定词与数据元共同表示。

A.2　数据项表

A.2.1　数据项表要求

数据项表要求见表 A.1。

表 A.1　×××数据项

序号	数据项名称	数据项标识符	表示格式	说明
1	……	…	…	……
2	姓名	XM	c..50	
3	单位名称	DWMC	c..100	
4	单位地址	DWDZ	c..100	
5	数量	SL	n..15	单位:个
6	出租人	CZR		
6.1	公民身份号码	CZR_GMSFHM	c18	
6.2	姓名	CZR_XM	c..50	
7	受理人_姓名	SLR_XM	c..50	关联项
…	……	…	…	……

A.2.2　名称

数据项表的名称应表述为“×××数据项”。

A.2.3　要素

数据项表的要素为序号、数据项名称、数据项标识符、表示格式及说明。数据项表的要素通过数据项表的表头栏目体现，见表 A.1 的表头。

A.2.4　要素说明

A.2.4.1　序号

A.2.4.1.1　不带限定词或只限定单个数据元的数据项序号由阿拉伯数字 1 起始，按照数据项顺序依次递增编号，见表 A.1 序号栏中的 1～5。

A.2.4.1.2　带限定词且限定两个以上数据元的数据项序号采用分层编号，第一层限定词独立占行，其

序号按数据项依次顺序递增编号;第二层的序号由阿拉伯数字和小数点“.”组成,小数点前的阿拉伯数字为限定词的序号,小数点后的阿拉伯数字按照所表示数据项的顺序从1起始依次递增编号,见表A.1序号栏中的第6项。

A.2.4.2 数据项名称

A.2.4.2.1 不带限定词的数据项名称应与数据元名称或数据元同义名称完全一致。

A.2.4.2.2 带限定词的数据项名称在符合A.2.4.2.1的基础上,还应符合以下要求:

a) 当限定词限定多个数据元时,采用分层表示,在限定词下依次列出所限定的数据元名称,编排时左起空一个汉字,见表A.1序号栏中的第6项;

b) 当限定词只限定单个数据元时,将限定词名称置于数据元名称之前,用下划线“_”连接,如受理人姓名的数据项名称表述为“受理人_姓名”,见表A.1序号栏中的第7项。

A.2.4.2.3 在同一数据项标准中,相同含义的数据项名称应保持一致。

A.2.4.3 数据项标识符

数据项标识符的表示如下:

a) 不带限定词的数据项标识符采用与数据元名称对应的标识符表示;

b) 带限定词的数据项标识符由限定词标识符与数据元标识符共同组成,其间用下划线“_”连接;

c) 当数据项名称栏只有限定词时,此栏为限定词标识符。

示例:数据项标识符的表示见表A.1。

A.2.4.4 表示格式

采用数据元的表示格式。

A.2.4.5 说明

说明栏中应列出需要明确但数据项要素尚未提及的事项、数据项的应用约束和注意事项等,见表A.1。

关联项说明该数据项与本表在逻辑上存在一对多或者多对多的关系,在物理表中应以分表的形式存在。

参 考 文 献

[1] XF/T 3014.1—2022 消防数据元 第1部分:基础业务信息
[2] XF/T 3015.1—2022 消防数据元限定词 第1部分:基础业务信息

ICS 13.220.01
CCS C 80

中华人民共和国消防救援行业标准

XF/T 3018—2022

消防业务信息系统运行维护规范

Specifications for operation and maintenance of fire service information system

2022-01-01 发布　　2022-03-01 实施

中华人民共和国应急管理部　发布

前　言

本文件按照GB/T 1.1—2020《标准化工作导则　第1部分：标准化文件的结构和起草规则》的规定起草。

请注意本文件的某些内容可能涉及专利。本文件的发布机构不承担识别专利的责任。

本文件由中华人民共和国应急管理部提出。

本文件由全国消防标准化技术委员会消防通信分技术委员会(SAC/TC 113/SC 14)归口。

本文件起草单位：应急管理部沈阳消防研究所、广东省消防救援总队、青海省消防救援总队、辽宁省沈阳市消防救援支队。

本文件主要起草人：姜学赟、滕波、马青波、邹方勇、李玉龙、王国斌、许安麒、王庆聪。

消防业务信息系统运行维护规范

1 范围

本文件规定了消防业务信息系统运行维护服务对象、组织机构及职责和运行维护工作要求。

本文件适用于部、省级消防业务信息系统的运行维护，市级消防业务信息系统运行维护可参照执行。

2 规范性引用文件

下列文件中的内容通过文中的规范性引用而构成本文件必不可少的条款。其中，注日期的引用文件，仅该日期对应的版本适用于本文件；不注日期的引用文件，其最新版本（包括所有的修改单）适用于本文件。

GB/T 28827.3 信息技术服务 运行维护 第3部分：应急响应规范

3 术语和定义

本文件没有需要界定的术语和定义。

4 运行维护服务对象

4.1 硬件

硬件包括构成消防业务信息系统的相关设备，如服务器、存储设备、通信及网络设备、安全设备、音视频设备、桌面终端及外围设备等。

4.2 网络

网络包括有线网络、无线网络及卫星网络等。

4.3 软件

软件包括操作系统、数据库、中间件、业务软件、安全软件、工具软件、办公软件等。

4.4 数据

数据包括消防业务信息系统支持业务所需要的或运行过程中产生的数据。

4.5 运行环境设施

运行环境设施包括电力系统、空调系统、安防系统及综合布线系统等。

5 组织机构及职责

5.1 组织

5.1.1 组织架构和场所

承担消防业务信息系统运行维护和管理的机构，分为部级运行维护中心和省级运行维护中心。应明确运行维护组织负责人，负责组织、协调、管理消防业务信息系统的运行维护工作。工作场所应符合以下要求：

a) 部级运行维护中心应有固定办公场所，运行维护席位数量不少于4个；

b) 省级运行维护中心应有固定办公场所，运行维护席位数量不少于2个。

5.1.2 职责

5.1.2.1 部级运行维护中心的职责主要包括：

a) 负责全国统建系统的运行维护工作；

b) 负责本单位消防业务信息系统的运行维护工作；

c) 指导省级运行维护中心的运行维护工作。

5.1.2.2 省级运行维护中心的职责主要包括：

a) 配合部级运行维护中心开展本单位运行的全国性系统运行维护工作；

b) 负责本单位建设和运行的系统运行维护工作；

c) 指导所属单位建设和运行的系统运行维护工作。

5.2 岗位职责及人员配置

5.2.1 运行维护中心应设置管理、技术及操作等主要岗位，各岗位具体职责要求如下。

a) 管理岗位职责：

1) 负责管理运行维护服务；

2) 准确地将运行维护需求传递到运行维护服务团队；

3) 规划、检查运行维护服务的各个过程，对运行维护服务能力的策划、实施、检查、改进的范围、过程、信息安全和成果负责。

b) 技术岗位职责：

1) 负责技术和业务支持，包括运行维护服务对象、应用开发、系统集成及信息安全等；

2) 对运行维护服务过程中的请求、事件和问题作出响应，协助操作岗位人员分析、定位和解决问题，保障信息安全并对处理结果负责。

c) 操作岗位职责：

1) 负责日常操作的实施，如值班、巡检、事件受理和跟踪处理、记录等日常所有操作；

2) 执行运行维护服务各个过程，并对其执行结果负责。

5.2.2 各级运行维护中心对不同岗位人员的数量要求应符合表1的规定。

表1 岗位人员数量配置要求

运行维护组织	管理岗位人数	技术岗位人数		操作岗位人数	合计人数
		业务支持	技术支持		
部级运行维护中心[a]	≥1	≥1	≥1	≥6	≥9

表 1（续）

<table>
<tr><td rowspan="2">运行维护组织</td><td rowspan="2">管理岗位人数</td><td colspan="2">技术岗位人数</td><td rowspan="2">操作岗位人数</td><td rowspan="2">合计人数</td></tr>
<tr><td>业务支持</td><td>技术支持</td></tr>
<tr><td>省级运行维护中心[b]</td><td>≥1</td><td>≥1</td><td>≥1</td><td>≥3</td><td>≥6</td></tr>
<tr><td colspan="6">[a] 部级运行维护中心技术岗位至少 2 人，其中，业务和技术支持岗位各至少 1 人；操作岗位至少 6 人，其中，硬件运行维护岗位至少 2 人，软件运行维护岗位至少 4 人。
[b] 省级运行维护中心技术岗位至少 2 人，其中，业务和技术支持岗位各至少 1 人；操作岗位至少 3 人，其中，硬件运行维护岗位至少 1 人，软件运行维护岗位至少 2 人。</td></tr>
</table>

5.3 制度

运行维护中心应建立附录 A 列出的运行维护管理制度，以及制度制定、发布、维护和更新机制。

6 运行维护工作要求

6.1 工具

6.1.1 运行维护工作管理平台

运行维护中心应建立运行维护管理平台，平台应满足以下主要功能要求：

a） 基础信息管理，主要包括人员、角色和权限及资产的管理，并能实现图形化展现，如网络拓扑、机架拓扑、业务拓扑等；

b） 配置信息管理；

c） 监控功能，应能监控硬件及网络、软件、数据、基础环境设施等的运行状态；

d） 运行维护过程管理，基于运行维护席位实现运行维护过程全流程管理；

e） 自动巡检功能；

f） 主动报警功能；

g） 补丁升级管理功能，具有针对操作系统、中间件、应用软件、安全软件等的补丁升级功能；

h） 查询统计功能；

i） 电话录音功能；

j） 日志记录功能。

6.1.2 软硬件工具

应配置满足运行维护工作所需的检测、维修、配置、清洁等各类软硬件工具。

6.2 备品备件

备品备件满足以下要求：

a） 应按事件级别响应要求，确定备品备件方式、类型和数量；

b） 应能够定期监测备品备件状态，确保其功能满足运行维护要求。

6.3 运行维护值班

运行维护值班满足以下要求：

a） 运行维护中心除在工作日安排值班外，在节假日及重大活动时应安排运行维护人员值班，提供运行维护服务；

b) 运行维护人员工作日值班时间应不少于本单位日常工作时间，节假日值班时间应参照工作日值班时间，重大活动时应根据活动时间安排动态调整；

c) 运行维护中心值班人数应满足表2的要求；

d) 事件受理响应时间应满足表3的要求。

表2 运行维护中心值班人数要求

值班类型	人数	
	部级运行维护中心[a]	省级运行维护中心[b]
日常值班	6	3
节假日值班	2	1
重大活动值班	根据实际需要确定值班人数	

[a] 部级运行维护中心日常值班6人，其中，硬件2人，软件4人；节假日值班2人，其中，软硬件各1人。

[b] 省级运行维护中心日常值班3人，其中，硬件1人，软件2人；节假日值班1人，负责软硬件。

表3 事件受理响应时间要求

时间段	响应时间要求	备注
工作时间	运行维护平台响应：3 min内	响应时间为用户申告故障起，至运行维护人员接到申告，开始受理的最长等待时间
非工作时间	移动电话响应：3 min内	

6.4 故障恢复

故障分级及恢复时间要求见表4。

表4 故障分级及恢复时间要求

故障级别	说明	恢复时间
一级	核心业务系统整体瘫痪，全部操作失去响应，数据丢失无法恢复	不超过8 h
二级	核心业务系统整体性能严重下降，无法自动恢复正常运行状态；一般业务系统无法访问，系统整体瘫痪，全部操作失去响应	不超过24 h
三级	软件异常，局部功能受限，系统整体仍可正常工作，对业务影响不大或存在隐患；系统运行指标受到直接或间接影响，业务处理受限	不超过48 h
四级	存在运行隐患的其他故障	按计划

6.5 运行维护巡检

运行维护巡检应包括日常巡检、定期检修和专项检查等3种形式，应制定每一种巡检方式的具体工作内容，并符合以下要求：

a) 应记录运行维护服务对象运行状态；

b) 应建立运行维护服务对象运行状态是否正常的判定标准；

c) 巡检过程中如果发现故障，应启动事件管理流程；

d) 应记录巡检工作过程；

e） 巡检可采用人工与专业系统相结合的形式。

6.6 运行维护管理

6.6.1 服务报告管理

服务报告管理满足以下要求：

a） 应建立服务报告管理制度，规范建立、审批、分发和归档等服务报告管理活动，确保服务报告管理过程的完整性；

b） 应按照服务报告管理制度进行服务报告管理并记录；

c） 应定期对服务报告管理情况进行总结与评估，对发现的问题进行整改，以保证服务报告管理过程持续改进。

6.6.2 事件管理

事件管理满足以下要求：

a） 应建立事件管理制度，规范事件受理、诊断与分类、监控、跟踪、升级和关闭等事件管理活动，确保事件管理过程的完整性；

b） 应按照事件管理制度进行事件管理并记录；

c） 应建立事件导入知识库机制；

d） 应定期对事件管理情况进行总结与评估，对发现的问题进行整改，以保证事件管理过程持续改进；

e） 当诊断为应急事件时，各级运行维护中心应启动应急管理，符合 GB/T 28827.3 中的有关规定。

6.6.3 问题管理

问题管理满足以下要求：

a） 应将运行维护过程中故障级别为一级、二级及重复发生的三级和四级事件纳入问题管理；

b） 应建立问题管理制度，规范问题建立、分类、调查和诊断、解决和关闭等问题管理活动，确保问题管理过程的完整性；

c） 应建立问题导入知识库机制；

d） 应按照问题管理制度进行问题管理并记录；

e） 应定期对问题管理情况进行总结与评估，对发现的问题进行整改，以保证问题管理过程持续改进。

6.6.4 知识管理

知识管理满足以下要求：

a） 应针对常见问题、事件的描述、分析和解决方法建立知识库；

b） 应建立知识管理制度；

c） 应按照知识库管理制度进行知识管理并记录；

d） 应确保知识库的可用性和有效性；

e） 应定期对知识管理情况进行总结与评估，对发现的问题进行整改，以保证知识管理过程持续改进。

6.6.5 配置管理

配置管理满足以下要求：

a） 应建立配置管理制度，规范识别、记录、更新和审核等配置管理活动，确保配置管理过程的完整性；

b） 应按照配置管理制度进行变更管理并记录；

c） 应建立配置管理数据库，确保配置数据的准确、完整、有效、可用和可追溯；

d） 应定期对配置管理情况进行总结与评估，对发现的问题进行整改，以保证配置管理过程持续改进。

6.6.6 变更管理

变更管理满足以下要求：

a） 应建立变更管理制度，规范请求、评估、审核、实施、确认和回顾等变更管理活动，确保变更管理过程的完整性；

b） 应按照变更管理制度进行变更管理并记录；

c） 应定期对变更管理情况进行总结与评估，对发现的问题进行整改，以保证变更管理过程持续改进。

6.6.7 发布管理

发布管理满足以下要求：

a） 应建立发布管理制度，规范规划、设计、建设、配置和测试等发布管理活动，确保发布管理过程的完整性；

b） 应按照发布管理制度进行发布管理并记录；

c） 应定期对发布管理情况进行总结与评估，对发现的问题进行整改，以保证发布管理过程持续改进。

6.6.8 信息安全管理

安全管理满足以下要求：

a） 应建立安全管理制度，规范识别、评估、处置和改进等安全管理活动，确保运行维护过程中信息的保密性、可用性和完整性；

b） 应按照安全管理制度进行安全管理并记录；

c） 应定期对安全管理情况进行总结与评估，对发现的问题进行整改，以保证安全管理过程持续改进；

d） 应建立信息安全响应机制，明确工作流程，确保在信息安全事件发生之后及时响应，最大限度地减少安全事件带来的损失，保证系统安全持续运行；

e） 应制定安全预警发布机制，定期发布安全预警和漏洞补丁信息，或在大规模病毒爆发或对业务有潜在的重大影响的安全事件发生时，发布预警信息并提供有效的措施和建议；

f） 应建立系统安全评测机制，每年对现有或新增系统进行一次安全评测。

6.6.9 风险管理

风险管理满足以下要求：

a） 应建立风险管理制度，规范识别、分析、监控与预警、处置等风险管理活动，确保风险管理过程的完整性；

b） 应按照风险管理制度进行风险管理并记录；

c） 应定期对风险管理情况进行总结与评估，对发现的问题进行整改，以保证风险管理过程持续改进。

6.6.10 备份管理

备份管理满足以下要求：

a） 应建立备份管理制度，依据信息系统数据变动的频繁程度以及业务数据重要性制定备份计划；

b） 备份数据应包括数据、应用软件、配置文件及操作日志等；

c） 备份数据需标明备份日期和备份内容，备份介质应由专人管理，定期开展数据恢复演练。

6.6.11 调研评估管理

调研评估管理满足以下要求：

a） 应建立调研评估管理制度，规范调研评估管理活动，确保调研评估管理过程的完整性；

b） 应按照调研评估管理制度进行调研评估管理并记录；

c） 应编写调研评估报告，可包含现状评估、访谈调研、需求分析和后续建议等；

d） 应对调研评估报告进行内外部评审并记录；

e） 应定期对调研评估管理情况进行总结与评估，对发现的问题进行整改，以保证调研评估管理过程持续改进。

6.6.12 优化改善管理

优化改善管理满足以下要求：

a） 应建立优化改善管理制度，规范优化改善管理活动，确保优化改善管理过程的完整性；

b） 应按照优化改善管理制度进行优化改善管理并记录；

c） 应编写优化改善方案，方案中应包括目标、内容、步骤、人员、预算、进度、考核指标、风险预案、回退预案和实施方案等；

d） 应对优化改善方案进行内外部评审并记录；

e） 应定期对优化改善管理情况进行总结与评估，对发现的问题进行整改，以保证优化改善管理过程持续改进。

6.6.13 培训管理

培训管理满足以下要求：

a） 应建立培训管理制度，规范培训管理活动，确保培训管理过程的完整性；

b） 应制定培训方案，包括培训计划、培训内容、培训人员等内容；

c） 应按照培训管理制度进行培训管理并记录；

d） 应定期对培训管理情况进行总结与评估，对发现的问题进行整改，以保证培训管理过程持续改进。

6.6.14 绩效考核管理

绩效考核管理满足以下要求：

a） 应建立绩效考核管理制度，规范绩效考核管理活动，确保绩效考核管理过程的完整性；

b） 应制定绩效考核方案，包括考核对象、考核内容、考核依据、考核奖惩规定等内容；

c） 应按照绩效考核管理制度进行考核管理并记录；

d） 应定期对考核管理情况进行总结与评估，对发现的问题进行整改，以保证绩效考核管理过程持续改进。

6.6.15 应急演练管理

应急演练管理满足以下要求：

a） 应建立应急演练管理制度，规范应急演练管理活动，确保应急演练管理过程的完整性；

b） 应制定应急演练方案，包括应急事件、演练科目、演练预案，并定期组织演练；

c） 应按照应急演练管理制度进行应急演练管理并记录；

d） 应定期对应急演练管理情况进行总结与评估，对发现的问题进行整改，以保证应急演练管理过程持续改进。

6.6.16 档案资料管理

档案资料管理满足以下要求：

a） 应建立档案资料管理制度，规范档案管理活动，确保档案资料完整可追溯；

b） 档案资料应包括系统建设方案、拓扑结构、设备布置图、验收资料、介质、许可证、版本资料及补丁、安装手册、用户使用手册、技术手册等，以及上述资料的变更记录。

附　录　A
（规范性）
运行维护制度要求

各级运行维护中心应建立满足表 A.1 要求的运行维护制度。

表 A.1　运行维护制度要求

序号	制度	备注
1	备品备件制度	应明确入库、出库、定期检测等
2	值班制度	应明确值班人员、时间、值班形式等，尤其在节假日期间要作出详细规定
3	岗位备份制度	应明确岗位备份的机制，启动备份的条件等
4	运行维护巡检制度	应根据日常巡检、定期检修和专项检查对象的不同制定不同的巡检策略
5	机房管理制度	应明确出入机房制度、操作权限等
6	服务报告管理制度	应明确建立、审批、分发和归档等活动要求
7	事件管理制度	应明确事件受理、诊断与分类、监控、跟踪、升级和关闭等活动要求
8	问题管理制度	应明确问题建立、分类、调查和诊断、解决和关闭等活动要求
9	知识管理制度	应明确知识入库原则、使用权限和方法等
10	配置管理制度	应明确识别、记录、更新和审核等活动要求
11	变更管理制度	应明确请求、评估、审核、实施、确认和回顾等活动要求
12	发布管理制度	应明确规划、设计、建设、配置和测试等活动要求
13	安全管理制度	应明确识别、评估、处置和改进等活动要求
14	风险管理制度	应明确识别、分析、监控与预警、处置等活动要求
15	调研评估管理制度	应明确调研内容、调研周期等活动要求
16	优化改善管理制度	应明确制定优化改善方案，并持续改进
17	培训管理制度	应明确培训计划、内容、人员、频次等要求
18	绩效考核制度	应明确对象、考核内容、考核依据、考核奖惩等要求
19	应急演练管理制度	应明确应急演练方案，包括应急事件、演练科目、演练预案
20	档案资料管理制度	应包括设计资料、验收资料等
21	备份管理制度	应明确备份对象、备份计划及演练等

参 考 文 献

[1] GB/T 24405.1—2009 信息技术 服务管理 第1部分:规范
[2] GB/T 28827.1—2012 信息技术服务 运行维护 第1部分:通用要求